码上学会

S7-200/300/400 PLC
编程及应用
全能一本通

双色版

老虎工作室 赵景波 编著

人民邮电出版社

北京

图书在版编目（ＣＩＰ）数据

S7-200 /300/400 PLC编程及应用全能一本通：双色版 / 赵景波编著. -- 北京：人民邮电出版社，2018.6
（码上学会）
ISBN 978-7-115-46803-1

Ⅰ．①S… Ⅱ．①赵… Ⅲ．①PLC技术－程序设计
Ⅳ．①TM571.61

中国版本图书馆CIP数据核字(2017)第217497号

内 容 提 要

本书以西门子 S7-200/300/400 PLC 为例，简要说明了可编程控制器的概念、S7PLC 的特性、S7-200/300/400 PLC 编程软件的安装和使用，详细介绍了 S7-200/300/400 PLC 梯形图和指令表指令，以实例形式讲解了 S7-200 /300/400 PLC 的编程、设计及应用，同时也详细地介绍了 PLC 的通信网络知识。书中各部分内容都结合实例进行讲解，并辅以大量的图表，可帮助初学者快速入门和掌握 PLC 编程技术。

本书可作为工程技术人员、高校师生及 PLC 初学者的教材，也可供各类 PLC 操作培训班作为教材使用。

◆ 编　著　老虎工作室　赵景波
责任编辑　税梦玲
责任印制　焦志炜

◆ 人民邮电出版社出版发行　　北京市丰台区成寿寺路 11 号
邮编　100164　电子邮件　315@ptpress.com.cn
网址　http://www.ptpress.com.cn
北京隆昌伟业印刷有限公司印刷

◆ 开本：880×1092　1/16
印张：27.25　　　　　　　　　2018 年 6 月第 1 版
字数：739 千字　　　　　　　　2018 年 6 月北京第 1 次印刷

定价：79.80 元

读者服务热线：(010)81055256　印装质量热线：(010)81055316
反盗版热线：(010)81055315
广告经营许可证：京东工商广登字 20170147 号

可编程控制器（PLC）是应用十分广泛的通用微机控制装置，是自动控制系统中的关键设备。西门子公司的 S7-200 在小型 PLC 中应用广泛，市场占有率高，S7-300 和 S7-400 是面向系统解决方案的通用型 PLC，这两款 PLC 的应用也相当广泛。

本书在总体内容的编排上突出了两点：一是内容的实用性；二是 PLC 功能的全面性。"实用性"体现在学以致用，确保读者在学习完本书后，可以得心应手地使用 PLC 解决工作中的实际问题；"全面性"体现在本书可作为 PLC 使用手册及案例手册来使用，可帮助读者使用 PLC 解决一些工程设计的实际问题。

给读者的建议

有些初学者在理论学习上花费很多时间，结果半年下来还是没有"玩转"PLC，其实他们只是缺少一些 PLC 的实践经验，只要再进行一些实际的梯形图编写、程序下载、调试等操作，增加对 PLC 的感性认识，很快就可以掌握 PLC 这项技术。在学习的初级阶段，可以先学习一种品牌的 PLC，因为所有的 PLC 原理都相差不多，掌握了一种 PLC，其他的 PLC 只要翻阅一下技术手册便可上手使用。

初学时可以编一些简单的梯形图，如触点的与、或、输出等，并在 PLC 的机器里运行一下，程序运行成功就会增加学习的兴趣和信心。然后再把 PLC 的主要功能逐个运用一次，比如高速计数器：你可以用 PLC 本身的脉冲输出端接到高速计数器的输入端，下载编好的梯形图，打开变量观察窗口，运行程序，观察计数的值是否正确。经过这样的实践，你便可知 PLC 究竟能做哪些事情了，在实际的工控应用中就能做到胸有成竹。

学习 PLC 不是为了做研究，是为了运用到实际工作中！鉴于此，我们对 PLC 的学习谈几点建议。

第一点：基础一定要打好——什么叫基础？

（1）安装好编程软件；

（2）会熟练地运用软件；

（3）懂得 PLC 的基础知识；

（4）会编写最简单的程序。

学完本书第 1 章、第 2 章、第 6 章、第 7 章，便可掌握软件下载和安装，还能编写一些简单的程序。

第二点：不要急于学习复杂的内容。不用去记忆西门子 PLC 的 100 多条指令，也不用着急知道这些指令到底有什么用处，我们可以先尝试：

（1）编写简单的程序；

（2）想象自己可以实现的操作，并通过程序实现出来；

（3）分析高手编写的程序，思考他为什么会这样编写；

（4）记录不懂的问题，再查阅相关的书籍、视频、动画——进行有针对性的学习；

（5）反复地看程序、编写程序，想象动作实现，模仿程序，见的程序多了，解决的问题多了，渐渐地就会发现自己的学习能力和编程能力已经提升了，能够独立编程了。

学完本书第 3 章、第 4 章、第 8 章、第 9 章，便可掌握程序的编写和分析。

第三点：结合专业，提高应用能力。通过学习 PLC 实用技巧，提高解决实际问题的能力。在不同的工程领域，人们使用 PLC 进行设计的方法是不同的，且形成了一些特殊的设计技巧。只有掌握了这些特殊的设计技巧和知识，读者才能在专业领域中充分发挥 PLC 的强大功能。如何提升呢，有以下 3 点建议。

（1）有条件的读者最好去买台 PLC 用于实践。由于 PLC 价格昂贵，一般的初学者没有用 PLC 做实验的条件。即使有一个小型的 PLC，其 I/O 点数和功能也非常有限。PLC 的仿真软件为解决这一难题提供了很好的途径。读者可用仿真软件模拟 PLC 的操作系统和用户程序的运行。仿真软件与硬件 PLC 的操作一样，在仿真时，只需要将用户程序和组态信息下载到仿真 PLC，用键盘和鼠标给计算机屏幕上的仿真 PLC 提供输入信号，就能观察仿真 PLC 执行用户程序后输出信号的状态。仿真软件可到相关的官网中去下载。

（2）其实，编程人员就像是一位习武之人，如果他只是整天坐在家中看拳谱，不出门练武的话，那么就算他有一本再厉害的武林秘籍，花费再长的时间，他的功力也不会提高。学习 PLC 也是同样的道理，光看书是没有用的，一本 PLC 的书看十遍但不去实践，你还是不会用。在学习 PLC 书本知识的过程中，你肯定会对许多指令不够了解，如果你不去一一学习，那么这将是你学会 PLC 最大的障碍。只有通过实际应用，逐一攻破，才能真正掌握 PLC。

（3）在学习 PLC 有了一定的基础之后，你便可以独立编写一段自己设计的程序，然后传送到 PLC 中去运行，再经过不断修改和调试，直至程序运行成功，你的兴趣会大增，反复练习便能达到满意的学习效果。

学完本书第 5 章、第 10 章、第 11 章，便可完成系统设计，提高设计能力。

本书特点

本书既详细、全面地讲解了 PLC 的各项功能，又提供了大量的实例，读者能在学习 PLC 理论知识的同时，通过实战练习掌握 PLC 设计方法及应用技巧。全书共分 11 章，包含 S7-200 和 S7-300/400 的内容，具体内容如下。

章	主要内容
第1章	介绍可编程控制器定义、功能、结构和工作原理
第2章	介绍S7-200的组成、特性和工作方式，S7-300和S7-400的组成、特性和模块特性
第3章	介绍S7-200的编程元件、寻址方式、基本指令、运算指令、数据处理指令、表功能指令、转换指令、程序控制类指令和特殊指令
第4章	介绍S7-200的程序设计方法、梯形图设计规则、顺序功能图、PLC程序及调试说明、简单电路编程和简单环节编程
第5章	介绍S7-200的通信系统与网络、网络通信指令、MPI协议、Profibus-DP协议和以太网
第6章	介绍S7-200编程软件的安装、功能和使用
第7章	介绍S7-300/400编程软件的安装和使用，S7-PLCSIM仿真软件
第8章	介绍S7-300/400编程基础、位逻辑指令、定时器与计数器指令、数据处理功能指令、控制指令和数据运算指令
第9章	介绍S7-300/400的编程方式与程序块、数据块与数据结构、CPU中程序、用户程序、组织块与中断处理和程序设计
第10章	介绍PLC控制系统的总体设计和提高PLC控制系统可靠性的措施，以三级皮带运输机、机械手工作控制、炉窑温度控制系统、自动配料控制系统和钻床精度控制系统五个实例介绍S7-200应用设计，以水塔水位和交通灯控制系统两个实例介绍S7-300/400应用设计
第11章	介绍S7-200的安装和拆除、S7-200故障检查和维修、S7-200应用系统的调试、S7-300/400的基本故障种类、S7-300/400的常规检查与维护、S7-300/400外部故障的排除和S7-300/400内部错误的故障诊断

如果只想学习 S7-200 的内容，可以选择第 1 章、第 2 章、第 3 章、第 4 章、第 5 章、第 6 章、第 10 章、第 11 章来学习；如果想学习 S7-300/400 的内容，可以选择第 1 章、第 2 章、第 7 章、第 8 章、第 9 章、第 10 章、第 11 章来学习。现将本书特点说明如下。

1. 重视基础、循序渐进

目前，国内同类图书多面向有 PLC 开发经验的读者，对基本知识和概念的讲解不够清晰、透彻，导致初学者起步阶段学习吃力。而本书重视基础知识和基本概念的讲解，特别适合将来从事 PLC 开发的初学者。

2. 知识系统、结构合理

目前国内同类图书的内容结构多与 PLC 的技术资料或者手册相似，但这并不符合初学者的学习习惯。作者结合多年的 PLC 课程教学经验，在内容安排上遵循初学者的学习规律，并结合大量实例讲解难点，实例包括指令使用技巧、通信系统设计、电气系统设计、机械控制系统设计、化工过程设计。所有内容都立足于机械制造领域、化工工程领域、电气控制领域应用，并融入 PLC 开发经验和成果，使原本枯燥的内容变得生动有趣，易于初学者消化吸收。

3. 实例丰富、讲解细致

本书精选了一些应用典型实例，并且对每个例子进行详细的讲解和分析，力求使初学者更快地掌握相关知识和技巧。例如"PLC 控制系统应用设计"这一章中的机械手工作控制案例，该案例广泛应用于机械制造、军事、娱乐、医疗领域，通过对该案例的实现，可掌握任务书设计、外围 I/O 设备确定、PLC 型号选定、编程元件地址分配表编制、程序设计等方法。

4. 提供动画演示、操作视频，扫码即可在线观看

本书将设备工作的过程通过动画的形式呈现出来。由于读者欠缺实际生产经验，对许多生产设备完全没有概念，经常出现"为什么要这样控制""它的工作过程是怎样的"等问题。客观认识设备的工作过程，不但可提高初学者的认知水平，还能提高初学者的学习积极性。另外，我们还录制了操作视频，大家可采取扫码的方式查看原理动画和操作视频，轻松有效地进行学习。

配套资源

为方便读者直观地学习 PLC 并应用 PLC 进行工程设计，本书提供了动画与视频资源，请前往 box.ptpress.com.cn/y/46803 进行下载，也可以扫描二维码进行下载。

扫一扫

下载资源

原理动画：提供了 53 个原理动画，将抽象的原理进行生动的展示，加深读者对 PLC 的理解。

操作视频：提供了 20 个操作视频，帮助读者可快速熟悉软件的操作方法。

编 者
2018 年 2 月

目 录
CONTENTS

目　录
CONTENTS

目 录
CONTENTS

目 录
CONTENTS

第 6 章

STEP 7-Micro/WIN 编程软件 194

第 7 章

STEP 7 编程软件基础 223

目　录
CONTENTS

目 录
CONTENTS

目 录
CONTENTS

第1章
可编程控制器概述

随着电气控制设备，尤其是电子计算机的迅猛发展，工业生产自动化控制技术也发生了深刻的变化。

可编程控制器已经成为自动化控制系统的核心器件，它在取代传统电气控制方面有着不可比拟的优点，在自动化领域已形成了一种工业控制趋势。

【本章重点】

- PLC 的定义、PLC 的功能及主要特点。
- PLC 的分类及发展趋势。
- PLC 在整个工业自动化控制网络中的重要地位及典型引用。
- PLC 的结构、PLC 的工作原理及性能指标。
- PLC 与其他工业控制装置的比较。

1.1 可编程控制器的定义

早期的可编程控制器只能进行逻辑控制，因此被称为可编程序逻辑控制器（Programmable Logic Controller，PLC）。

随着计算机技术的发展，人们开始采用微处理器作为可编程控制器的中央处理单元，从而扩大了其功能，现在的可编程控制器不仅可以进行逻辑控制，还可以实现顺序控制、定时、计数和算术运算等操作及通信联网的功能。后来美国电气制造协会将它命名为可编程控制器（Programmable Controller，PC）。但 PC 这个名称已成为个人计算机（Personal Computer）的专称，所以现在仍然把可编程控制器简称为 PLC。

可编程控制器是一种专为在工业环境下应用而设计的计算机控制系统。它采用可编程序的存储器，能够执行逻辑控制、顺序控制、定时、计数和算术运算等操作功能，并通过开关量、模拟量的输入和输出完成各种机械或生产过程的控制。它具有丰富的输入、输出接口，并且具有较强的驱动能力，其硬件需根据实际需要选配，其软件则需根据控制要求进行设计。

1.2 可编程控制器的发展过程及基本功能

世界上公认的第一台 PLC 是 1969 年美国数字设备公司（DEC）研制的。

1968 年，美国 GM（通用汽车）公司提出取代继电器控制装置的要求。第二年，美国数字设备公司研制出了基于集成电路和电子技术的控制装置，首次采用程序化的手段应用于电气控制，这就是第一代可编程控制器。

随后日本、德国先后研制出自己的可编程控制器。

1. PLC 的发展过程

第一阶段：初级阶段（1969 年至 20 世纪 70 年代中期）。此阶段的 PLC 主要具有逻辑运算、定时和计数功能，没有形成系列。与继电器控制相比，可靠性有一定提高。CPU 由中小规模集成电路组成，存储器为磁芯存储器。

第二阶段：扩展阶段（20 世纪 70 年代中期至末期）。PLC 产品的控制功能得到很大扩展，包括数据的传送、数据的比较和运算、模拟量的运算等功能。增加了数字运算功能，能完成模拟量的控制。开始具备自诊断功能，存储器采用 EPROM。

第三阶段：通信阶段（20 世纪 70 年代末期至 20 世纪 80 年代中期）。PLC 随着计算机通信的发展，形成了分布式通信网络。PLC 已经从汽车行业迅速扩展到其他行业，作为继电器的替代品进入了食品、饮料、金属加工、制造和造纸等多个行业。代表产品有西门子公司的 SIMATIC S5 系列、富士的 MICRO 等。

第四阶段：开放阶段（20 世纪 80 年代中期至今）。通信系统开放，使各制造厂商的产品可以通信，通信协议开始标准化，使用户得益。PLC 开始采用标准化软件系统，并完成了编程语言的标准化工作。代表产品有西门子公司的 S7、AB 公司的 SLC500 等。

2. 可编程控制器的基本功能

❶ **逻辑控制**

PLC 具有逻辑运算功能，它设有"与""或""非"等逻辑指令，能够进行继电器触点的串联、并联、串并联等各种连接，因此它可以代替继电器进行组合逻辑与顺序逻辑控制。

❷ **定时与计数控制**

PLC 具有定时、计数功能，它为用户提供了若干个定时器、计数器，并设置了定时、计数指令，定时值、计数值可由用户在编程时设定，以满足生产工艺的要求。

❸ **步进控制**

PLC 能完成步进控制功能，步进控制是指在完成一道工序以后，再进行下一步工序，也就是顺序控制。

❹ **A/D、D/A 转换**

PLC 具有"模数"转换（A/D）和"数模"转换（D/A）功能，能完成对模拟量的控制与调节。

❺ **数据处理**

PLC 具有数据处理能力，能进行数据并行传送、比较和逻辑运算，BCD 码的加、减、乘、除等运算，还能进行字"与"、字"或"、字"异或"、求反、逻辑移位、算术移位、数据检索、比较及数制转换等操作。

❻ **通信与联网**

现代 PLC 采用了通信技术，可以进行远程 I/O 控制，多台 PLC 之间可以进行连接，还可以与计算机进行通信。由一台计算机和若干台 PLC 可以组成"集中管理、分散控制"的分布式控制网络，以完成较大规模的复杂控制。

❼ **控制系统监控**

现代 PLC 配置有较强的监控功能，操作人员通过监控命令可以监视有关部分的运行状态，可以调整定时、计数等设定值，便于调试、使用和维护。

1.3　可编程控制器的特点、性能指标及分类

1. 可编程控制器的特点

❶ **高可靠性**

高可靠性是 PLC 最突出的特点之一。PLC 之所以具有高可靠性是因为它采用了微电子技术，大量的开关

动作由无触点的半导体电路来完成，另外还采取了屏蔽、滤波、隔离等抗干扰措施。它的平均故障间隔时间为 3 万 ~ 5 万小时以上。

②　灵活性

过去，电气工程师必须为每套设备配置专用控制装置。有了可编程控制器，只需编写不同应用软件即可，而且可以用一台可编程控制器控制几台操作方式完全不同的设备。

③　便于改进和修正

相对传统的电气控制线路，可编程控制器为改进和修订原设计提供了极其方便的手段。以前也许要花费几周的时间，而用可编程控制器也许只用几分钟就可以完成。

④　节点利用率提高

传统电路中一个继电器只能提供几个节点用于连锁，在可编程控制器中，一个输入中的开关量或程序中的一个线圈可提供用户所需要的任意一个连锁节点，节点在程序中可不受限制地使用。

⑤　丰富的 I/O 接口

PLC 除了具有计算机的基本部分，如 CPU、存储器等以外，还有丰富的 I/O 接口模块。对不同的工业现场信号（如交流、直流、电压、电流、开关量、模拟量、脉冲等），都有相应的 I/O 模块与工业现场的器件。另外有些 PLC 还有通信模块、特殊功能模块等。

⑥　模拟调试

可编程控制器能对所控功能在实验室内进行模拟调试，缩短现场的调试时间。

⑦　快速动作

传统继电器节点的响应时间一般需要几百毫秒，而可编程控制器里的节点反应很快，内部是微秒级的，外部是毫秒级的。

⑧　梯形图及布尔代数并用

可编程控制器的程序编制可采用电气技术人员熟悉的梯形图方式，也可以采用程序员熟悉的布尔代数图形方式。

⑨　对现场进行微观监视

操作人员通过显示器上的编程软件可以观测到所控每一个节点的运行情况，随时监视事故发生点。

⑩　体积小、质量轻、功耗低

由于采用半导体集成电路，与传统控制系统相比较，其体积小、质量轻、功耗低。

⑪　编程简单、使用方便

PLC 采用面向控制过程、面向问题的"自然语言"编程，容易掌握。例如，目前 PLC 大多数采用梯形图语言编程方式，它继承了传统控制线路的清晰直观感，很容易被技术人员所接受，易于编程，程序改变时也易于修改。

当然，PLC 也并非十全十美，其缺点是价格还比较高。一般来说，价格比继电器控制系统高，比一般单板机系统也高。

2．可编程控制器的性能指标

①　编程语言

PLC 常用的编程语言有梯形图、指令表、流程图以及某些高级语言等。目前使用最多的是梯形图和指令表。

❷ I/O总点数

PLC的输入和输出量有开关量和模拟量两种。开关量 I/O 用最大 I/O 点数表示，模拟量 I/O 则用最大 I/O 通道数表示。

❸ 内部继电器的种类

内部继电器包括普通继电器、保持继电器、特殊继电器等。

❹ 用户程序存储量

用户程序存储器用于存储通过编程器输入的用户程序，其存储量通常是以字（word）或字节（byte）为单位来计算的。16 位二进制数为一个字，8 位为一个字节，每 1024 个字节为 1KB。中小型 PLC 的存储容量一般在 8KB 以下，大型 PLC 的存储容量有的已达 96KB 以上。通常一般的逻辑操作指令每条占一个字，数字操作指令占两个字。

❺ 速度

速度用每 1024 字的扫描时间来体现。如 20ms/KB，表示扫描 1KB 的用户程序需要的时间为 20ms。

❻ 工作环境

一般能在下列条件下工作：温度 0℃～55℃，湿度小于 80%。

❼ 特殊功能

有的 PLC 还具有某些特殊功能，如自诊断功能、通信联网功能、监控功能、特殊功能模块以及远程 I/O 能力等。

3. 可编程控制器的分类

❶ 按结构形式分类

（1）整体式。整体式 PLC 是将电源、中央处理器，输入 / 输出部件等集中配置在一起，具有结构紧凑、体积小、质量小、价格低、I/O 点数固定、使用不灵活的特点，小型 PLC 常采用这种结构，如图 1-1 所示。

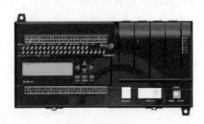

图 1-1 整体式 PLC

（2）模块式。模块式 PLC 把 PLC 的各部分以模块形式分开，如电源模块、CPU 模块、输入模块、输出模块等，把这些模块插在机架底板上，组装在一个机架内。这种结构配置灵活，装配方便，便于扩展，一般中型和大型 PLC 常采用这种结构，如图 1-2 所示。

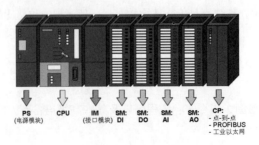

图 1-2 模块式 PLC

❷ **按输入、输出点数和存储容量分类**

（1）小型 PLC。小型 PLC 输入、输出点数在 256 点以下，用户程序存储容量在 2K 字以下。

（2）中型 PLC。中型 PLC 输入、输出点数在 256 ～ 2048 点之间，用户程序存储容量一般为 2 ～ 10K 字。

（3）大型 PLC。大型 PLC 输入、输出点数在 2048 点以上，用户程序存储容量达 10K 字以上。

❸ **按功能分类**

（1）低档 PLC。低档 PLC 具有逻辑运算、定时、计数等功能。有的还增设少量的模拟量处理、算术运算、数据传送等功能。

（2）中档 PLC。中档 PLC 除具有低档机的功能外，还具有较强的模拟量输入、输出、算术运算、数据传送等功能，可完成既有开关量又有模拟量控制的任务。

（3）高档 PLC。高档 PLC 增设有带符号算术运算及矩阵运算等，使运算能力更强。还具有模拟调节、联网通信、监视、记录和打印等功能，使 PLC 的功能更多更强。能进行远程控制，构成分布式控制系统，成为整个工厂的自动化网络。

1.4 可编程控制器的基本结构及工作原理

传统继电接触器控制系统，支配控制系统工作的"程序"是由导线将电气元器件连接起来实现的，这样的控制系统称之为"硬接线"程序控制系统。

可编程序控制系统是通过修改 PLC 的程序来完成的，也称之为"软接线"程序控制系统。

PLC 控制系统与微型计算机控制系统基本相似，由硬件和软件两大部分组成。PLC 实质上是一种用于工业控制的专用计算机，但对硬件各部分的定义及工作过程则与 PC 有很大差异。

1.4.1 可编程控制器的基本结构

以 SIMATIC S7-300 PLC 为例，可编程控制器主要包括导轨（RACK）、电源模块（PS）、CPU 模块、接口模块（IM）、输入 / 输出模块（SM）。各模块的功能如下。

1. 导轨

导轨是安装可编程控制器各类模块的机架，可根据实际需要选择。

2. 电源模块

电源模块用于对 PLC 内部电路供电。

3. CPU 模块

CPU 模块有多种型号，它是可编程控制器的神经中枢，是系统的运算控制核心。它根据系统程序的要求可完成以下任务：接收并存储用户程序和数据，接收现场输入设备的状态和数据，诊断 PLC 内部电路工作状态和编程过程中的语法错误，完成用户程序规定的运算任务，更新有关标志位的状态和输出状态寄存器的内容，实现输出控制或数据通信等功能。

4. 输入 / 输出模块

输入 / 输出模块是 CPU 模块与现场输入 / 输出元件或设备连接的桥梁，用户可根据现场输入 / 输出元件选择各种用途的 I/O 模块。

一般 PLC 均配置 I/O 电平转换及电气隔离。

• 输入电压转换是用来将输入端不同电压或电流信号转换成微处理器所能接收的低电平信号，输出电

5

平转换是用来将微处理器控制的低电平信号转换为控制设备所需的电压或电流信号。

- 电气隔离是在微处理器与 I/O 回路之间采用的防干扰措施，输入 / 输出模块既可以与 CPU 模板放置在一起，又可远程安装。

5. 接口模块

接口模块用于不同导轨之间总线的连接。

1.4.2　可编程控制器的工作原理

PLC 实现控制的过程一般是可分为输入采样、程序执行、输出刷新 3 个阶段，如图 1-3 所示。

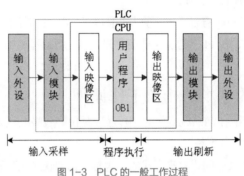

图 1-3　PLC 的一般工作过程

1. 输入采样阶段

PLC 以扫描的方式工作，输入电路时刻监视着输入状况，并将其暂存于输入暂存器中。在整个工作周期内，这个采样结果的内容不会改变，而且这个采样结果将在 PLC 执行程序时被使用。

2. 程序执行阶段

PLC 按顺序对程序进行扫描，并分别从输入映像区和输出映像区中获得所需的数据进行运算、处理，再将程序执行的结果写入输出映像区中保存。这个结果在程序执行期间可能发生变化，但在整个程序未执行完毕之前不会送到输出端口。

3. 输出刷新阶段

在执行完用户所有程序后，PLC 将输出映像区中的内容送到寄存输出状态的输出锁存器中，这一过程称为输出刷新。输出电路要把输出锁存器的信息传送给输出点，再去驱动用户设备。

PLC 工作的主要特点是循环扫描执行输入采样、程序执行、输出刷新"串行"工作方式，这样既可避免继电接触器控制系统因"并行"工作方式存在的触点竞争，又可提高 PLC 的运算速度，这是 PLC 系统可靠性高、响应快的原因。但是，也导致输出对输入在时间上的滞后。

为此，PLC 的工作速度要快。速度快、执行指令时间短，是 PLC 实现控制的基础。事实上，PLC 的速度是很快的，执行一条指令，多的几微秒、几十微秒，少的才零点几微秒，或零点零几微秒，而且这个速度还在不断提高中。

图 1-3 所示的过程是简化的过程，实际的 PLC 工作流程还要复杂些。除了 I/O 刷新及运行用户程序外，还要做些公共处理工作，如循环时间监控、外设服务及通信处理等。

PLC 的开机流程要经过上电初始化、系统自检、运行程序、循环时间计算、I/O 刷新、外设及通信服务等几个阶段，如图 1-4 所示。

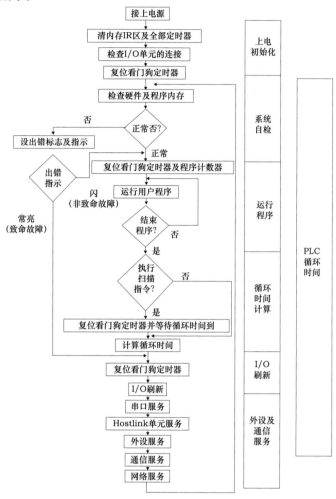

图 1-4 PLC 的工作流程

1.5 可编程控制器的编程语言

国际电工委员会制定的工业控制编程语言标准（IEC1131-3），定义了 5 种 PLC 编程语言。

- 指令表 IL（Instruction List）：西门子称为语句表 STL。
- 结构文本 ST（Structured Text）：西门子称为结构化控制语言 SCL。
- 梯形图 LD（Ladder Diagram）：西门子简称为 LAD。
- 功能块图 FBD（Function Block Diagram）：标准中称为功能方框图语言。
- 顺序功能图 SFC（Sequential Function Chart）：对应于西门子的 S7 Graph。

下面对常用 PLC 编程语言进行介绍。

1. 梯形图语言（LAD）

梯形图语言是 PLC 程序设计中最常用的编程语言。它是与继电器线路类似的一种编程语言。由于电气设计人员对继电器控制较为熟悉，因此，梯形图编程语言得到了广泛的应用。图 1-5 所示为典型的交流异步电动机直接启动的继电器控制电路图，图 1-6 所示为采用 PLC 控制的程序梯形图。

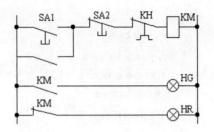

图 1-5　交流异步电动机直接启动电路图

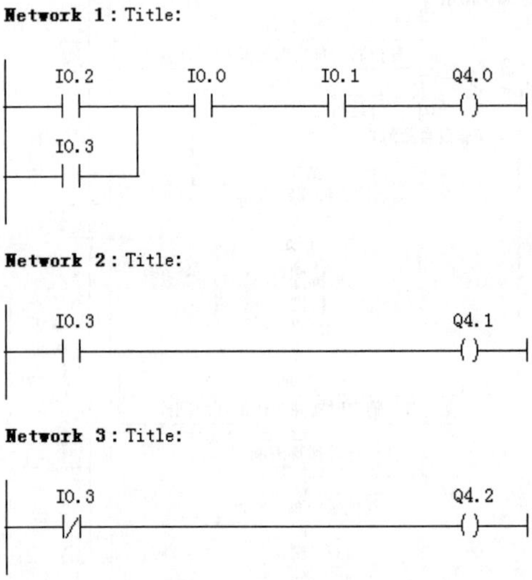

Network 1: Title:

```
   I0.2        I0.0      I0.1        Q4.0
   ┤├──┬──────┤├────────┤├─────────( )
   I0.3 │
   ┤├───┘
```

Network 2: Title:

```
   I0.3                              Q4.1
   ┤├───────────────────────────────( )
```

Network 3: Title:

```
   I0.3                              Q4.2
   ┤/├──────────────────────────────( )
```

图 1-6　PLC 梯形图

2. 指令表语言（STL）

指令表编程语言是与汇编语言类似的一种助记符编程语言，它和汇编语言一样由操作码和操作数组成。图 1-7 就是与图 1-6 所示 PLC 梯形图对应的指令表。

Network 1: Title:
```
     A(
     O      I      0.2
     O      I      0.3
     )
     A      I      0.0
     A      I      0.1
     =      Q      4.0
```

Network 2: Title:
```
     A      I      0.3
     =      Q      4.1
```

Network 3: Title:
```
     AN     I      0.3
     =      Q      4.2
```

图 1-7　指令表

3. 功能块图语言（FBD）

功能块图语言是与数字逻辑电路类似的一种 PLC 编程语言。图 1-8 所示为交流异步电动机直接启动的功能模块图编程语言的表达方式。

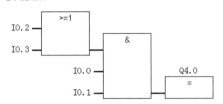

Network 2 : Title:

Network 3 : Title:

图 1-8 功能块图

1.6 可编程控制器与其他工业控制装置的比较

1. PLC 与继电器控制系统的比较

继电器控制系统是针对一定的生产机械、固定的生产工艺设计的，采用硬接线方式装配而成，只能完成既定的逻辑控制、定时、计数等功能，一旦生产工艺过程改变，则控制柜必须重新设计，重新配线。传统的继电器控制系统被 PLC 所取代已是必然趋势。PLC 由于应用了微电子技术和计算机技术，各种控制功能都是通过软件来实现的，只要改变程序并改动少量的接线端子，就可适应生产工艺的改变。从适应性、可靠性、安装维护等各方面比较，PLC 都有显著的优势。因此，PLC 控制系统将取代大多数传统的继电器控制系统。

2. PLC 与集散控制系统的比较

PLC 与集散控制系统在发展过程中，始终是互相渗透、互为补充，它们分别由两个不同的古典控制设备发展而来。PLC 由继电器逻辑控制系统发展而来，所以它在数字处理、顺序控制方面具有一定优势，主要侧重于开关量顺序控制方面。集散控制系统（DCS）由单回路仪表控制系统发展而来，所以它在模拟量处理、回路调节方面具有一定优势，主要侧重于回路调节功能。

集散控制系统自 20 世纪 70 年代问世以来，发展非常迅速，特别是单片微处理器的广泛应用和通信技术的成熟，把顺序控制装置、数据采集装置、过程控制的模拟量仪表、过程监控装置有机地结合在一起，产生了满足不同要求的集散型控制系统。

现代 PLC 的模拟量控制功能很强，多数都配备了各种智能模块，以适应生产现场的多种特殊要求，它具有 PID 调节功能和构成网络系统组成分级控制的功能，以及集散系统所完成的功能。

集散控制系统既有单回路控制系统，又有多回路控制系统，同时也具有顺序控制功能。

到目前为止，PLC 与集散控制系统的发展越来越接近，很多工业生产过程既可以用 PLC，也可以用集散控制系统实现其控制功能。把 PLC 系统和 DCS 系统各自的优势有机地结合起来，可形成一种新型的分布式计算机控制系统。

3. PLC 与工业控制计算机的比较

工业控制计算机是通用微型计算机适应工业生产控制要求发展起来的一种控制设备。硬件结构方面标准化程度高、兼容性强，而软件资源丰富，特别是有实时操作系统的支持，故对要求快速、实时性强、模型复杂、计算工作量大的工业对象的控制占有优势。但是，使用工业控制机控制生产工艺过程，要求开发人员具有较高的计算机专业知识和微机软件编程的能力。

PLC 最初是针对工业顺序控制应用而发展起来的，因工业控制的硬件结构专用性强，通用性差，很多优秀的微机软件不能直接使用，必须经过二次开发。但是，PLC 使用技术人员熟悉的梯形图语言编程，易学易懂，便于推广应用。

从可靠性方面看，PLC 是专为工业现场应用而设计的，采用整体密封或插件组合型，并采取了一系列抗干扰措施，具有很高的可靠性。而工业控制计算机（工控机）虽然也能够在恶劣的工业环境下可靠地运行，但毕竟是由通用机发展而来，在整体结构上要完全适应现场生产环境。另外，PLC 用户程序是在 PLC 监控程序的基础上运行的，软件方面的抗干扰措施在监控程序里已经考虑得很周全，而工控机用户程序则必须考虑抗干扰问题，这也是工控机应用系统比 PLC 应用系统可靠性差的原因。

尽管现代 PLC 在模拟量信号处理、数值运算、实时控制等方面有了很大提高，但在模型复杂、计算量大、实时性要求较高的环境中，工业控制计算机则更能体现出它的优势。

1.7　可编程控制器的发展趋势

目前 PLC 的市场竞争十分激烈，各大公司都看中了中国这个巨大的 PLC 市场。西门子公司不断推出新的 PLC 产品，巩固和发展其领先的技术优势和市场份额。S7-200、S7-300 系列可编程控制器在中小型 PLC 市场中极具竞争力，西门子公司在之后又推出了中高档的 S7-400 系列 PLC、自带人机界面的 C7 系列 PLC、与 AT 计算机兼容的 M7 系列 PLC 等多种新产品。AB 公司、GE 公司、欧姆龙公司等国外公司也都采取了各种策略，争夺中国的 PLC 市场。

随着技术的发展和市场需求的增加，PLC 的结构和功能也在不断改进，生产厂家不断推出功能更强的 PLC 新产品，PLC 的发展趋势主要体现在以下几个方面。

1. 网络化

主要是朝 DCS 方向发展，使其具有 DCS 系统的一些功能。网络化和通信能力强是 PLC 发展的一个重要方面，向下将多个 PLC、多个 I/O 框架相连，向上与工业计算机、现场总线、以太网等相连构成整个工厂的自动化控制系统。

2. 多功能

为了适应各种特殊功能的需要，各公司陆续推出了多种智能模块。智能模块是以微处理器为基础的功能部件，它们的 CPU 与 PLC 的 CPU 并行工作，占用主机 CPU 的时间很少，有利于提高 PLC 扫描速度和完成特殊的控制要求。

智能模块主要有模拟量 I/O、PID 回路控制、通信控制、机械运动控制（如轴定位、步进电动机控制）、高速计数等。由于智能 I/O 的应用，使过程控制的功能和实时性大为增强。

3. 高可靠性

由于控制系统的可靠性日益受到人们的重视，一些公司已将自诊断技术、冗余技术、容错技术广泛应用到现有产品中，推出了高可靠性的冗余系统，并采用热备用或并行工作。

例如 S7-400 PLC 即使在恶劣的工业环境下依然可正常工作，在操作运行过程中，模块还可热插拔。

4. 兼容性

现代 PLC 已不再是单个的、独立的控制装置，而是整个控制系统中的一部分或一个环节，好的兼容性是 PLC 探索层次应用的重要保证。

例如 SIMATIC M7-300 PLC 采用与 SIMATIC S7-300 相同的结构，能用 SIMATIC S7 模块，其显著特点是与通用微型计算机兼容，可运行 MS-DOS/Windows 程序，适合处理数据量大、实时性强的工程任务。

5. 小型化简单易用

随着应用范围的扩大和用户投资规模的不同，小型化、低成本、简单易用的 PLC 将广泛应用于各行各业。小型 PLC 由整体结构向小型模块化发展，提高了配置的灵活性。

6. 编程语言向高层次发展

PLC 的编程语言在原有梯形图语言、语句表语言的基础上，正在不断丰富和向高层次发展。

1.8 思考与练习

1. 什么是可编程控制器?
2. PLC 的基本构成包含哪些部分?
3. PLC 有哪些功能?
4. PLC 有哪些主要特点?
5. PLC 与工业控制计算机有哪些不同?
6. 简述 PLC 未来发展趋势。

第2章
S7 PLC 的系统特性

德国西门子公司是世界上最大的电气和电子公司之一，其自动化与驱动集团（A&D）是工业自动化的中坚力量，并在中国 PLC 和大型传动市场上处于领先地位。该集团核心产品 SIMATIC S7 已经成功地被应用于几乎所有的自动化领域，并且在几乎所有应用行业内都保持着强大的竞争力。

SIMATIC S7 系列 PLC 是德国西门子公司在 S5 系列 PLC 基础上于 1995 年陆续推出的性能价格比较高的 PLC 系统。SIMATIC S7 系列 PLC 都采用了模块化、无排风扇结构，且具有易于用户掌握等特点，使其得到广泛应用。

【本章重点】

- 西门子 S7 系列 PLC 的主要产品及技术指标。
- S7-200 PLC、S7-300 PLC、S7-400 PLC 的区别。
- S7-200 系列 PLC 的性能与工作方式。
- S7-200 系列 PLC 的编程。
- S7-300/400 PLC 的系统组成。
- S7-300/400 PLC 的 I/O 编址方法。
- S7-300/400 PLC 的 CPU 特性。
- S7-300/400 PLC 主要模块的特点、功能及技术参数。

2.1　S7-200 PLC 的系统组成及特性

S7-200 是一种小型的可编程序控制器，适用于各行各业，各种场合中的检测、监测及控制的自动化。S7-200 系列的强大功能使其无论在独立运行中或相连成网络皆能实现复杂控制功能。因此 S7-200 系列具有极高的性能价格比。

2.1.1　S7-200 PLC 概述

S7-200 产品如图 2-1 所示。

图 2-1　S7-200 系列 PLC

原理动画

S7-200系列PLC

S7-200 PLC 系统 CPU 22X 系列 PLC 主机（CPU 模块）的外形如图 2-2 所示。

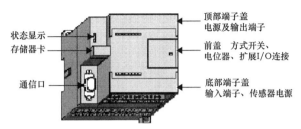

图 2-2　S7-200 PLC 的主机（CPU）

S7-200 PLC 与 PC 的 PPI 通信连接示意图如图 2-3 所示。

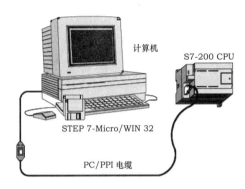

图 2-3　S7-200 PLC 与 PC 的 PPI 通信

S7-200 PLC 的编程软件是 STEP 7-Micro/WIN，软件界面如图 2-4 所示。

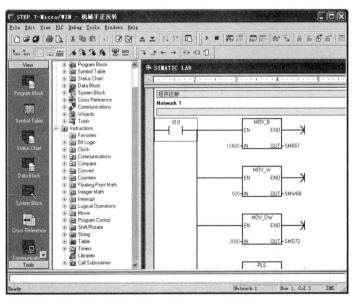

图 2-4　STEP 7-Micro/WIN 软件界面

SIMATIC S7-200 PLC 的系统由硬件和工业软件两大部分构成，如图 2-5 所示。

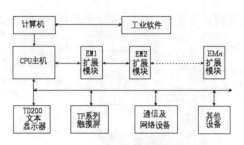

图 2-5　S7-200 PLC 的系统组成

2.1.2　S7-200 PLC 的系统特性

1. S7-200 PLC 的特性

- 针对低性能要求的模块化小控制系统。
- 不同档次的 CPU。
- 可选择不同类型的扩展模块。
- 7 个模块的扩展能力。
- 模块中集成背板总线。
- 网络连接：- RS 485 通信接口或 - PROFIBUS。
- 通过编程器 PG 访问所有的模块。
- 无插槽限制。
- 公共软件。
- 带有电源、CPU 和 I/O 的一体化单元设备。
- 带有集成功能的"微型 PLC"。

2. S7-200 PLC 的 CPU 特性

S7-200 CPU 将微处理器、电源和若干数字量 I/O 点集成在一个紧凑的封装中，组成一个功能强大的 PLC。不同类型的 CPU 具有不同的数字量 I/O 点数、内存容量等规格参数。

目前提供的 S7-20 CPU 有：CPU221、CPU222、CPU224、CPU226 和 CPU226XM。

对每一个型号，西门子提供 DC（24V）和 AC（120 ~ 220V）两种电源供电的 CPU 类型，如 CPU224 DC/DC/DC 和 CPU224 AC/DC/Relay。其中 DC/DC/DC 说明 CPU 是直流供电，直流数字量输入，晶体管直流电路数字量输出。AC/DC/Relay 说明 CPU 是交流供电，直流数字量输入，继电器触点数字量输出。

S7-200 PLC 的几种通用型 CPU 的主要技术参数比较如表 2-1 所示。

表 2-1　几种通用型 CPU 的主要技术参数比较

特性	CPU221	CPU222	CPU224	CPU226	CPU226XM
外形尺寸 /mm×mm×mm	90×80×62	90×80×62	120.5×80×62	190×80×62	190×80×62
程序存储区 / 字节	4096	4096	8192	8192	16384
数据存储区 / 字节	2048	2048	5120	5120	10240
掉电保持时间 /h	50	50	190	190	190
本机 I/O	6/4	8/6	14/10	24/16	24/16

特性		CPU221	CPU222	CPU224	CPU226	CPU226XM
扩展模块数量		0	2	7	7	7
高速计数器	单相 /kHz	30（4 路）	30（4 路）	30（6 路）	30（6 路）	30（6 路）
	双相 /kHz	20（2 路）	20（2 路）	20（4 路）	20（4 路）	20（4 路）
脉冲输出（DC）/kHz		20（2 路）	20（2 路）	20（2 路）	20（2 路）	20（2 路）
模拟电器		1	1	2	2	2
实时时钟		配时钟卡	配时钟卡	内置	内置	内置
通信口		1 RS-485	1 RS-485	1 RS-485	2 RS-485	2 RS-485
浮点数运算		有	有	有	有	有
I/O 映像区		256（128 入 /128 出）				
布尔指令执行速度		0.37 μs/ 指令				

2.1.3 S7-200 PLC 的扩展模块

S7-200 CPU 可以连接扩展模块（CPU221 除外），扩展模块主要有如下几类：数字量 I/O 扩展模块 EM221、EM222、EM223，模拟量 I/O 扩展模块 EM231、EM232、EM235，通信模块 EM277、EM241、CP243-1、CP243-1 IT、CP243-2。此外，S7-200 还提供了一些特殊模块，用以完成特殊的任务。

如果 S7-200 CPU 和扩展模块不能安装在一条导轨上，可以选用总线延长电缆，电缆长度 0.8m，一个 S7-200 系统只能安装一条总线延长电缆。扩展模块的安装如图 2-6 所示。

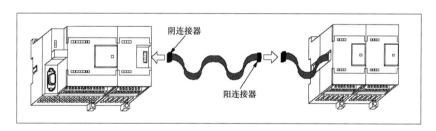

图 2-6 S7-200 PLC 扩展模块的安装

2.1.4 S7-200 PLC 的 I/O 地址分配

下面以 CPU226 为例，说明 S7-200 PLC 的 I/O 地址分配。

数字量输入地址总是从 I0.0 ～ I0.7、I1.0 ～ I1.7、I2.0 ～ I2.7，即它的地址总是以 8 位（1 个字节）递增。如果 CPU 的 I/O 未用完一个字节时，则那些未用完的位不能分配给 I/O 链中的后续模块，即如果 CPU226 外挂一块 EM221，它的地址只能是 I3.0 ～ I3.7。

模拟量扩展模块的输入点地址总是以 4 个通道（4 个 16 位的字）递增，输出点地址总是以两个通道（两个 16 位的字）递增。如果模块没有占用完输入 / 输出通道，这些通道地址也不能分配给后续的模拟量模块。例如 CPU226 外挂一块 EM231 通用模块和 EM232 通用模块，它的地址只能分别是 AIW0、AIW2、AIW4、AIW6 和 AQW0、AQW2。

2.2　S7-200 系列 PLC 的性能与工作方式

PLC 的性能是衡量其功能的直接反映，了解 PLC 的性能能够更好地利用其功能设计 PLC 系统。S7-200 的性能主要分为输入 / 输出系统性能和存储系统性能两种，它有 3 种工作方式。下面来具体介绍 S7-200 系列 PLC 的性能与工作方式。

2.2.1　S7-200 系列 PLC 的输入 / 输出系统性能

S7-200 的输入 / 输出系统性能主要涉及 4 个方面，输入特性、输出特性、扩展能力和快速响应功能。下面具体介绍这 4 个方面的性能。

1．输入特性

输入特性包括输入电压要求和输入端子功能。S7-200 的数字量输入的电压要求均为 24V DC，"1"表示 15 ~ 35V，"0"表示 0 ~ 5V，电压信号经过光电耦合隔离后进入到 PLC 中。S7-200 的输入端子功能如表 2-2 所示。

表 2-2　S7-200 的输入端子功能

CPU	输入滤波	中断输入	高速计数器	每组点数	电缆长度
CPU221	0.2 ~ 12.8ms	I0.0 ~ I0.3	I0.0 ~ I0.5	2/4	非屏蔽输入 300m，屏蔽输入 500m，屏蔽中断输入及高速计数器 50m
CPU222				4/4	
CPU224				8/6	
CPU226				13/11	

2．输出特性

一般来讲，PLC 的输出类型有 3 种，即晶体管、继电器和 SSR。而对 S7-200 CPU 只有晶体管和继电器输出两种类型，CPU22X 的输出特性如表 2-3 所示。

表 2-3　CPU22X 的输出特性

CPU	类型	电源电压	输出电压	输出点数	每组点数	输出电流
CPU221	晶体管	24V DC	24V DC	4	4	0.75A
	继电器	85 ~ 264V AC	24V DC，24 ~ 230V AC	4	1/3	2A
CPU222	晶体管	24V DC	24V DC	6	6	0.75A
	继电器	85 ~ 264V AC	24V DC，24 ~ 230V AC	6	3/3	2A
CPU224	晶体管	24V DC	24V DC	10	5/5	0.75A
	继电器	85 ~ 264V AC	24V DC，24 ~ 230V AC	10	4/3/3	2A
CPU226	晶体管	24V DC	24V DC	16	8/8	0.75A
	继电器	85 ~ 264V AC	24V DC，24 ~ 230V AC	16	4/5/7	2A

表 2-3 中，电源电压是 PLC 的工作电压，输出电压是由用户提供的负载工作电压，每组点数是指全部输出端子可以分成几个隔离组，每个隔离组中有几个输出端子。例如，CPU224 中，4/3/3 表示共有 10 个输出端子分成 3 个隔离组，每个隔离组中的输出端子数分别为 4、3、3 个，由于每个隔离组中有一个公共端，所以每个隔离组可以单独使用不同的负载工作电压。如果所有输出电压相同，可将这些公共端连接起来。

3．扩展能力

扩展能力是指 PLC 自带的 I/O 点数不能满足要求，或者涉及模拟量控制时，除了 CPU221 外，都可以采用扩展 I/O 模块的方法，对 I/O 点数进行扩展。

PLC 在进行 I/O 扩展时应注意以下几点。

（1）PLC 所能连接的扩展模块的数目。

（2）PLC 的映像寄存器的数量。

（3）PLC 在 5V DC 下所能提供的最大扩展电流。

S7-200 的 CPU22X 系列 PLC 的扩展能力如表 2-4 所示。

表 2-4　S7-200 的 CPU22X 系列 PLC 的扩展能力

CPU	最多扩展模块数	映像寄存器的数量	最大扩展电流
CPU221	无	数字量：256，模拟量：无	0
CPU222	2	数字量：256，模拟量：16 入 /16 出	340mA
CPU224	7	数字量：256，模拟量：32 入 /32 出	660mA
CPU226	7	数字量：256，模拟量：32 入 /32 出	1000mA

4. 快速响应功能

❶ 脉冲捕捉功能

利用脉冲捕捉功能使 PLC 可使用普通端子捕捉到小于一个 CPU 扫描周期的短脉冲信号。

❷ 中断输入

利用中断输入使得 PLC 可以以极快的速度对上升沿做出响应。

❸ 高速计数器

S7-200 中有 4 ～ 6 个可编程的 30kHz 高速计数器，多个独立的输入端子允许进行加减计数，可以连接相位差为 90° 的 A/B 相向量的编码器。

❹ 模拟电位器

模拟电位器的功能是用来改变某些特殊寄存器中的数值，这些特殊寄存器中的参数可以是定时器 / 计数器的设定值，或者是某些过程变量的控制参数。利用模拟电位器可以在程序运行时随时更改这些参数，且不占用 PLC 的输入点。

2.2.2　S7-200 系列 PLC 的存储系统性能

S7-200 存储系统由 RAM 和 EEPROM 两种类型存储器构成。这两种类型的存储器均在 CPU 模块中，同时，CPU 模块支持可选的 EEPROM 存储器卡。存储系统如图 2-7 所示。

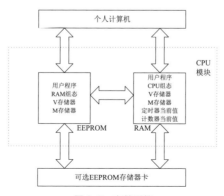

图 2-7　存储系统

S7-200 存储系统的使用主要包括以下几个方面。

1. 上传和下载用户程序

上传和下载用户程序指的是用 STEP-Micro/Win 编程软件进行编程时，PLC 主机和计算机之间程序、数据和参数的传送。上传用户程序是将 PLC 中的程序和数据通过通信设备上传到计算机中，并进行程序的检查和修改。下载用户程序是将编制好的程序和 CPU 组态配置参数通过通信设备下载到 PLC 中，并进行调试。下载用户程序时，用户程序、数据和 CPU 组态配置参数存于主机的存储器 RAM 中，为了永久保存，主机会自动地把这些内存装入 PLC 的 EEPROM（EEPROM 可为 PLC 自带的，也可以为可选的 EEPROM 存储器）。

2. 定义存储器保持范围

当系统运行时出现电源掉电的意外情况，为了使掉电时系统运行的一些重要参数不丢失，可以在设置 CPU 参数时定义可选保持的存储区。用户可以定义的可选保持的存储器有 V 存储器、M 存储器、定时器当前值（只有 TONR）和计数器当前值。

3. 数据保持

S7-200 系列 PLC 的 CPU 模块中的 RAM 存储区需要为其提供电源，方能保持其中的数据不丢失。要保存 T 和 C 中的数据，也需要提供电源。S7-200 系列 PLC 自带的 EEPROM 存储器不需要另外的供电就能永久保存数据。EEPROM 对应于 RAM 中的 V 存储区和 M 存储区的一部分。数据存入 EEPROM，需要做一些设置或者编程。

❶ 内置超级电容保持数据

CPU 模块内置超级电容在短期断电内为数据保持和实时时钟（如果有）提供电源。断电后，CPU221 和 CPU222 的超级电容可提供约 50 小时的数据保持，CPU224、CPU226 和 CPU226XM 可保持数据约 190 小时。不过，内置超级电容在 CPU 上电时需充电，为了保证获得上述数据保持时间，至少需要充电 24 小时。

❷ 内置电容 + 电池卡保持数据

可以在 S7-200 系列 PLC 的可选卡插槽上，插入电池卡 BC293 以提供额外的数据保持时间。对 CPU221 和 CPU222，还可以选用时钟 / 电池卡 CC292，同时获得电池备份的数据保持和实时时钟。CPU 断电后，首先依靠内置电容为数据提供电源。内置电容放电完毕后，电池卡才起作用。完全靠电池卡为 CPU 提供数据备份电源时，电池寿命约为 200 天。

❸ 使用数据块

用户编程时可以编辑数据块。数据块用于给 S7-200CPU 的 V 存储区赋予初始值。由于数据块在 S7-200 项目下载到 CPU 时，直接存储到 PLC 自带的 EEPROM 中，因此数据块的内容永远不会丢失。数据块可以用于保存程序中不需改变的参数。

❹ 断电自动保存

S7-200CPU 的 M 存储区有 14 字节（MB0 ~ MB13），可以在 CPU 断电时自动将其中的内容写到 EEPROM 的相应区域中，数据可以永久保存。默认情况下，M 存储区的这 14 个字节未设置为在断电时自动保存，需要在 S7-200 项目的系统块中进行设置。

❺ 编程保存数据

在程序中利用 SMB31 和 SMW32 特殊存储器，可以把 V 存储区中任意地址的数据写到相应的 EEPROM 单元中，达到永久保存的目的。每次操作可以写入 1 个字节、字或者双字长度的数据。多次执行操作，可以写入多个数据。

2.2.3　S7-200 系列 PLC 的工作方式

PLC 一般有两种基本工作方式，RUN（运行）模式与 STOP（停止）模式。但 S7-200 系列 PLC 还有一种独特的模式，TERM（Terminal 终端）模式，且这种模式要与编程软件 STEP 7 相结合。这 3 种工作方式可通过安装在 PLC 上的方式选择开关进行切换。

- RUN 模式：PLC 执行用户程序。
- STOP 模式：PLC 不能运行用户程序，可以向 PLC 装载用户程序或进行 PLC 的设置。
- TERM 模式：允许使用工业编程软件"STEP 7-Micro/WIN"来控制 CPU 的工作方式。

2.2.4　S7-200 系列 PLC 的电源计算

所有的 S7-200 系列 PLC 不光有为其自身、扩展模块和其他用电设备供电的内部电源，它本身还向外提供一个 24V DC 电源，从电源输出点（L＋，M）引出。此电源可为 PLC 和扩展模块上的 I/O 点供电，也为一些特殊功能模块供电。此电源还从 S7-200 系列 PLC 的通信口输出，给 PC/PPI 编程电缆，或 TD200 文本操作界面等设备供电。S7-200 系列 PLC 的 CPU 供电能力如表 2-5 所示。

表 2-5　S7-200 系列 PLC 的 CPU 供电能力

CPU 型号	5V DC	24V DC
CPU221	不能加扩展模块	180mA
CPU222	340mA	180mA
CPU224	660mA	280mA
CPU226/CPU226XM	1000mA	400mA

由表 2-5 可知，不同规格的 CPU 提供 5V DC 和 24V DC 电源的容量（以电流表示）不同。每个实际应用项目都要就电源容量进行规划计算。每个扩展模块都需要 5V DC 电源，应当检查所有扩展模块的 5V DC 电源要求是否超出 CPU 的供电能力，如果超出，就必须减少或改变模块配置。有些模块需要 24V DC 电源供电，这些电源也要根据 CPU 的供电能力进行计算。如果所需电源超出电源容量，需要增加外接 24V DC 电源。S7-200 系列 PLC 的 CPU 所提供的电源不能和外接电源并联，但它们必须共地。CPU 电源计算示例如表 2-6 所示。

表 2-6　CPU 电源计算示例

CPU 电源预算	5V DC	24V DC
	减去以下电源需求	减去以下电源需求
系统要求	5V DC	24V DC
CPU224，14 点输入		$14 \times 4mA = 56\ mA$
3EM223，5V 电源需求	$3 \times 80\ mA = 240\ mA$	
1EM221，5V 电源需求	$1 \times 30\ mA = 30\ mA$	
3EM223，每个 EM223，8 点输入		$3 \times 8 \times 4\ mA = 96\ mA$
3EM223，每个 EM223，8 点继电器输出		$3 \times 8 \times 9mA = 216mA$
1EM221，每个 EM221，8 点输入		$1 \times 8 \times 9mA = 72mA$
总需求	270mA	400mA
电压差额	5V DC	24V DC
总电流差额	剩 290mA	缺 120mA

2.2.5 S7-200 系列 PLC 的最大 I/O 原则

一般来讲，PLC 本身提供的 I/O 点并不能满足实际需要，因此需要进行 I/O 点扩展，这就需要按照最大 I/O 原则进行扩展，以便达到经济实用的目的。

1. I/O 地址分配

S7-200 按照 I/O 类型为其分配不同的地址，共有 4 类。

- DI：数字量输入。
- DO：数字量输出。
- AI：模拟量输入。
- AO：模拟量输出。

每一类 I/O 分别排列地址，I/O 地址按从左到右、由小到大的规律排列。扩展模块的类型和位置一旦确定，则对应的 I/O 地址也随之确定。

2. 最大 I/O

S7-200 系列 PLC 虽然具有相同的 I/O 映像区，但不同型号 CPU 的最大 I/O 点实际上取决于它们所能带的扩展模块数目，如表 2-7 所示。

表 2-7　S7-200 最大 I/O 点

模块	5V 电源 /mA	数字量输入	数字量输出	模拟量输入	模拟量输出
CPU 221	不能扩展				
CPU 222					
最大数字量输入 / 输出					
CPU	340	8	6		
2×EM223DI16/DO16×24V DC （2×EM223DI16/DO16×24V DC/ 继电器）	−320（−300）	32	32		
总和	>0	40	38		
最大模拟量输入					
CPU	340	8	6		
2×EM 235 AI4/AQ1	−60			8	2
总和	>0	8	6	8	2
最大模拟量输出					
CPU	340	8	6		
2×EM 232 AQ2	−40			0	4
总和	>0	8	6	0	4
CPU 224					
最大数字量输入 / 继电器输出					
CPU	660	14	10		
4×EM223DI16/DO16×24V DC/ 继电器	−600	64	64		
2×EM221DI8×24V DC/	−60	16			
总和	0	94	74		
最大数字量输入 /DC 输出					
CPU	660	14	10		

模块	5V 电源 /mA	数字量输入	数字量输出	模拟量输入	模拟量输出
4×EM223DI16/DO×24V DC	−640	64	64		
总和	>0	78	74		
最大数字量输入 / 继电器输出					
CPU	660	14	10		
4×EM223DI16/DO16×24V DC/ 继电器	−660	64	64		
1×EM222 DO8× 继电器	−40		8		
总和	>0	78	82		
CPU226					
最大数字量输入 / 继电器输出					
CPU	1000	24	16		
6×EM223DI16/DO16×24V DC/ 继电器	−900	96	96		
1×EM223DI8/DO8×24V DC/ 继电器	−80	8	8		
总和	>0	128	120		
最大数字量输入 /DC 输出					
CPU	1000	24	16		
6×EM223DI16/DO16×24V DC	−960	96	96		
6×EM221DI8×24V DC	−30	8			
总和	>0	128	112		
CPU224 或 CPU226					
最大模拟量输入					
CPU	>660	14（24）	10（16）		
7×EM235 AI/AQ1	−210			28	7
总和	>0	14（24）	10（16）	28	7
最大模拟量输出					
CPU	>660	14（24）	10（16）		
7×EM 232 AQ2	−140			0	14
总和	>0	14（24）	10（16）	0	14

2.2.6　S7-200 系列 PLC 的外部接线

下面结合 S7-200 系列 PLC 电源、输出电压等的特点来讲述 S7-200 的外部接线情况。根据 PLC 控制系统的特性，S7-200 的外部接线分为输入接线图和输出接线图，两种接线图分别介绍如下。

1. 输入接线图

图 2-8 所示为 24V DC 输入接线图。24V DC 输入接线有两种方式，一是汇点输入，它是一种由 PLC 内部提供输入信号源，全部输入信号的一端汇总到输入的公共连接端输入形式。一种是源输入，它是一种由外部提供输入信号电源或使用 PLC 内部提供给输入回路的电源，全部输入信号为"有源"信号，并独立输入 PLC 的输入连接形式。1M 为输入端子组的电源端，有 n 组输入端子组，则每组的电源端为 nM。在实际应用中，每组输入端子使用的电源电压相同，因此常常合用电源端。

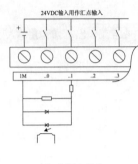

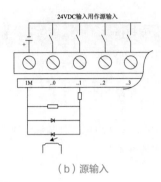

（a）汇点输入 　　　　　　　　　　　　　　　　（b）源输入

图 2-8　24V DC 输入接线图

2. 输出接线图

图 2-9 所示为 S7-200 系列 PLC 输出接线图。S7-200 系列 PLC 输出接线也有两种方式，（a）图是 24V DC 输出接线，（b）图是继电器输出接线。

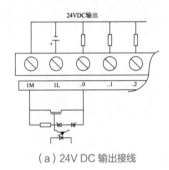

（a）24V DC 输出接线 　　　　　　　　　（b）继电器输出接线

图 2-9　输出接线图

① 24V DC输出接线

24V DC 输出的电源端是（nM，nL），其中 n 依据输出隔离组决定。若有 3 组输出，则电源端分别是（1M，1L+），（2M，2L+）和（3M，3L+）。因为输出电压常常相同，所以通常会将这些公共端连接起来。

② 继电器输出接线

继电器输出采用的是交流电源，电源端子为（Ln），其中 n 依据输出隔离组决定。根据输入接线与输出接线方法，CPU221 外部接线如图 2-10 所示。图 2-10（a）所示为供电电源为直流电源，采用直流汇点输入 / 直流输出的布线图，且有 24V DC 传感器电源输出。图 2-10（b）所示为供电电源为交流，采用直流汇点输入 / 继电器输出的接线图，且有 24V DC 传感器电源输出。

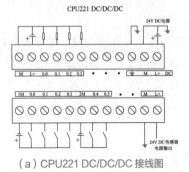

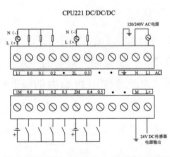

（a）CPU221 DC/DC/DC 接线图 　　　　　　　　　（b）CPU221 AC/DC／继电器接线图

图 2-10　CPU221 外部接线图

2.3　S7-200 系列 PLC 的编程

PLC 常用的编程语言有 5 种，而 S7-200 系列 PLC 使用的是其中的 3 种：梯形图、语句表和功能图。并且 S7-200 系列 PLC 的程序结构与其他公司生产的 PLC 有所不同，主要分成 3 个块，分别是用户程序、数据块与参数块，且用户程序又由主程序、中断程序和子程序组成。

2.3.1　PLC 的编程语言

PLC 编程语言有下述 5 种，常用的是梯形图和语句表这两种。

1. 顺序功能图

顺序功能图（Sequential Function Chart，SFC）是一种位于其他编程语言之上的图形语言，用来编制顺序控制程序。

SFC 提供了一种组织程序的图形方法，在顺序功能图中可以用别的语言嵌套编程。步、转换和动作是顺序功能图中的几种主要元件，如图 2-11 所示。可以用顺序功能图来描述系统的功能，根据它可以很容易地画出梯形图程序。

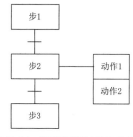

图 2-11　顺序功能图中的几种元件

2. 梯形图

梯形图（Ladder Diagram，LAD）是最常用的 PLC 图形编程语言。梯形图与继电器控制系统的电路图很相似，具有直观易懂的优点，很容易被工厂熟悉继电器控制的电气人员掌握，它特别适用于开关量逻辑控制。有时把梯形图称为电路或程序。

LAD 由触点、线圈和用方框表示的功能块组成。触点代表逻辑输入条件，如外部的开关、按钮和内部条件等，线圈通常代表逻辑输出结果，用来控制外部的指示灯、交流接触器和内部的输出条件等。功能块用来表示定时器、计数器或者数学运算等附加指令。

在分析梯形图中的逻辑关系时，为了借用继电器电路图的分析方法，可以想象左右两侧垂直母线之间有一个左正右负的直流电源电压，当图 2-12 所示的梯形图中 I0.1 与 I0.2 的触点接通，或 M0.3 与 I0.2 的触点接通时，有一个假想的"能流"（Power Flow）流过 Q1.1 的线圈。利用能流这一概念，可以帮助我们更好地理解和分析梯形图，能流只能从左向右流动。

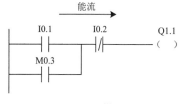

图 2-12　梯形图

触点和线圈等组成的独立电路称为网络（Network），用编程软件生成的梯形图和语句表程序中有网络编号，允许以网络为单位，给梯形图加注释。在网络中，程序的逻辑运算按从左到右的方向执行，与能流的方向一致。各网络按从上到下的顺序执行，执行完成所有的网络后，返回最上面的网络重新执行。使用编程软件可以直接生成和编辑梯形图，并将它下载到 PLC 中。

3. 功能块图

功能块图（Function Block Diagram，FBD）是一种类似于数字逻辑门电路的编程语言，有数字电路基础的人很容易掌握。该编程语言用类似"与门""或门"的方框来表示逻辑运算关系，方框的左侧为逻辑运算的输入变量，右侧为输出变量，输入、输出端的小圆圈表示"非"运算，方框被"导线"连接在一起，信号自左向右流动。图 2-13 所示的功能块图的控制逻辑与图 2-12 中的相同。国内很少有人使用 FBD 语言。

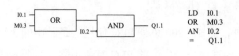

图 2-13 功能块图

4. 指令表

S7 系列 PLC 将指令表（Instruction List，IL）称为语句表（Statement List）。PLC 的指令是一种与微机的汇编语言中的指令相似的助记符表达式，由指令组成的程序叫作指令表程序或语句表程序。

语句表比较适合熟悉 PLC 和逻辑程序设计的经验丰富的程序员，语句表可以实现某些不能用 LAD 或 FBD 实现的功能。

S7-200 CPU 在执行程序时要用到逻辑堆栈，FBD 利用 FBD 编辑器自动地插入处理栈操作所需要的指令。在语句表中，必须由编程人员加入这些堆栈处理指令。

5. 结构文本

结构文本（Structured Text，ST）是为 IEC11 31-3 标准创建的一种专用的高级编程语言，与 FBD 相比，它能实现复杂的数学运算，编写的程序非常简捷和紧凑。

虽然 PLC 有 5 种编程语言，但在 S7-200 的编程软件中，用户只可以选用 LAD、FBD 和 STL 这 3 种编程语言，其中 FBD 不常用。STL 程序较难阅读，其中的逻辑关系很难一眼看出，所以在设计复杂的开关量控制程序时一般使用 LAD 语言。但 STL 可以处理某些不能用 LAD 处理的问题，且 STL 输入方便快捷，还可以为每一条语句加上注释，便于复杂程序的阅读。在设计通信、数学运算等高级应用程序时建议使用 STL 语言。LAD 程序中输入信号与输出信号之间的逻辑关系一目了然，易于理解，与继电器电路图的表达方式极为相似，设计开关量控制程序时建议选用 LAD 语言。

2.3.2　S7-200 系列 PLC 的程序结构

S7-200 系列 PLC 的程序结构属于线性化编程，其用户程序一般由 3 部分构成，用户程序、数据块和参数块。

1. 用户程序

用户程序是必选项。用户程序在存储器空间中也称为组织块，它处于最高层次，可以管理其他块，它是用各种语言（如 STL、LAD 或 FBD 等）编写的用户程序。不同型号 PLC 的 CPU，其程序空间容量也不同。用户程序的结构比较简单，一个完整的用户控制程序应当包含一个主程序、若干子程序和若干中断程序 3 个部分。不同编程设备，对各程序块的安排方法也不同。

用编程软件在计算机上编程时，利用编程软件的程序结构窗口双击主程序、子程序和中断程序的图标，即可进入各程序块的编程窗口，编程时编程软件自动对各程序段进行连接。对 S7-200 的主程序、子程序和中断程序来说，它们的结束指令不需编程人员手工输入，STEP7-Micro/Win 编程软件会在程序编译时自动加入相应的结束指令。

2. 数据块

数据块为可选部分，它主要存放控制程序运行所需的数据，在数据块中允许以下数据类型：布尔型（表示编程元件的状态），十进制、二进制或十六进制数，字母、数字和字符型。

3. 参数块

参数块存放的是 CPU 组态数据,如果在编程软件或其他编程工具上未进行 CPU 的组态,则系统以默认值进行自动配置。

2.3.3 实例:异步电动机正反转控制

异步电动机正反转控制系统是应用最广泛的控制方式,图 2-14 所示为传统的利用接触继电器控制实现的电动机正反转控制线路,包括主电路和控制电路。

异步电动机正反转控制系统的 PLC 接线图如图 2-15 所示,为了防止正反转接触器同时得电,在输出端 KM1 和 KM2 采用了硬件互锁控制。

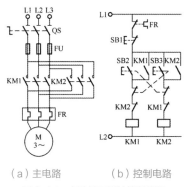

（a）主电路　　（b）控制电路

图 2-14　电动机正反转控制线路

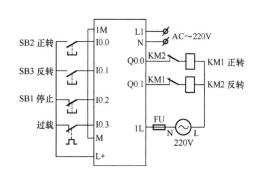

图 2-15　异步电动机正反转控制 PLC 接线图

梯形图和指令表如图 2-16 所示。在梯形图中,Q0.0、Q0.1 常闭实现正反转软件互锁,I0.0、I0.1 常闭实现按钮软件互锁。

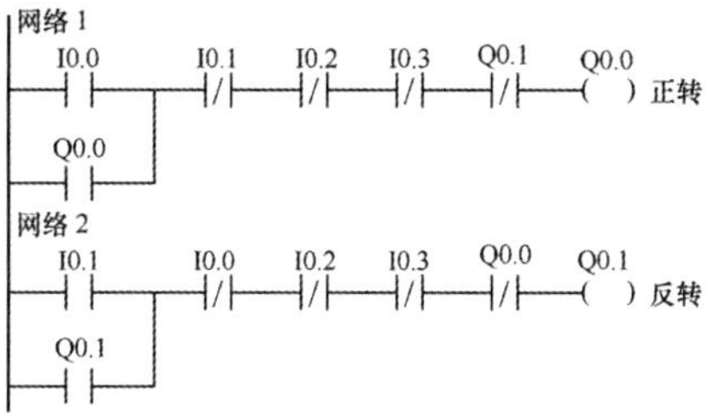

```
网络 1                                    网络 1
  I0.0   I0.1  I0.2  I0.3  Q0.1  Q0.0      LD    I0.0
  ├─┤ ├─┤/├─┤/├─┤/├─┤/├─( )正转         O     Q0.0
                                           AN    I0.1
  Q0.0                                     AN    I0.2
  ├─┤ ├─                                   AN    I0.3
                                           AN    Q0.1
                                           =     Q0.0
网络 2                                    网络 2
  I0.1   I0.0  I0.2  I0.3  Q0.0  Q0.1      LD    I0.1
  ├─┤ ├─┤/├─┤/├─┤/├─┤/├─( )反转         O     Q0.1
                                           AN    I0.0
  Q0.1                                     AN    I0.2
  ├─┤ ├─                                   AN    I0.3
                                           AN    Q0.0
                                           =     Q0.1
```

（a）梯形图　　　　　　　　　　（b）指令表

图 2-16　异步电动机正反转控制程序

在梯形图中,正反转线路一定要有联锁,否则按 SB2、SB3 则 KM1、KM2 会同时输出,引起电源短路。按下正转启动按钮 SB2,I0.0 闭合,Q0.0 得电,驱动 KM1 主触点闭合,电动机 M 正转启动,按下停止按钮 SB1,KM1 线圈失电,电动机 M 停车。按下反转启动按钮 SB3,I0.1 闭合,Q0.1 得电,驱动 KM2 主触点闭合,电动机 M 反转启动,按下停车按钮 SB1,KM2 线圈失电,电动机 M 停车。

2.4　S7-300 PLC 的系统组成及特性

S7-300 可编程序控制器是西门子公司于 20 世纪 90 年代中期推出的一代 PLC,采用模块化结构设计。

S7-300 属中小型 PLC,有很强的模拟量处理能力和数字运算功能,具有许多过去大型 PLC 才有的功能,其扫描速度甚至超过了许多大型的 PLC。

2.4.1 S7-300 PLC 概述

S7-300 PLC 产品如图 2-17 所示。

图 2-17 S7-300 产品

S7-300 PLC 功能强、速度快、扩展灵活，它具有紧凑的、无槽位限制的模块化结构，S7-300 采用 U 型背板总线将各模块连接起来。

S7-300 PLC 可利用 MPI、PROFIBUS 和工业以太网组成网络，使用 STEP 7 组态软件可以对硬件进行组态和设置。

CPU 的智能化诊断系统可连续监控系统功能并记录错误和特定的系统事件，多级口令保护可使用户有效保护其专用技术，防止未经允许的拷贝及修改。

S7-300 PLC 的外观如图 2-18 所示。

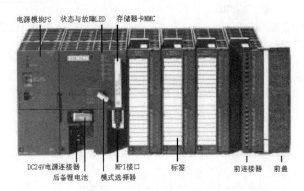

图 2-18 S7-300 PLC 的外观

S7-300 PLC 与 PC 的 MPI 通信如图 2-19 所示。

图 2-19 S7-300 PLC 与 PC 的 MPI 通信

S7-300/400 PLC 的编程软件（STEP7）如图 2-20 所示。

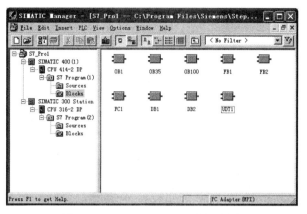

图 2-20　S7-300/400 PLC 的编程软件

　　S7-300 PLC 的系统主要组成部分有导轨（RACK）、电源模块（PS）、中央处理单元模块（CPU）、接口模块（IM）、信号模块（SM）、功能模块（FM）等。通过 MPI 网的接口直接与编程器 PG、操作员面板 OP 和其他 S7 PLC 相连。

　　S7-300 PLC 的系统组成框图如图 2-21 所示。

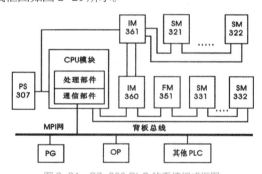

图 2-21　S7-300 PLC 的系统组成框图

2.4.2　S7-300 PLC 的系统特性

1. S7-300 PLC 的特性

S7-300 PLC 是针对低性能要求的模块化中小控制系统，具体特性如下。

- 不同档次的 CPU。
- 可选择不同类型的扩展模块。
- 可以扩展多达 32 个模块。
- 模块内集成背板总线。
- 网络连接：多点接口（MPI）、PROFIBUS、工业以太网。
- 通过编程器 PG 访问所有的模块。
- 无插槽限制。
- 借助于"HWConfig"工具可以进行组态和设置参数。

2. S7-300 PLC 的 CPU 特性

S7-300 总共有 20 种不同型号的 CPU，分别适用于不同等级的控制要求。S7-300 的 CPU 模板大致可以分成以下几类。

（1）紧凑型 CPU：适用于有较高要求的系统。紧凑型 CPU 有 CPU 312C、313C、313C-PtP、313C-2DP、314C-PtP 和 314C-2DP。各 CPU 均有计数、频率测量和脉冲宽度调制功能，有的有定位功能和集成的 I/O，如图 2-22 所示。

（2）标准型 CPU：适用于大中规模的 I/O 配置的系统，对二进制和浮点数有较高的处理性能。标准型 CPU 有 CPU 312、CPU 313、314、315、315-2DP 和 316-2DP，如图 2-23 所示。

图 2-22　紧凑型 CPU

图 2-23　标准型 CPU

（3）户外型 CPU：适用于恶劣环境、具有中规模的 I/O 配置。户外型 CPU 有 CPU 312 IFM、314 IFM、314 户外型和 315-2DP。

（4）高端 CPU：适用于大规模 I/O 配置和建立分布式 I/O 结构的系统。高端 CPU 有 317-2DP 和 318-2DP。

（5）故障安全型 CPU：适用组态故障安全性的自动化系统 CPU 315F。

几种通用型 CPU 的主要技术参数如表 2-8 所示。

表 2-8　几种通用型 CPU 主要技术参数

CPU	313	314	315	315-2DP	316-2DP	318-2DP
工作存储器	12KB	24KB	48KB	64KB	128KB	512KB
功能块数量	128 个 FC，128 个 FB，127 个 DB		192 个 FC，192 个 FB，255 个 DB		512 个 FC，256 个 FB，511 个 DB 以上	
组织块	主程序循环 OB1，日时钟中断 OB10，循环中断 OB35，硬件中断 OB40，再启动控制 OB100 等					
数字 I/O	256	1024	1024	8192	16384	65536
模拟 I/O	64	256	256	512	1024	4096
I/O 映像区	32/32	128/128	128/128	128/128	128/128	256/256
模块总数	8	32	32	32	32	32
CU/EU 数量	1/0	1/3	1/3	1/3	1/3	1/3
内部标志	2048	2048	2048	2048	2048	8192
定时器	128	128	128	128	128	512
计数器	64	64	64	64	64	512

除了通用型 S7-300 可编程序控制器外，西门子公司还生产紧凑型 S7-300C。

S7-300C 系列紧凑型 CPU 具有体积更小、更智能化、成本节约更显著的特点，其通信接口、通信功能和分布式 I/O 全部集成，无须其他附加组件，极大降低了运行成本。

紧凑型 CPU 装载存储器均采用 MMC 卡，存储容量高达 4MB。

图 2-24 所示为一个 CPU31xC 的控制和显示单元。

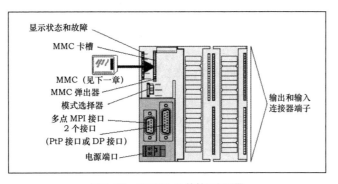

图 2-24 CPU31xC 的单元和配置

几种紧凑型 CPU 的技术参数如表 2-9 所示。

表 2-9 S7-300C 系列紧凑型 CPU 的技术参数

技术规范	CPU313C-2 PtP	CPU313C-2 DP	CPU314C-2 PtP	CPU314C-2 DP
功能块的数量	128 个 FC，128 个 FB，127 个 DB		128 个 FC，128 个 FB，127 个 DB	
程序处理	主程序循环（OB1）；时间中断（OB10）；时间延迟中断（OB20）；循环中断（OB35）；过程中断（OB40）；重启动（OB100，OB102）；故障/恢复（OB86）/CPU 313C-2 DP；异步出错（OB80···OB 82，OB 85，OB 87）；同步出错（OB121，OB 122）		主程序循环（OB1）；时间中断（OB10）；时间延迟中断（OB20）；循环中断（OB35）；过程中断（OB40）；重启动（OB100，OB102）；异步出错（OB80···OB 82，OB 85，OB 87）；同步出错（OB121，OB 122）	
指令运行时间	位操作：0.1μs～0.2μs 字操作：0.5μs	位操作：0.1μs～0.2μs 字操作：0.5μs	位操作：0.1μs～0.2μs 字操作：0.5μs	位操作：0.1μs～0.2μs 字操作：0.5μs
位存储器 定时器/计数器	位存储器：2048 定时器/计数器：256/256	位存储器：2048 定时器/计数器：256/256	位存储器：2048 定时器/计数器：256/256	位存储器：2048 定时器/计数器：256/256
主机架/扩展架	1/3	1/3	1/3	1/3
全部 I/O 地址 I/O 过程映像 总数字量通道 总数字量通道	1024/1024 字节 128/128 字节 最大 1024 最大 256/128	1024/1024 字节 128/128 字节 最大 1024 最大 256/128	1024/1024 字节 128/128 字节 最大 1024 最大 256/128	1024/1024 字节 128/128 字节 最大 1024 最大 256/128
集成功能 计数器 脉冲输出 频率测量	3 个增量编码器 24 V/30kHz 3 个通道脉宽模块， 最大 2.5 kHz 3 个通道，最大 30 kHz	3 个增量编码器 24 V/30kHz 3 个通道脉宽模块， 最大 2.5 kHz3 个通道 最大 30 kHz	4 个增量编码器 24 V/60 kHz 4 个通道脉宽模块， 最大 2.5 kHz4 个通道 最大 60 kHz	4 个增量编码器 24 V/60 kHz 4 个通道脉宽模块， 最大 2.5 kHz4 个通道 最大 60 kHz
集成输入/输出 数字量输入 数字量输出	16；24V DC，可用作过程中断 16；DC 24V，0.5A	16；24V DC，可用作过程中断 16；DC 24V，0.5A	24；24V DC，可用作过程中断 16；DC 24V，0.5A 4：+10V，0···10V，+20mA，4···20mA 2：+10V，0···10V，+20mA，4···20mA	24；24V DC，可用作过程中断 16；DC 24V，0.5A 4：+10V，0···10V，+20mA，4···20mA 2：+10V，0···10V，+20mA，4···20mA
PtP /DP 接口	传送速率：19.2kbit/s（全双工）驱动协议：3964（R），ASCII	DP 从站数：32 传送速率：12Mbit/s	传送速率：19.2kbit/s（全双工），驱动协议：3964（R），ASCII	CP342-5 的 DP 从站数：32 传送速率：12Mbit/s

2.4.3 S7-300 PLC 的 I/O 地址分配

1. 数字量模块及地址分配

数字量模块可以插入槽号为 4 ~ 11 的所有位置，各槽号所对应的数字量地址如表 2-10 所示。数字量 I/O 模块每个槽的默认划分为 4 字节（byte）（等于 32 个 I/O 点）。

表 2-10　S7-300 PLC 数字量地址分配

机架	槽号									
	1	2	3	4	5	6	7	8	9	10	11
0	PS	CPU	IM	0.0~3.7	4.0~7.7	8.0~11.7	12.0~15.7	16.0~19.7	20.0~23.7	24.0~27.7	28.0~31.7
1			IM	32.0~35.7	36.0~39.7	40.0~43.7	44.0~47.7	48.0~51.7	52.0~55.7	56.0~59.7	60.0~63.7
2			IM	64.0~67.7	68.0~71.7	72.0~75.7	76.0~79.7	80.0~83.7	84.0~87.7	88.0~91.7	92.0~95.7
3			IM	96.0~99.7	100.0~103.7	104.0~107.7	108.0~111.7	112.0~115.7	116.0~119.7	120.0~123.7	124.0~127.7

除了数字量地址方式外，S7-300 PLC 还可以使用字节、字或双字地址方式。例如，IB4 表示由 I4.0 ~ I4.7 共 8 位组成一个字节数据，IW8 表示由 IB8 及 IB9 两个字节共 16 位组成的字的内容，QD12 则表示由输出字节 QB12、QB13、QB14 及 QB15 所组成的 32 位数据。

2. 数字量模块地址的确定

一个数字量模块的输入或输出地址由字节地址和位地址组成。字节地址取决于其模板起始地址。

例如，某数字量模块插在第 4# 槽，假设 I/O 的起始地址均为 0，则其地址分配如图 2-25 所示。

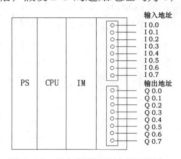

图 2-25　数字量模板地址分配举例

3. 模拟量模块及地址分配

S7-300 PLC 模拟量模块的功能是将过程模拟信号转换为 PLC 内部所用的数字信号。

模拟量输入模块可以连接电压传感器、电流传感器、热电阻、热电阻传感器等。

模拟 I/O 模块每个槽划分为 16 字节（byte）（等于 8 个模拟量通道），每个模拟量输入或输出通道的地址总是一个字地址。

S7-300 PLC 各槽号所对应的模拟量地址如表 2-11 所示。

表 2-11　S7-300 PLC 模拟量地址分配

机架	槽号									
	1	2	3	4	5	6	7	8	9	10	11
0	0	PS	CPU	IM	256~270	272~286	288~302	304~318	320~334	336~350	352~366
1				IM	384~398	400~414	416~430	432~446	448~462	464~478	480~494	496~510
2				IM	512~526	528~542	544~558	560~574	576~590	592~606	608~622	624~638
3				IM	640~654	656~670	672~686	688~720	704~718	720~734	736~750	752~766

4. 模拟量模块地址的确定

模拟量输入或输出通道的地址总是一个字,通道地址取决于模块的起始地址。

例如,某模拟量模块插在 4 号槽,其地址分配如图 2-26 所示。

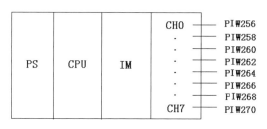

图 2-26　模拟量地址分配举例

2.5　S7-400 PLC 的系统组成及特性

SIMATIC S7-400 是具有中高档性能的 PLC,采用模块化无风扇设计,适用于对可靠性要求极高的大型复杂的控制系统。

S7-400 有很强的通信功能,CPU 模块集成有 MPI 和 DP 通信接口,有 PROFIBUS-DP 和工业以太网的通信模块以及点对点通信模块。通过 PROFIBUS-DP 或 AS-i 现场总线,可以周期性地自动交换 I/O 模块的数据。

2.5.1　S7-400 PLC 概述

S7-400 PLC 的外观如图 2-27 所示。

图 2-27　S7-400 PLC 的外观

S7-400 可编程序控制器由机架、电源模块(PS)、中央处理单元(CPU)、数字量输入 / 输出(DI/DO)模块、模拟量输入 / 输出(AI/AO)模块、通信处理器(CP)、功能模块(FM)和接口模块(IM)组成。DI/DO 模块和 AI/AO 模块统称为信号模块(SM)。

S7-400 的模块插座焊在机架中的总线连接板上,模块插在模块插座上,有不同槽数的机架供用户选用,如果一个机架容纳不下所有的模块,可以增设一个或数个扩展机架,各机架之间用接口模块和通信电缆交换信息。

2.5.2 S7-400 PLC 的系统特性

1. S7-400 PLC 的特性

S7-400 与 S7-300 的主要区别如下。

- 更大的存储器和更多的 I/Q/M/T/C。
- 可选择的输入 / 输出模块地址。
- 可以与 S5 的 EU 连接而且可以使用 S5 CP/IP 模块。
- 更多的系统功能，例如可编程的块通信。
- 块的长度可达 64KB 且 DB 增加一倍。
- 全启动和再启动。
- 启动时比较设定配置和实际配置。
- 可以带电移动模块。
- 过程映像区有多个部分。
- OB 的优先级可以设定。
- 循环、硬件和日时钟中断有多个 OB。
- 块的嵌套可达 16 层。
- 每个执行层的 L Stack 可以选择。
- 4 个累加器。
- 多 CPU。

2. S7-400 PLC 的 CPU 特性

S7-400 提供了多种级别的 CPU 模板和种类齐全的通用功能模块，使用户能根据需要组成不同的专用系统。

S7-400 有 7 种不同型号的 CPU，CPU412-1、412-2、CPU 414-2、414-3、CPU416-2、416-3 及 CPU417-4 等，分别适用于不同等级的控制要求。表 2-12 列出了几种 S7-400 PLC 的 CPU 技术规范。

表 2-12　几种 S7-400 PLC 的 CPU 技术规范

	CPU412-2	CPU414-2	CPU416-2	CPU417-4
程序存储器	128KB	256KB	1.4MB	10MB
数据存储器	128KB	256KB	1.4MB	10MB
S7 定时器	2048	2048	2048	2048
S7 计数器	2048	2048	2048	2048
位存储器	4KB	8KB	16KB	16KB
时钟存储器	8（1 个标志字节）	8（1 个标志字节）	8（1 个标志字节）	8（1 个标志字节）
输入 / 输出	4KB/4KB	8KB/8KB	16KB/16KB	16KB/16KB
过程 I/O 映像	4KB/4KB	8KB/8KB	16KB/16KB	16KB/16KB
数字量通道	32768/32768	65536/65536	131072/131072	131072/131072
模拟量通道	2048/2048	4096/4096	8192/8192	8192/8192
CPU/ 扩展单元	1/21	1/21	1/21	1/21
编程语言	STEP7（LAD，FBD，STL）、SCL、CFC、GRAPH			
执行时间 / 定点数	0.1μs	0.06μs	0.04μs	0.03μs
执行时间 / 浮点数	0.3μs	0.18μs	0.12μs	0.09μs
MPI 连接数量	16	32	44	44

	CPU412-2	CPU414-2	CPU416-2	CPU417-4
GD 包的大小	64 字节	64 字节	64 字节	64 字节
传输速率	最高 12Mbit/s	最高 12Mbit/s	最高 12Mbit/s	最高 12Mbit/s

2.5.3　S7-400 PLC 的 I/O 地址分配

S7-400 可编程序控制器 I/O 模块的默认编址与 S7-300 不同，它的输入 / 输出地址分别按顺序排列。

数字 I/O 模块的输入 / 输出默认首地址为 0，模拟 I/O 模块的输入 / 输出默认首地址为 512。模拟 I/O 模块的输入 / 输出地址可能占用 32 个字节，也可能占用 16 个字节，它是由模拟量 I/O 模板的通道数来决定的。

表 2-13 所示为 S7-400 PLC 的 I/O 模块地址示例。

表 2-13　S7-400 PLC 的 I/O 模块地址示例

0 号机架			1 号机架		
槽号	模块种类	地址	槽号	模块种类	地址
1	PS 417 10A 电源模块		1	32 点 DI	IB4~IB7
2			2	16 点 DO	QB2，QB3
3	CPU 412-2DP		3	16 点 DO	QB4，QB5
4	16 点 DO	QB0，QB1	4	8 点 AO	QW528~QW542
5	16 点 DI	IB0，IB1	5	8 点 AI	IW544~IW558
6	8 点 AO	QW512~QW526	6	16 点 DO	QB6，QB7
7	16 点 AI	IW512~IW542	7	8 点 AI	IW560~IW574
8	16 点 DI	IB2，IB3	8	32 点 DI	IB8~IB11
9	IM460-1	4093	9	IM461-0	4092

2.6　S7-300 PLC 的模块特性

S7-300PLC 主要组成部分有导轨（RACK）、电源模块（PS）、CPU 模块、接口模块（IM）、信号模块（SM）、功能模块（FM）等。

S7-300 PLC 是模块化的组合结构，根据应用对象的不同，可选用不同型号和不同数量的模块，并可以将这些模块安装在同一机架（导轨）或多个机架上。

S7-300 PLC 除了电源模块、CPU 模块和接口模块外，一个机架上最多只能再安装 8 个信号模块或功能模块。

通用型 S7-300 PLC 的外形结构如图 2-28 所示。

图 2-28　通用型 S7-300 PLC 的外形结构

导轨是安装 S7-300 各类模块的机架，S7-300 采用背板总线的方式将各模块从物理上和电气上连接起来。除 CPU 模块外，每块信号模块都带有总线连接器，安装时先将总线连接器装在 CPU 模块并固定在导轨上，然后依次将各模块装入。

模块安装应参看图 2-28 所示的顺序，由左向右，插槽 1 为电源模块，插槽 2 为 CPU 模块，插槽 3 为接口模块，用于连接扩展机架，S7-300 最多可以扩展 32 个模块，即使不使用接口模块，CPU 中也给接口模块分配逻辑地址。从插槽4开始可自由分配信号模块、功能模块，根据模块插入的位置不同具有确定的 I/O 地址。

1. 1# 槽 PS 模块

PS307 是 S7-300 PLC 专配的 24V DC 电源。

PS307 系列模块有 3 种，即 2A、5A、10A，如图 2-29 所示。

图 2-29 PS307 标准电源模块的外形图

2. 2# 槽 CPU 模块

S7-300 PLC 的 CPU 的型号包括 CPU312 IFM、CPU313、CPU313-2DP、CPU314、CPU314-2DP、CPU314IFM、CPU315/315-2DP、CPU316-2DP、CPU318-2DP 等。其中，CPU315-2DP、CPU316-2DP、CPU318-2DP 都具有现场总线扩展功能。

CPU 的主要特性参见表 2-14。

表 2-14 部分中央处理单元 CPU 的主要特性

特性		CPU312 IFM	CPU313	CPU314	CPU315/ CPU315-2DP
执行时间	位操作	0.6 μs	0.6 μs	0.3 μs	0.3 μs
	字操作	2 μs	2 μs	1 μs	1 μs
	定点加	3 μs	3 μs	2 μs	2 μs
	浮点加	60 μs	60 μs	50 μs	50 μs
最大数字 I/O 点数		144	128	512	1024
最大模拟 I/O 通道		32	32	64	128
最大配置		1 个机架	1 个机架	4 个机架	4 个机架

❶ CPU模块的运行方式选择

S7-300 系列的 CPU312IFM/313/314/314IFM/315/315-2DP/316-2DP 及 318-2DP 模块的方式选择开关都一样，有以下 4 种工作方式，通过可卸的专用钥匙来控制选择，如图 2-30 所示。

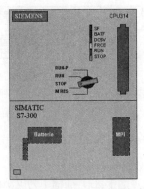

图 2-30 S7-300 PLC CPU 模块面板布置示意图

● RUN-P：可编程运行方式。

- RUN：运行方式。
- STOP：停止方式。
- MRES：清除存储器，不能保持。

❷ CPU的LED状态及故障指示灯

- SF（红色）：系统出错／故障指示灯。CPU 硬件或软件错误时亮。
- BATF（红色）：电池故障指示灯（只有 CPU313 和 314 配备）。当电池失效或未装入时，指示灯亮。
- DC5V（绿色）：＋5V 电源指示灯。CPU 和总线 5V 电源正常时亮。
- FRCE（黄色）：强制有效指示灯。至少有一个 I/O 处于被强制状态时亮。
- RUN（绿色）：运行状态指示灯。CPU 处于"RUN"状态时亮；LED 在"Startup"状态以 2Hz 频率闪烁；在"HOLD"状态以 0.5Hz 频率闪烁。
- STOP（黄色）：停止状态指示灯。CPU 处于"STOP"或"HOLD"或"Startup"状态时亮；在存储器复位时 LED 以 0.5Hz 频率闪烁；在存储器置位时 LED 以 2Hz 频率闪烁。

❸ CPU315-2DP：CPU的另外两个状态及故障指示灯

- BUS DF（BF）（红色）：总线出错指示灯（只适用于带有 DP 接口的 CPU）。出错时亮。
- SF DP（红色）：DP 接口错误指示灯（只适用于带有 DP 接口的 CPU）。当 DP 接口故障时亮。

3．3# 槽 IM 模块

在 S7-300PLC 中接口模块主要有 IM360、IM361 及 IM365。

❶ IM360、IM361

IM360 用于发送数据，IM361 用于接收数据，IM360 和 IM361 的最大距离为 10m，如图 2-31 所示。

图 2-31　IM360（左）和 IM361（右）的外形图

IM360、IM361 是用于多机架的接口模块（最多可扩展至 4 层机架），如图 2-32 所示。

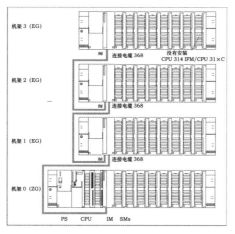

图 2-32　多机架 S7-300 PLC 的连接

❷ IM365

如果只扩展两个机架，可选用比较经济的 IM365 接口模块（不需要辅助电源，在扩展机架上不能使用 CP 模块），这一对接口模块由 1m 长的连接电缆相互固定连接，如图 2-33 所示。

图 2-33　IM365 的外形图

4. 4#~11# 槽　SM 模块

❶ SM321：数字量输入模块

数字量输入模块 SM321 将现场过程送来的数字信号电平转换成 S7-300 内部信号电平。数字量输入模块有直流输入方式和交流输入方式两种。

数字量输入模块的类型包括直流 16 点输入、直流 32 点输入、交流 16 点输入、交流 8 点输入模块。

数字量输入模块的模块框图和端子连接图示例如图 2-34 所示。

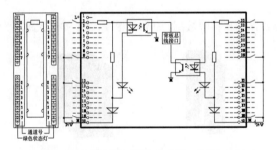

图 2-34　数字量输入模块框图和端子连接图示例

❷ SM322：数字量输出模块

数字量输出模块 SM322 将 S7-300 内部信号电平转换成过程所要求的外部信号电平，可直接用于驱动电磁阀、接触器、小型电动机、灯和电动机启动器等。

数字量输出模块的类型按负载回路使用的电源不同分为直流输出模块、交流输出模块和交直流两用输出模块。按输出开关器件的种类不同分为晶体管输出方式、晶闸管输出方式和继电器触点输出方式。

数字量输出模块的特点如下。

- 晶体管输出模块只能带直流负载，属于直流输出模块。
- 晶闸管输出方式属于交流输出模块。
- 继电器触点输出方式的模块属于交直流两用输出模块。
- 从响应速度上看，晶体管响应最快，继电器响应最慢。从安全隔离效果及应用灵活性角度来看，以继电器触点输出型最佳。

数字量输出模块框图和端子连接图示例如图 2-35 所示。

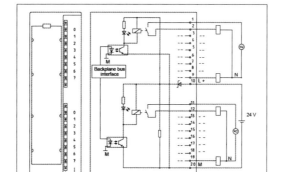

图 2-35　数字量输出模块框图和端子连接图示例

❸ **SM323：数字量I/O模块**

SM323 模块有两种类型，一种是带有 8 个共地输入端和 8 个共地输出端，另一种是带有 16 个共地输入端和 16 个共地输出端，两种特性相同。

I/O 额定负载电压 24 V DC，在额定输入电压下，输入延迟为 1.2 ～ 4.8 ms。输出具有电子短路保护功能。

❹ **SM331：模拟量输入模块**

模拟量输入（简称 AI）模块 SM331 目前有 3 种规格型号，即 8AI×12 位模块、2AI×12 位模块和 8AI×16 位模块。

模拟量输入模块的特点如下。

- SM331 主要由 A/D 转换部件、模拟切换开关、补偿电路、恒流源、光电隔离部件、逻辑电路等组成。
- A/D 转换部件的转换原理采用积分方法，被测模拟量的精度是所设定的积分时间的正函数，也就是说积分时间越长，被测值的精度越高。
- SM331 可选 4 档积分时间，2.5 ms、16.7 ms、20 ms 和 100 ms，相对应的以位表示的精度为 8、12、12 和 14。

模拟量输入模块框图和端子连接图示例如图 2-36 所示。

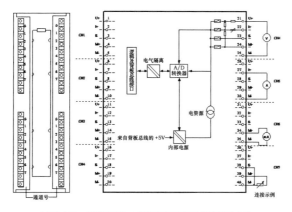

图 2-36　模拟量输入模块框图和端子连接图示例

⑤ 模拟量输出模块SM332

模拟量输出（简称 AO）模块 SM332 目前有 3 种规格型号，即 4AO×12 位模块、2AO×12 位模块和 4AO×16 位模块，分别为 4 通道的 12 位模拟量输出模块、2 通道的 12 位模拟量输出模块、4 通道的 16 位模拟量输出模块。

模拟量输出模块的特点如下。

- SM332 与负载 / 执行装置的连接：SM332 可以输出电压，也可以输出电流。
- 在输出电压时，可以采用 2 线回路和 4 线回路两种方式与负载相连。
- 采用 4 线回路能获得比较高的输出精度，如图 2-37 所示。

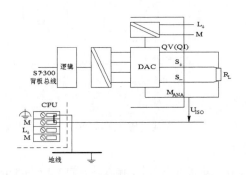

图 2-37 通过 4 线回路将负载与隔离的模出模块相连

模拟量输出模块框图和端子连接图示例如图 2-38 所示。

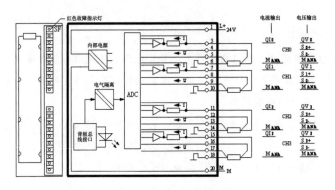

图 2-38 4AO×12 位模拟量输出模块的接线图

⑥ SM334 模拟量I/O模块

模拟量 I/O 模块 SM334 有两种规格，一种是有 4 模入 /2 模出的模拟量模块，其输入、输出精度为 8 位，另一种也是有 4 模入 /2 模出的模拟量模块，其输入、输出精度为 12 位。

SM334 模块输入测量范围为 0 ～ 10V 或 0 ～ 20mA，输出范围为 0 ～ 10V 或 0 ～ 20mA，如图 2-39 所示。

西门子 S7-300 PLC 不仅可连接通用 I/O 模块，还可以根据某些特定控制要求选配其他功能模块。例如，FM 350-1、FM 350-2 计数器模块，FM 351 用于快速 / 慢速驱动的定位模块，FM 353 用于步进电动机的定位模块，FM 354 用于伺服电动机的定位模块，FM 357-2 定位和连续通道控制模块，SM 338 超声波位置探测模块，SM 338 SSI 位置探测模块，FM 352 电子凸轮控制器，FM 352-5 高速布尔运算处理器，FM 355 PID 模块以及 FM 355-2 温度 PID 控制模块等。

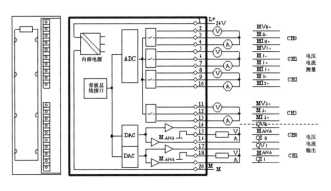

图2-39　SM334 AI 4/AO 2×8/8bit 的模拟量输入/输出模块的接线图

2.7　S7-400 PLC 的模块特性

S7-400 由机架（RACK）、电源模块（PS）、中央处理单元（CPU）、数字量输入/输出（DI/DO）模块、模拟量输入/输出（AI/AO）模块、通信处理器（CP）、功能模块（FM）和接口模块（IM）组成。DI/DO 模块和 AI/AO 模块统称为信号模块（SM）。

1. PS 模块

电源模块通过背板总线向 S7-400 提供 DC 5V 和 DC 24V 电源，输出电流的额定值有 4A、10A 和 20A，PS405 的输入为直流电压，PS407 的输入为直流电压或交流电压，S7-400 有带冗余功能的电源模块。

电源模块的 LED 指示灯内容如下。

- INTF：内部故障。
- BATF：电池故障，背板总线上的电池电压过低。
- BATT1F 和 BATT2F：电池 1 或电池 2 接反、电压不足或电池不存在。
- DC5V 和 DC24V：相应的直流电源电压正常时亮。

2. CPU 模块

S7-400 PLC CPU 模块的类型有 CPU412-1、CPU412-2DP、CPU413-1、CPU413-2DP、CPU414-1、CPU414-2DP、CPU414-3DP、CPU416-1、CPU416-2DP、CPU416-3DP、CPU417-4 等，如图 2-40 所示。

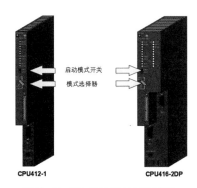

图2-40　S7-400 PLC CPU 模块

❶ CPU 模块的运行方式选择

- RUN-P：如果启动无故障，CPU 则进入 RUN 模式，CPU 执行用户程序或空运行。程序可以从 CPU 中读出，也可以传送到 CPU。钥匙在该位置时不能拔出。

- RUN：如果启动无故障，CPU 则进入 RUN 模式，CPU 执行用户程序或空运行。程序可以从 CPU 中读出，但不能修改 CPU 中的程序。钥匙在该位置时可拔出以确保在没有授权的情况下不能修改运行模式。
- STOP：CPU 不能处理用户程序，数字量信号模块被禁止。钥匙在该位置时也可以拔出以确保在没有授权的情况下不能修改运行模式。程序可以从 CPU 中读出，也可以传送到 CPU。
- MRES：钥匙开关的临时触点，用于 CPU 的主站复位以及冷启动。

❷ CPU的LED状态及故障指示灯

CPU 的 LED 状态及故障指示灯如表 2-15 所示。

表 2-15　S7-400 CPU 指示灯的含义

指示灯	颜色	含义	412-1	414-2 416-2	414-3 416-3	417-4	414-4H 417-4H
INTF	红色	内部故障	X	X	X	X	X
EXTF	红色	外部故障	X	X	X	X	X
FRCE	黄色	强制工作	X	X	X	X	X
RUN	绿色	运行 RUN 状态	X	X	X	X	X
STOP	黄色	停止 STOP 状态	X	X	X	X	X
BUS1F	红色	MPI/PROFIBUS DP 接口 1 的总线故障	X	X	X	X	X
BUS2F	红色	MPI/PROFIBUS DP 接口 2 的总线故障	—	X	X	X	X
MSTR	黄色	CPU 运行	—	—	—	—	X
REDF	红色	冗余错误	—	—	—	—	X
RACK0	黄色	CPU 在机架 0 中	—	—	—	—	X
RACK1	黄色	CPU 在机架 1 中	—	—	—	—	X
IFM1F	红色	接口子模块 1 故障	—	—	X	X	X
IFM2F	红色	接口子模块 2 故障	—	—	—	X	X

3. SM 模块

数字量输入模块 SM421 的主要特性如表 2-16 所示。

表 2-16　数字量输入模块 SM421 的主要特性

模块 特性	SM421 32×24V DC	SM421 16×24V DC	SM 421 16×120/230V UC	SM 421 16×120/230V UC
输入点数	32DI，隔离为 32 组	16DI，隔离为 8 组	16DI，隔离为 4 组	16DI，隔离为 4 组
额定输入电压	24V DC	24V DC	120V AC/230V DC	120/230V UC
可编程诊断	不可以	可以	不可以	不可以
诊断中断	不可以	可以	不可以	不可以
沿触发硬件中断	不可以	可以	不可以	不可以
输入延迟可调整	不可以	可以	不可以	不可以
替换值输出	—	可以	—	—

数字量输出模块 SM422 的主要特性，如表 2-17 所示。

表 2-17　数字量输出模块 SM422 的主要特性

特性 模块	SM422 16×24V DC/2A	SM422 32×24V DC/0.5A	SM422 32×24V DC/0.5A	SM422 16×120/230V AC/2A
输出点数	16DO，隔离为 8 组	32DO，隔离为 32 组	32DO，隔离为 8 组	16DO，隔离为 4 组
输出电流	2A	0.5A	0.5A	2A
额定负载电压	24V DC	24V DC	24V UC	120/230V UC
可编程诊断	不可以	不可以	可以	不可以
诊断中断	不可以	不可以	可以	不可以
替换值输出	不可以	不可以	可以	不可以

模拟量输入模块 SM431 的主要特性如表 2-18 所示。

表 2-18　模拟量输入模块 SM431 的主要特性

特性 模块	SM431AI 8×14 位	SM431AI 8×14 位	SM431AI 13×16 位	SM431AI 16×16 位	SM431AI 8×16 位
输入点数	8AIU/I 测量 4AI 电阻测量	8AIU/I 测量 4AI 电阻测量	16 点	16AI U/I/ 温度测量 8AI 电阻测量	8 点
分辨率	14 位	14 位	13 位	16 位	16 位
测量方法	电压 电流 电阻 温度	电压 电流 电阻	电压 电流	电压 电流 电阻 温度	电压 电流 温度
测量原理	积分式	瞬时值编码	积分式	积分式	积分式
可编程诊断	不可以	不可以	不可以	可以	可以
诊断中断	不可以	不可以	不可以	可调整	可以
监视极限值	不可以	不可以	不可以	可调整	可调整
在周期结束时硬件中断	不可以	不可以	不可以	可调整	不可以

模拟量输出模块 SM432 的主要特性，如表 2-19 所示。

表 2-19　模拟量输出模块 SM 432 的主要特性

模块特性	SM432AO 8×13 位
输出点数	8 点
分辨率	13 位
输出类型	电压、电流
可编程诊断	无
诊断中断	无
替换值输出	无
电势关系	模拟部分与 CPU 、负载电压隔离
最大允许共模电压	通道与通道间对 MANA 为 3V DC
特性	—

4．IM 模块

S7-400 PLC 的 IM 接口模块主要有 IM460-0、IM461-0、IM460-1、IM461-1、IM460-3、IM461-3、IM460-4 和 IM461-4。

❶ 接口模块IM460-0和IM461-0

接口模块 IM460-0（发送 IM）和 IM461-0（接收 IM）用于局域连接，通信总线采用最高传输率。IM460-0 和 IM461-0 的技术特性如表 2-20 所示。

表 2-20　IM460-0 和 IM461-0 的技术特性

线路最大长度	IM 460-0	3 m
	IM461-0	5 m
尺寸 W×H×D（mm）		25×290×280
重量	IM 460-0	600 g
	IM461-0	610 g
总线上 5V DC 的电流消耗	IM 460-0	典型值 130 mA，最大值 140 mA
	IM461-0	典型值 260 mA，最大值 290 mA
功耗	IM 460-0	典型值 650 mW，最大值 700 mW
	IM 461-0	典型值 650 mW，最大值 700 mW

❷ 接口模块IM460-1和IM461-1

接口模块 IM460-1（发送 IM）和 IM461-1（接收 IM）用于局域连接，最长有 1.5m。IM460-1 和 IM461-1 的技术特性如表 2-21 所示。

表 2-21　IM460-1 和 IM461-1 的技术特性

线路最大长度		1.5 m
尺寸 W×H×D（mm）		25×290×280
总线上 5V DC 的电流消耗	IM 460-1	典型值 50 mA，最大值 85 mA
	IM 461-1	典型值 120 mA，最大值 100 mA
功耗	IM 460-1	典型值 250 mW，最大值 425 mW
	IM 461-1	典型值 500 mW，最大值 600 mW
EU 的电源		每条线路 5V/5A

❸ 接口模块IM460-3和IM461-3

接口模块 IM460-3（发送 IM）和 IM461-3（接收 IM）用于远程连接，最长 102 m（准确地说为 100 m ＋ 0.75 m 的输入 / 输出）。IM460-3 和 IM461-3 的技术特性如表 2-22 所示。

表 2-22　IM460-3 和 IM461-3 的技术特性

线路最大长度		102 m
尺寸 W×H×D（mm）		25×290×280
重量	IM 460-3	630 g
	IM461-3	620 g
总线上 5V DC 的电流消耗	IM 460-3	典型值 1350 mA，最大值 1550 mA
	IM 461-3	典型值 590 mA，最大值 620 mA
功耗	IM 460-3	典型值 6750 mW，最大值 7750 mW
	IM 461-3	典型值 2950 mW，最大值 3100 mW

④ 接口模块IM460-4和IM461-4

接口模块 IM460-4（发送 IM）和 IM461-4（接收 IM）用于远程连接，最长 605m（准确地说为 600 m + 1.5 m 的输入 / 输出）。

2.8　思考与练习

1. S7-200 系列 PLC 和 S7-300 系列 PLC 的硬件系统由哪几部分组成？

2. 简述 S7-200 PLC、S7-300 PLC 和 S7-400 PLC 的 CPU 特性。

3. 根据 PLC 控制系统的特性，S7-200 的外部接线分为几种方式？

4. S7-200 系列 PLC 的程序结构属于线性化编程，其用户程序一般由几部分构成？

5. S7-200 PLC 在进行 I/O 扩展时应考虑哪些问题？

6. S7-200 PLC 的电源如何连接？

7. 如何进行 S7-200 的电源需求与计算？

8. S7-300 PLC 某数字量模块插在 2 号槽，假设 I/O 的起始地址均为 0，则其地址如何分配？

9. S7-300 PLC 某模拟量模块插在 3 号槽，其地址如何分配？

10. 一个控制系统如果需要 12 点数字量输入、30 点数字量输出、10 点模拟量输入和 2 点模拟量输出，则问：

　　（1）如何选择输入 / 输出模块？

　　（2）各模块的地址如何分配？

11. 完成 S7-200 电动机启停控制的梯形图调试。

12. 利用 S7-200 完成三相鼠笼型异步电动机的点动控制。

第3章
S7-200 的指令系统

S7-200 的指令系统非常丰富且功能强大。它是 PLC 编程的基础，是学习重点，且随着 PLC 的功能强大，其范围也在不断扩充，其主要包括基本逻辑指令、运算指令、数据处理指令、表功能指令、转换指令、程序控制类指令和特殊指令。PLC 的应用指令又称为功能指令，它是在基本指令的基础上，PLC 制造商为满足用户不断提出的特殊控制要求而开发的一类指令。PLC 的应用指令越多，它的功能就越强。本章将系统全面地介绍 S7-200 的基本指令和应用指令。

【本章重点】

- S7-200 的编程元件及寻址方式。
- 基本指令。
- 运算指令。
- 数据处理指令。

- 表功能指令。
- 转换指令。
- 程序控制类指令。
- 特殊指令。

3.1 编程元件及寻址方式

使用指令进行编程时，会涉及指令所使用的操作数以及指令以何种方式从地址存储和读取数据。操作数主要包括常数、编程元件以及功率流，因此先在本节介绍 S7-200 的操作数的数据类型、编程元件与寻址方式。S7-200 共有 7 种基本数据类型、12 种编程元件，直接寻址和间接寻址两个寻址方式。

3.1.1 S7-200 的基本数据类型

S7-200 的大部分指令需要对数据对象进行操作。不同的数据对象具有不同的数据类型，不同的数据类型具有不同的数制和格式。程序中所用的数据需指定其类型。在指定数据类型时，要确定数据大小和数据位结构。S7-200 的基本数据类型及范围如表 3-1 所示。

3.1.2 编程元件

编程元件沿用了传统继电器控制系统中继电器的名称，根据其功能，编程元件分别称为输入继电器、输出继电器、通用辅助继电器、特殊标志继电器、变量存储器、局部变量存储器、顺序控制继电器、定时器和计数器等。在 PLC 内部并不真正存在这些实际的物理器件，与其对应的只是存储器的某些存储单元。一个继电器对应一个基本单元（即 1 位，1bit），多个继电器将占有多个基本单元。8 个基本单元形成一个 8 位二进制数，通常称之为 1 字节（1byte），它正好占用普通存储器的一个存储单元，连续两个存储单元构成一个 16 位二进制数，通常称为一个字（word）或一个通道。连续的两个通道还能构成一个双字（Double Words）。各种编程元件各自占有一定数量的存储单元。使用这些编程软件，实质上是对

原理动画

S7-200系列PLC
的内部元器件

相应的存储内容以位、字节、字或双字的形式进行存取。

表 3-1　S7-200 的基本数据类型及范围

基本数据类型	位数（位）	范围
布尔型 BOOL	1	位范围：0，1
字节型 BYTE	8	字节范围：0 ~ 255
字型　WORD	16	字范围：0 ~ 65535
双字型 DWORD	32	双字范围：0 ~（232-1）
整型　INT	16	整数范围：-32768 ~ +32767
双整型 DINT	32	双字整数范围：-231 ~（231-1）
实数型 REAL	32	浮点数范围：-1038 ~ 1038

1. 输入继电器（I）

每个输入继电器都与 PLC 的一个输入端子对应，它用于接收外部开关信号。当外部开关信号闭合时，输入继电器的线圈得电，在程序中其常开触点闭合，常闭触点断开。在编程时这些触点可以任意使用，使用次数不受限制。由于 S7-200 的输入映像寄存器是以字为单位的寄存器，因此 CPU 一般按"字节、位"的编址方式来读取每个继电器的状态，也可按字节（8 位）或者字（16 位）来读取相邻一组继电器的状态。

在每个扫描周期的开始，PLC 对各输入点进行采样，并把采样值送到输入映像寄存器。PLC 在接下来的本周期的各阶段不再改变输入映像寄存器中的位，直到下一个扫描周期的输入采样阶段。

不同型号主机的输入映像寄存器区的大小可以参考系统手册中的主机性能指标表，实际输入点数不能超过这个数量，未用的输入映像寄存器区可以作为其他编程元件使用，如可以作为通用辅助继电器或数据寄存器，但这只有在寄存器的整个字节的所有位都未占用的情况下才可作为他用，否则会出现错误执行结果。

2. 输出继电器（Q）

每个输出继电器都与 PLC 上的一个输出端子对应，而且仅有一个实实在在的物理动合触点用来接通负载。Q 也是以字节为单位的继电器，其每一位对应一个数字量输出点，一般采用"字节、位"的编址方法。输出继电器的状态可以由输入继电器的触点、其他内部器件的触点及它自己的触点来驱动，即它完全是由编程的方式来决定其状态的。

3. 通用辅助继电器（M）

通用辅助继电器如同传统继电器控制系统中的中间继电器，在 PLC 中没有输入输出端与之对应，因此通用辅助继电器的线圈不直接受输入信号的控制，其触点能驱动外部负载。采用"字节、位"的编址方式。

4. 特殊标志继电器（SM）

有些辅助继电器具有特殊功能，如存储系统的状态变量、有关的控制参数和信息等，我们称之为特殊标志继电器。用户可以通过特殊标志来沟通 PLC 与被控对象之间的信息，如可以读取程序运行过程中的设备状态和运算结果信息，根据这些信息用程序实现一定的控制动作，也可通过直接设置特殊标志继电器位来使设备实现某种功能。例如：

- SM0.1：首次扫描为 1，以后为 0，常用来对程序进行初始化，属只读型。
- SM1.2：当机器执行数学运算的结果为负时，该位被置 1，属只读型。
- SM36.5：高速计数器 HSC0 当前计数方向控制，置位时递增计数，复位时递减计数，属只读型。

5. 变量存储器（V）

变量存储器用来存储变量。它可以存放程序执行过程中控制逻辑操作的中间结果，也可以保存与工序或任务相关的其他数据。

6. 局部变量存储器（L）

局部变量存储器用来存放局部变量。局部变量与变量存储器所存储的全局变量十分相似，主要区别是局部变量是局部有效的，而全局变量是全局有效的。局部有效只和特定的程序相关联，而全局有效是指同一个变量可以被任何程序（包括主程序、子程序和中断程序）访问。

S7-200 提供 64 个字节的局部变量存储器，其中 60 个可以作为暂时存储器或给子程序传递参数用。主程序、子程序和中断程序在以"位"使用时都可以使用 64 个字节的局部变量存储器。不同程序的局部变量存储器不能互相访问。机器在运行时，根据需要动态地分配局部变量存储器。在执行主程序时，分配给子程序或中断程序的局部变量存储器是不存在的，当子程序调用或出现中断时，需要为之分配局部变量存储器，新的局部变量存储器可以是曾经分配给其他程序块的同一个局部变量存储器。

7. 顺序控制继电器（S）

顺序控制继电器用在顺序控制和步进控制中，它是特殊的继电器。

8. 定时器（T）

定时器是 PLC 中重要的编程元件，是累计时间增量的内部器件。大部分自动控制领域都需要定时器进行延时控制，灵活地使用定时器可以编制出复杂的控制程序。

定时器的工作过程和传统继电器控制系统中的时间继电器基本相同。使用时要提前输入时间预置值。当定时器的输入条件满足时开始计时，当前值从 0 开始按一定的时间单位增加。当定时器的当前值达到预置值时，定时器动作，此时它的常开触点闭合，常闭触点断开。利用定时器的触点就可以得到控制所需要的延时时间。

定时器指令包含两方面信息：定时器当前值和定时器状态位。定时器当前值表示在定时器当前值寄存器中存储当前所累计的时间，用 16 位符号整数表示。定时器状态位表示当定时器的当前值达到设定值时，T-bit 为"ON"。每个定时器都有一个 16 位的当前值寄存器和一个定时器状态位 T-bit，如图 3-1 所示。

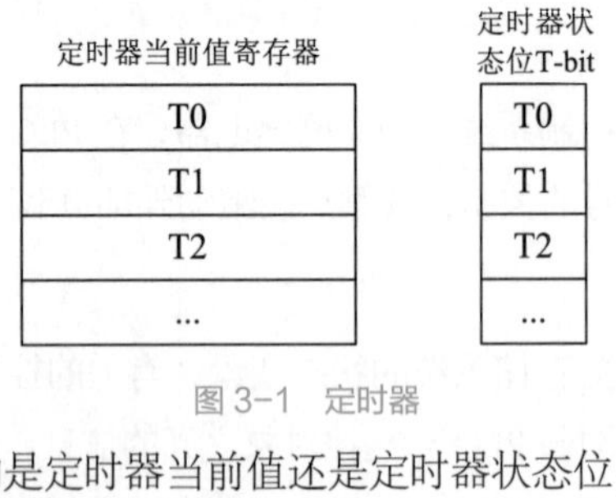

图 3-1　定时器

在后述的定时器指令中所存取的是定时器当前值还是定时器状态位，取决于所用的指令，带字操作的指令存取定时器当前值，带位操作的指令存取定时器状态位。

9. 计数器（C）

计数器用来累计输入脉冲的次数。它是应用非常广泛的编程元件，经常用来计数或用于特定功能的编程。使用时要提前输入它的设定值（计数的个数）。当输入触发条件满足时，计数器开始累计它的输入端脉冲电位上升沿（正跳变）的次数。当计数器计数达到预定的设定值时，其常开触点闭合，常闭触点断开。计数器的计数方式有 3 种，递增计数、递减计数和增 / 减计数。递增计数是从 0 开始，累加到设定值，计数器动作。递减计数是从设定值开始，累减到 0，计数器动作。增 / 减计数有两个计数端，其增计数原理与递增计数相同，减计数原理与递减计数相同。

计数器号包含两方面信息：计数器当前值和计数器状态位。计数器当前值表示在计数器当前值寄存器中存储的当前所累计的脉冲个数，用 16 位符号整数表示。计数器状态位是当计数器的当前值达到设定值时，C-bit 为"ON"。

在后述的计数器指令中所存取的是计数器当前值还是计数器状态位，取决于所用的指令，带字操作的指令存取计数器的当前值，带位操作的指令存取计数器状态位。

10. 模拟量输入映像寄存器（AI）、模拟量输出映像寄存器（AQ）

模拟量输入电路用以实现模拟量 / 数字量（A/D）之间的转换，而模拟量输出电路用以实现数字量 / 模拟量（D/A）之间的转换，PLC 处理的是其中的数字量。AI、AQ 的编址内容包括元件名称、数据长度和起始字节的地址，其中，数据长度为 1 字长（16 位），且从偶数号字节进行编址来存取转换过程的模拟量，如 0、2、4、6、8 等。如模拟输入寄存器 AIW6，模拟输出寄存器 AQW12 中的 AI、AQ 表示元件名称，W 表示数据长度，6、12 表示起始地址。两者各自的存储形式如表 3-2 所示。

表 3-2　模拟量输入映像寄存器和输出映像寄存器的存储形式

寄存器	MSB	LSB
AIW6	AIW6（最高有效字节）	AIW6（最低有效字节）
AQW12	AQW12（最高有效字节）	AQW12（最低有效字节）

PLC 对 AI 和 AQ 的存取方式的不同之处是 AI 只能做读取操作，AQ 只能做输入操作。

11. 高速计数器（HC）

高速计数器的工作原理与普通计数器基本相同，它用来累计比主机扫描速度更快的高速脉冲。高速计数器的当前值为双字长（32 位）的整数，且为只读值。高速计数器的数量很少，编址时只用元件名称 HC 和地址编号，如 HC2 中的"2"表示地址编号，其存储形式如表 3-3 所示。

表 3-3　高速计数器的存储形式

计数器	MSB		LSB	
HC2	最高有效字节	次高有效字节	次低有效字节	最低有效字节
	字节 3	字节 2	字节 1	字节 0

12. 累加器（AC）

S7-200 提供 4 个 32 位累加器，分别为 AC0、AC1、AC2 和 AC3，累加器（AC）是暂存数据的寄存器，它可以用来存放数据，如运算数据、中间数据和结果数据，也可用来向子程序传递参数，或从子程序返回参数。累加器可用数据长度为 32 位，但实际应用时，数据长度取决于进出累加器的数据类型，数据长度大体分为字节、字和双字 3 种。编址时只用累加器元件名称 AC 和地址编号，如 AC0 种的"0"表示地址编号。累加器可进行读、写两种操作，在使用时只出现地址编号。

3.1.3 编程元件的寻址

S7-200 将信息存放于不同的存储器单元，每个存储器单元都有唯一确定的地址。根据对存储器单元中信息存取形式的不同，编程元件的寻址可分为直接寻址和间接寻址。

1. 直接寻址

S7-200 将信息存储在存储器中，存储单元按字节进行编址，无论所寻址的是何种数据类型，通常应指出它所在存储区域内的字节地址。这种直接指出元件名称的寻址方式称为直接寻址。在直接寻址方式中，直接使用存储器或寄存器的元件名称和地址编号，根据这个地址可以立即找到数据。这里根据数据类型，直接寻址方式又分为位寻址、字节寻址、字寻址和双字寻址 4 种。S7-200 编程元件的直接寻址格式如表 3-4 所示。

表 3-4　S7-200 编程元件的直接寻址格式

元件符号（名称）	所在数据区域	位寻址格式	其他寻址格式
I	数字量输入映像区	A$x.y$	ATx
Q	数字量输出映像区	A$x.y$	ATx
M	内部存储器标志位区	A$x.y$	ATx
SM	特殊存储器标志位区	A$x.y$	ATx
V	变量存储器区	A$x.y$	ATx
L	局部变量存储器区	A$x.y$	ATx
S	顺序控制存储器区	A$x.y$	ATx
T	定时器存储器区	Ay	ATx
C	计数器存储器区	Ay	无
AI	模拟量输入映像存储器区	无	ATx
AQ	模拟量输出映像存储器区	无	ATx
HC	高速计数器区	Ay	无
AC	累加器区	Ay	无

注：A：编程元件的名称

T：数据类型。

如果采用位寻址方式，则不存在该项，数据地址的基本格式为 A$x.y$。

如果采用字节寻址方式，则该项为 B（bit），数据地址的基本格式为 ABx。

如果采用字寻址方式，则该项为 W（Word），数据地址的基本格式为 AWx。

如果采用双字寻址方式，则该项为 D（Double Word），数据地址的基本格式为 ADx。

x：字节地址。

y：字节内的位地址（又称位号）。

2. 间接寻址

间接寻址是指数据存放在存储器或寄存器，在指令中只出现所需数据所在单元的内存地址。存储单元地址的地址又称为地址指针。这种间接寻址方式与计算机的间接寻址方式相同。间接寻址在处理内存连续地址中的数据时非常方便，而且可以缩短程序所生成的代码长度，使编程更加灵活。

可以用地址指针进行间接寻址的存储器有输入继电器（I）、输出继电器（Q）、通用辅助继电器（M）、变量存储器（V）、顺序控制继电器（S）、定时器（T）和计数器（C）。其中，对 T 和 C 的当前值可以进行间接寻址，而对独立的位值和模拟量不能进行间接寻址。

使用间接寻址方式存取数据的方法与 C 语言中的应用相似，其过程如下所述。

❶ 建立地址指针

使用间接寻址对某个存储器单元读写时，首先要建立地址指针。地址指针为双字长，是所要访问的存储器单元的 32 位的物理地址。可作为地址指针存储区的有变量存储器（V）、局部变量存储器（L）和累加器（AC1、AC2、AC3）。必须采用双字传送指令（MOVD）将存储器所要访问存储器单元的地址装入用来作为地址指针的存储器单元或寄存器，注意，这里装入的是地址而不是数据本身，例如：

```
MOVD   &VB100, VD204

MOVD   &VB10, AC2

MOVD   &C2, LD16
```

其中，"&" 为地址符号，它与单元编号结合表示所对应单元的 32 位物理地址。VB100、VB10、C2 只是一个直接地址编号，并不是它的物理地址。指令中的第二个地址数据长度必须是双字长，如 VD、AC 和 LD。

❷ 间接存取

在操作数的前面加 "*" 表示该操作数为一个指针。图 3-2 所示，AC1 为指针，用来存放要访问的操作数的地址。通过指针 AC1 将存于 VB200、VB201 中的数据被传送到 AC0 中去，而不是直接将 VB200 和 VB201 中的内容送到 AC0。

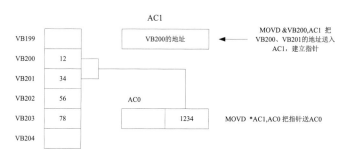

图 3-2　建立和使用指针的间接寻址过程

❸ 修改指针

处理连续数据时，通过修改指针可以很容易地存取相邻数据。简单的数学运算指令，如加法、减法、自增和自减等可用来修改指针。修改指针时，要记住访问的数据长度。存取字节时，指针加 1。存取字时，指针加 2。存取双字时，指针加 4。图 3-3 给出了修改指针和存取数据的过程。

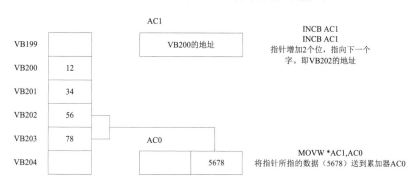

图 3-3　修改指针和存取数据的过程

3.2 基本指令

基本逻辑指令是指构成基本逻辑运算功能指令的集合，包括基本位操作指令、逻辑堆栈指令、定时器指令、计数器指令和比较指令。

3.2.1 基本位操作指令

基本位操作指令主要用来实现逻辑控制和顺序控制，传统继电器控制系统完全可以用 S7-200 的基本位操作指令来完成。

1. 装载指令 LD（Load）、装载反指令 LDN（Load Not）与线圈驱动指令 =（Out）

- LD（Load）：从梯形图左侧母线开始，连接动合触点。
- LDN（Load Not）：从梯形图左侧母线开始，连接动断触点。
- =（Out）：线圈输出。

LD 和 = 指令使用的例子如图 3-4 所示。

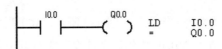

图 3-4　LD 和 = 指令

该例子的功能是 I0.0 接通后，Q0.0 输出。图 3-4 中的内容可以表示为电灯控制，其中 I0.0 是电灯开关。当 PLC 处于 RUN 状态时，若 I0.0 接通，则 Q0.0 接通，若 I0.0 断开，则 Q0.0 断开。

LD、LDN、= 指令的使用说明如下所述。

（1）LD、LDN 指令用于与输入公共线（输入母线）相连的触点，也可以与后述的 OLD、ALD 指令配合使用于分支回路的开头。

（2）= 指令用于输出继电器、辅助继电器、定时器及计数器等，但不能用于输入继电器。

（3）并联的 = 指令可以连续使用任意次，但是其操作时一般不能重复使用，例如在程序中多次出现"= Q0.0"。

（4）LD、LDN 的操作数有 I、Q、M、SM、T、C、V 和 S，= 的操作数有 Q、M、SM、T、C 和 S。

2. 触点串联指令 A（And）、AN（And Not）

- A（And）：与操作指令，用于动合触点的串联。
- AN（And Not）：与非操作指令，用于动断触点的串联。

A、AN 指令使用的例子如图 3-5 所示。

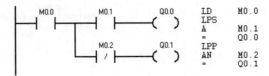

图 3-5　A 和 AN 指令

该例子的功能是 M0.0 接通后，将 M0.0 的状态入堆栈，若 M0.1 为 1，则 Q0.0 接通，M0.0 状态出堆栈，若 M0.2 未接通，则 Q0.1 接通。当 PLC 进入 RUN 状态时，图 3-5 对应的输入 / 输出的关系如表 3-5 所示。

表 3-5　输入/输出关系

输入状态（1 代表接通）			输出状态	
M0.0=0			Q0.0=0	Q0.1=0
M0.0=1	M0.1=0	M0.2=0	Q0.0=0	Q0.1=1
M0.0=1	M0.1=1	M0.2=0	Q0.0=1	Q0.1=1
M0.0=1	M0.1=0	M0.2=1	Q0.0=0	Q0.1=0
M0.0=1	M0.1=1	M0.2=1	Q0.0=1	Q0.1=0

从表中的输入/输出关系可以看到，M0.0*M0.1=Q0.0，M0.0*/M0.1=Q0.1，也就是"串联"的关系。

A、AN 指令的使用说明如下所述。

（1）A、AN 是单个触点串联连接指令，可连续使用。

（2）若要串联多个触点组合回路，须采用后面说明的 ALD 指令。

（3）若按正确次序进行编程，可以反复使用=指令，如表 3-5 所示"= Q0.0"和"= Q0.1"。

（4）A、AN 的操作数有 I、Q、M、SM、T、C、V、S。

3. 触点并联指令 O（Or）、ON（Or Not）

- O（Or）：或操作指令，用于动合触点的并联。

- ON（Or Not）：或非操作指令，用于动断触点的并联。

O 指令使用的例子如图 3-6 所示。

图 3-6　O 指令

该例子的功能是 I0.0 与 I0.1 至少有一个接通，Q0.0 都得电接通。图 3-6 例子实现的是两个并联关系的开关控制一盏灯的情况，只要按下 I0.0 或 I0.1 任何一个开关，都可以点亮电灯 Q0.0。当 PLC 进入 RUN 状态时，图 3-6 对应的输入/输出的关系如表 3-6 所示。

表 3-6　输入/输出关系

输入状态（1 代表接通）		输出状态
I0.0=0	I0.1=0	Q0.0=0
I0.0=1	I0.1=0	Q0.0=1
I0.0=0	I0.1=1	Q0.0=1
I0.0=1	I0.1=1	Q0.0=1

O、ON 指令的使用说明如下所述。

（1）O、ON 指令可作为一个触点的并联连接指令，紧接在 LD、LDN 指令之后用，即对其前面的 LD、LDN 指令所规定的触点处再并联一个触点，可以连续使用。

（2）若要将两个以上触点的串联回路和其他回路并联时，须采用后面说明的 OLD 指令。

（3）O、ON 指令的操作数有 I、Q、M、SM、T、C、V、S。

4. 置位 / 复位指令 S（Set）/R（Reset）

- S：置位指令，将由操作数指定的位（地址）开始的指定数目（可从 1 位至最多 255 位）的位置"1"，并保持。

- R：复位指令，将由操作数指定的位（地址）开始的指定数目（可从 1 位至最多 255 位）的位清"0"，并保持。

S/R 指令使用的例子如图 3-7 所示。

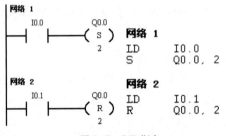

图 3-7 S/R 指令

该例子的功能是网络 1 的 I0.0 接通后，Q0.0 和 Q0.1 置位。网络 2 的 I0.1 接通后，复位 Q0.0 和 Q0.1。
S/R 指令使用的时序图如图 3-8 所示。

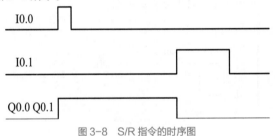

图 3-8 S/R 指令的时序图

S/R 指令的使用说明如下所述。

（1）操作数被置"1"后，必须通过 R 指令清"0"。

（2）S/R 指令可互换次序使用，由于 PLC 采用循环扫描的工作方式，因此写在后面的指令具有优先权。
在图 3-8 中，若 I0.0 和 I0.1 同时为 1，则 Q0.0、Q0.1 肯定处于复位状态，即为 0。

（3）如果对计数器和定时器复位，则 C 和 T 的当前值被清零。

（4）使用 S/R 指令时需指定操作性质（S/R）、开始位（bit）和位的数量（N）。

开始位（bit）的操作数有 I、Q、M、SM、T、C、V、S 和 L。

数量 N 的操作数有 VB、IB、QB、MB、SMB、LB、SB、AC、常数、*VD、*AC 和 *LD。一般情况下使用常数。

5. 立即存取指令 I（LDI, LDNI, AI, ANI, OI, ONI, = I, SI, RI）

S7-200 可通过立即存取指令加快系统的响应速度，它不受 PLC 循环扫描工作方式的影响，允许对输入 / 输出点进行直接快速存取。立即存取指令格式如表 3-7 所示，立即存取指令的例子如图 3-9 所示。

表 3-7　立即指令格式

指令名称	梯形图	STL	使用说明
立即取	bit —┤I├—	LDI bit	bit 只能为输入 I 程序执行立即读输入指令时，只是立即读取物理输入点的值，而不改变输入映像寄存器的值
立即取反	bit —┤/I├—	LDNI bit	
立即与	无具体梯形图	AI bit	
立即与反	无具体梯形图	ANI bit	
立即或	无具体梯形图	OI bit	
立即或反	无具体梯形图	ONI bit	
立即输出	bit ——(I)	= I bit	bit 只能为输出 Q 把栈顶的数值立即复制到指令所指定的物理输出点，同时刷新输出映像寄存器的值
立即置位	bit ——(SI) N	SI bit, N	bit 只能为输出 Q 将从指定的位开始的最多 128 个物理输出点同时置 1，并且刷新输出映像寄存器的内容
立即复位	bit ——(RI) N	RI bit, N	1. bit 只能为输出 Q 2. 将从指定的位开始的最多 128 个物理输出点同时清 0，并且刷新输出映像寄存器的内容

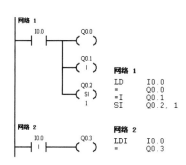

图 3-9　立即存取指令

　　该例子的功能是网络 1 的 I0.0 接通后，接通 Q0.0，立即接通 Q0.1，立即对 Q0.2 置位。网络 2 的 Q0.3 在 I0.0 输出刷新阶段接通。立即存取指令的时序图如图 3-10 所示。

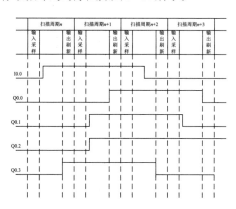

图 3-10　立即存取指令的时序图

西门子 S7-200 PLC 对用户程序每个扫描周期分为 3 个阶段执行。在扫描周期的开始进行输入刷新阶段，即读取物理点的状态保存在输入映像区，然后进入第二阶段运算用户程序，普通输入信号从输入映像区读取，对于立即输入信号是读取物理点的信号改写输入映像区的信号，普通输出的结果暂存输出映像区，对于立即输出的结果同时传送到输出映像区及输出锁存器中，最后是普通输出刷新阶段，即把输出映像区的状态成批送到输出锁存器中。在图 3-10 中可见，在扫描周期 n 中的第二个阶段，I0.0 接通变为 1，此时使用了立即输入信号的网络 2 中的 Q0.3 在扫描周期 n 中的输出刷新阶段接通，其他输出未变，而在下一个扫描周期 $n+1$ 中，采用立即输出的 Q0.1 和 Q0.2 在运算阶段直接刷新变为 1，而采用普通输入输出的 Q0.0 只有等到输出刷新阶段才能发生状态改变。

6. 边沿脉冲指令 EU（Edge Up）/ED（Edge Down）

边沿脉冲指令分为上升边沿脉冲指令和下降边沿脉冲指令。其指令格式如表 3-8 所示，指令的例子如图 3-11 所示。

表 3-8　边沿脉冲指令格式

指令名称	梯形图	STL	功能	操作元件
上升沿脉冲指令	—|P|—（ ）	EU（Edge Up）	检测信号的上升沿，产生一个扫描周期宽度的脉冲	无
下降沿脉冲指令	—|N|—（ ）	ED（Edge Down）	检测信号的下降沿，产生一个扫描周期宽度的脉冲	无

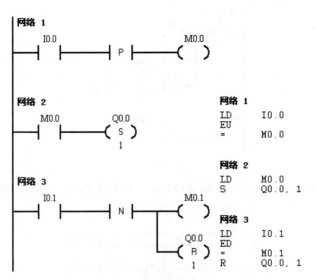

图 3-11　边沿脉冲指令

该例子的功能是在 PLC 进入 RUN 状态时，若 I0.0 接通，在 I0.0 接通的上升沿，M0.0 就接通一个扫描周期，此时 M0.0 常开触点闭合，Q0.0 置位，在 I0.1 由 ON 变为 OFF 的下降沿，M0.1 接通一个扫描周期，此时 Q0.0 被复位。

7. 逻辑结果取反指令 NOT

NOT 指令用于将该指令左端的逻辑运算结果取非。NOT 指令格式如表 3-9 所示，NOT 指令的例子如图 3-12 所示。

表 3-9　NOT 指令格式

指令名称	梯形图	STL	使用说明
逻辑结果取反指令 NOT	─┤NOT├─	NOT	NOT 指令无操作数

图 3-12　NOT 指令

该例子的功能是若 M0.0 与 M0.1 接通，则 Q0.0 不能接通。

图 3-12 中的输入 / 输出关系如表 3-10 所示。从表中可以看出此段程序实现的是 M0.0 和 M0.1 取"与"，取"与"结果的相反状态去驱动 Q0.0。

表 3-10　输入 / 输出关系

输入状态（1 代表接通）		输出状态
M0.0=0	M0.1=0	Q0.0=1
M0.0=1	M0.1=0	Q0.0=1
M0.0=0	M0.1=1	Q0.0=1
M0.0=1	M0.1=1	Q0.0=0

8. 空操作指令 NOP（No Operation）

空操作指令起增加程序容量的作用。使能输入有效时，执行空操作指令，将稍微延长扫描周期长度，但是这不影响用户程序的执行，也不会使输出断开。

NOP 指令格式如表 3-11 所示，指令的例子如图 3-13 所示。

表 3-11　空操作指令格式

指令名称	梯形图	STL	使用说明
空操作指令 NOP	???? NOP	NOP n	梯形图 "????" 处为操作数 n，操作数 n 为执行空操作指令的次数，$n=0 \sim 255$

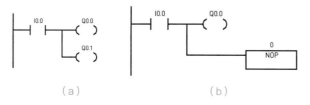

（a）　　　　　　　（b）

图 3-13　空操作指令的例子

在图 3-13（a）所示的程序中，当 I0.0 接通时，Q0.0、Q0.1 都会接通。如果在调试时，在 I0.0 接通的情况下，只让 Q0.0 接通，而不想控制 Q0.1，可以改为图 3-13（b）的程序，然后下载进行调试即可。

55

9. 基本位操作指令的举例

（1）控制要求：使用两个按钮分别控制电动机的启动和停止。

（2）编程元件：I0.0 启动按钮，I0.1 停止按钮，Q0.0 电动机，Q0.1 启动指示灯，Q0.2 停止指示灯。

（3）电动机启动 / 停止控制可以采用两种方案。电动机启动 / 停止控制方案 1 如图 3-14 所示，时序图如图 3-15 所示。

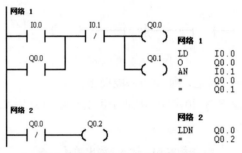

图 3-14　电动机启动 / 停止控制方案 1

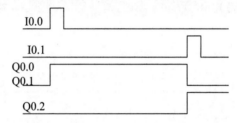

图 3-15　电动机启动 / 停止控制方案 1 的时序图

在图 3-14 中，当按下 I0.0 时，在当前扫描周期内，I0.0 使 Q0.0、Q0.1 为 ON，到下一个扫描周期，Q0.0 的常开触点为 ON，使得 Q0.0 自锁，虽然 I0.0 断开，但是由于 Q0.0 的自锁触点，Q0.0 仍然为 ON。当按下 I0.1 后，使得 Q0.0 的电路断开，Q0.0、Q0.1 为 OFF，到下一个周期 Q0.0 常闭触点闭合，使得 Q0.2 为 ON。

电动机启动 / 停止控制方案 2 如图 3-16 所示。

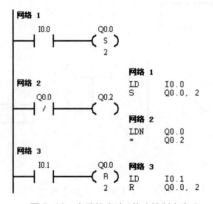

图 3-16　电动机启动 / 停止控制方案 2

在图 3-16 中，当 I0.0 按下后，Q0.0 开始的两位 Q0.0、Q0.1 被置位，为 ON 状态，Q0.0 常闭触点断开，Q0.2 为 OFF 状态。当 I0.1 按下，Q0.0 开始的两位 Q0.0、Q0.1 被复位，Q0.0 的常闭触点闭合，Q0.2 闭合。

通过两个方案对比，可以发现，适当的利用置位和复位指令，可以减少指令数以及中间的触点。

3.2.2 逻辑堆栈指令

S7-200 使用一个 9 层堆栈来处理所有逻辑操作，它和计算机中的堆栈结构相同。堆栈是一组能够存储和取出数据的暂存单元，其特点是"先进后出"。每一次进行入栈操作，新值放入栈顶，栈底值丢失。每一次进行出栈操作，栈顶值弹出，栈底值补进随机数。表 3-12 所示为逻辑堆栈结构。

表 3-12　逻辑堆栈结构

名称	堆栈结构	说明
STACK0	S0	第 1 级堆栈（栈顶）
STACK1	S1	第 2 级堆栈
STACK2	S2	第 3 级堆栈
STACK3	S3	第 4 级堆栈
STACK4	S4	第 5 级堆栈
STACK5	S5	第 6 级堆栈
STACK6	S6	第 7 级堆栈
STACK7	S7	第 8 级堆栈
STACK8	S8	第 9 级堆栈

在较复杂梯形图的逻辑电路图中，梯形图无特殊指令，绘制非常简单，但触点的串、并联关系不能全部用简单的与、或、非逻辑关系描述。语句表指令系统中设计了电路块的"与"操作指令、电路块的"或"操作指令、逻辑入栈指令 LPS、逻辑出栈指令 LPP、逻辑读栈指令 LRD（电路块指以 LD 为起始的触点串、并联网络）来解决此类问题，下面具体介绍这几类指令。

1. 电路块并联指令 OLD（Or Load）

OLD 是将梯形图中以 LD（LDN）起始的电路块和另一块以 LD（LDN）起始的电路块并联起来。在程序执行过程中，PLC 将两个电路块的执行结果存放到堆栈第一层和第二层中，然后通过 OLD 指令将堆栈中的第一层和第二层的数值组合进行并联计算，结果放到堆栈顶层。执行完 OLD 指令，自动进行 1 次出栈操作，栈底生成随机数。OLD 指令的例子如图 3-17 所示。

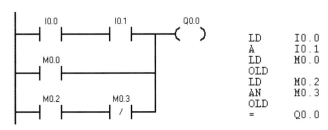

图 3-17　OLD 指令

该例子的功能是 I0.0 与 I0.1 串联作为一个电路块，M0.2 与 M0.3 的常闭触点串联作为一个电路块，这两个电路块与 M0.0 并联共同控制 Q0.0，只要其中一个电路块的输出为真，Q0.0 就为 ON。

OLD 指令的使用说明如下所述。

（1）几个串联支路并联连接时，其支路的起点以 LD（LDN）开始，支路重点用 OLD 指令。

（2）如需将多个支路并联，从第二条支路开始，在每一支路后面加 OLD 指令，且对并联支路的个数没有限制。

（3）OLD 指令无操作数。

2. 电路块串联指令 ALD（And Load）

ALD 是将梯形图中以 LD（LDN）起始的电路块与另一块以 LD（LDN）起始的电路块串联起来。在程序执行过程中，PLC 将两个电路块的执行结果存放到堆栈第一层和第二层中，然后通过 ALD 指令将堆栈中的第一层和第二层的数值组合进行串联计算，结果放到堆栈顶层。执行完 ALD 指令，自动进行 1 次出栈操作，栈底生成随机数。ALD 指令的例子如图 3-18 所示。

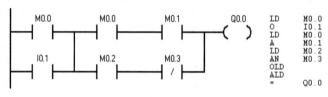

图 3-18　ALD 指令

该例子的功能是 M0.0 与 M0.1 串联作为电路块 1，M0.2 与 M0.3 的常闭触点串联作为电路块 2，M0.0 与 I0.1 并联作为电路块 3，电路块 1 与电路块 2 并联（在此使用 OLD 指令）后与电路块 3 串联（使用 ALD 指令）后控制 Q0.0 的输出。电路块 1 或电路块 2 中的任一个输出为真，且电路块 3 的输出为真，则 Q0.0 为 ON。

ALD 指令的使用说明如下所述。

（1）分支电路（并联电路块）与前面电路串联连接时，使用 ALD 指令。分支的起始点用 LD（LDN）指令，并联电路块结束，使用 ALD 指令与前面电路串联。

（2）如果有多个并联电路块串联，顺次以 ALD 指令与前面支路连接，支路数量没有限制。

（3）ALD 指令无操作数。

3. 载入堆栈指令 LDS、逻辑入栈指令 LPS、逻辑出栈指令 LPP、逻辑读栈指令 LRD

LDS（Load Stack）：载入堆栈指令，它的功能是复制堆栈中的第 n 个值到栈顶，而栈底丢失。LDS 指令的格式为 LDS n（n 为 0～8 的整数）。

LPS（Logic Push）：逻辑入栈指令（分支电路开始指令）。在梯形图的分支结构中，可以形象地看出，它用于生成一条新的母线，其左侧为原来的主逻辑块，右侧为新的从逻辑块。因此可以直接编程。从堆栈使用上来讲，LPS 指令的作用是复制堆栈顶部的数值，并将此数值推到堆栈中。堆栈底部被推出或丢失。

LRD（Logic Read）：逻辑读栈指令。在梯形图分支结构中，当新母线左侧为主逻辑块时，LPS 开始右侧的第一个从逻辑块编程，LRD 开始第二个以后的从逻缉块编程。从堆栈使用上来讲，LRD 将第二个堆栈值复制到堆栈顶部。堆栈没有被推出或弹出，但堆栈顶部的旧数值及被复制的数值破坏。

LPP（Logic Push）：逻辑出栈指令（分支电路结束指令）。在梯形图分支结构中，LPP 用于 LPS 产生的新母线右侧的最后一个从逻辑块编程。它在读取完离它最近的 LPS 压入堆栈的内容同时复位该条新母线，转移至上一条母线。从堆栈使用上来讲，LPP 将堆栈的一个数值弹出堆栈，第二个堆栈数值成为堆栈数值的新顶部。

图 3-19 所示为 S7-200 使用逻辑堆栈指令来解决控制逻辑问题。图中，"iv0" 到 "iv7" 标识逻辑堆栈的初始值，而 "S0" 标识存储在逻辑堆栈中的计算后数值。

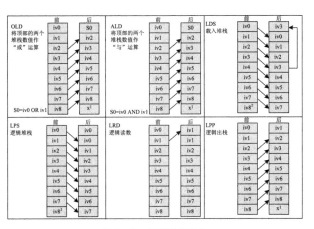

图 3-19 逻辑堆栈指令

图 3-20 所示是 LPS、LRD、LPP 指令的例子。其中有 3 个输出，即 Q0.0、Q0.1 和 Q0.2，这 3 个输出都需要用到 I0.0 的常开触点，则可以用逻辑堆栈指令，以减少输入触点。在母线开始处连接 I0.0，然后利用 LPS 指令将此位置的逻辑状态压入堆栈保存，然后利用 I0.1 和 I0.2 的常开触点控制 Q0.0 的状态。若要控制 Q0.1，则用指令 LRD 指令将 I0.0 处逻辑状态从堆栈中读出利用。控制 Q0.2 时，是程序中最后一个利用 I0.0 目前的逻辑状态，因此采用 LPP，从堆栈中弹出此处的逻辑状态。

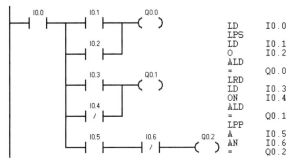

图 3-20 LPS、LRD、LPP 指令

3.2.3 定时器指令

S7-200 有 3 种类型的定时器：通电延时定时器、保持型通电延时定时器和断电延时定时器，共计 256 个定时器，其编号为 T0 ~ T255，且都为增量型定时器。其中，保持型通电延时定时器为 64 个，其余 192 个均可定义为通电延时定时器或断电延时定时器。定时器的定时精度即分辨率（S）可分为 3 个等级，分别为 1ms、10ms 和 100ms。定时器的类型如表 3-13 所示。

表 3-13 定时器的类型

工作方式	定时精度（ms）	最大定时时间（s）	定时器号
通电延时定时器 断电延时定时器	1	32.767	T32，T96
	10	327.67	T33 ~ T36，T97 ~ T100
	100	3276.7	T37 ~ T63，T101 ~ T255
保持型通电延时定时器	1	32.767	T0，T64
	10	327.67	T1 ~ T4，T65 ~ T68
	100	3276.7	T5 ~ T31，T69 ~ T95

在使用定时器时注意的是不能把一个定时器号同时用作通电延时定时器和保持型通电延时定时器。
另外，定时器的定时时间为

$$T = PT \times S$$

式中：T——定时器的定时时间；

PT——定时器的设定值，数据类型为整数型；

S——定时器的精度。

S7-200 中的 3 种类型的定时器对应着 3 种不同的定时器指令。通电延时定时器指令 TON（On-Delay Timer）、保持型通电延时定时器 TONR（Retentive On-Delay Timer）和断电延时定时器指令 TOF（OFF-Delay Timer）。编程中用到的 Txxx 表示定时器编号、IN 表示定时器的输入、PT 表示定时器的设定值，这三部分对应的有效操作数是相同的，如表 3-14 所示。

表 3-14　定时器指令的有效操作数

输入 / 输出	数据类型	操作数
Txx	WORD	常量（T0 ~ T255）
IN	BOOL	I、Q、V、M、SM、S、T、C、L、功率流（EN0）
PT	INT	IW、QW、VW、MW、SMW、SW、T、C、LW、AC、AIW、*AD、*LD、*AC、常量

1. 通电延时定时器指令 TON

TON 指令用于计时单个间隔。当定时器的输入端 IN 为 ON 时，定时器开始计时，当定时器的当前值大于等于设定值时，定时器被置位，其常开触点接通，常闭触点断开。定时器继续计时，一直计时到最大值 32 767×S。无论何时，只要 IN 变为 OFF，TON 的当前值就被复位到 0。

TON 指令格式如表 3-15 所示。表 3-15 中梯形图一栏中，ms 前的"???"会在定时器的型号确定后自动显示为定时数量级，而上端的"????"可以确定定时器的型号。TON 指令的例子如图 3-21 所示。TON 指令例子的时序图如图 3-22 所示。

表 3-15　TON 指令格式

指令名称	梯形图	STL
TON 指令	???? ─IN　　TON ????─PT　　??? ms	TON Txxx（定时器编号），PT

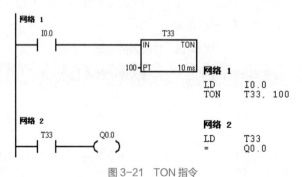

图 3-21　TON 指令

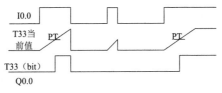

图 3-22　TON 指令的时序图

该例子的功能是当 I0.0 接通时，即驱动 T33 开始定时，定时到设定值 PT 时，T33 状态位 bit 置 1，其常开触点闭合，驱动 Q0.0 输出。其后当前值仍增加，但不影响状态位 bit。当 I0.0 断开时，T33 复位，当前值清 0，状态位也清 0，即恢复原始状态。若 I0.0 接通时间未到设定值就断开，则 T33 跟随复位，Q0.0 不会输出。在程序中也可使用复位指令 R 使定时器复位。

2. 保持型通电延时定时器 TONR

TONR 指令用于积累许多时间间隔。当定时器的输入端 IN 为 ON 时，定时器开始计时，当定时器的当前值大于等于设定值时，定时器被置位，其常开触点闭合，常闭触点断开。定时器继续计时，一直计时到最大值 $32\,767 \times S$。如果定时器的当前值小于设定值时，IN 就变为 OFF，则 TONR 的当前值保持不变。等到 IN 又为 ON 时，TONR 在当前值的基础上继续计时，直到定时器被复位。

TONR 指令格式如表 3-16 所示。表 3-16 中梯形图一栏中，ms 前的 "???" 会在定时器的型号确定后自动显示为定时数量级，而上端的 "????" 可以确定定时器的型号。TONR 指令的例子如图 3-23 所示。TONR 指令例子的时序图如图 3-24 所示。

表 3-16　TONR 指令格式

指令名称	梯形图	STL
TONR 指令	???? IN　TONR ????—PT　??? ms	TONR Txxx（定时器编号），PT

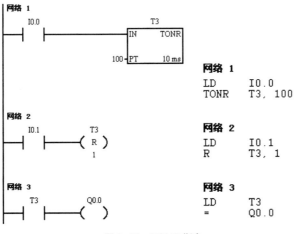

图 3-23　TONR 指令

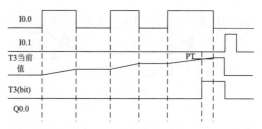

图 3-24　TONR 指令的时序图

该例子的功能是当输入 I0.0 为 ON 时，T3 开始计时，定时器 T3 的当前值寄存器从 0 开始增加。当 I0.0 变为 OFF 时，T3 的当前值保持。当 I0.0 再次为 ON 时，T3 的当前值寄存器在保持值的基础上继续累加，直到 T3 的当前值达到设定值 PT（本例为 1s），定时器动作，T3 的状态位（bit）为 ON，T3 的常开触点为 ON，使得 Q0.0 为 ON。若 I0.0 仍为 ON，则 T3 当前值继续累加，若 I0.1 为 1 则 T3 复位。当定时器动作后，即使 I0.0 为 OFF 时，T3 也不会复位，必须使用复位指令 R，才能 TONR 型定时器复位。

3.　断电延时定时器指令 TOF

TOF 指令用于允许输入端断开后的单一间隔定时。当定时器的输入端 IN 为 ON 时，TOF 的状态位为 ON，其常开触点闭合，常闭触点断开，但是定时器的当前值仍为 0。只有当 IN 由 ON 变为 OFF 时，定时器才开始计时，当定时器的当前值大于等于设定值时，定时器被复位，定时器停止计时。如果 IN 的 OFF 时间小于设定值，则定时器的状态位始终为 ON。TOF 指令格式如表 3-17 所示，其指令的例子如图 3-25 所示，时序图如图 3-26 所示。

表 3-17　TOF 指令格式

指令名称	梯形图	STL
TOF 指令	???? IN　　TOF ????-PT　　???ms	TOF Txxx（定时器编号），PT

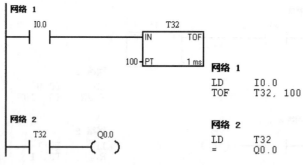

图 3-25　TOF 指令

该例子的功能是当允许输入 I0.0 为 ON 时，定时器的状态位为 ON，当 I0.0 由 ON 到 OFF 时，当前值从 0 开始增加，直到达到设定值 PT，定时器的状态位为 OFF，当前值等于设定值，停止累加计数。在程序中也可使用复位指令 R 使定时器复位。定时器复位后，TOF 的状态位（bit）为 OFF，当前值为 0。当允许输入 IN 再次由 ON 到 OFF 时，TOF 再次启动。

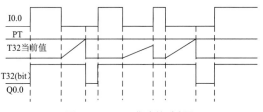

图 3-26 TOF 指令的时序图

4．S7-200 定时器的刷新方式

S7-200 的 3 种不同定时精度的定时器的刷新方式是不同的，要正确使用定时器，首先要知道定时器的刷新方式，保证定时器在每个扫描周期都能刷新一次，并能执行一次定时器指令。

对于具有 1ms 分辨率的定时器，采用中断刷新的方式，系统每隔 1ms 刷新一次。定时器位和当前值异步更新到扫描循环。对于扫描大于 1ms，定时器位和当前值在整个扫描期间刷新多次。

对于具有 10ms 分辨率的定时器，定时器位和当前值在每次扫描周期的开始时更新。定时器位和当前值在整个扫描期间保持常量，在扫描期间积聚的时间间隔在每次扫描开始时添加到当前值。

对于具有 100ms 分辨率的定时器，在定时器指令执行时被刷新，下一条执行的指令即可使用刷新的结果，非常符合正常思维，使用方便可靠。但应当注意，如果该定时器的指令不是每个周期都执行（比如条件跳转时），定时器就不能及时刷新，可能会导致出错。

图 3-27 所示为使用定时器本身的常闭触点作为激励输入，希望经过延时产生一个扫描周期的时钟脉冲输出。定时器状态位置位时，依靠本身的常闭触点（激励输入）的断开使定时器复位，更新开始设定时间，进行循环工作。采用不同分辨率的定时器时会有不同的运行结果，具体分析如下：

（1）T32 为 1ms 分辨率的定时器，每隔 1ms 定时器刷新一次当前值，CPU 当前值若恰好在处理常闭触点和常开触点之间被刷新，Q0.0 可以接通一个扫描周期，但这种情况出现的几率很小，一般情况下，不会正好在这时刷新。若在执行其他指令时，定时时间到，1ms 定时刷新，使定时器处于输出状态位置位，常闭触点打开，当前值复位，定时器输出状态位立即复位，所以输出线圈 Q0.0 一般不会通电。

（2）若将图 3-27 中的定时器 T32 换成 T33，分辨率变为 10ms，当前值在每个扫描周期开始刷新，计时时间到，扫描周期开始时，定时器处于输出状态位置位，常闭触点断开，立即将定时器当前值清零，定时器输出状态位复位，这样，输出线圈 Q0.0 永远不可能通电。

（3）若将图 3-27 中的定时器 T32 换成 T37，分辨率变为 100ms，当前指令执行时刷新，Q0.0 在 T37 计时时间到时准确地接通一个扫描周期。

综上所述，用本身触点作为激励输入的定时器，分辨率为 1ms 和 10ms 时不能可靠工作，一般不宜使用本身触点作为激励输入，若将图 3-27 改成图 3-28，无论何种分辨率都能正常工作。

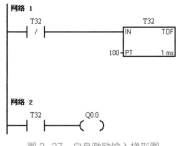

图 3-27 自身激励输入梯形图

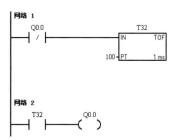

图 3-28 非自身激励输入梯形图

5. 定时器应用

1 定时器的串级组合

采用两个定时器的串级组合，扩展定时时间，程序如图 3-29 所示。

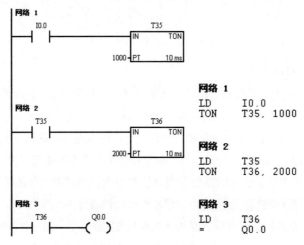

图 3-29 定时器的串级组合

在图 3-29 中，PLC 处于 RUN 状态时，当 I0.0 接通后，T35 计时 t_1=10s，计时时间到，T35 常开触点闭合，T36 计时 t_2=20s，计时时间到，驱动 Q0.0 接通，总计延时 $t=t_1+t_2 = 30$s。由此可见，n 个计时器的串级组合，可扩大延时范围 $t=t_1+t_2+\cdots+t_n$。

2 延时接通/断开电路

图 3-30 为利用定时器实现的延时接通/断开电路。当 I0.0 接通后，T37 开始计时，计时 3s 后，T37 状态位为 ON，接通 Q0.0，Q0.0 常开触点闭合，当 I0.0 由 ON 变为 OFF，T38 开始计时，计时 5s 后，T38 状态位为 ON，因此 T38 的常闭触点断开，Q0.0 由 ON 变为 OFF。虽然，I0.0 控制 Q0.0 的通断，但是 Q0.0 并不是随着 I0.0 的变化而及时变化，这主要是因为设置了定时器而延时通断。延时接通/延时断开电路的时序图如图 3-31 所示。

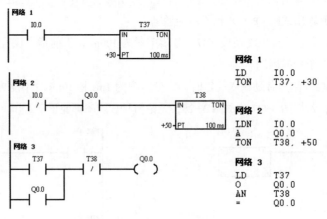

图 3-30 延时接通／延时断开电路

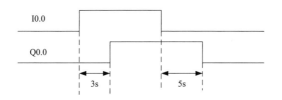

图 3-31　延时接通／延时断开电路的时序图

❸ 脉冲宽度可控制电路

图 3-32 是利用定时器实现脉冲宽度可控制电路。该电路在输入信号宽度不规范的情况下，要求在每一个输入信号的上升沿产生一个宽度固定的脉冲。该脉冲宽度可以调节。当 I0.0 由 OFF 变为 ON，M0.0 接通，并且通过 M0.0 的常开触点与 T37 的常闭触点进行自保持，T37 开始计时，同时 Q0.0 变为 ON，T37 计时时间到，T37 的常闭触点断开，Q0.0 由 ON 变为 OFF，M0.0 由 ON 变为 OFF，由此产生一个 2s 的脉冲，当 I0.0 的下一个上升沿来到时，重复上述过程。需要说明的是，如果输入信号的两个上升沿之间的距离小于该脉冲宽度，则忽略输入信号的第二个上升沿，图中关键是找出定时器 T37 的计时输入逻辑，使其不论在 I0.0 的宽度大于或小于 2s 时，都可使 Q0.0 的宽度为 2s。这里通过调节 T37 设定值 PT 的大小，就可控制 Q0.0 的宽度。该宽度不受 I0.0 接通时间长短的影响。脉冲宽度可控制电路的时序图如图 3-33 所示。

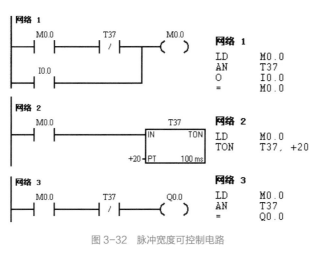

图 3-32　脉冲宽度可控制电路

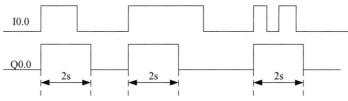

图 3-33　脉冲宽度可控制电路的时序图

❹ 闪烁电路

闪烁电路也称为振荡电路。闪烁电路实际上就是一个时钟电路，它可以是等间隔的通断，也可以是不等间隔的通断。图 3-34 是利用定时器实现的闪烁电路。在该例中，当 I0.0 有效时，T37 就会产生一个 1s 通、2s 断的闪烁信号。Q0.0 的输出和 T37 的输出是一样的。闪烁电路的时序图如图 3-35 所示。

```
网络 1
LD      I0.0
AN      T38
TON     T37, 20

网络 2
LD      T37
TON     T38, 10

网络 3
LD      T37
=       Q0.0
```

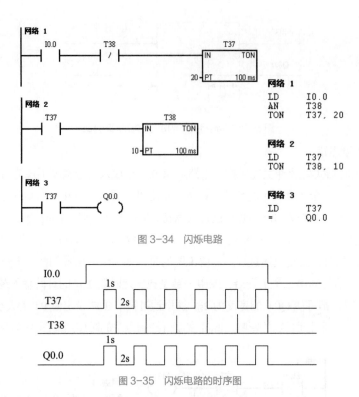

图 3-34　闪烁电路

图 3-35　闪烁电路的时序图

在实际的程序设计中，如果电路中用到闪烁功能，往往直接用两个定时器组成闪烁电路，如图 3-36 所示。这个电路不管其他信号如何，PLC 一通电，它就开始工作。什么时候用到闪烁功能时，把 T37 的常开触点（或常闭触点）串联上即可。通断的时间值可以根据需要任意设定。

```
网络 1
LDN     T38
TON     T37, +20

网络 2
LD      T37
TON     T38, +10
```

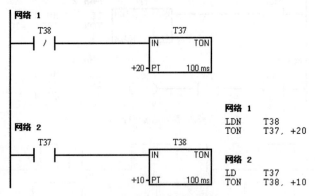

图 3-36　闪烁电路修改程序

3.2.4　计数器指令

计数器用来累计输入脉冲的数量。S7-200 有递增计数器、递减计数器和增 / 减计数器 3 种计数器，共计 256 个，其编号为 C0 ~ C255，每个计数器编号只能使用一次。同定时器基本相同，每个计数器有一个 16 位的当前值寄存器、设定值寄存器和一个状态位，最大计数值为 32 767。

与这 3 类计数器对应的有 3 种计数器指令，分别为递增计数器指令 CTU、递减计数器指令 CTD 和增 / 减计数器指令 CTUD。编程时用到的设定值 PV 的数据类型为 INT，有效操作数范围为 IW、QW、VW、

MW、SMW、SW、T、C、LW、AC、AIW、*AD、*LD、*AC 和常量，具体的计数器指令格式如表3-18所示。

表3-18 计数器指令格式

指令名称	LAD	STL	注释
递增计数器指令CTU	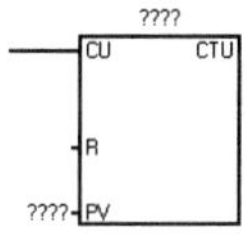 CU CTU R PV	CTU Cxxx（计数器编号），PV	CU—递增脉冲计数的启动输入端 R—复位脉冲的输入端 PV—设定值输入
递减计数器指令CTD	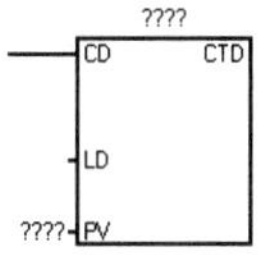 CD CTD LD PV	CTD Cxxx（计数器编号），PV	CD—递减脉冲计数的启动输入端 LD—复位脉冲的输入端 PV—设定值输入
减/减计数器指令CTUD	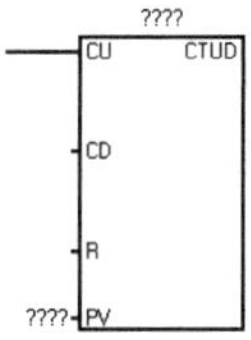 CU CTUD CD R PV	CTUD Cxxx（计数器编号），PV	CU—递增脉冲计数的启动输入端 CD—递减脉冲计数的启动输入端 R—复位脉冲的输入端 PV—设定值输入

1. 递增计数器指令 CTU

首次扫描CTU时，其状态位为OFF，当前值为0。当CU为ON时，在每个输入脉冲的上升沿，计数器计数一次，当前寄存器加1。如果当前值达到设定值PV，计数器动作，状态位为ON，当前值计数递增计数，最大可达32 767。当CU由ON变为OFF时，计数器的当前值停止计数，并保持当前值不变。如果CU又变为ON，则计数器在当前值的基础上继续递增数。当R端为ON时，计数器复位，使计数器状态位OFF，当前值为0。也可以通过复位指令R使该计数器复位。CTU指令的例子如图3-37所示。CTU指令的时序图如图3-38所示。

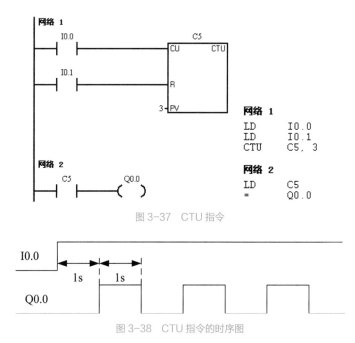

图3-37 CTU指令

图3-38 CTU指令的时序图

该例子的功能是当 PLC 处于 RUN 状态时，若 I0.0 接通，C5 对 I0.0 的输入脉冲计数，达到计数值后，C5 的状态位由 OFF 变为 ON，Q0.0 由 OFF 变为 ON，若复位信号 I0.1 未接通，则 C5 会计数到 32 767。若 I0.1 由 OFF 变为 ON 时，C5 被复位，计数停止，C5 的状态位由 ON 变为 OFF。

2. 递减计数器指令 CTD

首次扫描 CTD 时，其状态位为 OFF，当前值为设定值。当 CD 为 ON 时，在每个输入脉冲的上升沿，计数器计数一次，当前值寄存器减 1。如果当前值寄存器减到 0 时，计数器动作，状态位为 ON，计数器的当前值保持为 0。当 LD 端为 ON 时，计数器复位，使计数器状态位为 OFF，当前值为设定值。也可以通过复位指令 R 使 CTD 计数器复位。该指令的例子如图 3-39 所示。CTD 指令的时序图如图 3-40 所示。

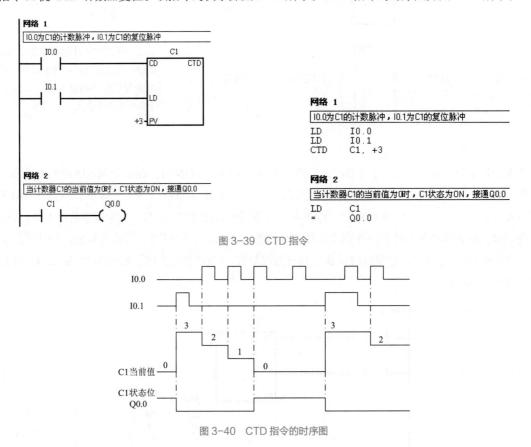

图 3-39　CTD 指令

图 3-40　CTD 指令的时序图

3. 增 / 减计数器指令 CTUD

首次 CTUD 扫描时，其状态位为 OFF，当前值为 0。当 CU 为 ON 时，在每个输入脉冲的上升沿，当前值寄存器加 1，当 CD 为 ON 时，在每个输入脉冲的上升沿，当前值寄存器减 1。如果当前值等于设定值时，CTUD 动作，其状态位为 ON。如果 CTUD 的复位输入端 R 为 ON，或使用复位指令 R，可使 CTUD 复位，即使状态位变为 OFF，使当前值寄存器清 0。增 / 减计数器的计数范围为 −32 767 ～ +32 767，当 CTUD 达到最大值 32 767 后，下一个 CU 输入上升沿将使计数值变为最小值 −32 767。同样，达到最小值 −32 767 后，下一个 CD 输入上升沿将使计数值变为最大值 +32 767。CTUD 指令的例子如图 3-41 所示。CTUD 指令的时序图如图 3-42 所示。

网络 1

I0.0向上计数，I0.1向下计数，I0.2重设当前值
LD　　I0.0
LD　　I0.1
LD　　I0.2
CTUD　C48, +4

网络 2

C48向上或向下计数值到达4后，接通Q0.0
LD　　C48
=　　　Q0.0

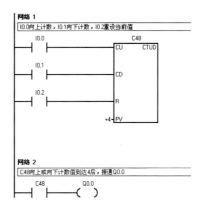

图 3-41　CTUD 指令

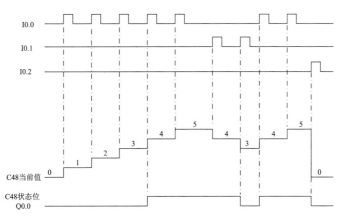

图 3-42　CTUD 指令的时序图

4. 计数器的应用

计数器与定时器结合可以扩大定时范围，计数器与计数器结合可以扩大计数范围，这使得定时器和计数器使用灵活方便。

❶ 定时器与计数器的串级组合

在 S7-200 中，单个定时器的最大定时范围为 $32\ 767 \times S$（S 为定时精度），当需要设定的定时值超过这个最大值时，可通过计数器与定时器结合的方法扩大定时器的定时范围。图 3-43 所示为计数器与定时器串级组合的程序实例。

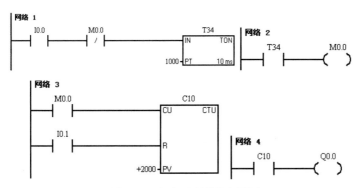

图 3-43　定时器与计数器串级组合

该例子的功能是网络 1 中的 I0.0 接通，若 M0.0 未接通，则 T34 开始计时，计时时间为 10s。网络 2 中的 T34 计时时间到，M0.0 接通。网络 3 中的 M0.0 接通，C10 对 M0.0 的脉冲进行计数，计数值为 2 000。网络 4 中的 C10 计数达到设定值后，接通 Q0.0。

T34 的延时时间为 10s，M0.0 每 10s 接通一次，作为 C10 的计数脉冲，当达到 C10 的设定值 2 000 时，已实现 2 000×10 = 20 000s 的延时。

❷ PLC的计数次数

在 S7-200 中，单个计数器的最大计数范围是 32 767，当需要设定的计数值超过这个最大值时，可通过计数器的串级组合的方法来扩大计数器计数范围。图 3-44 所示，当 PLC 处于 RUN 状态时，I0.0 作为计数器 C1 的计数脉冲，计数值到，C1 的状态为 ON，接通 M0.0，复位 C1，C2 对 M0.0 的脉冲开始计数，此时计数值为 1，C1 继续对 I0.0 计数，计数值到，则重新接通 M0.0，复位 C1，C2 对 M0.0 的第二个脉冲计数，循环往复，直到 C2 对 M0.0 的计数值达到初始值，C2 的状态位为 ON，Q0.0 接通。

其中，C1 的设定值为 1 000，C2 的设定值为 2 000，当达到 C2 的设定值时，对输入脉冲的 I0.0 的计数次数已达到 1 000×2 000 = 2 000 000 次。

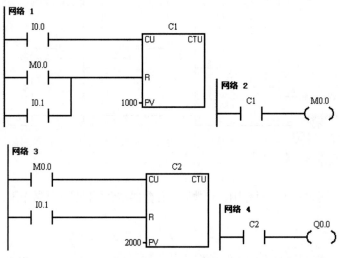

图 3-44　计数器的串级组合

该例子的功能是网络 1 中的 I0.0 为 C1 的计数脉冲，M0.0 与 I0.1 都可以对 C1 进行复位，计数设定值为 1 000。网络 2 若 C1 计数到，则 C1 的状态位为 1，接通 M0.0。网络 3 中的 C2 对 M0.0 进行计数，I0.1 对 C2 复位，计数为 2 000。网络 4 若 C2 计数到，则接通 Q0.0。

3.2.5　比较指令

比较指令又称为触点比较类指令，该指令有数值比较指令和字符串比较指令两种。执行比较指令时，对两个源数据进行 BIN 比较，如果条件满足，则该触点接通，如果条件不满足，则触点断开。

1.　数值比较指令

数值比较指令用于两个相同类型的有符号或无符号数 IN1 和 IN2（IN1 和 IN2 为比较指令的操作数）的比较判断。这里用到的比较运算符有：等于（＝）、大于等于（＞＝）、小于等于（＜＝）、大于（＞）、小于（＜）、不等于（＜＞）。

在梯形图中，数值比较指令是以动合触点的形式编程，在动合触点的中间注明比较参数和比较运算符，当比较结果为真时，该常开触点闭合。在功能块图中，比较指令以功能框的形式编程，当比较结果为真时，输出接通。在语句表中，比较指令与基本逻辑指令 LD、A 和 O 进行组合编程，输出结果为 BOOL 型，当比较结果为真时，PLC 将堆栈栈顶置 1。数值比较指令格式如表 3-19 所示。

表 3-19 数值比较指令格式

指令名称	梯形图	STL	操作数范围	操作数
字节比较指令	???? —╎ ==B ╎— ????	LDB= INT，IN2 AB=IN1，IN2 OB=IN1，IN2	无符号数的整数字节	VB，IB，QB，MB，SB，SMB，LB，AC，*VD，*AC，*LD 和常量
整数比较指令	???? —╎ >=I ╎— ????	LDW>= IN1，IN2 AW>=IN1，IN2 OW>=IN1，INT2	16 # 8000 ~ 16 # 7FFF	VW，IW，QW，MW，SW，SMW，LW，AIW，T，C，AC，*VD，*AC，*LD 和常量
双字整数比较指令	???? —╎ <>D ╎— ????	LDD>= IN1，IN2 AD>=IN1，IN2 OD>=IN1，IN2	16#80000000 ~ 16#7FFFFFFF	VD，ID，QD，MD，SD，SMD，LD，HC，AC，*VD，*AC，*LD 和常量
实数比较指令	???? —╎ >R ╎— ????	LDR>= IN1，IN2 AR>=IN1，IN2 OR>=IN1，IN2	— 1.175495e-38 ~ — 3.402823e + 38	VR，IR，QR，MR，SR，SMR，LR，AR，*VD，*AC，*LD 和常量

图 3-45 所示为数值比较指令的例子。网络 1 中，C30 的当前值大于等于整数 30 时，接通 Q0.0。网络 2 中，当 I0.0 接通后，若 VD1 中的值小于实数 95.8，接通 Q0.1。网络 3 中，当 I0.1 接通或 VB1 中的值大于 VB2 中的值时，Q0.2 接通。

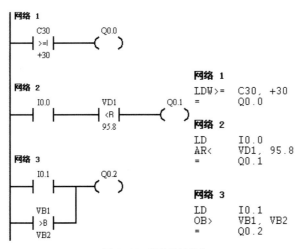

图 3-45 数值比较指令

2. 字符串比较指令

字符串比较指令用来比较两个 ASCII 字符的字符串，IN1=IN2（相等）或 IN1 <> IN2（不相等）。当比较结果为真时，字符串比较指令将触点（梯形图）或输出（功能块图）接通，或比较指令将 1 载入堆栈顶部的数值，再将 1 与堆栈顶部的数值做"与"运算或是"或"运算（语句表）。字符串比较指令的有效操作数如表 3-20 所示，指令格式如表 3-21 所示。

表 3-20 字符串比较指令有效操作数

输入 / 输出	类型	操作数
IN1，IN2	BYTE（字符串）	VB、LB、*LD、*VD、*AC
OUT	BOOL	I、Q、V、M、SM、S、T、C、L、功率流

表 3-21 字符串比较指令格式

指令名称	梯形图	STL
字符串比较指令	???? —┤ ==S ├— ????	LDS= INT1,INT2 AS= INT1,INT2 OS= INT1,INT2
	???? —┤ <>S ├— ????	LDS<> INT1,INT2 AS<> INT1,INT2 OS<> INT1,INT2

3.3 运算指令

原理动画

S7-200系列PLC
的功能指令

运算指令的出现使得 PLC 不再局限于位操作，而是具有越来越强的运算能力，扩大了 PLC 应用范围，使得 PLC 具有了更强的竞争力。它包括算术运算指令和逻辑运算指令。算术运算指令包括加、减、乘、除及一些常用的数学函数，这可细分为四则运算指令（包括加法、减法、乘法和除法指令）、增减指令和数学函数指令。算术运算指令的数据类型为整型 INT、双整形 DINT 和实数 REAL。逻辑运算指令包括逻辑与、或、非、异或以及数据比较，逻辑运算指令的数据类型为字节型 BYTE、字型 WORD 和双字型 DWORD。

3.3.1 四则运算及增减指令

算术运算指令中的四则运算指令分为加法、减法、乘法和除法指令，这 4 种指令的有效操作数如表 3-22 所示。

表 3-22 四则运算指令有效操作数

输入 / 输出	类型	操作数
IN1，IN2	INT	IW、QW、VW、MW、SMW、SW、T、C、LW、AC、AIW、*VD、*AC、*LD、常量
	DINT	ID、QD、VD、MD、SMD、SD、LD、AC、HC、*VD、*LD、*AC、常量
	REAL	ID、QD、VD、MD、SMD、SD、LD、AC、*VD、*LD、*AC、常量
OUT	INT	IW、QW、VW、MW、SMW、SW、LW、T、C、AC、*VD、*AC、*LD
	DINT，REAL	ID、QD、VD、MD、SMD、SD、LD、AC、*VD、*LD、*AC

1. 加法指令

加法指令是对两个有符号数进行相加。该指令格式如表 3-23 所示。

表 3-23 加法指令格式

指令名称	梯形图	STL	指令执行结果	执行结果对特殊标志位的影响	影响 ENO 正常工作的出错条件	注释
整数加法指令 +I	ADD_I —EN ENO— —IN1 OUT— —IN2	+I IN1,OUT （IN2 与 OUT是同一个存储单元）	IN1+OUT=OUT	SM1.0（零） SM1.1（溢出） SM1.2（负）	SM1.1（溢出） SM4.3（运行时间） 0006（间接寻址）	EN—允许输入端 ENO—允许输出端

指令名称	梯形图	STL	指令执行结果	执行结果对特殊标志位的影响	影响 ENO 正常工作的出错条件	注释
双整数加法指令 +D	ADD_DI EN ENO IN1 OUT IN2	+D IN1,OUT （IN2 与 OUT 是同一个存储单元）	IN1+OUT=OUT	SM1.0（零） SM1.1（溢出） SM1.2（负）	SM1.1（溢出） SM4.3（运行时间） 0006（间接寻址）	EN — 允许输入端 ENO — 允许输出端
实数加法指令 +R	ADD_R EN ENO IN1 OUT IN2	+R IN1,OUT （IN2 与 OUT 是同一个存储单元）	IN1+OUT=OUT	SM1.0（零） SM1.1（溢出） SM1.2（负）	SM1.1（溢出） SM4.3（运行时间） 0006（间接寻址）	

❶ 整数加法指令+I

当允许输入端 EN 有效时，执行加法操作，将两个单字长（16 位）的有符号整数 IN1 和 IN2 相加，产生一个 16 位的整数和 OUT，即 IN1+IN2=OUT。指令使用方法如图 3-46 所示。当 I1.0 接通后，将 VW10 开始的 16 位有符号整数与 VW14 开始的 16 位有符号整数相加，结果送到 VW14 开始的 16 位有符号整数中。

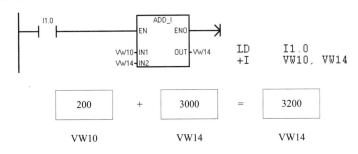

图 3-46　整数加法指令

❷ 双整数加法指令+D

当允许输入端 EN 有效时，执行加法操作，将两个双字长（32 位）的有符号整数 IN1 和 IN2 相加，产生一个 32 位的整数和 OUT，即 IN1+IN2=OUT。指令使用方法如图 3-47 所示，当 I1.0 接通后，将 VD10 开始的 32 位有符号整数与 VD14 开始的 32 位有符号整数相加，结果送到 VD14 开始的 32 位有符号整数中。

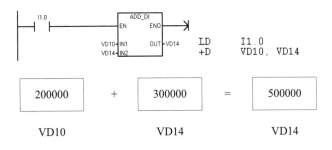

图 3-47　双整数加法指令

❸ 实数加法指令+R

当允许输入端 EN 有效时，执行加法操作，将两个双字长（32 位）的实数 IN1 和 IN2 相加，产生一个 32 位的实数和 OUT，即 IN1+IN2=OUT。

2. 减法指令

减法指令是对两个有符号数进行相减操作。减法操作对特殊标志位的影响及影响 ENO 正常工作的出错条件均与加法指令相同，该指令格式如表 3-24 所示。

表 3-24　减法指令格式

指令名称	梯形图	STL	指令执行结果	执行结果对特殊标志位的影响	影响 ENO 正常工作的出错条件	注释
整数减法指令 −I	SUB_I EN ENO IN1 OUT IN2	−I IN2,OUT（IN1 与 OUT 是同一个存储单元）		SM1.0（零）SM1.1（溢出）SM1.2（负）	SM1.1（溢出）SM4.3（运行时间）0006（间接寻址）	EN — 允许输入端 ENO — 允许输出端
双整数减法指令 −D	SUB_DI EN ENO IN1 OUT IN2	−D IN2,OUT（IN1 与 OUT 是同一个存储单元）	OUT−IN2=OUT	SM1.0（零）SM1.1（溢出）SM1.2（负）	SM1.1（溢出）SM4.3（运行时间）0006（间接寻址）	
实数减法指令 −R	SUB_R EN ENO IN1 OUT IN2	−R IN2,OUT（IN1 与 OUT 是同一个存储单元）		SM1.0（零）SM1.1（溢出）SM1.2（负）	SM1.1（溢出）SM4.3（运行时间）0006（间接寻址）	

3. 乘法指令

乘法指令是对两个有符号数进行相乘运算，该指令格式如表 3-25 所示。

表 3-25　乘法指令格式

名称	梯形图	STL	指令执行结果	执行结果对特殊标志位的影响	影响 ENO 正常工作的出错条件	注释
整数乘法指令 ×I	MUL_I EN ENO IN1 OUT IN2	×I IN1,OUT（IN2 与 OUT 是同一个存储单元）		SM1.0（零）SM1.1（溢出）SM1.2（负）	SM1.1（溢出）SM4.3（运行时间）0006（间接寻址）	EN — 允许输入端 ENO — 允许输出端
完全整数乘法指令 MUL	MUL EN ENO IN1 OUT IN2	MUL IN1,OUT（IN2 与 OUT 的低 16 位是同一个存储单元）	IN1×OUT=OUT	SM1.0（零）SM1.1（溢出）SM1.2（负）	SM1.1（溢出）SM4.3（运行时间）0006（间接寻址）	
双整数乘法指令 ×D	MUL_DI EN ENO IN1 OUT IN2	×D IN1,OUT（IN2 与 OUT 是同一个存储单元）		SM1.0（零）SM1.1（溢出）SM1.2（负）	SM1.1（溢出）SM4.3（运行时间）0006（间接寻址）	
实数乘法指令 ×R	MUL_R EN ENO IN1 OUT IN2	×R IN1,OUT（IN2 与 OUT 是同一个存储单元）	IN1×OUT=OUT	SM1.0（零）SM1.1（溢出）SM1.2（负	SM1.1（溢出）SM4.3（运行时间）0006（间接寻址	

❶ 整数乘法指令 ×I

当允许输入端有效时，将两个单字长（16 位）的有符号整数 IN1 和 IN2 相乘，产生一个 16 位的整数结果 OUT。如果运算结果大于 32 767（16 位二进制数表示的范围），则产生溢出。

❷ 完全整数乘法指令 MUL。

当允许输入端有效时，将两个单字长（16 位）的有符号整数 IN1 和 IN2 相乘，产生一个 32 位的整数结果 OUT。

❸ 双整数乘法指令 ×D

当允许输入端有效时，将两个双字长（32 位）的有符号整数 IN1 和 IN2 相乘，产生一个 32 位的双整数结果 OUT。若运算结果大于 32 位二进制数表示的范围，则产生溢出。

❹ 实数乘法指令 ×R

当允许输入端有效时，将两个双字长（32 位）的实数 IN1 和 IN2 相乘，产生一个 32 位的实数结果。若运算结果大于 32 位二进制数表示的范围，则产生溢出。

4. 除法指令

除法指令是对两个有符号数进行相除运算，包括整数除法指令、双整数除法指令、完全整数除法指令及实数除法指令 4 种。在整数除法指令中，两个 16 位的整数相除，产生一个 16 位的商，不保留余数。在双整数除法指令中，两个 32 位的整数相除，产生一个 32 位的商，不保留余数。在完全整数除法指令中，两个 16 位的整数相除，产生一个 32 位的结果，其中，低 16 位存商，高 16 位存余数。在实数除法指令中，两个双字长（32 位）的实数 IN1 和 IN2 相除，产生一个 32 位的实数结果，其中，低 16 位存商，高 16 位存余数。除法指令格式如表 3-26 所示，指令的例子如图 3-48 所示。

表 3-26　除法指令格式

名称	梯形图	STL	指令执行结果	执行结果对特殊标志位的影响	影响 ENO 正常工作的出错条件	注释
整数除法指令 /I	DIV_I	/I IN2,OUT（IN1 与 OUT 是同一个存储单元）	OUT/IN2=OUT	SM1.0（零）SM1.1（溢出）SM1.2（负）SM1.3（被 0 除）	SM1.1（溢出）SM4.3（运行时间）0006（间接寻址）	EN—允许输入端 ENO—允许输出端
完全整数除法指令 DIV	DIV	DIV IN2,OUT（IN1 与 OUT 得低 16 位是同一个存储单元）				
双整数除法指令 /D	DIV_DI	/D IN2,OUT（IN1 与 OUT 是同一个存储单元）				
实数除法指令 /R	DIV_R	/R IN2,OUT（IN1 与 OUT 是同一个存储单元）				

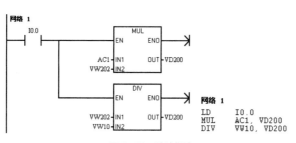

图 3-48　除法指令

5. 增减指令

增减指令又称为自动加 1 或自动减 1 指令。数据长度可以是字节、字、双字。增减指令的有效操作数如表 3-27 所示，指令格式如表 3-28 所示。

表 3-27　增减指令的有效操作数

输入 / 输出	类型	操作数
IN	BYTE	IB、QB、VB、MB、SMB、SB、T、C、LB、AC、*VD、*LD、*AC、常量
	INT	IW、QW、VW、MW、SMW、SW、T、C、LW、AC、AIW、*VD、*AC、*LD、常量
	DINT	ID、QD、VD、MD、SMD、SD、LD、AC、HC、*VD、*LD、*AC、常量
OUT	BYTE	IB、QB、VB、MB、SMB、SB、T、C、LB、AC、*VD、*LD、*AC
	INT	IW、QW、VW、MW、SMW、SW、T、C、LW、AC、*VD、*AC、*LD
	DINT	ID、QD、VD、MD、SMD、SD、LD、AC、HC、*VD、*LD、*AC

表 3-28　增减指令格式

名称	梯形图	STL	指令执行结果	功能	注释
字节 +1 指令 INCB	INC_B EN ENO IN OUT	INCB OUT （IN 与 OUT 地址相同）	IN+1 = OUT	当 EN 有效时，将 1 字节长的无符号数 IN 自动加 1	
字节 −1 指令 DECB	DEC_B EN ENO IN OUT	DECB OUT （IN 与 OUT 地址相同）	IN − 1 = OUT	当 EN 有效时，将 1 字节长的无符号数 IN 自动减 1	
字 +1 指令 INCW	INC_W EN ENO IN OUT	INCW OUT （IN 与 OUT 地址相同）	IN+1 = OUT	当 EN 有效时，将 1 字长的无符号数 IN 自动加 1	EN—允许输入端 ENO—允许输出端
字 −1 指令 DECW	DEC_W EN ENO IN OUT	DECW OUT （IN 与 OUT 地址相同）	IN − 1 = OUT	当 EN 有效时，将 1 字长的无符号数 IN 自动减 1	
双字 +1 指令 INCD	INC_DW EN ENO IN OUT	INCD OUT （IN 与 OUT 地址相同）	IN+1 = OUT	当 EN 有效时，将 1 双字长的无符号数 IN 自动加 1	
双字 −1 指令 DECD	DEC_DW EN ENO IN OUT	DECD OUT （IN 与 OUT 地址相同）	IN − 1 = OUT	当 EN 有效时，将 1 双字长的无符号数 IN 自动减 1	

3.3.2　数学函数指令

S7-200 除了四则运算指令及增减指令外，还有一类数学函数指令，其分为三角函数运算指令（包括三角函数的正弦函数指令、余弦函数指令和正切函数指令）、自然对数和指数指令、平方根函数指令。其中，CPU22X 系列仅仅支持平方根函数指令，而 CPU224 1.0 版本以上支持所有的数学函数指令。数学函数指令是双字长的实数运算，其有效操作数如表 3-29 所示。

表 3-29　数学函数指令的有效操作数

输入/输出	数据类型	操作数
IN	REAL	ID、QD、VD、MD、SMD、SD、LD、AC、*VD、*LD、*AC、常量
OUT	REAL	ID、QD、VD、MD、SMD、SD、LD、AC、*VD、*LD、*AC、常量

1. 三角函数运算

三角函数运算指令格式如表 3-30 所示。

表 3-30　三角函数运算指令格式

指令名称	梯形图	STL	功能	影响指令的特殊继电器	影响 ENO 正常工作的出错条件	注释
正弦函数指令 SIN	SIN EN ENO IN OUT	SIN IN, OUT	求一个双字长的实数弧度值 IN 的正弦值，得到 32 位的实数结果 OUT 若 IN 是以角度值表示的实数，要先将角度值转化为弧度值	SM1.0（零）SM1.1（溢出）SM1.2（负）SM4.3（运行时间）	SM1.1（溢出）0006（间接寻址）	
余弦函数指令 COS	COS EN ENO IN OUT	COS IN, OUT	求一个双字长的实数弧度值 IN 的余弦值，得到 32 位的实数结果 OUT 若 IN 是以角度值表示的实数，要先将角度值转化为弧度值	SM1.0（零）SM1.1（溢出）SM1.2（负）SM4.3（运行时间）	SM1.1（溢出）0006（间接寻址）	EN — 允许输入端 ENO — 允许输出端
正切函数指令 TAN	TAN EN ENO IN OUT	TAN IN, OUT	求一个双字长的实数弧度值 IN 的正切值，得到 32 位的实数结果 OUT 若 IN 是以角度值表示的实数，要先将角度值转化为弧度值	SM1.0（零）SM1.1（溢出）SM1.2（负）SM4.3（运行时间）	SM1.1（溢出）0006（间接寻址）	

三角函数运算指令的例子如图 3-49 所示。当 I0.0 接通，3.1459/180.0 送到 AC0，然后 150.0*AC0=AC0，最后对 AC0 的值求正切值，送到 AC1。

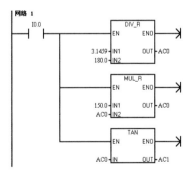

图 3-49　三角函数运算指令

2. 自然对数和指数指令

自然对数和指数指令格式如表 3-31 所示。

自然对数指令使用的例子如图 3-50 所示，求以 10 为底的常用对数，OUT 存放到 AC0。

表 3-31　自然对数和指数指令格式

指令名称	梯形图	STL	功能	影响指令的特殊继电器	影响 ENO 正常工作的出错条件	注释
自然对数指令 LN	LN EN ENO IN OUT	LN IN, OUT	将一个双字长的实数 IN 取自然对数，得到 32 位的实数结果 OUT。当求解以 10 为底的常用对数时，可用 /R 或 DIV_R 除以 2.302585（LN10）	SM1.0（零） SM1.1（溢出） SM1.2（负） SM4.3（运行时间）	SM1.1（溢出） 0006（间接寻址）	EN — 允许输入端 ENO — 允许输出端
指数指令 EXP	EXP EN ENO IN OUT	EXP IN, OUT	将一个双字长的实数 IN 取以 e 为底的指数，得到 32 位的实数结果 OUT。当求解以任意常数为底的指数时，LN 和 EXP 配合完成	SM1.0（零） SM1.1（溢出） SM1.2（负） SM4.3（运行时间）	SM1.1（溢出） 0006（间接寻址）	

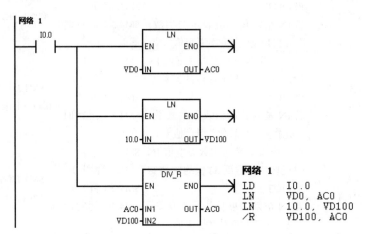

图 3-50　自然对数指令

　　该例子的功能是先求 VD0 的自然对数，然后求 10 的自然对数，最后是 VD0 的自然对数与 10 的自然对数相除即得以 10 为底的 VD0 的对数。

3. 平方根函数指令

　　平方根函数指令（SQRT）的功能是将一个双字长的实数 IN 开方得到 32 位的结果 OUT，其指令格式如表 3-32 所示。

表 3-32　平方根函数指令格式

指令名称	梯形图	STL	指令执行结果	影响 SQRT 指令的特殊继电器	影响 ENO 正常工作的出错条件
平方根函数指令	SQRT EN ENO IN OUT	SQRT IN, OUT	SQRT（IN）= OUT	SM1.0（零），SM1.1（溢出），SM1.2（负）	SM1.1（溢出），SM4.3（运行时间），0006（间接寻址）

3.3.3　逻辑运算指令

　　逻辑运算指令是对逻辑数（无符号数）进行处理，包括逻辑与、逻辑或、逻辑异或和逻辑取反等操作，数据长度可以是字节、字、双字。依据数据长度把逻辑运算指令分为字节逻辑运算指令、字逻辑运算指令、双字逻辑运算指令 3 类。逻辑运算指令的有效操作数如表 3-33 所示。

表 3-33　逻辑运算指令的有效操作数

输入/输出	数据类型	操作数
IN	BYTE	IB、QB、VB、MB、SMB、SB、LB、AC、*VD、*LD、*AC、常量
	WORD	IW、QW、VW、MW、SMW、SW、T、C、LW、AC、AIW、*VD、*LD、*AC、常量
	DWORD	ID、QD、VD、MD、SMD、SD、LD、AC、HC、*VD、*LD、*AC、常量
OUT	BYTE	IB、QB、VB、MB、SMB、SB、LB、AC、*VD、*LD、*AC
	WORD	IW、QW、VW、MW、SMW、SW、T、C、LW、AIW、AC、*VD、*LD、*AC
	DWORD	IW、QW、VW、MW、SMW、SW、T、C、LW、AC、AIW、*VD、*LD、*AC

1. 字节逻辑运算指令

字节逻辑运算指令格式如表 3-34 所示。

表 3-34　字节逻辑运算指令格式

指令名称	梯形图	STL	功能	影响指令的特殊继电器	影响 ENO 正常工作的出错条件	注释
字节与指令 ANDB	WAND_B	ANDB IN1,OUT （IN2 与 OUT 同一个存储单元）	EN 有效时，对两个 1 字节长的逻辑数 IN1 和 IN2 按位相与，得到 1 字节的结果 OUT	SM1.0（零）	SM4.3（运行时间）0006（间接寻址）	EN — 允许输入端 ENO — 允许输出端
字节或指令 ORB	WOR_B	ORB IN1,OUT （IN2 与 OUT 同一个存储单元）	EN 有效时，对两个 1 字节长的逻辑数 IN1 和 IN2 按位相或，得到 1 字节的结果 OUT			
字节异或指令 XORB	WXOR_B	XORB IN1,OUT （IN2 与 OUT 同一个存储单元）	EN 有效时，对两个 1 字节长的逻辑数 IN1 和 IN2 按位异或，得到 1 字节的结果 OUT			
字节取反指令 INVB	INV_B	INVB OUT （IN 与 OUT 同一个存储单元）	EN 有效时，对 1 字节长的逻辑数 IN 按位取反，得到 1 字节的结果 OUT			

2. 字逻辑运算指令

字逻辑运算指令格式如表 3-35 所示。

表 3-35　字逻辑运算指令格式

指令名称	梯形图	STL	功能	影响指令的特殊继电器	影响 ENO 正常工作的出错条件	注释
字与指令 ANDW	WAND_W EN ENO IN1 OUT IN2	ANDW IN1,OUT （IN2 与 OUT 同一个存储单元）	EN 有效时，对两个 1 字长的逻辑数 IN1 和 IN2 按位相与，得到 1 字长的结果 OUT	SM1.0（零）	SM4.3（运行时间）0006（间接寻址）	EN—允许输入端 ENO—允许输出端
字或指令 ORW	WOR_W EN ENO IN1 OUT IN2	ORW IN1,OUT （IN2 与 OUT 同一个存储单元）	EN 有效时，对两个 1 字长的逻辑数 IN1 和 IN2 按位相或，得到 1 字长的结果 OUT			
字异或指令 XORW	WXOR_W EN ENO IN1 OUT IN2	XORW IN1,OUT （IN2 与 OUT 同一个存储单元）	EN 有效时，对两个 1 字长的逻辑数 IN1 和 IN2 按位异或，得到 1 字长的结果 OUT	SM1.0（零）	SM4.3（运行时间）0006（间接寻址）	EN—允许输入端 ENO—允许输出端
字取反指令 INVW	INV_W EN ENO IN OUT	INVW OUT （IN 与 OUT 同一个存储单元）	EN 有效时，对 1 字长的逻辑数 IN 按位取反，得到 1 字长的结果 OUT			

3. 双字逻辑运算指令

双字逻辑运算指令如表 3-36 所示。

表 3-36　双字逻辑运算指令格式

指令名称	梯形图	STL	功能	影响指令的特殊继电器	影响 ENO 正常工作的出错条件	注释
双字与指令 ANDD	WAND_DW EN ENO IN1 OUT IN2	ANDD IN1,OUT （IN2 与 OUT 同一个存储单元）	EN 有效时，对两个双字长的逻辑数 IN1 和 IN2 按位相与，得到 1 字长的结果 OUT			
双字或指令 ORD	WOR_DW EN ENO IN1 OUT IN2	ORD IN1,OUT （IN2 与 OUT 同一个存储单元）	EN 有效时，对两个双字长的逻辑数 IN1 和 IN2 按位相或，得到 1 字长的结果 OUT	SM1.0（零）	SM4.3（运行时间）0006（间接寻址）	EN—允许输入端 ENO—允许输出端
双字异或指令 XORD	WXOR_DW EN ENO IN1 OUT IN2	XORD IN1,OUT （IN2 与 OUT 同一个存储单元）	EN 有效时，对两个双字长的逻辑数 IN1 和 IN2 按位异或，得到 1 字长的结果 OUT			
双字取反指令 INVD	INV_DW EN ENO IN OUT	INVD OUT （IN 与 OUT 同一个存储单元）	EN 有效时，对 1 双字长的逻辑数 IN 按位取反，得到 1 字长的结果 OUT			

逻辑运算指令的例子如图 3-51 所示。

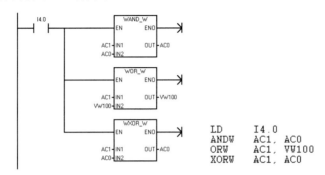

图 3-51　逻辑运算指令

该例子的功能是 I4.0 接通后，分别进行字与、字或、字异或运算，运算的结果如图 3-52 所示。

图 3-52　逻辑运算的结果

3.4　数据处理指令

数据处理指令包括数据传送指令、移位指令和字节交换指令。

3.4.1　数据传送指令

数据传送指令有字节、字、双字和实数的单个数据传送指令，还有以字节、字、双字为单位的数据块的成组数据传送指令，用来实现各存储器单元之间数据的传送和复制。

1. 单个数据传送指令

单个数据传送指令可分为周期性传送指令和立即传送指令两种，下面分别介绍这两种指令。

❶ 周期性传送指令

周期性传送指令的有效操作数如表 3-37 所示，其指令格式如表 3-38 所示。

表 3-37　周期性传送指令有效操作数

输入 / 输出	数据类型	操作数
IN	BYTE	IB、QB、VB、MB、SMB、SB、LB、AC、*VD、*LD、*AC、常量
	WORD,INT	IW、QW、VW、MW、SMW、SW、T、C、LW、AC、AIW、*VD、*AC、*LD、常量
	DWORD,DINT	ID、QD、VD、MD、MD、SD、LD、AC、HC、&IB、&QB、&VB、&MB、&SB、&T、&C、*VD、*AC、*LD、常量
	REAL	ID、QD、VD、MD、SMD、SD、LD、AC、*VD、*LD、*AC、常量
OUT	BYTE	IB、QB、VB、MB、SMB、SB、LB、AC、*VD、*LD、*AC
	WORD,INT	IW、QW、VW、MW、SMW、SW、T、C、LW、AC、AIW、*VD、*AC、*LD
	DWORD,DINT	I D、QD、VD、MD、SMD、SD、LD、AC、HC、&IB、&QB、&VB、&MB、&SB、&T、&C、*VD、*AC、*LD
	REAL	ID、QD、VD、MD、SMD、SD、LD、AC、*VD、*LD、*AC

表3-38 单个数据传送指令格式

指令名称	梯形图	STL	功能	影响 ENO 正常工作的出错条件	注释
字节传送指令 MOVB	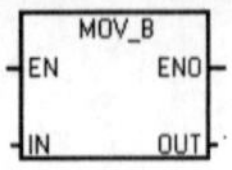 MOV_B	MOVB IN,OUT	EN 有效时，将一个无符号的单字节数据 IN 传送到 OUT 中	SM4.3（运行时间）0006（间接寻址）0091（操作数超界）	EN — 允许输入端 ENO — 允许输出端
字传送指令 MOVW	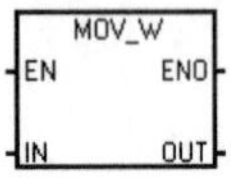 MOV_W	MOVW IN,OUT	EN 有效时，将 1 字长的有符号整数数据 IN 传送到 OUT 中		
双字传送指令 MOVD	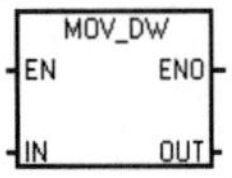 MOV_DW	MOVD IN,OUT	EN 有效时，将一个有符号的双字长数据 IN 传送到 OUT 中		
实数传送指令 MOVR	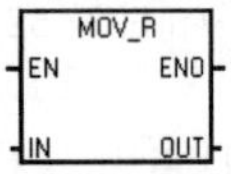 MOV_R	MOVR IN,OUT	EN 有效时，将一个有符号数的双字长实数数据 IN 传送到 OUT 中		

❷ 立即传送指令

立即传送指令分为立即读传送指令（BIR）和立即写传送指令（BIW）两种。BIR 指令的有效操作数如表3-39所示，BIW 指令的 IN 和 OUT 的有效操作数如表3-40所示，立即传送指令格式如表3-41所示。

表3-39 BIR 指令的有效操作数

输入 / 输出	数据类型	操作数
IN	BYTE	IB、*VD、*LD、*AC
OUT	BYTE	IB、QB、VB、MB、SMB、SB、LB、AC、*VD、*LD、*AC

表3-40 BIW 指令的有效操作数

输入 / 输出	数据类型	操作数
IN	BYTE	IB、QB、VB、MB、SMB、SB、LB、AC、*VD、*LD、*AC、常量
OUT	BYTE	QB、*VD、*LD、*AC

表3-41 立即传送指令格式

指令名称	梯形图	STL	功能	影响 ENO 正常工作的出错条件	注释
立即读传送指令 BIR	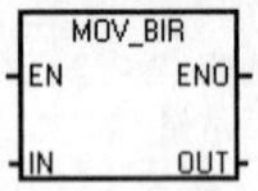 MOV_BIR	BIR IN, OUT	当 EN 有效时，BIR 指令立即读取（不考虑扫描周期）当前输入继电器区中由 IN 指定的字节，并传送到 OUT	SM4.3（运行时间）0006（间接寻址）	EN — 允许输入端 ENO — 允许输出端
立即写传送指令 BIW	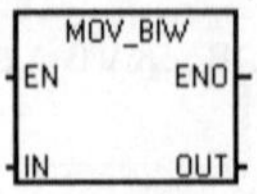 MOV_BIW	BIW IN, OUT	当 EN 有效时，BIW 指令立即将由 IN 指定的字节数据写入（不考虑扫描周期）输出继电器中由 OUT 指定的字节		

单个数据传送指令使用的例子如图3-53所示，当 I0.0 接通时，将变量存储器 VW100 中内容送到 VW200 中。

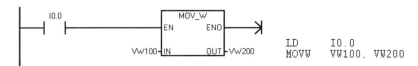

图 3-53　单个数据传送指令

2. 成组数据传送指令

成组数据传送指令也称为块传送指令，它用来一次传送多个数据，将最多可达 255 个的数据组成的一个数据块，数据块的类型可以是字节块、字块和双字块，指令格式如表 3-42 所示。

表 3-42　块传送指令格式

指令名称	梯形图	STL	功能	影响 ENO 正常工作的出错条件	注释
字节块传送指令 BMB	BLKMOV_B	BMB IN,OUT,N	EN 有效时，将从输入字节 IN 开始的 N 个字节型数据传送到从 OUT 开始的 N 个字节存储单元		
字块传送指令 BMW	BLKMOV_W	BMW IN,OUT,N	EN 有效时，将从输入字 IN 开始的 N 个字型数据传送到从 OUT 开始的 N 个字存储单元	SM4.3（运行时间） 0006（间接寻址） 0091（操作数超界）	EN — 允许输入端 ENO — 允许输出端
双字块传送指令 BMD	BLKMOV_D	BMD IN,OUT,N	EN 有效时，将从输入双字 IN 开始的 N 个双字型数据传送到从 OUT 开始的 N 个双字存储单元		

块传送指令中的 IN、OUT、N 的有效操作数如表 3-43 所示。块传送指令的例子如图 3-54 所示。

表 3-43　块传送指令的有效操作数

输入 / 输出	数据类型	操作数
IN	BYTE	IB、QB、VB、MB、SMB、SB、LB、AC、*VD、*LD、*AC
	WORD,INT	IW、QW、VW、MW、SMW、SW、T、C、LW、AIW、*VD、*AC、*LD
	DWORD,DINT	ID、QD、VD、MD、SMD、SD、LD、*VD、*AC、*LD
OUT	BYTE	IB、QB、VB、MB、SMB、SB、LB、AC、*VD、*LD、*AC
	WORD,INT	IW、QW、VW、MW、SMW、SW、T、C、LW、AC、AQW、*VD、*AC、*LD
	DWORD,DINT	ID、QD、VD、MD、SMD、SD、LD、*VD、*AC、*LD
N	BYTE	IB、QB、VB、MB、SMB、SB、LB、AC、*VD、*AC、*LD、常量

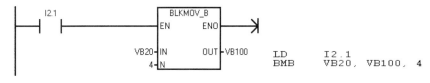

图 3-54　块传送指令

该指令的功能是 I2.1 接通后，将以 VB20 为首地址的 4 个字节传送到以 VB100 为首地址的存储单元，结果如图 3-55 所示。

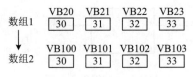

图 3-55　块传送指令的结果

3.4.2　移位指令

移位指令在 PLC 控制中是比较常用的，移位指令分为左、右移位和循环左、右移位以及移位寄存器指令 3 类。前两类移位指令按移位数据的长度又分为字节型、字型和双字型 3 种，移位指令最大移位位数 N 为字节型数据，它小于等于数据类型（B、W、DW）对应的位数，若 N 大于数据长度，则执行移位的次数等于实际数据长度的位数。

1. 逻辑移位指令

逻辑移位指令分为左移位和右移位指令两种。当每个位都被移出，左移位和右移位指令将用零填补每个位。如果移位计数大于 0，溢出内存位（SM1.1）采用最后移出位的数值。如果移位操作的结果是零，零内存位（SM1.0）被设置。字节操作是无符号的。对于字和双字操作，当使用有符号数据类型时符号位被移位。逻辑移位指令格式如表 3-44 所示。

表 3-44　逻辑移位指令格式

指令名称	梯形图	STL	功能	影响 ENO 正常工作的出错条件	注释
字节左移指令 SLB	SHL_B EN　ENO IN　OUT N	SLB OUT，N （OUT 与 IN 为同一个存储单元）	允许输入 EN 有效时，将输入的字节、字或双字 IN 左移 N 位后（右端补 0），将结果输出到 OUT 所指定的存储单元中，最后一次移出位保存在 SM1.1	SM4.3（运行时间） 0006（间接寻址）	EN — 允许输入端 ENO — 允许输出端
字左移指令 SLW	SHL_W EN　ENO IN　OUT N	SLW OUT，N （OUT 与 IN 为同一个存储单元）			
双字左移指令 SLD	SHL_DW EN　ENO IN　OUT N	SLD OUT，N （OUT 与 IN 为同一个存储单元）			
字节右移指令 SRB	SHR_B EN　ENO IN　OUT N	SRB OUT，N （OUT 与 IN 为同一个存储单元）	允许输入 EN 有效时，将输入的字节、字或双字 IN 右移 N 位后（左端补 0），将结果输出到 OUT 所制定的存储单元中，最后一次移出位保存在 SM1.1	SM4.3（运行时间） 0006（间接寻址）	EN — 允许输入端 ENO — 允许输出端
字右移指令 SRW	SHR_W EN　ENO IN　OUT N	SRW OUT，N （OUT 与 IN 为同一个存储单元）			
双字右移指令 SRD	SHR_DW EN　ENO IN　OUT N	SRD OUT，N （OUT 与 IN 为同一个存储单元）			

2. 循环移位指令

循环移位指令分为左循环移位和右循环移位指令。循环移位中被移位的数据是无符号的。在移位时，存放被移位数据的编程元件的移出端既与另一端连接，又与特殊继电器 SM1.1 连接，移出位在被移到另一端的同时，也进入 SM1.1（溢出），另一端自动补 0。循环移位指令格式如表 3-45 所示。

表 3-45 循环移位指令格式

指令名称	梯形图	STL	功能	循环移位指令影响的特殊继电器	影响 ENO 正常工作的出错条件
字节循环左移指令 RLB	ROL_B EN ENO IN OUT N	RLB OUT，N（OUT 与 IN 为同一个存储单元）	允许输入 EN 有效时，字节、字或双字 IN 数据循环左移 N 位后，将结果输出到 OUT 所指的存储单元中，并将最后一次移出位送 SM1.1	SM1.0（零），当移位操作结果为 0 时，SM1.0 自动置位 SM1.1（溢出）的状态由每次移出位的状态决定	SM4.3（运行时间）0006（间接寻址）
字循环左移指令 RLW	ROL_W EN ENO IN OUT N	RLW OUT，N（OUT 与 IN 为同一个存储单元）			
双字循环左移指令 RLD	ROL_DW EN ENO IN OUT N	RLD OUT，N（OUT 与 IN 为同一个存储单元）			
字节循环右移指令 RRB	ROR_B EN ENO IN OUT N	RRB OUT，N（OUT 与 IN 为同一个存储单元）	允许输入有效时，字节、字或双字 IN 数据循环右移 N 位后，将结果输出到 OUT 所指的存储单元中，并将最后一次移出位送 SM1.1		
字循环右移指令 RRW	ROR_W EN ENO IN OUT N	RRW OUT，N（OUT 与 IN 为同一个存储单元）			
双字右移指令 RRD	ROR_DW EN ENO IN OUT N	RRD OUT，N（OUT 与 IN 为同一个存储单元）			

左移位与循环右移位指令的例子如图 3-56 所示，结果如图 3-57 所示。

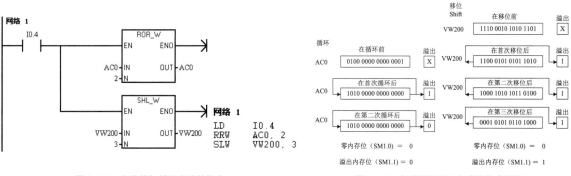

图 3-56 左移位与循环右移位指令　　　　　图 3-57 左移位与循环右移位指令的结果

3. 移位寄存器指令 SHRB

移位寄存器指令将数值移入移位寄存器，此指令用于排序和控制产品流或数据。SHRB 指令的有效操作数如表 3-46 所示，指令格式如表 3-47 所示。

表 3-46　SHRB 指令的有效操作数

输入 / 输出	数据类型	操作数
DATA，S_BIT	BOOL	I、Q、V、M、SM、S、T、C、L
N	BYTE	IB、QB、VB、MB、SMB、SB、LB、AC、*VD、*LD、*AC、常量

表 3-47　SHRB 指令格式

指令名称	梯形图	STL	功能	循环移位指令影响的特殊继电器	影响 ENO 正常工作的出错条件
移位寄存器指令 SHRB	SHRB EN　ENO DATA S_BIT N	SHRB DATA， S_BIT，N	当 EN 有效时，如果 N>0，则在每个 EN 的前沿，将数据输入 DATA 的状态输入移位寄存器的最低位 S_BIT。如果 N<0，则在每个 EN 的前沿，将数据输入 DATA 的状态移入移位寄存器的最高位，移位寄存器的其他位按照 N 指定的方向（正向或反向），依次串行移位	SM1.1（溢出）	SM4.3（运行时间） 0006（间接寻址） 0091（操作数超出范围） 0092（计数区出错）

S_BIT 指定移位寄存器的最低位，N 指定移位寄存器的长度和移位的方向，DATA 为移位寄存器的数据输入端，每个由 SHRB 指令移出的位放入溢出内存位（SM1.1）。此指令由最低位（S_BIT）和由长度（N）指定的位数定义。

移位寄存器的特点如下。

（1）移位寄存器的数据类型无字节型、字型、双字型之分，移位寄存器的长度 N（≤ 64）由程序指定。

（2）移位寄存器的组成。

- 最低位为 S_BIT。
- 最高位的计算方法为 MSB =（|N|−1+（S_BIT 的位号））/8。
- 最高位的字节号为 MSB 的商 +S_BIT 的字节号。
- 最高位的位号为 MSB 的余数。

例如，S_BIT = V33.4，N = 14，则 MSB =（14−1+4）/8 = 17/8 = 2…1。最高位的字节号为 33+2 = 35，最高位的位号为 1，最高位为 V35.1，移位寄存器的组成为 V33.4 ~ V33.7、V34.0 ~ V34.7、V35.0、V35.1，共 14 位。

（3）N>0 时，为正向移位，即从最低位向最高位移位；N<0 时，为反向移位，即从最高位向最低位移位。

（4）移位寄存器的移出端与 SM1.1（溢出）连接。移位寄存器指令的例子如图 3-58 所示，当 I0.2 接通后，通过 EU 指令产生上升沿，使移位寄存器开始工作。移位寄存器指令的结果如图 3-59 所示。

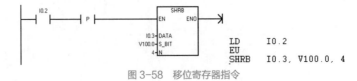

图 3-58　移位寄存器指令

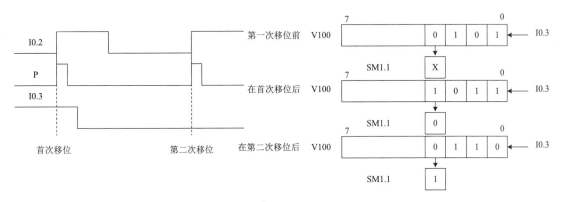

图 3-59　移位寄存器指令的结果

3.4.3　字节交换指令

字节交换指令 SWAP 专用于对一个字长的字型数据进行处理，即将字型输入数据 IN 的高位字节与低位字节进行交换，因此又可称为半字交换指令，指令格式如表 3-48 所示。

表 3-48　字节交换指令格式

指令名称	LDA	STL	功能描述	影响 ENO 正常工作的出错条件
字节交换指令 SWAP	SWAP EN　ENO IN	SWAP IN	当 EN 有效时，将 IN 中的数据进行半字交换	SM4.3（运行时间） 0006（间接寻址）

3.5　表功能指令

表功能指令用来建立和存储字型的数据表。S7-200 的数据表的存储形式如表 3-49 所示。根据表功能指令的功能又将表功能指令分为填表指令、表取数指令、填充指令和表查找指令 4 种。

表 3-49　数据表的存储形式

存储单元	数据	存储说明
VW200	0005	VW200 为表格的首地址，是表格最大长度（TL）。TL = 0005 为表格的最大填表数
VW202	0004	输入计数 EC，数据 EC = 4（EC ≤ 100）为该表中的实际填表数
VW204	2345	数据 0（D0）
VW206	5678	数据 1（D1）
VW208	9872	数据 2（D2）
VW210	3562	数据 3（D3）
VW212	****	无效数据

3.5.1　填表指令

填表指令（ATT）（Add To Table）用于把指定的字型数据添加到数据表中。梯形图中该指令有两个数据输入端。DATA 指出被填表的字型数据或其他地址。TBL 为数据表的首地址，用以指明被填数据表的位置。填表指令的有效操作数如表 3-50 所示。指令格式如表 3-51 所示。

表 3-50　填表指令的有效操作数

输入 / 输出	数据类型	操作数
DATA	INT	IW、QW、VW、MW、SMW、SW、T、C、LW、AC、AIW、*VD、*LD、*AC、常量
TBL	WORD	IW、QW、VW、MW、SMW、SW、T、C、LW、*VD、*LD、*AC

表 3-51　填表指令格式

指令名称	梯形图	STL	功能描述	填表指令影响的特殊继电器	影响 ENO 正常工作的出错条件
填表指令 ATT	 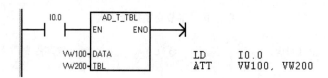	ATT DATA, TBL	当使能输入有效时，将 DATA 指定的数据添加到数据表 TBL 中最后一个数据的后面，且实际填表数 EC 值自动加 1	SM1.4（表溢出）	SM4.3（运行时间） 0006（间接寻址） 0091（操作数超界）

填表指令的例子如图 3-60 所示，将数据 VW100 = 1234 填入数据表中，表的首地址为 VW200。填表指令的执行过程如图 3-61 所示。

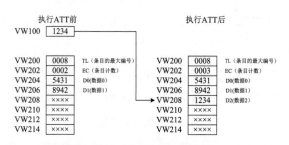

图 3-60　填表指令

图 3-61　填表指令的执行过程

3.5.2　表取数指令

在 S7-200 中，可以将数据表中的字型数据按先进先出或后进先出的方式取出送到指定的存储单元。所以表取数指令分为先进先出指令和后进先出指令两种，这两种指令在梯形图中都有两个数据端，输入端 TBL 为表格的首地址，用以指明表格的位置，输出端 DATA 指明数据取出后要存放的目标位置。表取数指令有效操作数如表 3-52 所示。值得注意的是，表取数指令从 TBL 指定的表中取数的位置不同，表内剩余数据变化的方式也不同。但指令执行后，实际填表数 EC 值自动减 1。表取数指令格式如表 3-53 所示。

表 3-52　表取数指令的有效操作数

输入 / 输出	数据类型	操作数
DATA	INT	IW、QW、VW、MW、SMW、SW、T、C、LW、AC、AQW、*VD、*LD、*AC
TBL	WORD	IW、QW、VW、MW、SMW、SW、T、C、LW、*VD、*LD、*AC

表 3-53　表取数指令格式

指令名称	梯形图	STL	功能描述	表取数指令影响的特殊继电器	影响 ENO 正常工作的出错条件
先进先出指令 FIFO	FIFO EN ENO TBL DATA	FIFO TBL, DATA	当 EN 有效时，从 TBL 指明的表中移出第一个字型数据，并将该数据输出到 DATA，剩余数据依次上移一个位置	SM1.5（表空）	SM4.3（运行时间） 0006（间接寻址） 0091（操作数超界）
后进先出指令 LIFO	LIFO EN ENO TBL DATA	LIFO TBL, DATA	当 EN 有效时，从 TBL 指明的表中移走最后一个数据，剩余数据位置保持不变，并将此数据输出到 DATA		

表取数指令的例子如图 3-62 所示，用 FIFO、LIFO 指令从表中取数，并将数据分别输出到 VW400、VW300。表取数指令的执行过程如图 3-63 所示。

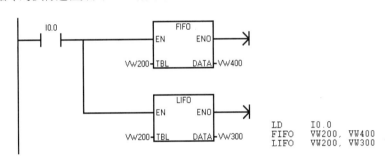

```
LD    I0.0
FIFO  VW200, VW400
LIFO  VW200, VW300
```

图 3-62　表取数指令

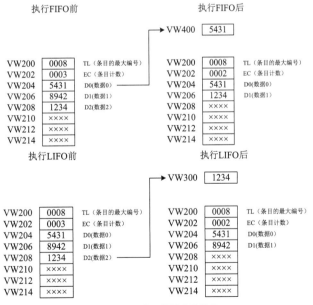

图 3-63　表取数指令的执行

3.5.3 填充指令

填充指令 FILL 用于处理字型数据，指令功能是将字型输入数据 IN 填充到从 OUT 开始的 N 个存储单元中。N 为字节型数据，指令格式如表 3-54 所示。

表 3-54 填充指令格式

指令名称	梯形图	STL	功能描述	影响 ENO 正常工作的出错条件
填充指令 FILL	FILL_N EN ENO IN OUT N	FILL IN，OUT，N	字型输入数据 IN 填充到从 OUT 开始的 N 个存储单元	SM4.3（运行时间）0006（间接寻址）0091（操作数超界）

3.5.4 表查找指令

表查找指令（Table Find）是从字型数据表中找出符合条件的数据在数据表中的地址编号，编号范围为 0 ~ 99。在梯形图中该指令有 4 个数据输入端。TBL 为数据表的首地址，用以指明被访问数据表的位置。PTN 用来描述查表条件时进行比较的数据。INDX 用来指定表中符合查找条件的数据所在的位置。CMD 是比较运算的编码，它是一个 1 ~ 4 的数值，分别代表运算符 =、< >、<、>。TBL、PTN、INDX 为字型数据，CMD 为字节型数据，有效操作数如表 3-55 所示。

表 3-55 表查找指令的有效操作数

输入 / 输出	数据类型	操作数
TBL	WORD	IW、QW、VW、MW、SMW、T、C、LW、*VD、*LD、*AC
PTN	WORD	IW、QW、VW、MW、SMW、T、C、LW、*VD、*LD、*AC、常量
INDX	WORD	IW、QW、VW、MW、SMW、SW、T、C、LW、AIW、AC、*VD、*LD、*AC
CMD	BYTE	（常量）1: 等于（=）; 2: 不等于（<>）; 3: 小于（<）; 4: 大于（>）

表查找指令执行前，应先对 INDX 的内容清零。当 EN 有效时，从数据表的第 0 个数据开始查找符合条件的数据，若没有发现符合条件的数据，则 INDX 的值等于 EC。若找到一个符合条件的数据，则将该数据在表中的地址装入 INDX 中。若找到一个符合条件的数据后，想继续向下寻找，必须先对 INDX 加 1，然后重新激活表查找指令，从表中符合条件数据的下一个数据开始查找。表查找指令格式如表 3-56 所示。

表 3-56 表查找指令格式

指令名称	梯形图	STL	功能描述	影响 ENO 正常工作的出错条件
表查找指令 FND	TBL_FIND EN ENO TBL PTN INDX CMD	FND = TBL,PTN,INDX FND <>TBL,PTN,INDX FND < TBL,PTN,INDX FND > TBL,PTN,INDX	当 EN 有效时，从 INDX 开始搜索表 TBL，寻找符合条件 PTN 和 CMD 数据	SM4.3（运行时间）0006（间接寻址）0091（操作数超界）

表查找指令的例子如图 3-64 所示，当 I0.0 接通，从以 VW202 为首地址的表中找出内容等于 3130 的数

据在表中的位置，执行过程如表 3-57 所示。

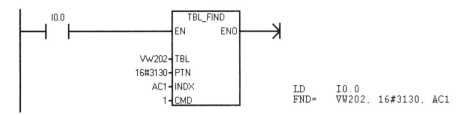

图 3-64　表查找指令

表 3-57　表查找指令执行过程

操作数	单元地址	执行前的内容	执行后的内容	注释
PTN		3130	3130	用来比较的数据
INDX	AC1	0	3	符合查表条件的数据地址
CMD	无	1	1	1 表示与查找数据相等
TBL	VW200	0005	0005	TL = 5
	VW202	0004	0004	EL = 4
	VW204	2345	2345	D0
	VW206	5678	5678	D1
	VW208	9872	9872	D2
	VW210	3130	3130	D3
	VW212	****	****	无数据

3.6　转换指令

转换指令是对操作数的类型进行转换，并输出到指定的目标地址中。转换指令包括数据类型转换指令、编码和译码指令以及字符串转换指令。转换指令的有效操作数如表 3-58 所示。

表 3-58　转换指令的有效操作数

输入 / 输出	数据类型	操作数
IN	BYTE	IB、QB、VB、MB、SMB、SB、LB、AC、*VD、*LD、*AC、常量
	WORD,INT	IW、QW、VW、MW、SMW、SW、T、C、LW、AIW、AC、*VD、*LD、*AC、常量
	DINT	ID、QD、VD、MD、SMD、SD、LD、HC、AC、*VD、*LD、*AC、常量
	REAL	ID、QD、VD、MD、SMD、SD、LD、AC、*VD、*LD、*AC、常量
OUT	BYTE	IB、QB、VB、MB、SMB、SB、LB、AC、*VD、*LD、*AC
	WORD,INT	IW、QW、VW、MW、SMW、SW、T、C、LW、AIW、AC、*VD、*LD、*AC、ID、QD
	DINT,REAL	VD、MD、SMD、SD、LD、HC、AC、*VD、*LD、*AC

3.6.1　数据类型转换指令

在进行数据处理时，不同性质的操作指令需要不同数据类型的操作数。数据类型转换指令的功能是将一个固定的数值，根据操作指令对数据类型的需要进行相应的转换。PLC 经常处理的数据类型有字节型数据、整数、双整数、实数和 BCD 码 5 种，根据这几种数据类型，数据类型转换指令共有 4 组 9 种。

1. 整数与 BCD 码转换指令

整数与 BCD 码转换指令的梯形图中有 IN 和 OUT 两个端子，IN 和 OUT 为字型数据，数据 IN 的范围是 0 ~ 9 999。为节省元件，IN 和 OUT 可指定同一元件。若 IN 和 OUT 操作数地址指的是不同元件，在执行转换时，分成两条指令来操作，MOV IN OUT 和 IBCD/BCDI OUT。整数与 BCD 码转换指令格式如表 3-59 所示。

表 3-59 整数与 BCD 码转换指令格式

指令名称	梯形图	STL	功能描述	影响 ENO 正常工作的出错条件
整数到 BCD 码转换指令 IBCD	I_BCD EN　ENO IN　OUT	IBCD, OUT	EN 有效时，将字整数输入数据 IN 转换成 BCD 码类型，并将结果送到 OUT 输出	SM1.6（BCD 错误） SM4.3（运行时间） 0006（间接寻址）
BCD 码到整数转换指令 BCDI	BCD_I EN　ENO IN　OUT	BCDI, OUT	EN 有效时，将 BCD 码输入数据 IN 转换成字整数类型，并将结构送到 OUT 输出	

若 IN 指定的源数据格式不正确，则 SM1.6 置 1。

2. 字节型与整数转换指令

字节型与字型整数转换指令的梯形图中，IN 的数据类型为整数，OUT 的数据类型为字节型。字节型数据是无符号数，整数输入数据的大小为 0 ~ 255，字节型与整数转换指令格式如表 3-60 所示。

表 3-60 字节型与整数转换指令格式

指令名称	梯形图	STL	功能描述	影响 ENO 正常工作的出错条件
字节型到整数转换指令 BTI	B_I EN　ENO IN　OUT	BTI IN, OUT	EN 有效时，将字节型输入数据 IN 转换成字型整数数据送到 OUT	0006（间接寻址）
整数到字节型转换指令 ITB	I_B EN　ENO IN　OUT	ITB IN, OUT	EN 有效时，将字型整数输入数据 IN 转换成字节型数据送到 OUT	0006（间接寻址） SM1.1（溢出）

3. 整数与双整数转换指令

整数与双整数转换指令的梯形图中的 IN 的数据类型为一个双整数，OUT 的数据类型为整数。整数与双整数转换指令格式如表 3-61 所示。

表 3-61 整数与双整数转换指令格式

指令名称	梯形图	STL	功能描述	影响 ENO 正常工作的出错条件
整数到双整数转换指令 ITD	I_DI EN　ENO IN　OUT	ITD IN, OUT	EN 有效时，将字型整数输入数据 IN 转换成双字整数类型，并将结果送到 OUT 输出	0006（间接寻址）

指令名称	梯形图	STL	功能描述	影响 ENO 正常工作的出错条件
双整数到整数转换指令 DTI	DI_I EN ENO IN OUT	DTI IN，OUT	EN 有效时，将双字整数输入数据 IN 转换成字型整数类型，并将结果送到 OUT 输出	SM1.1（溢出） 0006（间接寻址）

4. 双整数与实数转换指令

双整数与实数转换指令分为 3 类：ROUND 指令、TRUNC 指令和 DTR 指令。其中，ROUND 和 TRUNC 指令都能将实数转换成双整数，但前者将小数部分四舍五入后转换成整数，而后者将小数部分直接舍去取整。梯形图中的 IN、OUT 端子的数据类型都为双字型。双整数与实数转换指令格式如表 3-62 所示。

表 3-62 双整数与实数转换指令格式

指令名称	梯形图	STL	功能描述	影响 ENO 正常工作的出错条件
实数到双字整数转换指令（小数部分四舍五入）ROUND	ROUND EN ENO IN OUT	ROUND IN，OUT	EN 有效时，将实数输入数据 IN 转换成双字整数，并将结果送到 OUT	
实数到双字整数转换指令（小数部分舍去）TRUNC	TRUNC EN ENO IN OUT	TRUNC IN，OUT	EN 有效时，将 32 位实数转换成 32 位有符号整数输出，只有实数的整数部分被转换	SM1.1（溢出） 0006（间接寻址）
双字整数到实数转换指令 DTR	DI_R EN ENO IN OUT	DTR IN，OUT	EN 有效时，将双字整数输入数据 IN 转换成实数，并将结果送到 OUT	

ROUND 指令的例子如图 3-65 所示，将英寸转换成厘米，C10 的值为当前的英寸计数值，1in ＝ 2.54cm。

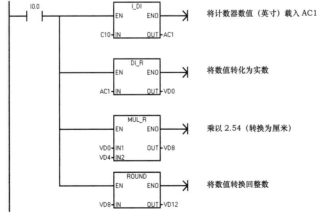

图 3-65 ROUND 指令

3.6.2 编码和译码指令

在 PLC 中，字数据可以是 16 位二进制数，也可用 4 位十六进制数来表示，编码过程就是把字型数据中最低有效位的位号进行编码，而译码过程是将执行数据所表示的位号对所指定单元的字型数据的对应位置 1。数据编码和译码指令包括编码和译码指令、七段显示码指令。编码和译码指令的有效操作数如表 3-63 所示。

表 3-63　编码和译码指令的有效操作数

输入／输出	数据类型	操作数
IN	BYTE	IB、QB、VB、MB、SMB、SB、LB、AC、*VD、*LD、*AC、常量
	WORD	IW、QW、VW、MW、SMW、SW、T、C、LW、AC、AIW、*VD、*LD、*AC、常量
OUT	BYTE	IB、QB、VB、MB、SMB、SB、LB、AC、*VD、*LD、*AC
	WORD	IW、QW、VW、MW、SMW、SW、T、C、LW、AC、AIW、*VD、*LD、*AC

编码指令 ENCO 和译码指令 DECO 格式如表 3-64 所示。

编码和译码指令的例子如图 3-66 所示。编码和译码指令的运行过程如图 3-67 所示。

表 3-64　编码指令和译码指令格式

指令名称	梯形图	STL	功能描述	影响 ENO 正常工作的出错条件
编码指令 ENCO	ENCO EN ENO IN OUT	ENCO IN, OUT	EN 有效时，将字型输入数据 IN 的最低有效位（值为 1 的位）的位号（00～15）进行编码，编码的结果送到由 OUT 指定字节的低 4 位	0006（间接寻址）
译码指令 DECO	DECO EN ENO IN OUT	DECO IN, OUT	EN 有效时，将字型输入数据 IN 的低 4 位的内容译成位号（00～15），且将由 OUT 指定字的该位置 1，其余位置 0	

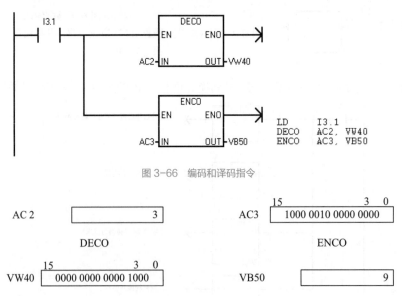

图 3-66　编码和译码指令

图 3-67　编码和译码指令的运行过程

3.6.3　字符串转换指令

字符串转换指令是将标准字符编码为 ASCII 码的字符串与十六进制数、整数、双整数及实数之间进行转换。

1. ASCII 码到十六进制数转换指令

ASCII 码到十六进制数转换指令 ATH 的梯形图中的 IN 端表示开始字符的字节首地址，LEN 端表示字符串长度、字节型、最大长度 255。OUT 端输出字节的首地址。格式如表 3-65 所示。

表 3-65　ASCII 码到十六进制数转换指令格式

指令名称	梯形图	STL	功能描述	注释
ASCII 码到十六进制数转换指令 ATH	ATH EN　ENO IN　OUT LEN	ATH IN, LEN, OUT	当 EN 有效时，把输入数据 IN 开始的长度为 LEN 的 ASCII 码，转换为十六进制数，并将结果送到首地址为 OUT 的字节存储单元	如果输入数据中有非法的 ASCII 字符，则终止转换操作，特殊继电器 SM1.7 置 1

如 ATH VB10，VB20，3 的指令执行结果如表 3-66 所示。

表 3-66　ATH 指令的执行结果

首地址	字节 1	字节 2	字节 3	说明
VB10	0011 0010（2）	0011 0100（4）	0100 0101（E）	原信息的存储形式及 ASCII 编码
VB20	24	EX	XX	转换结果信息编码，X 表示原内容不变

2. 十六进制数到 ASCII 码转换指令

十六进制数到 ASCII 码转换指令 HTA 的梯形图中的 IN 端代表整数数据输入，LEN 端代表转换位数、字节型、最大长度 255。OUT 端代表输出字节的首地址。格式如表 3-67 所示。

表 3-67　十六进制数到 ASCII 码转换指令格式

指令名称	梯形图	STL	功能描述	影响 ENO 正常工作的出错条件
十六进制数到 ASCII 码转换指令 HTA	HTA EN　ENO IN　OUT LEN	HTA IN, LEN, OUT	当 EN 有效时，把从输入数据 IN 开始的长度为 LEN 位的十六进制数，转换成 ASCII 码，并将结果送到首地址位 OUT 的字节存储单元	SM1.7（非法的 ASCII） 0006（间接寻址） 0091（操作数超出范围）

3. 整数到 ASCII 码转换指令

整数到 ASCII 码转换指令 ITA 的梯形图中的 IN 端代表整数数据输入，FMT 端代表转换精度或转换格式（小数位的表示方式），OUT 端代表连续 8 个输出字节的首地址。格式如表 3-68 所示。

表 3-68　整数到 ASCII 码转换指令格式

指令名称	梯形图	STL	功能描述	影响 ENO 正常工作的出错条件
整数到 ASCII 码转换指令 ITA	ITA EN　ENO IN　OUT FMT	ITA IN, FMT, OUT	当 EN 有效时，把整数输入数据 IN，根据 FMT 指定的转换精度，转换成始终是 8 个字符的 ASCII 码，并将结果送到首地址位 OUT 的 8 个连续字节存储单元	0006（间接寻址） 非法的格式 nnn>5

ITA 指令中的 FMT 端的定义如图 3-68 所示。

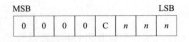

图 3-68　FMT 端的定义

在 FMT 中，高 4 位必须是 0，C 为小数点的表示方式。C=0 时，用小数点来分割整数和小数。C=1 时，用逗号来分割整数和小数。nnn 表示在首地址为 OUT 的 8 个连续字节中，小数的位数，nnn=000 ~ 101，分别对应 0 ~ 5 个小数位，小数部分的对位方式为右对齐。

如在 C=0，nnn = 011 时，用小数点进行格式化处理的数据格式，在 OUT 中的表示方式如表 3-69 所示。因为 nnn=011，所以 3 个为一组，OUT+5 ~ OUT+7 存储数据的后三位。因为 C=0，所以 OUT+4 存储的是小数点。负数值前面的负号也要存储在输入缓冲区中。以 −12 345 为例，因为 nnn=011，所以 OUT+5 ~ OUT+7 为 345，因为 C=0，所以 OUT+4 为 "."，OUT+2 ~ OUT+3 为 12，负号 "−" 存储在 OUT+1。

表 3-69　经格式化处理后的数据格式

IN	OUT	OUT+1	OUT+2	OUT+3	OUT+4	OUT+5	OUT+6	OUT+7
12				0	.	0	1	2
−123			−	0	.	1	2	3
1234				1	.	2	3	4
−12345		−	1	2	.	3	4	5

4. 双整数到 ASCII 码转换指令

双整数到 ASCII 码转换指令 DTA 的梯形图中的 IN 端代表双整数数据输入，FMT 端代表转换精度或转化格式（小数位的表示方式），OUT 端代表连续 12 个输出字节的首地址。指令格式如表 3-70 所示。

表 3-70　双整数到 ASCII 码转换指令格式

指令名称	梯形图	STL	功能描述
双整数到 ASCII 码指令 DTA	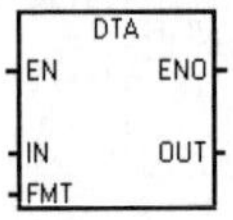 DTA EN　ENO IN　OUT FMT	DTA IN, FMT, OUT	当 EN 有效时，把双整数输入数据 IN，根据 FMT 指定的转换精度，转换成始终是 8 个字符的 ASCII 码，并将结果送到首地址为 OUT 的 12 个连续字节存储单元

DTA 指令中的 FMT 端的定义如图 3-69 所示。

MSB							LSB
0	0	0	0	C	n	n	n

图 3-69　DTA 指令中的 FMT 端的定义

在 FMT 中，高 4 位必须是 0，C 为小数点的表示方式。C=0 时，用小数点来分割整数和小数；C=1 时，用逗号来分割整数和小数。nnn 表示在首地址为 OUT 的 12 个连续字节中，小数的位数，nnn=000 ~ 101，分别对应 0 ~ 5 个小数位，小数部分的对位方式为右对齐。

如在 C=0，nnn = 100 时，用小数点进行格式化处理的数据格式，在 OUT 中的表示方式如表 3-71 所示。因为 C=0，所以以小数点进行格式化处理。因为 nnn=100，所以小数点后面的数值位数为 4。以 −1 234 567 为例，因为 nnn=100，所以 OUT+8 ~ OUT+11 为 4567，因为 C=0，所以 OUT+7 为 "."，OUT+4 ~ OUT+6 为 123，负号 "−" 存储在 OUT+3。

表 3-71 经格式化处理后的数据格式

IN	OUT	OUT+1	OUT+2	OUT+3	OUT+4	OUT+5	OUT+6	OUT+7	OUT+8	OUT+9	OUT+10	OUT+11
12							0	.	0	0	1	2
−123						−	0	.	0	1	2	3
1234							0	.	1	2	3	4
−1234567				−	1	2	3	.	4	5	6	7

5. 实数到 ASCII 码转换指令

实数到 ASCII 码转换指令 RTA 的梯形图中的 IN 端代表实数数据输入，FMT 端代表转换精度或转化格式（小数位的表示方式），OUT 端代表连续 3～15 个输出字节的首地址。RTA 指令格式如表 3-72 所示。

表 3-72 RTA 指令格式

指令名称	LAD	STL	功能描述
实数到 ASCII 码指令 RTA	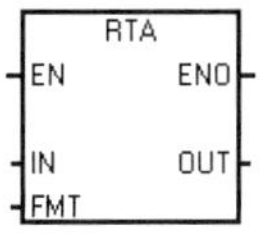 RTA —EN ENO— —IN OUT— —FMT	RTA IN, FMT, OUT	当 EN 有效时，把实数输入数据 IN，根据 FMT 指定的转换精度，转换成始终是 8 个字符的 ASCII 码，并将结果送到首地址为 OUT 的 3～15 个连续字节存储单元

实数到 ASCII 码转换指令 RTA 中的 FMT 端的定义如图 3-70 所示。

MSB   LSB

S	S	S	S	C	n	n	n

图 3-70 RTA 中的 FMT 端的定义

在 FMT 中，高 4 位 SSSS 表示 OUT 为首地址的连续存储单元的字节数，SSSS=3～15。C 为小数点的表示法方式，C=0 时，用小数点来分割整数和小数。C=1 时，用逗号来分割整数和小数。nnn 表示在首地址为 OUT 的 3～15 个连续字节中，小数的位数，nnn=000～101，分别对应 0～5 个小数位，小数部分的对位方式为右对齐。

如在 SSSS = 0110，C=0，nnn = 001 时，用小数点进行格式化处理的数据格式，在 OUT 中的表示方式如表 3-73 所示。因为 SSSS=0110，所以存储单元字节数为 6。因为 C=0，所以以小数点分隔数据。nnn=001，所以小数点的位数为 1。以 −3.6571 为例，小数点后的数据为 "6571"，因为只保留一位小数，所以对数据进行四舍五入，则 OUT+5 中的数据为 "7"，OUT+4 存储的是小数点 "."，OUT+3 存储的是整数部分 3，OUT+2 部分存储的是负号 "−"。

表 3-73 经格式化处理后的数据格式

IN	OUT	OUT+1	OUT+2	OUT+3	OUT+4	OUT+5
1234.5	1	2	3	4	.	5
0.0004			−	0	.	0
1.96				2	.	0
−3.6571			−	3	.	7

经过命令介绍及实例的讲述，可知在字符串转换时应遵循以下原则。

（1）正数值不带符号写入存储区。

（2）负数值前面带负号 "−" 写入存储区。

（3）小数点左边的先行零（除邻近小数点的数字外）被排除。

（4）小数点右面的数值根据小数点右面指定的位数进行进位。

3.7 程序控制类指令

程序控制类指令使程序结构灵活，合理使用该类指令可以优化程序结构，增强程序功能。这类指令主要包括结束、暂停、看门狗、跳转、循环、子程序和顺序控制等指令。

3.7.1 结束、暂停指令和看门狗指令

S7-200 的结束指令（END、MEND）与暂停指令（STOP）主要是用来控制程序的执行，而看门狗指令（WDR）可以避免程序在执行过程中出现死循环。

1. 结束指令（END、MEND）

结束指令的功能是结束主程序，它只能在主程序中使用，不能在子程序和中断服务程序中使用。在梯形图中，结束指令不直接连在左侧母线时，为条件结束指令（END），条件结束指令在使能输入有效时，终止用户程序的执行，返回主程序的第一条指令执行（循环扫描工作方式）。结束指令直接连在左侧母线时，为无条件结束指令（MEND），无条件结束指令执行时即无使能输入，立即终止用户程序的执行，返回主程序的第一条指令执行。

2. 暂停指令（STOP）

暂停指令的功能是在使能输入有效时，立即终止程序的执行，PLC 工作方式由 RUN 切换到 STOP。在中断程序中执行 STOP 指令，该中断立即终止，并且忽略所有挂起（暂停执行）的中断，继续扫描程序的剩余部分，在本次扫描的最后，将 PLC 由 RUN 切换到 STOP。

3. 看门狗指令（WDR）

在 PLC 中，为了避免程序出现死循环的情况，有一个专门监视扫描周期的警戒时钟，常称为看门狗定时器 WDT。WDT 有一个稍微大于程序扫描周期的定时值，在 S7-200 中，WDT 的设定值为 300ms。若出现某个扫描周期大于 WDT 的设定值的情况，则 WDT 认为出现程序异常，发出信号给 CPU，做异常处理。若希望程序扫描超过 300ms（有时在调用中断服务程序或子程序时，可能使得扫描周期超过 300ms），可用指令对看门狗定时器进行一次复位（刷新）操作，可以增加一次扫描时间，具有这种功能的指令称为看门狗指令（WDR）。

当使能输入有效时，WDR 将看门狗定时器复位。在看门狗指令没有出错的情况下，可以增加一次允许的扫描时间。若使能输入无效，看门狗定时器时间到，程序将终止当前指令的执行，重新启动，返回到第一条指令重新执行。注意，使用 WDR 指令时，要防止过度延迟扫描完成时间，否则，在终止本扫描之前，下列操作过程将被禁止（不予执行）：通信（自由端口方式除外）、I/O 更新（立即 I/O 除外）、强制更新、SM 更新（SM0、SM5 ~ SM29 不能被更新）、运行时间诊断、中断程序中的 STOP 指令等。当扫描时间超过 25ms、10ms、100ms 时，定时器将不能正确计时。

这 3 类指令格式如表 3-74 所示，指令使用的例子如图 3-71 所示。该例子的功能是网络 1 当检测到 I/O 错误，SM5.0=1，强制将 PLC 工作方式转换到 STOP。网络 2 当 M5.6=1 时，执行看门狗指令，增加一次扫描时间，继续执行立即写指令。网络 3 有条件结束主程序。

表 3-74 结束 / 暂停 / 看门狗指令格式

指令名称	梯形图	STL	功能
结束指令	—（END）	END	有条件结束主程序
	—（MEND）	MEND	无条件结束主程序
暂停指令	—（STOP）	STOP	使能输入有效时，立即终止程序的执行，CPU 工作方式由 RUN 切换到 STOP 方式
看门狗指令	—（WDR）	WDR	避免程序出现死循环的情况，专门监视扫描周期的警戒时钟

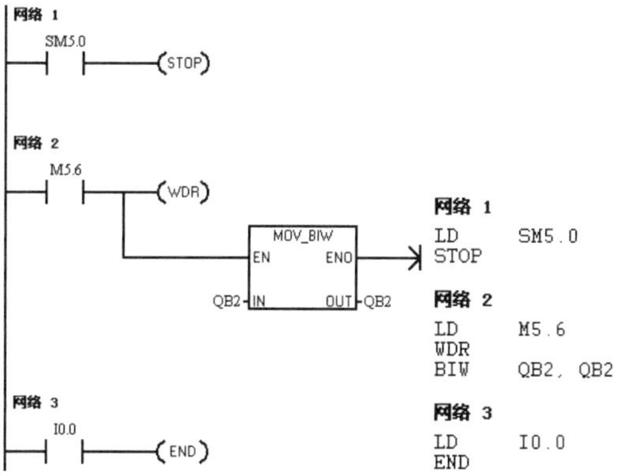

图 3-71 结束 / 暂停 / 看门狗指令

3.7.2 跳转指令

跳转指令可以使 PLC 编程的灵活性大大提高，使 PLC 可根据不同条件的判断，选择不同的程序段执行程序。跳转指令由跳转指令（JMP）和标号指令（LBL）组成，两者必须配合使用，缺一不可。跳转指令格式如表 3-75 所示。

表 3-75 跳转指令格式

指令名称	梯形图	STL	功能
跳转指令	???? —（JMP）	JMP n	当输入端有效时，使程序跳转到标号处执行。操作数 n 为 0 ~ 255 的字型数据
标号指令	???? LBL	LBL n	标号指令 LBL：指令跳转的目标标号。操作数 n 为 0 ~ 255 的字型数据

跳转指令的使用说明如下所述。

（1）跳转指令和标号指令必须配合使用，而且只能使用在同一程序块中，如主程序、同一个子程序或同一个中断程序，不能在不同的程序块中互相跳转。

（2）执行跳转后，被跳过的程序段中的各元件的状态。

• Q、M、S、C 等元件的位保持跳转前的状态。

• 计数器 C 停止计数，当前值存储器保持跳转前的计数值。

对定时器来说，因刷新方式不同，其工作状态不同。在跳转期间，分辨率为 1ms 和 10ms 的定时器会一直保持跳转前的工作状态，原来工作的继续工作，到设定值后，其位的状态也会改变，输出触点动作，其当前值存储器一直累计到最大值 32 767 才停止。对分辨率为 100ms 的定时器来说，跳转期间停止工作，但不会复位，存储器里的值为跳转时的值。跳转结束后，如输入条件允许，可继续计时。

【练习 3-1】利用跳转指令完成某生产线对药丸进行加工处理。

生产线对药丸进行加工处理控制系统的控制要求为，每当检测到 100 个药丸时，进入到瓶装控制程序。每当检测到 900 个药丸（9 个小包装），直接进入到盒装控制程序，其中瓶装控制程序与盒装控制程序省略。

网络 1 中的 I0.0 为计数器 C10 的增计数脉冲，I0.1 为减计数脉冲，I0.2 为复位脉冲，且当 C10 达到计数值后会自动复位。网络 2 中的 C10 计数满 100 后，跳转到标号为 2 的瓶装控制程序。网络 3 中的 C20 开始对 C10 的状态位计数，I0.2 为 C20 的复位脉冲，C20 也可以使用自身的常开触点实现自复位。网络 4 中，当 C20 的状态位有 9 次由 OFF 变为 ON，跳转到标号为 3 的盒装控制程序。网络 5 中标号 2 的瓶装控制程序开始。网络 6 中的 I0.3 接通后，对 Q0.0 置位，开始瓶装操作。网络 7 中标号为 3 的盒装控制程序开始。网络 8 中的 I0.4 接通后，对 Q0.1 置位，开始盒装操作。

生产线程序如图 3-72 所示。

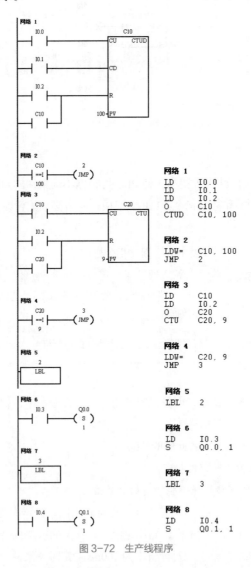

图 3-72　生产线程序

3.7.3　循环指令

循环指令为解决重复执行相同功能的程序段提供了极大的方便，并且优化了程序结构。循环指令由循环开始指令（FOR）和循环结束指令（NEXT）组成。FOR 用来标志循环体的开始。NEXT 用来标记循环体的结束，无操作数。两者必须配合使用，缺一不可。FOR 和 NEXT 之间的程序段称为循环体，每执行一次循环体，当前计数值增 1，并且将其结果同终值进行比较，如果大于终值，则终止循环。循环指令格式如表 3-76 所示。

表 3-76　循环指令格式

指令名称	梯形图	STL
循环开始指令 FOR	FOR —EN　ENO— —INDX —INIT —FINAL	FOR INDX, INIT, FINAL
循环结束指令 NEXT	—(NEXT)	NEXT

从表 3-76 中可以看出，FOR 指令有 3 个数据输入端，当前循环计数 INDX、循环初值 INIT 和循环终止 FINAL，在使用时必须指定这 3 个数据输入端，其有效操作数如表 3-77 所示。

表 3-77　3 个数据输入端的有效操作数

输入 / 输出	数据类型	操作数
INDX	INT	IW、QW、VW、SMW、SW、T、C、LW、AIW、AC、*VD、*LD、*AC
INIT、FINAL	INT	VW、IW、QW、MW、SMW、SW、T、C、LW、AC、AIW、*VD、*LD、*AC、常量

如果启动 FOR-NEXT 循环，它继续循环过程直到它完成迭代操作，除非从循环内部改变最后数值。这里值得注意的是，可以在 FOR-NEXT 的循环过程中改变数值。

在 S7-200 中，循环指令允许嵌套使用，最大嵌套深度为 8 重。通过循环指令的嵌套，可以增加指令的执行次数，对累加、连续读取数值等操作十分有用。

在此介绍二重循环指令的嵌套，嵌套程序如图 3-73 所示。当 I2.0 接通后，外部循环（即箭头 1 标注的循环）执行 100 次。当 I2.0 和 I2.1 都接通时，在外部循环每执行一次，内部循环（即箭头 2 标注的循环）执行 2 次，因此程序共执行内部循环里的操作共 200 次，外部循环里的操作共 100 次。

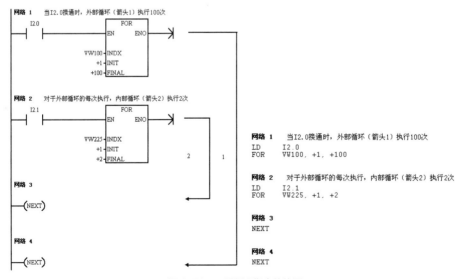

图 3-73　二重循环指令的使用

3.7.4 子程序指令

子程序在结构程序设计中是一种方便有效的工具。S7-200 具有简单、方便、灵活的子程序调用功能。与子程序有关的操作有建立子程序、子程序的调用和返回，与子程序有关的指令有子程序调用和返回指令。

1. 子程序调用指令和返回指令

子程序调用指令 CALL 的功能是将正在执行的程序转移到编号为 n 的子程序。

在子程序中不能使用 END 指令。每个子程序在编译时，编译器会自动在子程序的最后加入无条件返回指令 RET（不需用户写入无条件返回指令）。当用户需要实现有条件返回时，可以在子程序中使用有条件返回 CRET 指令。在子程序执行过程中，如果满足条件返回指令的返回条件，就结束子程序，返回到原调用处继续执行。

在梯形图中，子程序调用指令以功能框的形式编程，子程序返回指令以线圈形式编程，指令格式如表 3-78 所示。

表 3-78 子程序指令格式

指令名称	梯形图	STL
子程序调用指令	SBR_0 / EN	CALL SBR_0
子程序条件返回指令	—(RET)	CRET

2. 子程序调用过程的特点

（1）条件返回指令 CRET 多用于子程序的内部，由判断条件决定是否结束子程序调用，无条件返回指令 RET 用于子程序的结束。用 STEP7 编程时，编程人员不能手工输入 RET 指令，而是由软件自动加在每个子程序结尾。

（2）子程序嵌套。如果在子程序的内部又对另一子程序执行调用指令，则这种调用称为子程序的嵌套。子程序的嵌套深度最多为 8 级。

（3）当一个子程序被调用时，系统自动保存当前的堆栈数据，并把堆栈顶置 1，堆栈中的其他置为 0，子程序占有控制权。子程序执行结束，通过返回指令自动恢复原来的逻辑堆栈值，调用程序又重新取得控制权。

（4）累加器可在调用程序和被调用子程序之间自由传递，所以累加器的值在子程序调用时既不保存又不恢复。

3. 带参数的子程序调用

子程序中可以有参变量，带参数的子程序调用扩大了子程序的使用范围，提高了调用的灵活性。子程序的调用过程如果存在数据的传递，则在调用指令中应包含相应的参数。

❶ **子程序参数**

子程序最多可以传递 16 个参数。参数在子程序的局部变量表中加以定义。参数包含变量名、变量类型和数据类型等信息。

- 变量名：最多用 8 个字符表示，第一个字符不能是数字。
- 变量类型：变量类型是按变量对应数据的传递方向来划分的，可以是传入子程序（IN）、传入和传出子程序（IN/OUT）、传出子程序（OUT）和暂时（TEMP）4 种类型。4 种变量类型的参数在局部变量表中的位置必须按传入子程序参数、传入/传出子程序参数、传出子程序参数、暂时变量先后顺序排列。

- IN 类型：传入子程序参数。所接的参数可以是直接寻址数据（如 VB100）、间接寻址数据（如 AC1）、立即数（如 16#2344）和数据的地址值（如 &VB106）。
- IN/OUT 类型：传入/传出子程序参数。调用时将指定地址的参数值传到子程序，返回时从子程序得到的结果值被返回到同一地址。参数可以采用直接和间接寻址，但立即数（如 16#1234）和地址值（如 &VB100）不能作为参数。
- OUT 类型：传出子程序参数。它将从子程序返回的结果值送到指定的参数位置。输出参数可以采用直接和间接寻址，但不能是立即数或地址编号。
- TEMP 类型：暂时变量类型。在子程序内部暂时存储数据，不能用来与主程序传递参数数据。
- 数据类型：局部变量表中还要对数据类型进行声明。数据类型可以是能流、布尔型、字节型、字型、双字型、整数型、双整型和实型。
- 能流：仅允许对位输入操作，是位逻辑运算的结果。在局部变量表中布尔能流输出处于所有类型的最前面。
- 布尔型：布尔型用于单独的位输入和输出。
- 字节、字和双字型：这 3 种类型分别声明一个 1 字节、2 字节和 4 字节的无符号输入或输出参数。
- 整数、双整数型：这 2 种类型分别声明一个 2 字节或 4 字节的有符号输入或输出参数。
- 实型：该类型声明一个 IEEE 标准的 32 位浮点参数。

❷ 参数子程序调用的规则

常数参数必须声明数据类型。例如：如果缺少常数参数的这一描述，常数可能会被当作不同类型使用。

输入或输出参数没有自动数据类型转换功能。例如，局部变量表中声明一个参数为实型，而在调用时使用一个双字，则子程序中的值就是双字。

参数在调用时必须按照一定的顺序排列，显示输入参数，然后是输入输出参数，最后是输出参数。

❸ 局部变量表的使用

按照子程序指令的调用顺序，将参数值分配到局部变量存储器，起始地址是 L0.0。使用编程软件时，地址分配是自动的。

在语句表中，带参数的子程序调用指令格式为 CALL n，IN（IN_OUT），OUT（IN_OUT）。

其中，n 为子程序号，IN 为传递到子程序中的参数，IN_OUT 为传递到子程序的参数、子程序的结果值返回到的位置，OUT 为由子程序结果返回到指定的参数位置。

影响允许输出 ENO 正常工作的出错条件为：SM4.3（运行时间），0008（子程序嵌套超界）。

带参数调用的子程序的使用说明实例如图 3-74 所示。在梯形图中，功能框左侧的 I0.2、I0.3、VW1000、VW1002 是其位置的参数传递到子程序，右侧的 Q0.0 ～ Q0.5 为子程序结果返回到的位置。

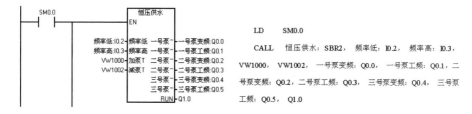

图 3-74　带参数调用的子程序

3.7.5　与 ENO 指令

ENO（Enable Output）是在 S7-200 的梯形图及功能块图中以功能框形式编程时的允许输出端，如果允许输入有效，并且指令执行正确，ENO 就能将能流向下传递，允许程序继续执行。

与 ENO 指令名称为 AENO，该指令的使用说明如图 3-75 所示。整数加法指令 ADD_I 的功能框，与填表操作 AD_T_TBL 的功能框串联在一起，如果整数加法指令执行正确，则直接进行填表操作。

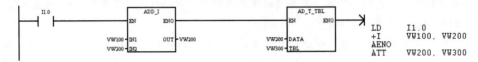

图 3-75　AENO 指令

3.8　特殊指令

通过特殊指令对某些具有特殊功能的硬件进行编程，就可能使某些比较复杂的控制任务的程序编制变得简单容易。特殊指令包括实时时钟指令、中断指令、高速处理指令和 PID 指令。

3.8.1　实时时钟指令

实时时钟指令分为设置实时时钟指令和读取实时时钟指令。在 S7-200 中，可以通过设置实时时钟指令安排一个 8 字节的时钟缓冲区存放当前的日期和时间数据。在 PLC 控制系统运行期间，可以通过读取实时时钟指令进行运行监控或做运行记录。

读取实时时钟指令（TODR）从硬件时钟读取当前时间和日期，并将它载入以地址 T 开始的 8 字节时间缓冲器。其功能框图如图 3-76（a）所示，在语句表中，读取实时时钟指令的格式为 TODR T。

设置实时时钟指令（TODW）将当前时间和日期写入硬件时钟，硬件时钟以由 T 指定的 8 字节时间缓冲器开始。其功能框图如图 3-76（b）所示，在语句表中，设置实时时钟指令的格式为 TODW T。

时钟指令影响 ENO 正常工作的出错条件为 SM4.3（运行时间），0006（间接寻址），000C（时钟模块不存在）。

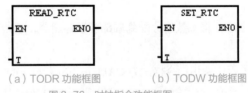

（a）TODR 功能框图　　　　（b）TODW 功能框图

图 3-76　时钟指令功能框图

日期和时间数值必须以 BCD 码格式编码（例如，16 # 97 表示 1997 年），表 3-79 为时间缓冲器（T）的格式，表 3-80 为时钟指令的有效操作数。

表 3-79　时间缓冲器（T）的格式

字节	T	T+1	T+2	T+3	T+4	T+5	T+6	T+7
含义	年	月	日	时	分	秒	0	星期
范围	00 ~ 99	00 ~ 12	00 ~ 31	00 ~ 23	00 ~ 59	00 ~ 59	0	01 ~ 07

在星期的范围中，01 ~ 07 分别代表星期日、星期一、……、星期六。

表 3-80 时钟指令的有效操作数

输入 / 输出	数据类型	操作数
T	BYTE	IB、QB、VB、MB、SMB、SB、LB、AC、*VD、*LD、*AC

在 S7-200 中，使用时钟指令时要注意以下两点。

（1）CPU 不检查输入的日期和时间数据是否正确，如 2 月 30 日，系统仍然认为是有效日期，所以需保证输入数据的正确性。

（2）不要在主程序和子程序中同时使用 TODR 或 TODW 指令。如果在主程序中执行 TODR 时，又出现了执行包括 TODR 指令的中断程序，则不执行中断程序中的 TODR 指令，TODW 亦是如此。

3.8.2　中断指令

中断是计算机在实时处理和实时控制中不可缺少的一项技术，应用十分广泛。所谓中断，是当控制系统执行正常程序时，系统中出现了某些急需处理的情况或特殊请求，这时系统暂时中断现行程序，转去对随机发生的更紧迫事件进行处理（执行中断服务程序），当该事件处理完后，系统自动回到原来被中断的程序继续执行。中断事件的发生具有随机性，中断在 PLC 应用系统中的人机联系、实时处理、通信处理和网络中非常重要。与中断相关的操作有中断服务和中断控制两种，这两种操作都需要中断指令来完成。本节在讲述中断指令之前，先介绍中断源、中断程序的调用原则等有关中断的基本知识，以便深入了解中断指令的使用方法。

1．中断源

中断源是中断事件向 PLC 发出中断请求的来源。S7-200 CPU 最多可有 34 个中断源，每个中断源都分配一个编号用于识别，称为中断事件号。这些中断源大致分为 3 类，通信中断、I/O 中断和时基中断。

❶　通信中断

PLC 的自由通信模式下，通过建立通信中断事件，使用通信指令控制 PLC 的串行通信口与其他设备间的通信。

❷　I/O中断

I/O 中断包括外部输入中断、高速计数器中断和高速脉冲串输出中断。外部输入中断是系统利用 I0.0 ～ I0.3 的上升或下降沿来产生中断。这些输入点可被用作连接某些一旦发生必须引起注意的外部事件。高速计数器中断可以响应当前值等于预设值、计数方向的改变、计数器外部复位等事件所引起的中断。脉冲串输出中断可以用来响应给定数量的脉冲输出完成所引起的中断。

❸　时基中断

时基中断包括定时中断和定时器中断。定时中断可用来支持一个周期性的活动。周期时间以 1ms 为单位，周期设定时间为 5 ～ 255ms。对于定时中断 0，把周期时间值写入 SMB34。对于定时中断 1，把周期时间值写入 SMB35。每当达到定时时间值，相关定时器溢出，执行中断处理程序。定时中断可以用来以固定的时间间隔作为采样周期，对模拟量进行采样，也可以用来执行一个 PID 控制回路。定时器中断就是利用定时器来对一个指定的时间段产生中断。这类中断只能使用 1ms 通电和断电延时定时器 T32 和 T96。当所用的当前值等于预定值时，在主机正常的定时刷新中，执行中断程序。

在 S7-200 的 CPU22X 中，可以最多响应 34 个中断时间，每个中断时间分配不同的编号，中断事件号如表 3-81 所示。

表 3-81　中断事件号

事件号	中断时间描述	CPU221	CPU222	CPU224	CPU226
0	I0.0 上升沿中断	Y	Y	Y	Y
1	I0.0 下降沿中断	Y	Y	Y	Y
2	I0.1 上升沿中断	Y	Y	Y	Y
3	I0.1 下降沿中断	Y	Y	Y	Y
4	I0.2 上升沿中断	Y	Y	Y	Y
5	I0.2 下降沿中断	Y	Y	Y	Y
6	I0.3 上升沿中断	Y	Y	Y	Y
7	I0.3 下降沿中断	Y	Y	Y	Y
8	通信口 0：接收字符	Y	Y	Y	Y
9	通信口 0：发送字符完成	Y	Y	Y	Y
10	定时中断 0：SMB34	Y	Y	Y	Y
11	定时中断 1：SMB35	Y	Y	Y	Y
12	高速计数器 0：CV=PV（当前值 = 设定值）	Y	Y	Y	Y
13	高速计数器 1：CV=PV（当前值 = 设定值）	无	无	Y	Y
14	高速计数器 1：输入方向改变	无	无	Y	Y
15	高速计数器 1：外部复位	无	无	Y	Y
16	高速计数器 2：CV=PV（当前值 = 设定值）	无	无	Y	Y
17	高速计数器 2：输入方向改变	无	无	Y	Y
18	高速计数器 2：外部复位	无	无	Y	Y
19	PTO 0 脉冲串输出完成中断	Y	Y	Y	Y
20	PTO 1 脉冲串输出完成中断	Y	Y	Y	Y
21	定时器 T32 CT=PT 中断	Y	Y	Y	Y
22	定时器 T96 CT=PT 中断	Y	Y	Y	Y
23	通信口 0：接收信息完成	Y	Y	Y	Y
24	通信口 1：接收信息完成	无	无	无	Y
25	通信口 1：接收字符	无	无	无	Y
26	通信口 1：发送字符完成	无	无	无	Y
27	高速计数器 0：输入方向改变	Y	Y	Y	Y
28	高速计数器 0：外部复位	Y	Y	Y	Y
29	高速计数器 4：CV=PV（当前值 = 设定值）	Y	Y	Y	Y
30	高速计数器 4：输入方向改变	Y	Y	Y	Y
31	高速计数器 4：外部复位	Y	Y	Y	Y
32	高速计数器 3：CV=PV（当前值 = 设定值）	Y	Y	Y	Y
33	高速计数器 5：CV=PV（当前值 = 设定值）	Y	Y	Y	Y

2．中断程序的调用原则

❶ 中断优先级

在 PLC 控制系统中通常有多个中断源。当多个中断同时向 CPU 申请中断时，要求 CPU 能将全部中断源按中断性质和处理的轻重缓急进行排队，并给予优先权。中断源被处理的次序就是中断优先级。

中断优先级由高到低的顺序依次是通信中断、高速脉冲串输出中断、外部输入中断、高速计数器中断、定时中断、定时器中断。各个中断事件的优先级如表 3-82 所示。

表 3-82　中断事件的优先级

事件号	中断时间描述	组优先级	组内中断类型	组内优先级
8	通信口 0：接收字符	通信中断最高级	通信口 0 中断	0
9	通信口 0：发送字符完成			0
23	通信口 0：接收信息完成			0
24	通信口 1：接收信息完成	通信中断最高级	通信口 1 中断	1
25	通信口 1：接收字符			1
26	通信口 1：发送字符完成			1
19	PTO 0 脉冲串输出完成中断	I/O 中断	脉冲串输出完成中断	0
20	PTO 1 脉冲串输出完成中断			1
0	I0.0 上升沿中断		外部输入中断	2
2	I0.1 上升沿中断			3
4	I0.2 上升沿中断			4
6	I0.3 上升沿中断			5
1	I0.0 下降沿中断			6
3	I0.1 下降沿中断			7
5	I0.2 下降沿中断			8
7	I0.3 下降沿中断			9
12	高速计数器 0：CV=PV（当前值 = 设定值）			10
27	高速计数器 0：输入方向改变			11
28	高速计数器 0：外部复位			12
13	高速计数器 1：CV=PV（当前值 = 设定值）			13
14	高速计数器 1：输入方向改变			14
15	高速计数器 1：外部复位			15
16	高速计数器 2：CV=PV（当前值 = 设定值）	I/O 中断	高速计数器中断	16
17	高速计数器 2：输入方向改变			17
18	高速计数器 2：外部复位			18
32	高速计数器 3：CV=PV（当前值 = 设定值）			19
29	高速计数器 4：CV=PV（当前值 = 设定值）			20
30	高速计数器 4：输入方向改变			21
31	高速计数器 4：外部复位			22
33	高速计数器 5：CV=PV（当前值 = 设定值）			23
10	定时中断 0：SMB34		定时中断	0
11	定时中断 1：SMB35			1
21	定时器 T32 CT=PT 中断		定时器中断	2
22	定时器 T96 CT=PT 中断			3

❷ 中断队列

在 PLC 中，CPU 一般在指定的优先级内按照先来先服务的原则响应中断事件的中断请求，在任何时刻，CPU 只执行一个中断程序。当 CPU 按照中断优先级响应并执行一个中断程序时，就不会响应其他中断事件的中断请求（尽管此时可能会有更高级别的中断事件发出中断请求），直到将当前的中断程序执行结束。在

CPU 执行中断程序期间，对新出现的中断事件仍然按照中断性质和优先级的顺序分别进行排队，形成中断队列。

3. 中断调用指令

中断源向 PLC 发出中断请求，经过中断判优，将优先级最高的中断请求送给 CPU，CPU 响应中断后自动保存逻辑堆栈、累加器和某些特殊标志寄存器位，即保护现场。中断处理完成后，又自动恢复这些单元保存起来的数据，即恢复现场。要完成上述中断请求和中断相应操作，就需在编辑程序中使用中断调用指令。中断调用指令有 5 类 6 条，其指令格式如表 3-83 所示。

表 3-83　中断调用指令格式

指令名称	梯形图	STL	功能描述
开中断指令 ENI	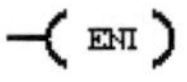 ─(ENI)	ENI	全局地开放所有中断事件
关中断指令 DISI	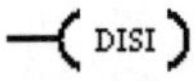 ─(DISI)	DISI	全局地关闭所有被连接的中断事件
中断连接指令 ATCH	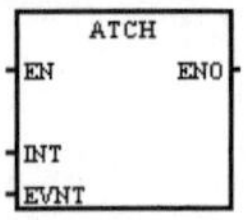 ATCH EN　ENO INT EVNT	ATCH INT，EVENT	EN 有效时，把一个中断事件 EVENT 和一个中断程序 INT 联系起来，并允许这一个中断事件
中断分离指令 DTCH	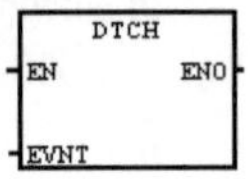 DTCH EN　ENO EVNT	DTCH EVENT	EN 有效时，切断一个中断事件和所有中断程序的联系，并禁止该中断事件
中断返回指令 RETI 和 CRETI	 ─(RETI)	RETI CRETI	当中断结束时，通过中断返回指令退出中断服务程序，返回到主程序。RETI 是无条件返回指令，CRETI 是有条件返回指令

中断调用指令的说明如下。

（1）当进入正常运行 RUN 模式时，CPU 禁止所有中断，只有在 RUN 模式下执行中断允许指令 ENI，才能允许开放所有中断。

（2）多个中断事件可以调用同一个中断服务程序，但是同一个中断事件不能同时调用多个中断程序。

（3）中断分离指令 DTCH 禁止中断事件和中断程序之间的联系，它仅禁止某中断事件。中断禁止指令 DISI，禁止所有中断。

（4）操作数。

INT　中程序号	0 ~ 127（为常数）
EVENT 中断事件号	0 ~ 32（为常数）

【练习 3-2】编制 I0.0 下降沿中断程序。

网络 1 中的 SM0.1=1，定义中断服务程序 INT0 为 I0.0 下降沿中断，开全局中断。网络 2 检测到 I/O 错误，SM5.0=1，禁用 I0.0 下降沿中断。若检测到 I/O 错误，则返回到主程序。

中断调用程序如图 3-77 所示，中断服务程序如图 3-78 所示。

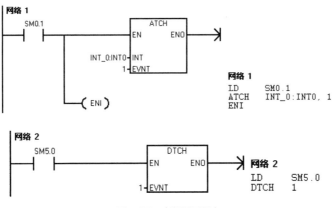

图 3-77　中断调用程序

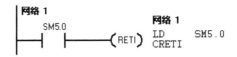

图 3-78　中断服务程序

4. 中断程序

中断程序亦称中断服务程序，是用户为处理中断事件而事先编制的程序，编程时可以用中断程序入口的中断程序号识别每一个中断程序。中断服务程序由中断程序号开始，以无条件返回指令结束。在中断程序中，用户亦可根据前面逻辑条件使用条件返回指令来返回主程序。PLC 系统中的中断指令与微机原理中的不同，它不允许嵌套中断，但在中断程序中可以调用一个嵌套子程序，因为累加器和逻辑堆栈在中断程序和被调用的子程序中是公用的。图 3-78 中的程序是中断程序。

3.8.3　高速计数器指令

普通计数器是按照顺序扫描方式工作的，在每个扫描周期中，对计数脉冲只能进行一次计数累加，而高速计数器可用来累计比 PLC 扫描频率高的脉冲输入（30Hz），利用产生的中断事件完成预定的操作。高速计数器 HSC（High Speed Counter）在定位控制领域中有重要的应用价值。使用高速计数器功能，需要通过高速计数器指令来完成执行工作。

高速计数指令有两条：定义高速计数器指令 HDEF 和执行高速计数器指令 HSC。使用 HSC 指令前，必须先执行 HDEF 指令对高速计数器进行定义。高速计数器指令格式如表 3-84 所示。

表 3-84　高速计数器指令

指令名称	梯形图	STL	功能
定义高速计数器指令 HDEF	 EN ENO HSC MODE	HDEF HSC MODE	EN 有效时，为指定的高速计数器分配一种工作模式
执行高速计数指令 HSC	 EN ENO N	HSC N	EN 有效时，根据高速计数器特殊存储器位的状态，并按照 HDEF 指令指定的模式设置高速计数器

高速计数器指令的说明如下。

（1）操作数类型如下。

- HSC：高速计数器编号，字节型 0 ~ 5 的常数。
- MODE：工作模式，字节型 0 ~ 11 的常数。
- N：高速计数器编号，字型 0 ~ 5 的常数。

（2）影响高速计数器允许输出 ENO 正常工作的出错条件为 SM4.3(运行时间)，0003(输入冲突)，0004(中断中的非法指令)，000A（HSC 重新定义)。

1. 高速计数器地址编号

两条高速计数器指令的操作数里都需指明高速计数器编号，告知 CPU 是哪个高速计数器要执行计数操作。编号是 0 ~ 5 之间的常数，这是因为不同型号的 PLC，高速计数器的数量不同。使用时每个高速计数器都有地址编号（HC n，非正式程序中有时也用 HSC n）。HC（或 HSC）表示该编程元件是高速计数器，n 为地址编号。在 S7-200 的 CPU22X 中，高速计数器数量及地址编号如表 3-85 所示。

表 3-85　高速计数器的数量及地址编号

CPU 类型	CPU221	CPU222	CPU224	CPU226
高速计数器数量	4		6	
高速计数器编号	HC0，HC3 ~ HC5		HC0 ~ HC5	

不同型号的 PLC，其高速计数器的数量不同，同种型号的 PLC 的高速计数器的地址编号也不同，每个高速计数器都有一个计数器位和一个 32 位的当前值寄存器和一个 32 位的设定值寄存器，当前值和设定值都是有符号的整数。同普通计数器一样，在选定计数器之后，应将计数设定值装入表 3-86 所示的特殊继电器中，并可以从表 3-86 所示的特殊继电器中读取当前值执行比较指令等操作。

表 3-86　高速计数器的当前值和设定值寄存器

HC0	HC1	HC2	HC3	HC4	HC5	说明
SMD38	SMD48	SMD58	SMD138	SMD148	SMD158	新的当前值
SMD42	SMD52	SMD62	SMD142	SMD152	SMD162	新的设定值

2. 高速计数器的工作模式

在执行定义高速计数器指令 HDEF 时，需确定高速计数器的工作模式 MODE。选择高速计数器的工作模式时，需先了解高速计数器工作模式的输入点和确定高速计数器工作模式的控制字节，然后合理地选择合适的高速计数器及其工作模式，最后在高速计数器工作时利用状态字监视其工作状态。

❶ 高速计数器工作模式的输入点

每个高速计数器对其工作模式中的时钟、方向控制、复位和启动都有专用的输入点，高速计数器与输入点的对应关系如表 3-87 所示。表 3-87 中所用的输入点，如果不使用高速计数器，可作为一般的数字量输入点，或者作为输入 / 输出中断的输入点。只有在使用高速计数器时，才分配给相应的高速计数器。

表 3-87　高速计数器与输入点的对应关系

高速计数器号	输入点
HC0	I0.0，I0.1，I0.2
HC1	I0.6，I0.7，I1.0，I1.1
HC2	I1.2，I1.3，I1.4，I1.5

高速计数器号	输入点
HC3	I0.1
HC4	I0.3，I0.4，I0.5
HC5	I0.4

2 高速计数器的控制字节

每个高速计数器都对应一个特殊继电器的控制字节 SMB，通过对控制字节指定的位进行编程，确定高速计数器的工作方式。S7-200 在执行 HSC 指令前，首先要检验与每个高速计数器相关的控制字节，在控制字节中设置了启动输入信号和复位输入信号的有效电平，正交计数器的计数倍率，计数方向采用内部控制时的有效电平，是否允许改变计数方向，是否允许更新设定值，是否允许更新当前值以及是否允许执行高速计数器指令。

启动、复位和计数倍率的选择如下所述。

- 模式 0、模式 3、模式 6 和模式 9，是既没有启动输入，又没有复位输入的计数器。
- 在模式 1、模式 4、模式 7 和模式 10 中，是只有复位输入，而没有启动输入的计数器。
- 在模式 2、模式 5、模式 8 和模式 11 中，是既有启动输入，又有复位输入的计数器。
- 当启动输入有效时，允许计数器计数。当启动输入无效时，计数器当前值保持不变。
- 当复位输入有效时，将计数器的当前值寄存器清零。
- 当启动输入无效，而复位输入有效时，则忽略复位的影响，计数器的当前值保持不变。
- 当复位输入保持有效、启动输入变为有效时，则将计数器的当前值寄存器清零。

在 S7-200 中，系统默认的复位输入和启动输入均为高电平有效，正交计数器为 4 倍频，如果想改变系统的默认设置，需要设置如表 3-88 中的特殊继电器的第 0、1、2 位。

各个高速计数器的计数方向的控制，设定值、当前值的控制和执行高速计数的控制，是由表 3-88 中各个相关控制字节的第 3 位 ~ 第 7 位决定的。

表 3-88　高速计数器的控制字节

HC0	HC1	HC2	HC3	HC4	HC5	描述
SM37.0	SM47.0	SM57.0	–	SM147.0	–	复位输入控制：0 = 高电平有效，1 = 低电平有效
–	SM47.1	SM57.1	–	–	–	启动输入控制：0 = 高电平有效，1 = 低电平有效
SM37.2	SM47.2	SM57.2	–	SM147.2	–	倍率选择控制：0 = 4 倍频，1 = 1 倍频
SM37.3	SM47.3	SM57.3	SM137.3	SM147.3	SM157.3	计数方向控制：0 = 减计数，1 = 增计数
SM37.4	SM47.4	SM57.4	SM137.4	SM147.4	SM157.4	改变计数方向控制：0 = 不改变，1 = 允许改变
SM37.5	SM47.5	SM57.5	SM137.5	SM147.5	SM157.5	改变设定值控制：0 = 不改变，1 = 允许改变
SM37.6	SM47.6	SM57.6	SM137.6	SM147.6	SM157.6	改变当前值控制：0 = 不改变，1 = 允许改变
SM37.7	SM47.7	SM57.7	SM137.7	SM147.7	SM157.7	高速计数控制：0 = 禁止计数，1 = 允许计数

3 高速计数器的工作模式

下面介绍如何根据高速计数器的输入端和控制字来确定高速计数器的工作模式以及各个工作模式实现的功能。各个高速计数器的工作模式分别如表 3-89 ~ 表 3-94 所示。

表 3-89　HC0 工作模式

模式	描述		控制位	I0.0	I0.1	I0.2
0	具有内部方向控制的单相增 / 减计数器		SM37.3 = 0，减	脉冲		
1			SM37.3 = 1，增			复位
3	具有外部方向控制的单相增 / 减计数器		I0.1 = 0，减	脉冲	方向	
4			I0.1 = 1，增			复位
6	具有增 / 减计数脉冲输入端的双相计数器		外部输入控制	脉冲增	脉冲减	
7						复位
9	A/B 相正交计数器	A 超前 B90°，顺时针	外部输入控制	A 相脉冲	B 相脉冲	
10		B 超前 A90°，逆时针				复位

表 3-90　HC1 的工作模式

模式	描述	控制位	I0.6	I0.7	I0.2	I1.1
0	具有内部方向控制的单相增 / 减计数器	SM47.3 = 0，减	脉冲			
1		SM47.3 = 1，增			复位	
2						启动
3	具有外部方向控制的单相增 / 减计数器	I0.7 = 0，减	脉冲	方向		
4		I0.7 = 1，增			复位	
5						启动
6	具有增 / 减计数脉冲输入端的双相计数器	外部输入控制	脉冲增	脉冲减		
7					复位	
8						启动
9	A/B 相正交计数器	外部输入控制	A 相脉冲	B 相脉冲		
10	A 超前 B90°，顺时针				复位	
11	B 超前 A90°，逆时针					启动

表 3-91　HC2 的工作模式

模式	描述	控制位	I1.2	I1.3	I1.4	I1.5
0	具有内部方向控制的单相增 / 减计数器	SM57.3 = 0，减	脉冲			
1		SM57.3 = 1，增			复位	
2						启动
3	具有外部方向控制的单相增 / 减计数器	I1.3 = 0，减	脉冲	方向		
4		I1.3 = 1，增			复位	
5						启动
6	具有增 / 减计数脉冲输入端的双相计数器	外部输入控制	脉冲增	脉冲减		
7					复位	
8						启动
9	A/B 相正交计数器	外部输入控制	A 相脉冲	B 相脉冲		
10	A 超前 B90°，顺时针				复位	
11	B 超前 A90°，逆时针					启动

表 3-92　HC3 的工作模式

模式	描述	控制位	I0.1
0	具有内部方向控制的单相增 / 减计数器	SM137.3 = 0，减；SM137.3 = 1，增	脉冲

表 3-93　HC4 的工作模式

模式	描述	控制位	I0.3	I0.4	I0.5
0	具有内部方向控制的单相增 / 减计数器	SM47.3 = 0，减	脉冲		
1		SM47.3 = 1，增			复位
3	具有外部方向控制的单相增 / 减计数器	I0.4 = 0，减	脉冲	方向	
4		I0.4 = 1，增			复位
6	具有增 / 减计数脉冲输入端的双相计数器	外部输入控制	脉冲增	脉冲减	
7					复位
9	A/B 相正交计数器	A 超前 B90°，顺时针	外部输入控制	A 相脉冲	B 相脉冲
10		B 超前 A90°，逆时针			复位

表 3-94　HC5 的工作模式

模式	描述	控制位	I0.4
0	具有内部方向控制的单相增 / 减计数器	SM157.3 = 0，减；SM157.3 = 1，增	脉冲

从各个高速计数器的工作模式的描述中可以看到，6 个高速计数器所具有的功能不完全相同，最多可能有 12 种工作模式，可分为 4 种类型。

3. 高速计数器的工作原理

以 HC1 的工作模式为例，说明高速计数器的具体工作原理。

① 具有内部方向控制的单相增/减计数器

在模式 0、模式 1 和模式 2 中，HC1 可作为具有内部方向控制的单相增 / 减计数器，它根据 PLC 内部的特殊继电器 SM47.3 的状态（1 或 0）来确定计数方向（增或减），外部输入 I0.6 作为计数脉冲的输入端。在模式 1 和模式 2 中，I1.0 作为复位输入端。在模式 2 中，I1.1 作为启动输入端。其时序图如图 3-79 所示。

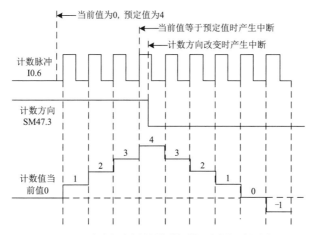

图 3-79　具有内部方向控制的单相增 / 减计数器的时序图

❷ 具有外部方向控制的单相增/减计数器

在模式 3、模式 4 和模式 5 中，HC1 可作为具有外部方向控制的单相增 / 减计数器，它根据 PLC 外部输入点 I0.7 的状态（1 或 0）来确定计数方向（增或减），外部输入 I0.6 作为计数脉冲的输入端。在模式 4 和模式 5 中，I1.0 作为复位输入端。在模式 5 中，I1.1 作为启动输入端。其时序图如图 3-80 所示。

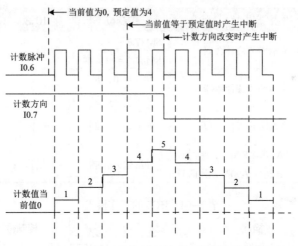

图 3-80 具有外部方向控制的单相增 / 减计数器的时序图

❸ 具有增/减计数脉冲输入端的双相计数器

在模式 6、模式 7 和模式 8 中，HC1 可作为具有增 / 减计数脉冲输入端的双相计数器，它根据 PLC 外部输入点 I0.6 和 I0.7 的状态（1 或 0）来确定计数方向（增或减），外部输入 I0.6 作为增计数脉冲的输入端，I0.7 作为减计数脉冲的输入端。在模式 7 和模式 8 中，I1.0 作为复位输入端。在模式 8 中，I1.1 作为启动输入端。其时序图如图 3-81 所示。

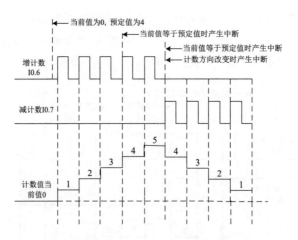

图 3-81 具有增 / 减计数脉冲输入端的双相计数器的时序图

如果增计数脉冲的上升沿与减计数脉冲的上升沿的时间间隔在 0.3ms 之内，CPU 会认为这两个计数脉冲是同时到来的，此时，计数器的当前值保持不变，也不会发出计数方向改变的信号。当增计数脉冲的上升沿与减计数脉冲的上升沿的时间间隔大于 0.3ms 时，高速计数器就可以分别捕获到每一个独立事件。

❹ A/B相正交计数器

在模式9、模式10和模式11中，HC1可作为A/B相正交计数器（所谓正交，是指A、B两相的输入脉冲相差90°）。外部输入I0.6为A相脉冲输入，I0.7为B相脉冲输入。在模式10和模式11中，I1.0作为复位输入端。在模式11中，I1.1作为启动输入端。

当A相脉冲超前B相脉冲90°时，计数方向为递增计数，当B相脉冲超前A相脉冲90°时，计数方向为递减计数。

正交计数器有两种工作状态，一种是输入一个计数脉冲时，当前值计一个数，此时的计数倍率为1，其时序图如图3-82所示。

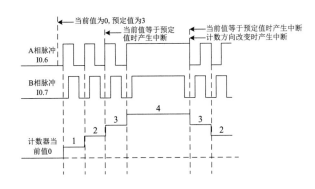

图3-82　1倍率的A/B相正交计数器的时序图

另一种工作状态是输入一个计数脉冲时，当前值计4个数，此时的计数倍率为4。这是因为在许多位移测量系统中，常常采用光电编码盘，将光电编码盘的A、B两相输出信号作为高速计数器的输入信号。为提高测量精度，光电编码盘对A、B相脉冲信号做4倍频计数。当A相脉冲信号超前B相脉冲信号90°时，为正转（顺时针转动）。当B相脉冲信号超前A相脉冲信号90°时，为反转（逆时针转动）。为满足这种需要，正交计数器定义了这种工作状态，时序图如图3-83所示。

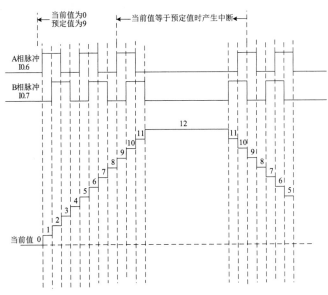

图3-83　4倍率的A/B相正交计数器的时序图

4. 高速计数器的状态字节

为了监视高速计数器的工作状态，执行由高速计数器引起的中断事件，每个高速计数器都在特殊继电器区 SMB 安排一个状态字节，如表 3-95 所示。

表 3-95　高速计数器的状态字节

HC0	HC1	HC2	HC3	HC4	HC5	描述
SM36.0	SM46.0	SM56.0	SM136.0	SM146.0	SM156.0	不用
SM36.1	SM46.1	SM56.1	SM136.1	SM146.1	SM156.1	不用
SM36.2	SM46.2	SM56.2	SM136.2	SM146.2	SM156.2	不用
SM36.3	SM46.3	SM56.3	SM136.3	SM146.3	SM156.3	不用
SM36.4	SM46.4	SM56.4	SM136.4	SM146.4	SM156.4	不用
SM36.5	SM46.5	SM56.5	SM136.5	SM146.5	SM156.5	当前计数方向的状态位 0 =减计数，1 =增计数
SM36.6	SM46.6	SM56.6	SM136.6	SM146.6	SM156.6	当前值等于设定值的状态位 0 =不等于，1 =等于
SM36.7	SM46.7	SM56.7	SM136.7	SM146.7	SM156.7	当前值大于设定值的状态位 0 =小于等于，1 =大于

5. 高速计数器的中断事件类型

当状态字中的当前计数方向位与当前值等于设定值位发生变化，会引起高速计数器中断事件。另外，高速计数器工作模式中的外部信号复位也能引起中断事件。通常在写完高速计数器指令后，会编写高速计数器中断程序来完成某些操作功能。所有高速计数器都支持当前值等于设定值中断，但并不是所有的高速计数器都支持另外两种方式。高速计数器的中断事件有 14 个，如表 3-96 所示。

表 3-96　高速计数器的中断事件

高速计数器编号	当前值等于预定值中断		计数方向改变中断		外部信号复位中断	
	事件号	优先级	事件号	优先级	事件号	优先级
HC0	12	10	27	11	28	12
HC1	13	13	14	14	15	15
HC2	16	16	17	17	18	18
HC3	32	19	无	无	无	无
HC4	29	20	30	21	31	22
HC5	33	23	无	无	无	无

6. 高速计数器的初始化

由于高速计数器的 HDEF 指令在进入 RUN 模式后只能执行一次，为了减少程序运行时间、优化程序结构，一般以子程序的形式进行初始化。

模式 0、1、2 的初始化步骤如下。

STEP01　利用 SM0.1 来调用一个初始化子程序。

STEP02　在初始化子程序中，根据需要向 SMB47 装入控制字节。例如，SMB47=16#F8，其意义是允许计数，允许写入新的当前值，允许写入新的设定值，计数方向为增计数，启动和复位信号均为高电平有效。

STEP03　执行 HDEF 指令，其输入参数为 HSC 端为 1（选择 1 号高速计数器），MODE 端为 0/1/2（对应工作模式 0、1、2)。

(STEP04) 将希望的当前计数值装入 SMD48（装入 0 可进行计数器清零操作）。

(STEP05) 将希望的设定值装入 SMD52。

(STEP06) 如果希望捕获当前值等于设定值的中断事件，编写与中断事件号 13 相关联的中断服务程序。

(STEP07) 如果希望捕获外部复位中断事件，编写与中断事件号 15 相关联的中断服务程序。

(STEP08) 执行 ENI（全局开中断）指令。

(STEP09) 执行 HSC 指令。

(STEP10) 退出初始化子程序。

模式 3、4、5 的初始化步骤如下。

(STEP01) 利用 SM0.1 来调用一个初始化子程序。

(STEP02) 在初始化程序中，根据需要向 SMB47 装入控制字节。例如，SMB47=16#F8，其意义是允许计数，允许写入新的当前值，允许写入新的设定值，计数方向为增计数，启动和复位信号均为高电平有效。

(STEP03) 执行 HDEF 指令，其输入参数为 HSC 端为 1（选择 1 号高速计数器），MODE 端为 3/4/5（对应工作模式 3、4、5)。

(STEP04) 将希望的当前值装入 SMD48（装入 0 可进行计数器清零操作）。

(STEP05) 将希望的设定值装入 SMD52。

(STEP06) 如果希望捕获当前值等于设定值的中断事件，编写与中断事件号 13 相关联的中断服务程序。

(STEP07) 如果希望捕获计数方向改变的中断事件，编写与中断事件号 14 相关联的中断复位程序。

(STEP08) 如果希望捕获外部复位中断事件，编写与中断事件号 15 相关联的中断服务程序。

(STEP09) 执行 ENI（全局开中断）指令。

(STEP10) 执行 HSC 指令。

(STEP11) 退出初始化子程序。

模式 6、7、8 的初始化步骤如下。

(STEP01) 利用 SM0.1 来调用一个初始化子程序。

(STEP02) 在初始化程序中，根据需要向 SMB47 装入控制字节。例如，SMB47=16#F8，其意义是允许计数，允许写入新的当前值，允许写入新的设定值，计数方向为增计数，启动和复位信号均为高电平有效。

(STEP03) 执行 HDEF 指令，其输入参数为 HSC 端为 1（选择 1 号高速计数器），MODE 端为 6/7/8（对应工作模式 6、7、8)。

(STEP04) 将希望的当前值装入 SMD48（装入 0 可进行计数器清零操作）。

(STEP05) 将希望的设定值装入 SMD52。

(STEP06) 如果希望捕获当前值等于设定值的中断事件，编写与中断事件号 13 相关联的中断服务程序。

(STEP07) 如果希望捕获计数方向改变的中断事件，编写与中断事件号 14 相关联的中断复位程序。

(STEP08) 如果希望捕获外部复位中断事件，编写与中断事件号 15 相关联的中断服务程序。

(STEP09) 执行 ENI（全局开中断）指令。

(STEP10) 执行 HSC 指令。

(STEP11) 退出初始化子程序。

模式 9、10、11 的初始化步骤如下。

STEP01 利用 SM0.1 来调用一个初始化子程序。

STEP02 在初始化子程序中，根据需要向 SMB47 装入控制字节。例如，SMB47=16#F8，其意义是允许计数，允许写入新的当前值，允许写入新的设定值，计数方向为增计数，启动和复位信号均为高电平有效，计数频率为 4 倍频。如果 SMB47=16#FC，其意义是允许计数，允许写入新的当前值，允许写入新的设定值，计数方向为增计数，启动和复位信号均为高电平有效，计数频率为 1 倍频。

STEP03 执行 HDEF 指令，其输入参数为 HSC 端为 1（选择 1 号高速计数器），MODE 端为 9/10/11（对应工作模式 9、10、11）。

STEP04 将希望的当前值装入 SMD48（装入 0 可进行计数器清零操作）。

STEP05 将希望的设定值装入 SMD52。

STEP06 如果希望捕获当前值等于设定值的中断事件，编写与中断事件号 13 相关联的中断服务程序。

STEP07 如果希望捕获计数方向改变的中断事件，编写与中断事件号 14 相关联的中断复位程序。

STEP08 如果希望捕获外部复位中断事件，编写与中断事件号 15 相关联的中断服务程序。

STEP09 执行 ENI（全局开中断）指令。

STEP10 执行 HSC 指令。

STEP11 退出初始化子程序。

【练习 3-3】 包装数粒机控制系统应用高速计数器对料斗出来的产品进行累计，集料斗中检测到 60 粒产品时，自动打开集料斗下方的气动阀门，完成瓶装产品。采用 PLC 为 S7-200CPU224。

选用高速计数器 HC0，工作模式为 0，采用当前值等于设定值的中断事件，中断事件号为 12，启动瓶装子程序。主程序的功能是 SM0.1=1，调用高速计数器初始化子程序 SBR0。子程序的功能是 SM0.0=1，将控制字写入 SMB37，执行 HDEF 指令，选择 HC0，工作模式为 0，向 SMD38 写入当前值 0，将设定值 60 传送 SMD42，执行中断连接指令，将中断程序 INT0 与中断事件 12 连接起来，开全局中断，执行高速计数器指令 HSC。中断服务程序的功能是 SM0.0=1，调用瓶装子程序 SBR1，更改新的设定值和初始值。

主程序功能如图 3-84 所示，该子程序功能如图 3-85 所示，该中断服务程序功能如图 3-86 所示。

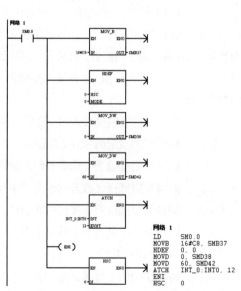

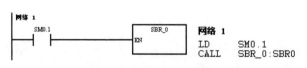

图 3-84　包装数粒机控制程序的主程序　　　　　　　图 3-85　包装数粒机控制程序的子程序

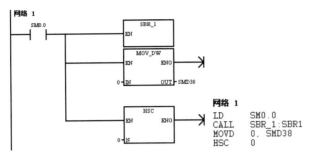

图 3-86　包装数粒机控制程序的中断服务程序

3.8.4　高速脉冲输出指令

高速脉冲输出功能是指在 PLC 的某些输出端产生高速脉冲，用来驱动负载，实现高速输出和精确控制，高速脉冲输出指令正是为了实现这种功能而开发的。

高速脉冲输出指令可以输出两种类型的方波信号，在精确位置控制中有很重要的应用。其指令格式如表 3-97 所示。

表 3-97　高速脉冲输出指令的格式

指令名称	梯形图	STL	功能
脉冲输出指令	PLS EN　ENO Q0.X	PLS Q	高速脉冲输出指令，当 EN 有效时，检测各个与 PLS 指令相关的特殊继电器位。激活由控制位定义的脉冲操作。从 Q0.0 或 Q0.1 输出高速脉冲

高速脉冲输出指令的格式说明如下。

（1）脉冲串输出和宽度可调脉冲输出都由 PLS 指令来激活输出。

（2）输入端 Q0.X 中的 X 为字型常数 0 或 1，用来选择是从 Q0.0 或 Q0.1 输出高速脉冲。

（3）高速脉冲串输出 PTO 可采用中断方式进行控制，而宽度可调脉冲输出 PWM 只能由指令 PLS 来激活。

下面将根据 PLS 指令操作数及功能介绍高速脉冲输出端及高速脉冲输出形式等内容。

1.　高速脉冲输出端

每个 CPU 有两个 PTO/PWM 发生器产生高速脉冲串和脉冲宽度可调的波形，一个发生器分配在数字输出端 Q0.0，另一个分配在 Q0.1。PTO/PWM 发生器和输出映像寄存器共同使用 Q0.0 和 Q0.1，当 Q0.0 或 Q0.1 设定为 PTO 或 PWM 功能时，PTO/PWM 发生器控制输出，在输出期间禁止使用通用功能。输出映像寄存器的状态、强制输出、立即输出等指令的执行都不影响输出波形，当不使用 PTO/PWM 发生器时，输出点恢复为原通用功能状态，输出点的波形由输出映像寄存器来控制。

2.　高速脉冲的输出形式

高速脉冲输出有高速脉冲串输出 PTO 和宽度可调脉冲输出 PWM 两种形式。这两种输出形式都由 PLS 指令来激活，因此需要特殊继电器来定义输出形式。下面将先介绍与高速脉冲输出有关的特殊继电器，然后再介绍高速脉冲的两种输出形式。

❶　与高速脉冲相关的特殊继电器

在 S7-200 中，如果使用高速脉冲输出功能，则对应 Q0.0 和 Q0.1 的每一路 PTO/PWM 输出，都对应一些特殊继电器，包括一个 8 位的状态字节（SMB66 对应 Q0.0，SMB76 对应 Q0.1）、一个 8 位的控制字节（SMB67

或 SMB77）、两个 16 位的时间寄存器（SMB67 或 SMB78 存周期时间，SMB70 或 SMB80 存脉宽时间）、一个 32 位的脉冲计数器（SMB72 或 SMB82）、一个 8 位的段数寄存器（SMB166 或 SMB176）、一个 16 位的偏移地址寄存器（SMB168 或 SMB178）。通过这些特殊继电器来控制高速脉冲输出的工作状态、输出形式和设置各种参数。

● 高速脉冲输出的状态字节。

在采用 PTO 输出形式时，Q0.0 或 Q0.1 是否空闲、是否溢出、当采用多个脉冲串输出时输出终止的原因，这些信息在程序运行时，自动使状态字置位或复位。状态字节的功能描述如表 3-98 所示。

表 3-98　高速脉冲输出状态字节的功能描述

Q0.0	Q0.1	功能描述
SMB66.0	SMB76.0	不用
SMB66.1	SMB76.1	
SMB66.2	SMB76.2	
SMB66.3	SMB76.3	
SMB66.4	SMB76.4	PTO 包络表因计算错误而终止：0 = 无错误，1 = 终止
SMB66.5	SMB76.5	PTO 包络表因用户命令而终止：0 = 无错误，1 = 终止
SMB66.6	SMB76.6	PTO 管线溢出：0 = 无溢出，1 = 有溢出
SMB66.7	SMB76.7	PTO 空闲：0 = 执行中，1= 空闲

● 高速脉冲输出的控制字节。

高速脉冲输出的控制字节用来设置 PTO/PWM 的输出形式、时间基准、更新方式、PTO 的单段或多段输出选择等，其功能描述如表 3-99 所示。

表 3-99　高速脉冲输出控制字节的功能描述

Q0.0	Q0.1	功能描述
SMB67.0	SMB77.0	允许更新 PTO/PWM 周期值：0 = 不更新，1 = 更新
SMB67.1	SMB77.1	允许更新 PWM 脉冲宽度值：0 = 不更新，1 = 更新
SMB67.2	SMB77.2	允许更新 PTO 脉冲输出数：0 = 不更新，1 = 更新
SMB67.3	SMB77.3	PTO/PWM 的时间基准选择：0 = μs，1 = ms
SMB67.4	SMB77.4	PWM 的更新方式：0 = 异步更新，1 = 同步更新
SMB67.5	SMB77.5	PTO 单段 / 多段输出选择：0 = 单段，1 = 多段
SMB67.6	SMB77.6	PTO/PWM 的输出模式选择：0 = PTO，1 = PWM
SMB67.7	SMB77.7	允许 PTO/PWM 脉冲输出：0 = 禁止，1 = 允许

在控制字节中，所有位的默认值均为 0，如果希望改变系统的默认值，可参照表 3-100 给出的控制字节的参考值，选择并确定字节的取值。

表 3-100　PTO/PWM 控制字节的参考值

控制字节	允许	输出方式	时基	更新输出	更新脉宽	更新周期
16#81	是	PTO	1μs	不	不	更新
16#84	是	PTO	1μs	更新	不	不
16#85	是	PTO	1μs	更新	不	更新

控制字节	允许	输出方式	时基	更新输出	更新脉宽	更新周期
16#89	是	PTO	1ms	不	不	更新
16#8C	是	PTO	1ms	更新	不	不
16#8D	是	PTO	1ms	更新	不	更新
16#A0	是	PTO	1μs	不	不	不
16#C1	是	PWM	1μs	不	不	更新
16#C2	是	PWM	1μs	不	更新	不
16#C3	是	PWM	1μs	不	更新	更新
16#C9	是	PWM	1ms	不	不	更新
16#CA	是	PWM	1ms	不	更新	更新
16#CB	是	PWM	1ms	不	更新	更新

- 其他相关的特殊继电器。

在 S7-200 的高速脉冲输出控制中，用于存储周期时间值、脉宽时间值、PTO 的脉冲数、多段 PTO 的段数及偏移地址的特殊继电器如表 3-101 所示。

表 3-101　高速脉冲输出控制的其他相关特殊继电器

Q0.0	Q0.1	功能描述
SMW68	SMW78	存储 PTO/PWM 周期值，字型数据，数据范围 2 ~ 65 535
SMW70	SMW80	存储 PWM 的脉宽值，字型数据，范围 0 ~ 65 535
SMD72	SMD82	存储 PTO 的脉冲数，双字型数据，范围 1 ~ 4 294 967 295
SMB166	SMB176	存储多段 PTO 的段数，字节型数据，范围 1 ~ 255
SMW168	SMW178	存储多段 PTO 包络表的起始偏移地址，字型数据，范围为 0 ~ 65535

❷ PTO输出

PTO 输出形式是指从 Q0.0 或 / 和 Q0.1 输出指定周期的一段或几段方波脉冲序列，周期值为 16 位无符号数据，周期范围为 50 ~ 65 535μs 或 2 ~ 65 535ms，占空比为 50%，一般对周期值的设定为偶数，否则会引起输出波形占空比的失真。每段脉冲序列中，脉冲的数量为 32 位数据，可分别设定为 1 ~ 4 292 967 295。

在 PTO 输出形式中，允许连续输出多个方波脉冲序列（脉冲串），每个脉冲串的周期和脉冲数可以不同。当需要输出多个脉冲串时，允许这些脉冲串进行排队，形成管线，在当前的脉冲串输出完成后，立即输出新的脉冲串。根据管线的实现方式，可分为单段管线 PTO 和多段管线 PTO。

- 单段管线 PTO。

在单段管线 PTO 输出时，管线中只能存放一个脉冲串的控制参数（入口地址）。在当前脉冲串输出期间，就要对与下一个脉冲串相关的特殊继电器进行更新，当前的脉冲串输出完成后，通过执行 PLS 指令，就可以立即输出新的脉冲串，实现多段脉冲串的连续输出。

采用单段管线 PTO 的优点是各个脉冲串的时间基准可以不同。

采用单段管线 PTO 的缺点是编程复杂且烦琐，当参数设置不合适时，会造成各个脉冲串连接的不平滑。

- 多段管线 PTO。

当采用多段管线 PTO 输出时，需要在变量存储器区（V）中建立一个包络表，在包络表中存储各个脉冲串的参数，当执行 PLS 指令时，CPU 自动按顺序从包络表中取出各个脉冲串的入口地址，连续输出各个脉冲串。

包络表由包络段数和各段构成，每段长度为 8 字节，用于存储脉冲周期值（16 位）、周期增量值（16 位）和脉冲计数值（32 位）。编程时必须装入包络表的偏移首地址。表 3-102 给出了一个 3 段包络表的格式。

表 3-102　3 段包络表的格式

字节偏移地址	存储说明
VBn	包络表中的段数，字节型数据，数据范围 1 ~ 255（0 不产生 PTO 输出）
VWn+1	第 1 段脉冲串的初始周期值，字型数据，数据范围 2 ~ 65 535
VWn+3	第 1 段脉冲串的周期增量值，有符号整数，范围 −32 768 ~ +32 767
VDn+5	第 1 段脉冲串的输出脉冲数，无符号整数，范围 1 ~ 4 294 967 295
VWn+9	第 2 段脉冲串的初始周期值，字型数据，数据范围 2 ~ 65 535
VWn+11	第 2 段脉冲串的周期增量值，有符号整数，范围 −32 768 ~ +32 767
VDn+13	第 2 段脉冲串的输出脉冲数，无符号整数，范围 1 ~ 4 294 967 295
VWn+17	第 3 段脉冲串的初始周期值，字型数据，数据范围 2 ~ 65 535
VWn+19	第 3 段脉冲串的周期增量值，有符号整数，范围 −32 768 ~ +32 767
VDn+21	第 3 段脉冲串的输出脉冲数，无符号整数，范围 1 ~ 4 294 967 295

采用多段管线 PTO 输出的优点是编程简单，可按照程序设定的周期增量值自动增减脉冲周期。

采用多段管线 PTO 输出的缺点是所有脉冲串的时间基准必须一致，当执行 PLS 指令时，包络表中的所有参数均不能改变。

在使用 PTO 输出时需要掌握的编程要点有，确定高速脉冲串的输出端（Q0.0 或 Q0.1）和管线的实现方式（单段或多段），进行 PTO 的初始化，利用特殊继电器 SM0.1 调用初始化子程序，编写初始化子程序。

初始化子程序的步骤如下。

STEP01　设置控制字节，将控制字节写入 SMB67 或 SMB77。

STEP02　如果是多段 PTO，则装入包络表的首地址（可以子程序的形式建立包络表）。

STEP03　设置中断事件。

STEP04　编写中断服务子程序。

STEP05　设置全局开中断。

STEP06　执行 PLS 指令。

【练习 3-4】某加速步进电动机，1 段加速运行，频率为 2kHz，脉冲数为 200 个。2 段恒速运行，B 点频率为 10kHz，脉冲数为 3400 个。3 段为减速运行，C 点的频率仍为 10kHz，脉冲数为 400 个。运行曲线如图 3-87 所示。

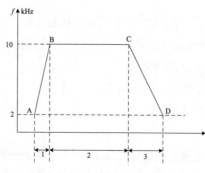

图 3-87　步进电动机的运行曲线

该例子的设计步骤如下所述。

STEP01 选择由 Q0.0 输出，由图 3-87 可知，选择 3 段管线的输出形式。

STEP02 选择周期值的时基单位，因为段 2 输出的频率最大，为 10kHz，对应的周期值为 100μs，因此选择时基单位为 μs，向控制字 SMB67 写入控制字 16＃A0。

STEP03 确定初始周期时间、周期增量值。

初始周期时间是将每段管线初始频率换算成时间，段 1 为 500μs，段 2 为 100μs，段 3 为 100μs。

周期增量值的确定可通过计算来得到，计算公式为 $(T_{n+1}-T_n)/N$。其中，T_{n+1} 为该段结束的周期时间，T_n 为该段开始的周期时间，N 为该段的脉冲数。

STEP04 建立包络表。该包络表的首地址为 VB500，包络表中的参数如表 3-103 所示。

表 3-103　包络表的参数

地址	数值	描述	
VB500	3	总段数	
VW501	500	初始周期时间	段 1
VW503	−2	周期增量值	
VD505	200	脉冲数	
VW509	100	初始周期时间	段 2
VW511	0	周期增量值	
VD513	3400	脉冲数	
VW517	100	初始周期时间	段 3
VW519	1	周期增量值	
VD521	400	脉冲数	

按照 PTO 输出的编程要点的步骤编制系统主程序、初始化子程序及包络表子程序，分别如图 3-88 ～图 3-90 所示。

在图 3-88 中，当 PLC 由 STOP 转为 RUN 时，SM0.1 由 OFF 变为 ON 一个扫描周期，此时接通高速脉冲串输出 Q0.0，并调用初始化子程序 SBR_0。

在图 3-89 中，在 PLC 处于 RUN 状态，并被主程序调用后，将控制字 16#A0 传送到 SMB67，且将包络表存放到 SMB168，然后调用包络表子程序 SBR_1，将中断子程序与 19 号终端联系起来，开全局中断，最后执行 PLS 指令。

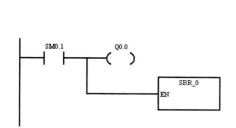

图 3-88　步进电动机控制的主程序

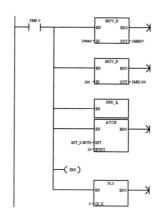

图 3-89　步进电动机控制的初始化子程序（SBR_0）

在图 3-90 中，在 PLC 处于 RUN 状态并被调用的情况下，将 3 段管线的包络表参数存放到包络表中。

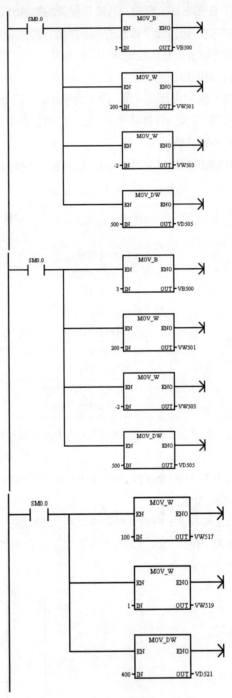

图 3-90　步进电动机控制的包络表子程序

❸ **PWM输出**

PWM 输出形式是指从 Q0.0 或 Q0.1 输出周期固定，脉冲宽度变化的脉冲信号。周期为 16 位无符号数，周期的增量单位为 μs 或 ms，周期范围为 50 ～ 65 535 μs 或 2 ～ 65 535ms。如果周期范围小于两个时间单位，则 CPU 默认为两个时间单位。在设置周期值时，一般应设定为偶数，否则会引起输出波形的占空比的失真。脉冲宽度为 16 位无符号数，脉冲宽度的增量单位为微秒（μs）或毫秒（ms），范围为 0 ~ 65 535μs 或 0 ~ 65 535ms，占空比为 0% ~ 100%。当脉冲宽度大于或等于周期时，输出将连续接通，当脉冲宽度为 0 时，输出一直被关断。

在 PWM 的输出形式下的典型操作是当周期为常数时改变脉冲宽度，根据在改变脉冲宽度时是否需要改变时间基准，可以分为同步更新和异步更新两种情况。

- 同步更新适用于不需要改变时间基准的情况，利用同步更新，使波形特性的变化发生在周期边沿，形成波形的平滑转换。一般的做法是将 PWM 输出反馈到一个中断输入点，如 I0.0，当需要改变脉宽时产生中断，在下一个 I0.0 的上升沿，脉宽的改变将与 PWM 的新周期同步发生。
- 异步更新操作一般是在需要改变时间基准时使用，但是异步更新可能会导致 PWM 功能暂时失效，造成被控制装置的振动。

使用 PWM 输出时的编程要点有，确定高速 PWM 的输出端（Q0.0 或 Q0.1），进行 PWM 的初始化，利用特殊继电器 SM0.1 调用初始化子程序，编写初始化子程序。

编写初始化子程序的步骤如下。

(STEP01) 设置控制字节，将控制字写入 SMB67（或 SMB77）。如 16#C1，其意义是，选择并允许 PWM 方式的工作，以 μs 作为时间基准，允许更新 PWM 的周期时间。

(STEP02) 将字型数据的 PWM 周期值写入 SMW68（或 SMW78）。

(STEP03) 将字型数据的 PWM 的脉冲宽度值写入 SMW70（或 SMW80）。

(STEP04) 如果希望随时改变脉冲宽度，可以重新向 SMB67 装入控制字（16#C2 或 16#C3）。

(STEP05) 执行 PLS 指令，PLC 自动对 PTO/PWM 的硬件做初始化编程。

(STEP06) 退出子程序。

如果希望在子程序中改变 PWM 的脉冲宽度，则：

- 将希望的脉冲宽度值写入 SMW70。
- 执行 PLS 指令，PLC 自动对 PTO/PWM 的硬件做初始化编程。
- 退出子程序。

如果希望采用同步更新的方式，则：

- 执行开中断指令。
- 将 PWM 输出反馈到一个具有中断输入能力的输入点，建立与上升沿中断事件相关联的中断连接（此事件仅在一个扫描周期内有效）。
- 编写中断服务子程序，在中断程序中改变脉冲宽度，然后禁止上升沿中断。
- 执行 PLS 指令。
- 退出子程序。

【练习 3-5】编写实现脉冲宽度调制的程序。根据要求设定控制字节（SMB77）= 16#DB，设定周期为 10000ms，脉冲宽度为 1000ms，通过 Q0.1 输出。

一般情况下，使用子程序为脉冲输出初始化 PWM，从主程序调用初始化子程序。在主程序中，在 PLC 从 STOP 转为 RUN 状态时，SM0.1 接通一个周期，此时将输出 Q0.1 清零，然后调用初始化子程序 SBR_0。在子程序中，当 PLC 处于 RUN 模式时，将控制字 16#DB 存储到 SMB77，周期值存储到 SMW78，脉冲宽度存储到 SMW80，然后执行 PLS 指令。

　　PWM 主程序的功能是 SM0.1= 1，将 Q0.1 复位，调用子程序 SBR0，如图 3-91 所示。PWM 子程序的功能是 SM0.0=1，设置控制字节（SMB77）=16#DB，设置周期（SMW78）=10000，设置脉冲宽度（SMW80）=1000，执行 PLS 指令，如图 3-92 所示。

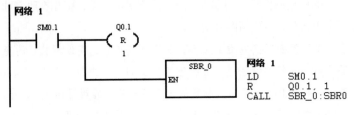

图 3-91　PWM 主程序

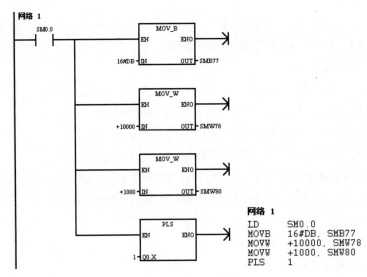

图 3-92　PWM 子程序

3.8.5　PID 指令

　　PLC 技术不断增强，运行速度不断提高，不断可以完成顺序控制的功能，还可以通过 PID 指令完成复杂的闭环控制功能。由于 PID 是工业控制常用的控制算法，无论在温度、流量等慢变化过程，还是速度、位置等快变化的过程中，都可得到良好的控制效果，因此 PID 指令也在工业控制中得到了广泛的应用。本节将先介绍 PID 指令，然后再介绍与 PID 指令相关的知识，最后介绍 PID 指令的应用。

1. PID 指令

　　PID 指令的功能是进行 PID 计算，其指令格式如表 3-104 所示。

表 3-104　PID 指令格式

指令名称	LAD	STL	功能
PID 指令	PID EN　ENO TBL LOOP	PID TBL, LOOP	当 EN 有效时，根据 PID 参数表中的输入信息和组态信息，进行 PID 运算

PID 指令的功能的说明如下。

- TBL 是参数表的首地址，是由变量寄存器 VB 指定的字节型数据。LOOP 是回路号，是 0 ~ 7 的常数。
- 在一个应用程序中，最多可用 8 个 PID 控制回路，一个 PID 控制回路只能使用一条 PID 指令，每个 PID 控制回路必须使用不同的回路号。
- 影响允许输出 ENO 正常工作的出错条件为：SM1.1（溢出），SM4.3（运行时间），0006（间接寻址）。

2. PID 指令的参数表及初始化

以 TBL 为首地址的参数表中共包含 9 个参数，用于进行 PID 运行的监视和控制。在执行 PID 指令前，要建立一个 PID 参数表，PID 参数表的格式如表 3–105 所示。

表 3–105　PID 参数表

地址偏移量	PID 参数	数据格式	I/O 类型	描述
0	PV_n		I	过程变量当前值，0.0 ~ 1.0
4	SP_n		I	给定值，0.0 ~ 1.0
8	M_n		I/O	输出值，0.0 ~ 1.0
12	K_C		I	回路增益，正、负常数
16	T_S	双字，实数	I	采样时间，单位为 s，正数
20	T_I		I	积分时间常数，单位为 min，正数
24	T_D		I	微分时间常数，单位为 min，正数
28	MX		I/O	积分项前值，0.0 ~ 1.0
32	PV_{n-1}		I/O	最近一次 PID 运算的过程变量值

为执行 PID 指令，要对 PID 参数表进行初始化处理，即将 PID 参数表中有关的参数，按照地址偏移量写入变量寄存器 V 中。一般是调用一个子程序，在子程序中对 PID 参数表进行初始化处理。

3. PID 回路的组合选择

在许多控制场合，也许只需 PID 算法中的 P 项（比例项）、I 项（积分项）或 PI 项。对这种回路控制的功能组合的选择可通过对相关参数的设定来完成。

- 若不需要积分项（即 PD 算法），则应将积分时间常数设置为无穷大，由于积分和的初始值不一定为 0，故即使无积分作用，积分项也并不是一定为 0。
- 若不需要微分项（即 PI 算法），即应将微分时间常数设置为 0。
- 若不需要比例项（即为 ID 算法或 I 算法），则应将回路增益设置为 0，但由于回路增益同时影响到方程中的积分项、微分项，故需规定，用于计算积分项、微分项的增益约定为 1。

4. 回路的正作用与反作用

若回路增益取为正值，则称为正作用，否则称为反作用（对于 I 或 ID 算法的场合，回路增益已经为 0，则通过指定正的积分时间常数或微分时间常数来规定正作用，指定负的时间常数来规定反作用）。

5. 输入模拟量的转换及归一化

一个回路具有两个输入量，即给定量和过程变量。给定量通常为一个固定值，如固定的转速。过程变量受回路输出的影响并反映了控制的效果。在一个速度调节系统的例子中，过程变量为用来测量轮子转速的测速发电动机的输出。

给定值和过程变量都是实际的工程量，其幅度、范围和测量单位都会不同。在实施 PID 算法之前，必须将这些值转换为无量纲的标准化纯量、浮点数的格式，步骤如下。

将工程实际值由 16 位整数转为浮点数，即实数格式，下面的程序段表明转换的方法。

```
XORD    AC0, AC0            // 清累加器 AC0
MOVW    AIW0, AC0           // 读模拟量 AIW 到 AC0
LDW>=   AC0, 0              // 若模拟量为正
JMP     0                   // 则转到标号为 0 的程序进行直接转换
NOT
ORD     16#FFFF0000, AC0    // 对 AC0 的符号进行处理
LBL     0
DTR     AC0, AC0            // 将 32 位整数格式转换为实数格
```

将实数格式的工程实际值转换为 [0.0, 1] 间的无量纲相对值，即标准化值，又称为归一化值，转化公式为：

$$R_{Norm} = R_{Raw} / S_{pan} + Offset \tag{3-1}$$

式中，R_{Norm}——工程实际值的标准化值；

R_{Raw}——工程实际值的实数形式值；

S_{pan}——最大允许值减去最小允许值，通常取 32 000（单极性）或 64 000（双极性）；

$Offset$——取 0（单极性）或 0.5（双极性）。

下面的程序段用于将 AC0 中的双极性模拟量进行归一化处理（可紧接上述转换为实数格式的程序段）。

```
/R      64000.0, AC0       // 将 AC0 中的值归一化
+R      0.5, AC0           // 将所得结果转移到 [0.0, 1] 范围内
MOVR    AC0, VD100         // 将归一化结果存入参数表 TBL 相应的位置
```

6. 输出模拟量转换为工程实际值

在实际应用中，输出值均为实际数值，其大小、范围和工程单位可能不同，所以在 PID 指令操作之后，必须将 PID 计算结果转换成实际工程数值，步骤如下。

用下式将回路输出转换为按工程量标定的实数格式：

$$R_{scal} = (M_n - Offset) \times S_{pan} \tag{3-2}$$

式中，R_{scal}——已按工程量标定的实数格式的回路输出；

M_n——归一化实数格式的回路输出；

$Offset$——取 0（单极性）或 0.5（双极性）；

S_{pan}——最大允许值减去最小允许值，通常取 32 000（单极性）或 64 000（双极性）。

将已标定的工程实际值的实数格式转换为 16 位整数格式。

下面是实际标定回路输出的程序段。

```
MOVR    VD108, AC0         // 将回路输出结果放入 ACCU0
-R      0.5, AC0           // 适于双极性的场合
*R      64000.0, AC0       // 将 ACCU0 中的值按工程量标定
```

下面将已标定的实数格式的回来输出转化为 16 位整数格式，见下面的程序段。

| TRUNC | AC0, AC0 | // 将实数转换位 32 位整数 |
| MOVW | AC0, AQW0 | // 将 16 位整数值输出至模拟量输出模块 |

7. PID 指令的控制方式

在 S7-200 中，PID 指令没有考虑手动 / 自动控制的切换。所谓自动方式，是指只要 PID 功能框的允许输入 EN 有效时，将周期性地执行 PID 运算指令。而手动方式是指 PID 功能框的输入允许 EN 有效时，不执行 PID 运算指令。

在程序运行过程中，如果 PID 指令的 EN 输入有效，即进行手动 / 自动控制切换，为了保证在切换过程中无扰动、无冲击，在手动控制过程中，就要将审定的输出值作为 PID 指令的一个输入（作为 M_n 参数写到 PID 参数表中），使 PID 指令根据参数表的值进行下列操作。

使 SP_n（设定值）$=PV_n$（过程变量）

使 PV_{n-1}（前一次过程变量）$=PV_n$

使 MX（积分和）$=M_n$（输出值）

一旦 EN 输入有效（从 0 到 1 的跳变），就从手动方式无扰动地切换到自动方式。

PID 指令的记录位的缺省状态为 "1"，并且在 CPU 启动和每一次由 STOP 到 RUN 的工作模式切换时都置为这一缺省值。如果在 RUN 模式时第一次执行 PID 指令，则这一记录位并无 0 到 1 的跳变，故此时不会自动地执行无扰动的自动切换功能。

8. PID 指令出错情况

若回路控制参数表的起始地址或 PID 回路编号不符合要求，则在编译时 CPU 会产生一个编译错误（范围出错）信息并报告编译失败。

对于某些控制参数表格中的内容，PID 指令并不自动进行范围检测，用户必须确保过程变量和给定值（有时也包括积分和前一次过程变量）为 [0.0，1.0] 间的实数格式。若在执行 PID 计算过程中遇到任何错误，特殊标志位 SM1.1 会置 1，且 PID 指令的执行被中断（控制参数表中的输出值的更新并不完整，故必须舍弃。在再次启动 PID 指令之前，必须对这类错误进行修正）。

【练习 3-6】某水塔为居民区供水，为保证水压不变，需保持水位为满水量的 75%。为此需要用水泵供水，水泵电动机由变频调速器驱动，水位通过漂浮在水面上的水位计检测。供水系统在刚开始工作时为手动控制，当水位达到满水位的 75% 时，无扰动地转换达到 PID 控制。由 PID 控制变频调速器，从而控制水泵电动机的转速。

原理动画

PID控制的水箱水位控制

该控制系统的控制要求如下所述。

（1）因为需保持水位为满水量的 75%，所以可知调节量为水位，给定量为满水位的 75%。因为由水泵供水保持水位，所以控制量应为供水水泵的转速。

（2）水位的变化范围是满水位的 0 ～ 100%，水泵电动机的转速是额定转速的 0 ～ 100%，所以水位和电动机转速均为单极性信号。

（3）因为水塔里的水会随着居民的使用情况而减少，所以应选择 PI 控制。本例选择 K_C=0.25，T_S=0.1s，T_i=30s。PID 参数控制表存放在 VB100 开始的 36 个字节中。

本例程序由 3 部分组成，分别为水位控制主程序、PID 参数初始化子程序和 PID 控制定时中断程序，其中 PID 控制定时中断程序实现调节量采样和 PID 运算。3 部分程序分别如表 3-106 ～ 表 3-108 所示。

表 3-106　水位控制主程序

STL	功能说明
网络 1 LD　　SM0.1 CALL　SBR_0:SBR0	网络 1 PLC 开始工作的第一个扫描周期，调用 PID 参数初始化子程序 SBR0（见表 3-107）

表 3-107　PID 参数初始化子程序

STL	功能说明
网络 1　将PID指令的初始参数填入控制表 LD　　SM0.0 MOVR　0.75, VD104 MOVR　0.28, VD112 MOVR　0.1, VD116 MOVR　30.0, VD120 MOVR　0.0, VD124 MOVB　100, SMB34 ATCH　INT_0:INT0, 10 ENI	网络 1 PLC 处于 RUN 模式时，即 SM0.0=1，将给定值 0.75（满水位的 75%）送到 VD104，将增益 0.28 送到 VD112，将采样时间 0.1s 送到 VD116，将积分常数 30 送到 VD120，因不用微分作用，所以将 0 送到 VD124，将常数 100 送到 MB34，设定定时中断的时间间隔为 100ms，每次定时时间到则调用中断程序 0（见表 3-108），开全局中断

表 3-108　PID 控制定时中断程序

STL	功能说明
网络 1 LD　　SM0.0 XORD　AC0, AC0 MOVW　AIW0, AC0 DTR　　AC0, AC0 /R　　32000.0, AC0 MOVR　AC0, VD1000	网络 1 PLC 处于 RUN 工作模式时，即 SM0.0=1，清累加器 AC0，读入连接在模拟量通道 0（AIW0）上的水位值，将水位值（AC0）由双整数转换为实数（即浮点数），对单极性的水位值进行归一化，将水位值的归一化结果填入 PID 参数控制表
网络 2 LD　　I0.0 PID　　VB100, 0 NOT XORD　AC0, AC0 MOVW　AIW2, AC0 DTR　　AC0, AC0 /R　　32000.0, AC0 MOVR　AC0, VD108 MOVR　AC0, VD128 MOVR　VD100, AC0 MOVR　AC0, VD132	网络 2 若为自动方式，即按下 I0.0，则调用 PID 功能，取环路编号 0，否则将手动的控制量进行归一化并填入参数控制表，以便实现无冲击手动／自动的切换；清累加器 AC0，读入连接在模拟量通道 2（AIW2）上的控制量（电动机速度）送到 AC0，将控制量（AC0）由双整数转换为实数（即浮点数），对单极性的速度给定值进行归一化，将控制量的归一化结果填入 PID 参数控制表中控制量的位置，将空置量的归一化结果填入 PID 参数控制表中累计偏移量的位置，从 VD100 中读取调节量送到 AC0，将调节量的归一化结果填入 PID 参数控制表
网络 3 LD　　I0.0 MOVR　VD108, AC0 *R　　32000.0, AC0 TRUNC　AC0, AC0 MOVW　AC0, AQW0	网络 3 若为自动方式（I0.0=1），从 VD108 中取 PID 运算结果的控制量送到 AC0，对 AC0 的值进行归一化（即转换为工程量）；对 AC0 进行取整操作，将 AC0 输出给模拟量输出通道 0

3.9　实例：广告牌循环彩灯的 PLC 控制

下面用传送和移位功能指令实现广告牌循环彩灯项目控制要求的方案。

PLC 与霓虹灯广告显示屏之间的 I/O 电气接口电路如图 3-93 所示。实际应用中，还应在输出接口电路部分加入适当的保护措施，如阻容吸收电路等。

操作视频

广告牌循环彩灯的
PLC控制

原理动画

广告牌循环彩灯的
PLC控制

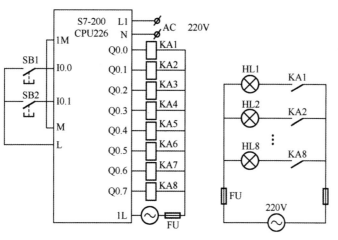

图 3-93　彩灯控制线路

根据彩灯要求，采用移位指令及传送指令设计的程序如图 3-94 所示。

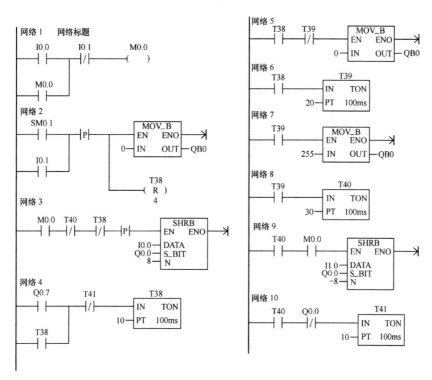

图 3-94　彩灯控制程序

3.10　思考与练习

1. S7-200 PLC 有哪几种定时器？执行复位指令后，定时器的当前值和位的状态是什么？

2. S7-200 PLC 有哪几种计数器？执行复位指令后，计数器的当前值和位的状态是什么？

3. 用 S、R 跳变指令设计满足图 3-95 所示波形的梯形图。

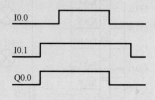

图 3-95　梯形图

4. 根据图 3-96 所示的指令表程序，写出梯形图程序。

网络 1
```
LD      I0.0
O       I0.1
AN      I0.2
ON      I0.3
A       I0.5
=       M0.0
A       M0.0
=       Q0.0
```

图 3-96　指令表程序

5. 数据传送指令有哪些？

6. 程序控制类指令包含哪些？

7. 中断指令有什么作用？

8. 高速计数器有几种工作模式？

9. 如何实现 PID 回路的组合选择？

10. 试设计电动机点动的 PLC 控制程序。

11. 试设计电动门控制的 PLC 程序。

12. 使用传送指令设计当 I0.0 动作时，Q0.0 ～ Q0.7 全部输出为 1。

13. 编写一段程序，用 Q0.0 发出 10 000 个周期为 50 μs 的 PTO 脉冲。

14. 当 I0.1 动作时，使用 0 号中断，在中断程序中将 0 送入 VB0。试设计程序。

15. 用整数除法指令将 VW50 中的数据（200）除以 5 后存放到 VW100 中。

16. 50×20+30÷15 的运算，并将结果送 VW50 存储。

第4章
PLC 梯形图程序设计

西门子 PLC 的编程语言很多，但是最常用的、最基本的就是梯形图。本章将介绍 PLC 梯形图程序设计中的知识。

【本章重点】

- PLC 的程序设计方法。
- 梯形图设计规则。
- 顺序功能图。
- PLC 程序及调试说明。
- 典型电路编程。
- 典型环节编程。

4.1 PLC 的程序设计方法

PLC 的程序设计方法一般可分为经验设计法、继电器控制电路移植法、顺序控制设计法等。下面介绍这 3 种程序设计方法。

4.1.1 经验设计法

经验设计法是从继电器电路中设计演变而来的，是需借助设计者经验的一种设计方法。其基础是设计者接触过许多梯形图，熟悉这些图的结构和具有的功能。对于一些较简单的控制系统是比较奏效的，可以收到快速、简单的效果。

1. 经验设计方法的步骤

（1）分解梯形图程序，将要编制的梯形图程序分解成功能独立的子梯形图程序。

（2）输入信号逻辑组合。

（3）使用辅助元件和辅助触点。

（4）使用定时器和计数器。

（5）使用功能指令。

（6）画互锁条件。

（7）画保护条件。

在设计梯形图程序时，要注意先画基本梯形图程序，当基本梯形图程序的功能能够满足要求后，再增加其他功能。在使用输入条件时，注意输入条件是电平、脉冲还是边沿。一定要将梯形图分解成小功能块图调试完毕后，再调试全部功能。

2. 常用的单元电路

经验法比较注重成熟的单元电路的功能和使用，常用的电路介绍如下。

① 启—保—停电路

启—保—停电路是组成梯形图的最基本的支路单元，包含了一个梯形图支路的全部要素。启—保—停电路的梯形图如图 4-1 所示。图中 I0.0 为启动信号，I0.1 为停止信号。Q0.0 的常开触点实现了自锁保持。

② 互锁电路

互锁就是在不能同时接通的线圈回路中互串对方常闭触点的方法。图 4-2 所示的梯形图中的两个输出线圈 Q0.1、Q0.2 回路中互串了对方的常闭触点，这就保证了在 Q0.1 置 1 时 Q0.2 不可能同时置 1。

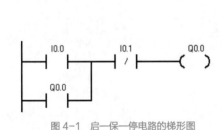

图 4-1　启—保—停电路的梯形图　　　　　图 4-2　互锁电路的梯形图

3. 经验设计法的特点

（1）经验设计法没有规律可遵循，具有很大的试探性和随意性，往往需经多次反复修改和完善才能符合设计要求，设计的结果往往不太规范，因人而异。

（2）经验设计法考虑不周、设计麻烦、设计周期长，梯形图的可读性差、系统维护困难。

4.1.2　继电器控制电路移植法

PLC 是一种代替继电器系统的智能型工业控制设备，因而在 PLC 的应用中引入了许多继电器系统的概念，如编程软元件中的输入继电器、输出继电器、辅助继电器等，还有线圈、常开、常闭触点等，即 PLC 是由继电器控制电路平稳过渡而来的。

1. 继电器控制电路图与 PLC 梯形图语言的比较

PLC 编程中使用的梯形图语言与继电器控制电路图相类似，两者图形符号的比较如表 4-1 所示。

（1）梯形图语言和继电器电路图语言采用的图形符号是类似的。

（2）这两种图表达的控制思想的方式是一样的，都是用图形符号及符号间的连接关系表达控制系统中事物间的相互关系。

（3）这两种图的结构形式是类似的，都是由一些并列的分支构成，分支的末尾都是作为输出的线圈，线圈的前边则是表示线圈工作条件的触点。

（4）这两种图的分析方法是近似的。在继电器电路中，继电器是否工作以有无电流流到继电器的线圈进行判断，电流规定从电源的正极流出，流入电源的负极。在梯形图中，编程软元件是否工作则看是否有"假想电流"流过，与继电器电路中的电流有类似的功效。"假想电流"规定从梯形图的左母线流向梯形图的右母线。从这里可以看出 PLC 的编程是从继电器控制电路图移植而来的。

表 4-1 图形符号的比较

符号名称		继电器电路图符号	PLC 符号
线圈		—□—	—( )—
触点	常开		—┤├—
	常闭		—┤/├—

2. 继电器控制电路移植法设计梯形图的步骤

继电器控制电路移植法设计梯形图的步骤如下所述。

(STEP01) 了解和熟悉被控设备的工作原理、工艺过程和机械的动作情况，根据继电器电路图分析和掌握控制系统的工作原理。

(STEP02) 确定 PLC 的输入信号和输出负载。继电器电路图中的交流接触器和电磁阀等执行机构如果用 PLC 的输出位来控制，它们的线圈在 PLC 的输出端。按钮、操作开关、行程开关、接近开关等提供 PLC 的数字量输入信号，继电器电路图中的中间继电器和时间继电器的功能用 PLC 内部的存储器位和定时器来完成，它们与 PLC 的输入位、输出位无关。

(STEP03) 选择 PLC 的型号。根据系统所需要的功能和规模选择 CPU 模块、电源模块、数字量输入和输出模块，对硬件进行组态，确定输入、输出模块在机架中的安装位置和它们的起始地址。

(STEP04) 确定 PLC 各数字量输入信号与输出负载对应的输入位和输出位的地址，画出 PLC 的外部接线图。各输入和输出在梯形图中的地址取决于它们的模块的起始地址和模块中的接线端子号。

(STEP05) 确定与继电器电路图中的中间继电器、时间继电器对应的梯形图中的存储器和定时器、计数器的地址。

(STEP06) 根据上述的对应关系画出梯形图。

3. 注意事项

(1)应遵守梯形图语言中的语法规定。由于工作原理不同，梯形图不能照搬继电器电路中的某些处理方法。例如，在继电器电路中，触点可以放在线圈的两侧，但是在梯形图中，线圈必须放在电路的最右边。

(2)适当地分离继电器电路图中的某些电路。设计继电器电路图时的一个基本原则是尽量减少图中使用的触点的个数，因为这意味着成本的节约，但是这往往会使某些线圈的控制电路交织在一起。在设计梯形图时首要的问题是设计的思路要清楚，设计出的梯形图容易阅读和理解，并不是特别在意是否多用几个触点，因为这不会增加硬件的成本，只是在输入程序时需要多花一点时间。

(3)尽量减少 PLC 的输入和输出点。PLC 的价格与 I/O 点数有关，因此输入、输出信号的点数是降低硬件费用的主要措施。在 PLC 的外部输入电路中，各输入端可以接常开触点或是常闭触点，也可以连接由触点组成的串并联电路。PLC 不能识别外部电路的结构和触点类型，只能识别外部电路的通断。

(4)时间继电器的处理。时间继电器除了有延时动作的触点外，还有在线圈通电瞬间接通的瞬动触点。在梯形图中，可以在定时器的线圈两端并联存储器位的线圈，它的触点相当于定时器的瞬动触点。

(5)设置中间单元。在梯形图中，若多个线圈都受某一触点串并联电路的控制。为了简化电路，在梯形图中可以设置中间单元，即用该电路来控制某存储位，在各线圈的控制电路中使用其常开触点。这种中间元件类似于继电器电路中的中间继电器。

（6）设立外部互锁电路。控制异步电动机正反转的交流接触器如果同时动作，将会造成三相电源短路。为了防止出现这样的事故，应在 PLC 外部设置硬件互锁电路。

（7）外部负载的额定电压。PLC 双向晶闸管输出模块一般只能驱动额定电压 AC220V 的负载，如果系统原来的交流接触器的线圈电压为 380V，应换成 220V 的线圈，或是设置外部中间继电器。

4.1.3 顺序控制设计法

顺序控制就是按照生产工艺预先规定的顺序，在各个输入信号的作用下，根据内部状态和时间的顺序，使生产过程中各个执行机构自动而有序地工作。顺序控制设计方法是一种先进的程序设计方法，很容易被初学者接受。这种程序设计方法主要是根据控制系统的顺序功能图（也叫状态转移图）设计梯形图的。

使用顺序控制设计方法时，首先要根据系统的工艺过程画出顺序功能图，然后根据顺序功能图画出梯形图，即顺序控制指令的编程方法。

通过对这 3 种程序设计方法的讲述，可以看出编制梯形图的这几种方法各有特点，其特点如下所述。

（1）采用经验法设计梯形图是直接用输入信号去控制输出信号，如图 4-3 所示。如果无法直接控制，或为了实现记忆、联锁、互锁等功能，可以增加一些辅助元件和辅助触点。由于不同系统的输出信号和输入信号之间的关系各不相同，它们对联锁、互锁的要求千变万化，所以不可能找出一种简单通用的设计方法。

图 4-3 经验设计法

（2）顺序控制设计法是用输入信号控制代表各步的编程元件（状态继电器 S），再用它们去控制输出信号，将整个程序分为控制程序和输出程序两部分，如图 4-4 所示。由于步是根据输出量的状态划分的，所以编程元件和输出之间具有很简单的逻辑关系，输出程序的设计极为简单。而代表步的状态继电器的控制程序，不管多么复杂，其设计方法都是相同的，并且很容易掌握，由于代表步的辅助继电器是依次顺序变为 ON/OFF 状态，实际上基本解决了经验设计法的记忆、联锁等问题。

图 4-4 顺序控制设计法

4.2 梯形图设计规则

学习梯形图编程，应遵循一定规则，并养成良好的习惯。

（1）梯形图所使用的元件编号应在所选用的 PLC 机规定范围内，不能随意选用。

（2）使用输入继电器触点的编号，应与控制信号的输入端号一致。使用输出继电器时，应与外接负载的输出端号一致。

（3）触点画在水平线上。

（4）触点画在线圈的左边，线圈右边不能有触点。

（5）有串联线路相并联时，应将触点最多的那个串联回路放在梯形图最上部。有并联线路相串联时，应将触点最多的那个并联回路放在梯形图最左边。这样安排的程序简洁，语句少，如图 4-5 所示。

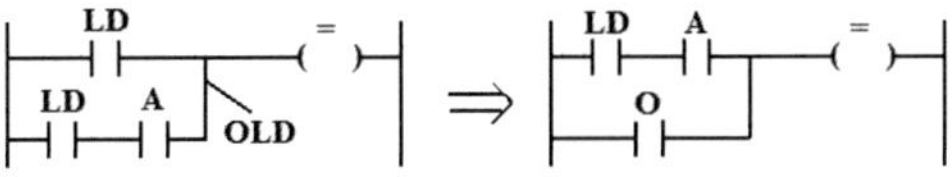

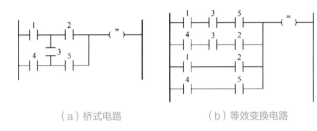

(a) 串联多的电路尽量放上部

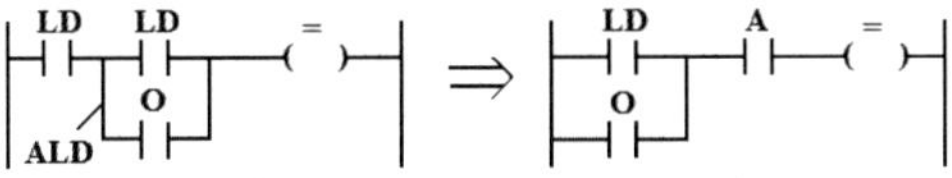

(b) 并联多的电路尽量靠近母线

图 4-5　梯形图画法之一

（6）对不可编程或不便于编程的线路，必须将线路进行等效变换，以便于编程。图 4-6 所示的桥式线路不能直接编程，必须按逻辑功能进行等效变换才能编程。

（a）桥式电路　　　　　　　　（b）等效变换电路

图 4-6　梯形图画法之二

4.3　顺序功能图

顺序控制指令（简称顺控指令）是 PLC 生产厂家为用户提供的可使功能图编程简单化和规范化的指令。顺序控制指令可将顺序功能图转换成梯形图程序，顺序功能图是设计梯形图程序的基础。

4.3.1　顺序功能图简介

顺序功能图 SFC（Sequential Function Chart）又称为功能流程图或功能图，它是描述控制系统的控制过程的功能和特性的一种图形，也是设计 PLC 顺序控制程序的有力工具。

顺序功能图主要由步、转移、动作以及有向线段等元素组成。如果适当运用组成元素，就可得到控制系统的静态表示方法，再根据转移出发规则模拟系统的运行，就可以得到控制系统的动态过程。

1.　步

将控制系统的一个周期划分为若干个顺序相连的阶段，这些阶段称为步，并用编程元件来代表各步。步的符号如图 4-7（a）所示。矩形框中可写上该"步"的编号或代码。

❶ 初始步

与系统初始状态相对应的"步"称为初始步。初始状态一般是系统等待启动命令的状态，一个控制系统至少要有一个初始步。初始步的图形符号为双线的矩形框，如图 4-7（b）所示。在实际使用时，有时也画成单线矩形框，再画一条横线表示功能图的开始。

❷ 活动步

当控制系统正处于某一步所在的阶段时，该步处于活动状态，称为活动步。步处于活动状态时，相应的动作被执行。处于不活动状态时，相应的非存储型的动作被停止执行。

❸ 与步对应的动作或命令

在每个稳定的步下，可能会有相应的动作。动作的表示方法如图 4-7（c）所示。

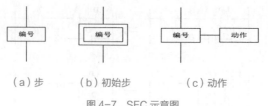

图 4-7　SFC 示意图

2. 转移

为了说明从一个步到另一个步的变化，要用转移概念，即用有向线段来表示转移的方向。在两个步之间的有向线段上再用一段横线表示这一转移。转移的符号如图 4-8 所示。

转移是一种条件，当此条件成立，称为转移使能。当前转移如果能使"步"发生转移，则称为触发。一个转移能够触发必须满足两个条件，步为活动步，且转移使能有效。转移条件是指使系统从一个步向另一个步转移的必要条件，通常用文字、逻辑语言及符号来表示。

3. 功能图的构成规则

控制系统功能图的绘制必须满足以下规则。

（1）步与步不能相连，必须用转移分开。

（2）转移与转移不能相连，必须用步分开。

（3）步与转移、转移与步间的连接采用有向线段。从上向下画时，可以省略箭头。当有向线段从下往上画时，必须画上箭头，以表示方向。

（4）一个功能图至少要有一个初始步。这里以某冲压机控制为例来说明顺序功能图的使用。冲压机的初始位置是冲头抬起，处于高位。当操作者按启动按钮时，冲头向工件冲击，到最低位置时，触动低位行程开关，然后冲头抬起，回到高位，触动高位行程开关，停止运行。图 4-9 所示为功能图表示的冲压机运行过程。冲压机的工作顺序可分为 3 个步，即初始步、下冲和返回。从初始步到下冲步的转移必须满足启动信号和高位行程开关信号同时为 ON 才能发生，下冲步到返回步必须满足低位行程开关为 ON 才能发生。

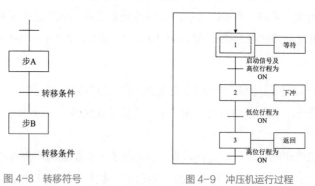

图 4-8　转移符号　　　　图 4-9　冲压机运行过程

4.3.2　顺序功能图绘制的注意事项

针对绘制顺序功能图时常见的错误，给出绘制功能图时需要注意的问题。

1. 两个步和两个转换不能直接相连

两个步不能直接相连，必须用一个转换将它们隔开，两个转换也不能直接相连，必须用一个步将它们隔开。

2. 初始步必不可少

若没有初始步，将无法表示初始状态，系统无法返回停止状态，同时初始步与它相临步的输出变量的状态不相同。

3. 用初始脉冲将初始步变为活动步

在顺序功能图中，只有当某步的前一步变为活动步，该步才能变成活动步。为使系统能够正常运行，必须用初始脉冲将初始步变为活动步，否则系统将无法运行。

4. 控制系统能多次重复执行同一工艺过程

在顺序功能图中应有由步和有向连线组成的闭环回路，以体现工作周期的完整性。

4.3.3 顺序控制指令

顺序控制指令包含3部分，即段开始指令 LSCR、段转移指令 SCRT 和段结束指令 SCRE。

1. 段开始指令 LSCR

段开始指令（Load Sequence Control Relay）的功能是标记一个顺控程序段（或一个步）的开始，其操作数是状态继电器 $Sx.y$（如 S0.0），$Sx.y$ 是当前顺控程序段的标志位，当 $Sx.y$ 为 1 时，允许该顺控程序段工作。

2. 段转移指令 SCRT

段转移指令（Sequence Control Relay Transition）的功能是将当前的顺控程序段切换到下一个顺控程序段，其操作数是下一个顺控程序段的标志位 $Sx.y$（如 S0.1）。当允许输入有效时进行切换，即停止当前顺控程序段工作，启动下一个顺控程序段工作。

3. 段结束指令 SCRE

段结束指令（Sequence Control Relay End）的功能是标记一个顺控程序段（或一个步）的结束。每个顺控程序段都必须使用段结束指令来表示该顺控程序段的结束。

在梯形图中，段开始指令以功能框的形式编程，段转移指令和段结束指令以线圈形式编程，指令格式如表 4-2 所示。

表 4-2 顺序控制指令格式

指令名称	梯形图	STL
段开始指令 LSCR	??.? SCR	LSCR $Sx.y$
段转移指令 SCRT	??.? (SCRT)	SCRT $Sx.y$
段结束指令 SCRE	(SCRE)	SCRE

顺序控制指令的特点如下所述。

（1）顺控指令仅仅对元件 S 有效，状态继电器 S 也具有一般继电器的功能。

（2）顺控程序段的程序能否执行取决于 S 是否被置位，SCRE 与下一个 LSCR 指令之间的指令逻辑不影响下一个顺控程序段的程序的执行。

（3）不能把同一个 S 元件用于不同程序中。例如，如果在主程序中用了 S0.1，则在子程序中就不能再使用它。

（4）在顺控程序段中不能使用 JMP 和 LBL 指令，就是说不允许跳入、跳出或在内部跳转，但可以在顺控程序段的附近使用跳转指令。

（5）在顺控程序段中不能使用 FOR、NEXT 和 END 指令。

（6）在"步"发生转移后，所有的顺控程序段的元件一般也要复位，如果希望继续输出，可使用置位 /
复位指令。

（7）在使用功能图时，状态继电器的编号可以不按顺序安排。

4.3.4 顺序功能图的编程

在小型 PLC 的程序设计中，对于遇到大量的顺序控制或步进问题，如果能采用顺序功能图的设计方法，再使用顺序控制指令将其转化为梯形图程序，就可以完成比较复杂的顺序控制或步进控制。

1. 单纯顺序结构

单纯顺序结构的步进控制比较简单，其流程图及顺控指令的使用如图 4-10 所示。只要各步间的转换条件得到满足，就可以从上而下的顺序控制。

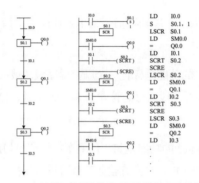

图 4-10　单纯顺序结构的流程图与顺控指令的使用

2. 选择分支结构

某些情况下，控制流可能指向几个可能的控制流之一，取决于哪一个转变条件首先变为真。图 4-11 所示为选择分支结构的状态流程图和顺控指令的使用。在图 4-11 中，步 S0.1 后有两条分支，分支成立条件分别为 I0.1 和 I0.4，哪个分支条件成立，便为 S0.1 转向条件成立后的分支运行。

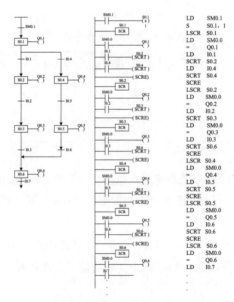

图 4-11　选择分支结构的状态流程图和顺控指令的使用

3. 并行分支结构

在状态流程图中用水平双线表示并行分支的开始和结束。在设计并行结构的各个分支时，为提高系统工作效率，应尽量使各个支路的工作时间接近一致。并行分支结构的状态流程图和顺控指令的使用如图 4-12 所示。在图 4-12 中，I0.1 接通后，S0.2 和 S0.4 会同时各自开始运行，当两条分支运行到 S0.3 和 S0.5 时，若 I0.4 接通，会从两条分支运行转移到步 S0.6，继续往下运行。

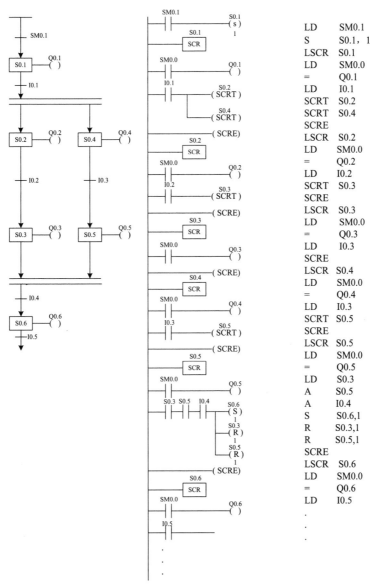

图 4-12　并行分支结构的状态流程图和顺控指令的使用

4. 循环结构

循环结构是选择分支结构的一个特例，它用于一个顺序控制过程的多次或往复运行。图 4-13 所示为循环结构的状态流程图及顺控指令的使用。在图 4-13 中，当 I0.3 和 I0.4 接通后，会从 S0.3 转移到 S0.1 循环执行。

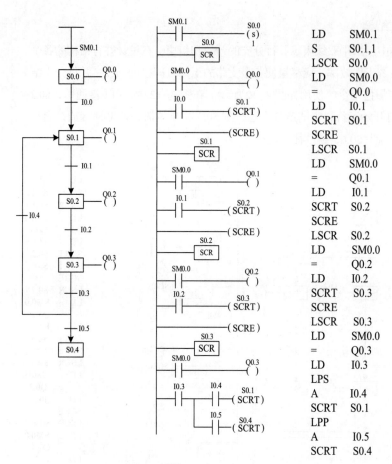

图 4-13　循环结构的 SCR 控制和顺控指令的使用

5. 复合结构

在一个比较复杂的控制系统中，其状态流程图往往是复合结构，即分支中有分支、分支中有循环或循环中有分支等。编写复合结构状态流程的程序时，应先编写其中的并行分支结构、循环结构部分，然后按照转移条件将各部分连接起来。

通过编写上述几个状态流程图的程序可以发现，在状态流程图中，状态寄存器会无条件地驱动某个输出元件或者定时器与计数器。而相应的程序中会出现"LD SM0.0"去驱动输出元件或者定时器与计数器。因为流程图中表示的是无条件驱动某个输出元件或者定时器和计数器，所以在编程中以"只要 PLC 处于 RUN 状态（SM0.0=1）时都执行此操作"来表示。

4.4　PLC 程序及调试说明

实际的 PLC 应用系统往往比较复杂，复杂系统不仅需要的 PLC 输入 / 输出点数多，而且为了满足生产的需要，很多工业设备都需要设置多种不同的工作方式，常见的有手动和自动（连续、单周期、单步）等工作方式。

4.4.1　复杂程序的设计方法

复杂程序的设计方法、设计思路与步骤。

1. 确定程序的总体结构

将系统的程序按工作方式和功能分成若干部分，如公共程序、手动程序、自动程序等部分。手动程序和自动程序是不同时执行的，所以用跳转指令将它们分开，用工作方式的选择信号作为跳转的条件。

2. 分别设计局部程序

公共程序和手动程序相对较为简单，一般采用经验设计法进行设计。自动程序相对比较复杂，对于顺序控制系统一般采用顺序控制设计法。

3. 程序的综合与调试

进一步理顺各部分程序之间的相互关系，并进行程序的调试。

4.4.2 程序的内容和质量

1. PLC 程序的内容

最大限度地满足控制要求，完成所要求的控制功能。除控制功能外，通常还应包括以下几个方面的内容。

❶ 初始化程序

在 PLC 通电后，一般都要做一些初始化的操作，其作用是为启动做必要的准备，并避免系统发生误动作。

❷ 检测、故障诊断、显示程序

应用程序一般都设有检测、故障诊断和显示程序等内容。

❸ 保护、连锁程序

各种应用程序中，保护和连锁是不可缺少的部分。它可以杜绝由于非法操作而引起的控制逻辑混乱，保证系统的运行更安全、可靠。

2. PLC 程序的质量

程序的质量可以由以下几个方面来衡量。

❶ 程序的正确性

所谓正确的程序必须能经得起系统运行实践的考验，离开这一条对程序所做的评价都是没有意义的。

❷ 程序的可靠性

好的应用程序可以保证系统在正常和非正常（短时掉电再复电、某些被控量超标、某个环节有故障等）工作条件下都能安全可靠地运行，也能保证在出现非法操作（如按动或误触动了不该动作的按钮）等情况下不至于出现系统控制失误。

❸ 参数的易调整性

易通过修改程序或参数而改变系统的某些功能。例如，有的系统在一定情况下需要变动某些控制量的参数（如定时器或计数器的设定值等），在设计程序时必须考虑怎样编写才能易于修改。

❹ 程序的简洁性

编写的程序应尽可能简练。

❺ 程序的可读性

程序不仅仅给设计者自己看，系统的维护人员也要读。另外，为了有利于交流，也要求程序有一定的可读性。

4.4.3 程序的调试

PLC 程序的调试可以分为模拟调试和现场调试两种。

调试之前首先对 PLC 外部接线做仔细检查并确认无误。也可以用事先编写好的试验程序对外部接线做扫描通电检查来查找接线故障。

为了安全考虑，最好将主电路断开。当确认接线无误后再连接主电路，将模拟调试好的程序送入用户存储器进行调试，直到各部分的功能都正常，并能协调一致地完成整体的控制功能为止。

1. 模拟调试

（1）将设计好的程序写入 PLC 后，首先逐条仔细检查，并改正写入时出现的错误。

（2）用户程序一般先在实验室模拟调试，实际的输入信号可以用旋钮开关和按钮来模拟，各输出量的通/断状态用 PLC 上有关的发光二极管来显示，一般不用接 PLC 实际的负载（如接触器、电磁阀等）。

（3）在调试时应充分考虑各种可能的情况，各种可能的进展路线都应逐一检查，不能遗漏。

（4）发现问题后应及时修改梯形图和 PLC 中的程序，直到在各种可能的情况下输入量与输出量之间的关系完全符合要求。

（5）如果程序中需要定时器或计数器，应该设定合适的定时时间或计数值。

2. 现场调试

（1）将 PLC 安装在控制现场进行联机总调试，在总调试过程中会暴露出梯形图程序设计中的问题，应对出现的问题以及可能存在的传感器、执行器和 PLC 的外部接线等方面的问题加以解决。

（2）如果调试达不到指标要求，则对相应硬件和软件部分做适当调整，通常只需要修改程序就可能达到调整的目的。

（3）全部调试通过后，经过一段时间的考验，系统就可以投入实际的运行。

4.5 典型的简单电路编程

1. 分频电路

以二分频为例说明 PLC 分频电路的实现。二分频电路的时序图如图 4-14 所示，梯形图及语句表如图 4-15 所示。

图 4-14　二分频电路时序图

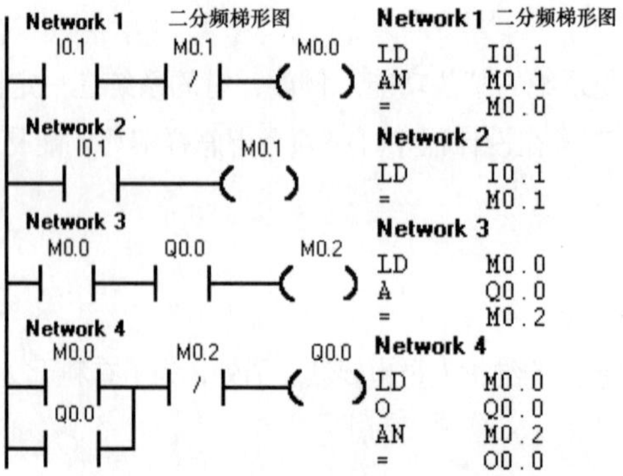

图 4-15　二分频电路梯形图及语句表

工作过程如下。

当输入 I0.1 第一次接通时，在 M0.0 上产生单脉冲。因输出线圈 Q0.0 并未得电，其对应的常开触点处于断开状态，所以扫描到第 3 行时，尽管 M0.0 得电，M0.2 也不可能得电。扫描至第 4 行时，Q0.0 得电并自锁。Q0.0 对应的常开触点闭合，为 M0.2 的得电做好准备。

等到 I0.1 输入第二个脉冲到来时，M0.0 上再次产生单脉冲。因此，在扫描第 3 行时，M0.2 条件满足得电，M0.2 对应的常闭触点断开。执行第 4 行程序时，输出线圈 Q0.0 失电。以后虽然 I0.1 继续存在，但由于 M0.0 是单脉冲信号，虽多次扫描第 4 行，输出线圈 Q0.0 也不可能得电。

2. 闪烁电路（振荡电路）

闪烁效果为一个灯泡的发亮与熄灭，并且设定闪烁间隔为发亮 1s，熄灭 2s。

采用 I0.0 外接灯泡电源开关 SB1，Q0.0 外接驱动灯泡发光的继电器 KM。接通延时定时器采用时基为 100ms 的 T37 和 T38。

此电路的梯形图及语句表如图 4-16 所示，时序图如图 4-17 所示。

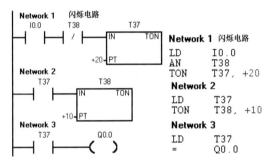

图 4-16　闪烁电路梯形图及语句表

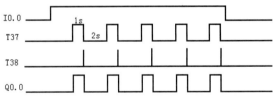

图 4-17　闪烁电路时序图

工作过程如下。

接通电源开关 SB1，常开触点 I0.0 闭合，由于 T37 和 T38 均为接通延时定时器，当启动信号 IN 为 0 时，定时器的状态也为 0，因此一开始常闭触点 T38 也闭合。紧接着 IN 为 1 时定时器 T37 就开始计时，当计时到 2 秒时，T37 由 0 变为 1 并保持不变，于是常开触点 T37 闭合，线圈 Q0.0 得电从而使灯泡发亮。

同时，定时器 T38 也开始计时，当计时到 1 秒时，T38 由 0 变为 1 并保持不变，于是常闭触点 T38 断开，使得定时器 T37 复位，状态由 1 变为 0，常开触点 T37 断开，灯泡熄灭。

同时也使得定时器 T38 复位，状态由 1 变为 0，常闭触点 T38 闭合，定时器 T37 开始计时，如此反复，从而达到灯泡闪烁的目的。

3. 报警电路

当故障发生时，报警指示灯闪烁，报警电铃或蜂鸣器响。操作人员知道故障发生后，按消铃按钮，把电铃关掉，报警指示灯从闪烁变为常亮。故障消失后，报警灯熄灭。另外还应设置试灯、试铃按钮，用于平时检测报警指示灯和电铃的好坏。

该系统输入、输出信号的地址分配如下。

输入信号：I0.0 为故障信号，I0.1 为消铃按钮，I0.2 为试灯、试铃按钮。

输出信号：Q0.0 为报警灯，Q0.1 为报警电铃（蜂鸣器）。

报警电路的梯形图及语句表如图 4-18 所示，时序图如图 4-19 所示。

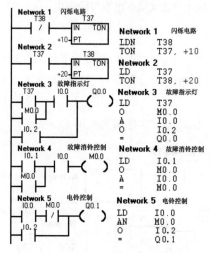

图 4-18　报警电路梯形图及语句表

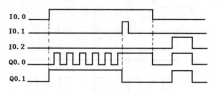

图 4-19　报警电路时序图

4. 长延时电路

长延时电路的梯形图及语句表如图 4-20 所示。

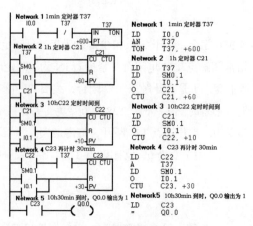

图 4-20　长延时电路梯形图及语句表

图 4-20 中，T37 每一分钟产生一个脉冲，所以是分钟计时器。C21 每一小时产生一个脉冲，故 C21 为小时计时器。当 10 小时计时到时，C22 为 ON，这时，C23 再计时 30 分钟，则总的定时时间为 10 小时 30 分，Q0.0 置位成 ON。

在图 4-20 所示的计数器复位逻辑中，有初始化脉冲 SM0.1 和外部复位按钮 I0.1。初始化脉冲完成在 PLC 上电时对计数器的复位操作。另外，图中的 C21 有自复位功能。

5. 延时通断电路

I0.0 接控制电路通断的按钮 SB1，线圈 Q0.0 接输出，比如说驱动一个灯泡。此电路的梯形图如图 4-21 所示。

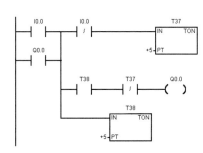

图 4-21　延时通断电路梯形图

接通按钮 SB1，常开触点 I0.0 闭合，常闭触点 I0.0 断开，定时器 T38 开始计时，0.5s 后，T38 由 0 变为 1，并保持不变。常开触点 T38 闭合，线圈 Q0.0 得电，其常开触点 Q0.0 闭合，维持线圈 Q0.0 继续得电。从接通按钮 SB1 到线圈 Q0.0 得电，延时了 0.5s，故具有延时接通功能。

断开按钮 SB1，常闭触点 I0.0 闭合，定时器 T37 开始计时，0.5s 后，T37 由 0 变为 1，并保持不变，使得常闭触点 T37 断开，线圈 Q0.0 失电。从按钮 SB1 断开到线圈 Q0.0 失电，延时了 0.5s，故具有延时断开功能。

4.6　典型的简单环节编程

复杂的控制程序一般都是由一些典型的基本环节有机地组合而成的，因此，掌握这些基本环节尤为重要。它有助于提高控制程序设计水平的。以下是几个常用的典型环节。

1. 电动机的启动与停止控制程序

电动机的启动与停止是最常见的控制，通常需要设置启动按钮、停止按钮及接触器等电器进行控制。I/O 分配表如表 4-3 所示。

表 4-3　I/O 分配表

输入信号		输出信号	
停止按钮 SB1	I0.1	接触器 KM	Q0.1
启动按钮 SB2	I0.2		

❶ **停止优先控制程序**

为确保安全，通常电动机的启动、停止控制总是选用图 4-22 所示的停止优先控制程序。对于该程序，若同时按下启动和停止按钮，则停止优先。

❷ **启动控制优先程序**

对于有些场合，需要启动优先控制，若同时按下启动和停止按钮，则启动优先。启动优先的梯形图如图

147

4-23 所示。

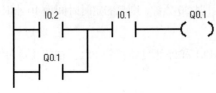

图 4-22　停止优先梯形图

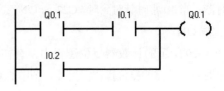

图 4-23　启动优先梯形图

2. 具有点动功能电动机启动、停止控制程序

有些设备的运动部件的位置常常需要进行调整，这就要用到具有点动调整的功能。这样除了上述启动按钮、停止按钮外，还需要增添点动按钮 SB3，I/O 分配表如表 4-4 所示。

表 4-4　I/O 分配表

输入信号		输出信号	
停止按钮 SB1	I0.0	接触器 KM	Q0.1
启动按钮 SB2	I0.1		
点动按钮 SB3	I0.2		

在继电器控制柜中，点动的控制是采用复合按钮实现的，即利用常开、常闭触点的先断后合的特点实现的。而 PLC 梯形图中的"软继电器"的常开触点和常闭触点的状态转换是同时发生的，这时，可采用图 4-24 所示的位存储器 M2.0 及其常闭触点来模拟先断后合型电器的特性。该程序中运用了 PLC 的周期循环扫描工作方式而造成的输入、输出延迟响应来达到先断后合的效果。

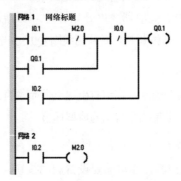

图 4-24　电动机启、停、点动控制梯形图

要点提示　　若将 M2.0 内部线圈与 Q0.1 输出线圈两个线圈的位置对调一下，则不能产生先断后合的效果。

3. 电动机的正、反转控制程序

电动机的正、反转控制是常用的控制形式，输入信号设有停止按钮 SB1、正向启动按钮 SB2、反向启动按钮 SB3，输出信号应设正、反转接触器 KM1、KM2，I/O 分配表如表 4-5 所示。

操作视频
异步电动机正反转控制

原理动画
电动机的正反转控制

表 4-5　I/O 分配表

输入信号		输出信号	
停止按钮 SB1	I0.0	正转接触器 KM1	Q0.1
启动按钮 SB2	I0.1	反转接触器 KM2	Q0.2
点动按钮 SB3	I0.2		

电动机可逆运行方向的切换是通过两个接触器 KM1、KM2 的切换来实现的。切换时要改变电源的相序。在设计程序时，必须防止由于电源换相所引起的短路事故。例如，由正向运转切换到反向运转时，当正转接触器 KM1 断开时，由于其主触点内瞬时产生的电弧，使这个触点仍处于接通状态，如果这时使反转接触器 KM2 闭合，就会使电源短路。因此必须在完全没有电弧的情况下才能使反转的接触器闭合。

由于 PLC 内部处理过程中，同一元件的常开、常闭触点的切换没有时间的延迟，因此必须采用防止电源短路的方法，图 4-25 所示的梯形图中，采用定时器 T37、T38 分别设置正转、反转切换的延迟时间，从而防止了切换时发生电源短路故障。

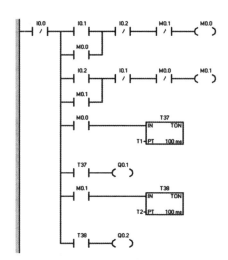

图 4-25　电动机正、反转梯形图

4. 大功率电动机的星—三角降压启动控制程序

三相鼠笼型异步电动机星—三角启动控制

大功率电动机的星—三角降压启动控制的主电路，如图 4-26 所示。图中，电动机由接触器 KM1、KM2、KM3 控制，其中 KM3 将电动机绕组连接成星形联结，KM2 将电动机绕组连接成三角形联结。KM2 与 KM3 不能同时吸合，否则将产生电源短路。在程序设计过程中，应充分考虑由星形向三角形切换的时间，即当电动机绕组从星形切换到三角形时，由 KM3 完全断开（包括灭弧时间）到 KM2 接通这段时间应锁定住，以防电源短路。

设置停止按钮 SB1、启动按钮 SB2，接触器 KM1、KM2、KM3。I/O 分配表如表 4-6 所示。

表 4-6　I/O 分配表

输入信号		输出信号	
停止按钮 SB1	I0.0	接触器 KM1	Q0.1
启动按钮 SB2	I0.1	接触器 KM2	Q0.2
		接触器 KM3	Q0.3

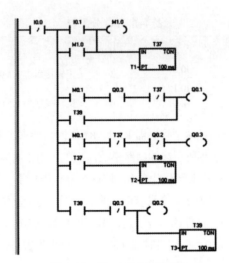

图 4-26　星—三角启动梯形图

图 4-26 中，用 T38 定时器使 KM3 断电 2s 后再让 KM2 通电，保证 KM3、KM2 不同时接通，避免电源相间短路。定时器 T37、T38、T39 的延时时间 t1、t2、t3 可根据电动机启动电流的大小、所用接触器的型号，通过实验调整选定合适的数值。t1、t2、t3 的值过长或过短均对电动机启动不利。

5．电动机顺序启 / 停电路

3 台电动机按启动按钮后，M1、M2、M3 正序启动。按停止按钮后，逆序停止，且要有一定时间间隔。

两个输入点，即启动按钮 I0.0，停止按钮 I0.1。有 3 个输出点，即控制 KM1 线圈的 Q0.0、控制 KM2 线圈的 Q0.1 和控制 KM3 线圈的 Q0.2。梯形图如图 4-27 所示。

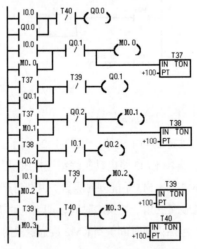

图 4-27　电动机顺序启 / 停梯形图

6．定子串电阻减压启动控制

电动机启动时在三相定子电路中串接电阻，使电动机定子绕组的电压降低，待启动结束后将电阻短接，电动机在额定电压下正常运行。这种启动方式不受电动机接线形式的影响，设备简单，因而在中小型生产机械设备中应用较广。

但启动电阻一般采用板式电阻或铸铁电阻，电阻功率大，能通过较大电流，但能量损耗较大。

按下 SB1,KM1 线圈得电,KM1 主触点闭合,电动机串电阻减压启动,KM1 辅助常开触点闭合,实现自锁,KT 线圈得电。

KT 延时时间到,KT 常开触点闭合,KM2 线圈得电,电动机 M 全压运转。

按下 SB2,KM2 线圈断电,KM2 主触点、辅助触点断开,电动机停止。当温度过高,温度继电器触点 FR 断开,电动机停止。I/O 分配表如表 4-7 所示,梯形图如图 4-28 所示。

表 4-7 I/O 分配表

输入信号		输出信号	
启动按钮 SB1	I0.0	接触器 KM1	Q0.1
停止按钮 SB2	I0.1	接触器 KM2	Q0.2
温度继电器	I0.2		

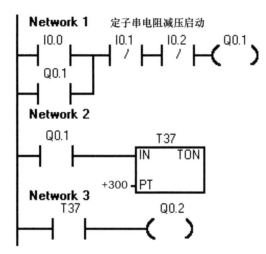

图 4-28 定子串电阻减压启动控制梯形图

4.7 实例:顺序控制功能图在小车行程控制中的应用

小车的行程控制示意图如图 4-29 所示,控制要求如下。

(1)初始位置,小车在左端,左限位行程开关 SQ1 被压下。

(2)按下启动按钮 SB1,小车开始装料。

(3)8s 后装料结束,小车自动开始右行,碰到右限位行程开关 SQ2,停止右行,小车开始卸料。

(4)5s 后卸料结束,小车自动左行,碰到左限位行程开关 SQ1 后,停止左行,开始装料。

(5)延时 8s 后,装料结束,小车自动右行……如此循环,直到按下停止按钮 SB2,在当前循环完成后,小车结束工作。

编程元件地址分配如表 4-8 所示。

操作视频

顺序控制功能图在小车行程控制中的应用

原理动画

送料小车3点往返运行PLC控制系统

表4-8　编程元件地址分配

编程元件	说明	编程元件	说明
I0.0	启动按钮	I0.1	停止按钮
I0.2	右限位开关	I0.3	左限位开关
Q0.0	装料接触器	Q0.1	右行接触器
Q0.2	卸料接触器	Q0.3	左行接触器
T37	左端装料延时定时器	T38	右端卸料延时定时器
M0.0	记忆停止信号	S0.0	初始步
S0.1	装料	S0.2	右行
S0.3	卸料	S0.4	左行

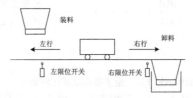

图4-29　小车的行程控制示意图

状态流程图和梯形图如图4-30所示。当按下启动按钮时，I0.0接通，活动步从S0.0变为S0.1，接通装料接触器Q0.0，装料延时定时器T37开始计时，小车开始装料，T37计时到，T37的常开触点闭合，活动步从S0.1变为S0.2，接通右行接触器Q0.1，小车开始右行，碰到右限位行程开关I0.2，活动步从S0.2转换为S0.3，接通卸料接触器Q0.2，同时启动卸料延时定时器T38，小车开始卸料，当T38计时时间到，活动步变为S0.4，接通左行接触器Q0.3，小车开始左行，碰到左限位开关I0.3，活动步变为S0.1，重新开始装料，如此循环。若要停止装卸料，则按下I0.1，小车结束工作。

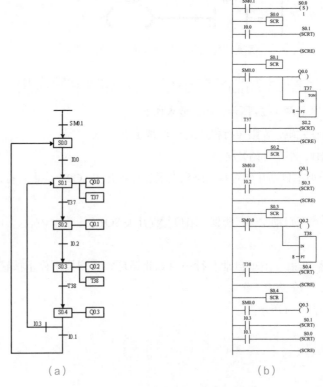

（a）　　　　　　　　　　　（b）

图4-30　小车状态流程图和梯形图程序

4.8 思考与练习

1. 顺序控制功能图编程一般应用于什么场合?

2. 顺序控制功能图中状态器的三要素是什么?

3. 并行顺序控制功能图如图 4-31 所示,画出对应的梯形图和语句表。

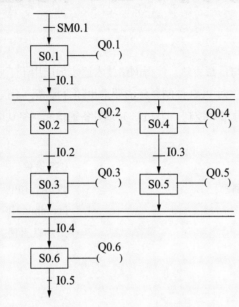

图 4-31 并行顺序控制功能图

4. 试用 PLC 设计一个控制系统,控制要求如下。

(1) 开机时,先启动 M1 电动机,5s 后才能启动 M2 电动机。

(2) 停止时,先停止 M2 电动机,2s 后才能停止 M1 电动机。

第5章
S7-200 系列 PLC 的通信与网络

计算机网络技术的迅速发展与日益成熟，使得网络技术逐步地应用于工业控制中，自动化控制系统向着集中管理、多级分散控制发展，这对 PLC 控制系统的要求也随之提高，不仅要求 PLC 控制系统具备集中式控制的功能，还需能够完成多级分布式控制，即 PLC 必须具备通信和网络功能。

【本章重点】

- PLC 数据通信的基础知识。
- S7-200 的通信系统与网络。
- S7-200 的网络通信。
- MODBUS 通信。
- MODEM 通信。
- USS 通信。
- 西门子 MPI 协议。
- Profibus-DP 通信。
- 工业以太网。

5.1 PLC 数据通信的基础知识

PLC 之间或 PLC 与其他设备之间进行数据接收和发送是通过数据通信完成的，而数据分为数字数据和模拟数据两种。不同 PLC 的数据通信传输方式、通信接口标准及通信网络结构都有所不同。

5.1.1 数据通信的传输方式

根据传输线的数量，数据通信分为并行数据通信和串行数据通信两种。

1. 并行数据通信

并行数据通信是指以字节或字为单位的数据传输方式。在并行传输中，数据在多根传输线上同时传输，一个数据的每个数据比特都有自己的传输线路，因此数据的位数决定了传输线的根数。并行数据通信，除了传输数据用的数据线外，还需要数据通信联络用的控制线，如应答线和选通线，如图 5-1 所示。

图 5-1 并行数据通信

并行数据通信的传输过程包括以下 4 点。

（1）发送方在发送数据前，首先判别接收方发出的应答线的状态，依此决定是否可以发送数据。

（2）发送方在确定可以发送数据后，把数据发送到数据线上，并在选通线上输出一个状态信号给接收方，表示数据线上的数据有效。

（3）接收方在接收数据前，先判别发送方发送的选通线状态，以决定是否可以接收数据。

（4）接收方在确定可以接收数据后，从数据线上接收数据，并在应答线上输出一个状态信号给发送方，表示可以再发送数据。

并行数据通信时，每次传送的数据位数多，速度快。当传输距离较短时，采用并行方式可以提高传输效率。但当传输距离较远时，如果采用并行方式，不仅通信线路成本高昂，而且在距离远的线路上难以收发信号，所以传输距离远时较少采用并行方式。

2. 串行数据通信

串行数据通信是指以位为单位的数据传输方式。在这种数据传输方式中，数据传输在一个传输的方向上只用一根通信线，这根通信线既作为数据线，又作为通信联络控制线，数据和联络信号在这根线上按位进行传输。

❶ 串行数据传送模式

串行数据通信可分为单工（Simplex）通信、半双工（Half Duplex）通信和全双工（Full Duplex）通信 3 种传送方式，如图 5-2 所示。单工通信是指数据只能沿一个固定方向传输，而不能反向传输，即传输是单向的，任何时间都不能改变。半双工通信是指在数据通信时，数据可以沿两个方向传输，但是在同一时刻，数据只能沿一个方向传输。全双工通信是指在数据通信时，数据可以同时沿两个方向传输，可提高传输速率。

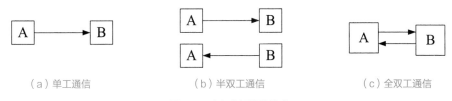

(a) 单工通信 　　　　　　(b) 半双工通信 　　　　　　(c) 全双工通信

图 5-2 串行数据传送模式

❷ 异步通信方式和同步通信方式

串行数据通信按其传输的信息格式可分为异步通信方式和同步通信方式两种。

• 异步通信方式。

异步通信是指相邻两个字符数据之间的停顿时间长短不一。在异步通信中，收发的每一个字符数据是由 4 个部分按顺序组成的，其信息格式如图 5-3 所示。

起始位	字符代码数据位	奇偶校验位	停止位
1位	5～8位	0～1位	1,1.5,2位

图 5-3 异步通信的信息格式

在通信开始之前，收发双方要把采用的信息格式和数据传输速率做统一的规定。通信时，发送方把要发送的代码数据拼装成以起始位开始、停止位结束，代码数据的低位在前、高位在后的串行字符信息格式进行发送。在每个串行字符之间允许有不定长的空闲位，一直到要发送的代码数据结束。起始位"0"作为联络信号，通知接收方开始接收数据，停止位"1"和空闲位"1"告知接收方一个串行字符数据传送完毕。通信开始后，接收方不断地检测传输线，查看是否有起始位到来，当收到一系列的"1"之后，若接收到一个"0"位，说明起始位出现，开始接收所规定的数据位和奇偶校验位及停止位。经过校验处理后，把接收到的代码数据位部分拼装成一个代码数据。一个串行字符接收完成后，接收方又继续检测传输线，监视"0"的到来和开始接收下一个串行字符代码。

异步通信是按字符传输的，发送方每发送一个字符，就用起始位通知接收方，以此来重新核对收发双方的同步。即使接收方和发送方的时钟频率略有偏差，也不会因偏差的累积而导致错位。此外，字符之间的空闲位也为这种偏差提供了缓冲，所以异步通信的可靠性很高。但是，由于异步通信方式要花费时间来传送起始位、停止位等附加的非有效信息位，因此它的传输效率较低，一般用于低速通信的场合。

- 同步通信方式。

同步通信传输的信息格式是由同步信息、固定长度的数据字符块及校验字符组成的数据帧组成，其格式如图 5-4 所示。

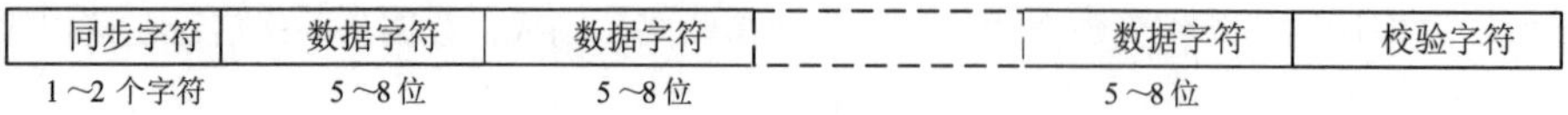

同步字符	数据字符	数据字符		数据字符	校验字符
1～2 个字符	5～8 位	5～8 位		5～8 位	

图 5-4　同步通信的信息格式

在同步通信的信息格式中，设置的同步字符起联络作用，由它来通知接收方开始接收数据。同步字符的编码由不同通信系统的通信双方约定，通常是 8 位长度。开始通信之前，收发双方约定同步字符的编码形式和同步字符的个数。通信开始后，接收方首先搜索同步字符，即从串行位流中拼装字符，与事先约定的同步字符进行比较，若比较结果相同则说明同步字符已经到来，接收方开始接收数据，并按规定的数据长度将接收到的数据拼装成一个个的数据字符，直到所有数据传输完毕。经校验处理，并确认合格后，完成一个信息帧的接收。

在同步通信方式中，发送方和接收方要保持完全的同步，因此要求收发双方使用同一时钟。在近距离通信时，可采用在传输线中增加一根时钟信号线来解决。在远距离通信时，可采用锁相技术，通过调制解调方式从数据流中提取同步信号，使接收方得到和发送方时钟频率完全相同的接收时钟信号。由于同步通信方式不需要在每个数据字符前后加起始位和停止位，而只需在数据字符块前加 1～2 个同步字符，传输效率较高，但由于硬件复杂，因此一般用于要高速通信（传输速率大于 2Mbit/s）的场合。

❸ 基带传输与频带传输

基带传输按照数字信号原有的波形（以脉冲形式）在信道上直接传输，它要求信道具有较宽的通频带。基带传输时，通常对数字信号进行一定的编码，常用数据编码方法有非归零码 NRZ、曼彻斯特编码和差动曼彻斯特编码等。

频带传输是一种采用调制解调技术的传输形式。发送端采用调制手段，对数字信号进行某种变换，将代表数据的二进制"1"和"0"变换成具有一定频带范围的模拟信号，以适应在模拟信道上传输。接收端通过解调手段进行相反变换，把模拟的调制信号复原为"1"或"0"。

常用的调制方法有频率调制、振幅调制和相位调制。具有调制、解调功能的装置称为调制解调器，即 Modem。

5.1.2　通信介质

通信介质是在通信系统中位于发送端与接收端之间的物理通路。通信介质一般可分为导向性介质和非导向性介质。导向性介质将引导信号的传播方向，如双绞线、同轴电缆和光纤等。非导向性介质一般通过空气传播信号，它不为信号引导传播方向，如短波、微波和红外线通信等。

1. 双绞线

双绞线是由两根彼此绝缘的导线按照一定规则以螺旋状绞合在一起。这种结构能在一定程度上减弱来自外部的电磁干扰及相邻双绞线引起的串音干扰。但在传输距离、带宽和数据传输速率等方面仍有其一定的局限性，结构如图 5-5 所示。

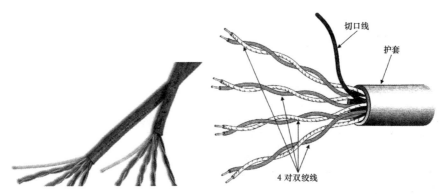

图 5-5　双绞线结构

双绞线分为非屏蔽双绞线电缆和屏蔽双绞线电缆。非屏蔽双绞线电缆价格低、节省空间、使用方便灵活、易于安装。屏蔽双绞线电缆抗干扰能力强，有较高的传输速率，100m 内可达到 155Mbit/s。但其价格相对较高，需要配置相应的连接器，使用时不是很方便。

美国电器工业协会（EIA）规定了 6 种质量级别的双绞线电缆，其中 1 类线档次最低，只适于传输语音；6 类线档次最高，传输频率可达到 250MHz；3 类线数据传输率可达 10Mbit/s；4 类线数据传输率可达 16Mbit/s；5 类线数据传输可达 100Mbit/s。

2．同轴电缆

与双绞线相比，同轴电线抗干扰能力强，能够应用于频率更高、数据传输速率更高的情况。对其性能造成影响的主要因素来自衰损和热噪声，采用频分复用技术时还会受到交调噪声的影响。虽然目前同轴电缆大量被光纤取代，但它仍广泛应用于有线电视和某些局域网中，结构如图 5-6 所示。

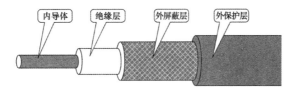

图 5-6　同轴电缆结构

同轴电缆主要有 50Ω 电缆和 75Ω 电缆两种。50Ω 电缆用于基带数字信号传输，又称基带同轴电缆。电缆中只有一个信道，数据信号采用曼彻斯特编码方式，数据传输速率可达 10Mbit/s，这种电缆主要用于局域网。75Ω 电缆是 CATV 系统使用的标准，它既可用于传输宽带模拟信号，也可用于传输数字信号。对于模拟信号而言，其工作频率可达 400MHz。若在这种电缆上使用频分复用技术，则可以使其同时具有大量的信道，每个信道都能传输模拟信号。

3．光纤

光纤是一种传输光信号的传输媒介。

❶ 光纤结构

光纤的结构如图 5-7 所示。处于光纤最内层的纤芯是一种横截面积很小、质地脆、易断裂的光导纤维，制造这种纤维的材料可以是玻璃，也可以是塑料。纤芯的外层裹有一个包层，它由折射率比纤芯小的材料制成。

由于在纤芯与包层之间存在着折射率的差异，光信号才得以通过全反射在纤芯中不断向前传播。在光纤的最外层则是起保护作用的外套。通常都是将多根光纤扎成束并裹以保护层制成多芯光缆。

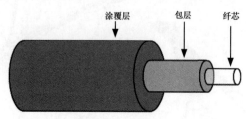

涂覆层　　包层　　纤芯

图 5-7　光纤结构

② 光纤分类

根据制作材料的不同，光纤可分为石英光纤、塑料光纤、玻璃光纤等。根据传输模式不同，光纤可分为多模光纤和单模光纤。根据纤芯折射率的分布不同，光纤可以分为突变型光纤和渐变型光纤。根据工作波长的不同，光纤可分为短波长光纤、长波长光纤和超长波长光纤。

③ 光纤特点

光纤的优点如下。

- 光纤支持很宽的带宽（1014 ~ 1015 Hz），覆盖了红外线和可见光的频谱。
- 具有很快的传输速率，当前传输速率制约因素是信号生成技术。
- 光纤抗电磁干扰能力强，且光束本身又不向外辐射，适用于长距离的信息传输及安全性要求较高的场合。
- 光纤衰减较小，中继器的间距较大。

光纤的缺点是系统成本较高、不易安装与维护、质地脆、易断裂等。

5.1.3　串行通信接口标准

串行通信接口标准包括 RS-232、RS-422/RS-485，其中，RS-422/RS-485 是在 RS-232 标准的基础上改进形成的。这几种标准都对串行通信接口的有关问题，如信号线功能、电器特性方面做了明确规定。

1. RS-232C

RS-232 是美国电子工业协会 EIA（Electronics Industries Association）在 1962 年制定并公布的一种标准化接口，是目前数据通信中应用较广泛的一种串行接口。关于该标准，目前较受欢迎的是 RS-232C，即 C 版本的 RS-232。RS-232C 是为远程通信中数据终端设备（DTE）和数据通信设备（DCE）的连接而制定，适合数据传输速率在 0 ~ 20 000bit/s 范围内的串行通信。该标准对串行通信接口的机械特性、电气特性、过程特性、信号内容和接口功能等做了明确的规定。

① 机械特性

RS-232C 的标准接插件是 25 芯插头，通常插头在数据终端设备（DTE）端，插座在数据通信设备（DCE）端。但在实际使用时，9 芯插头就已足够，所以近年来多采用型号为 DB-9 的 9 芯插头，传输线采用屏蔽双绞线。

❷ **电气特性和过程特性**

RS-232C 标准对接口的电气特性和过程特性做了如下规定。

- 在 RS-232C 中，任何一条信号线的电压均为负逻辑关系。即逻辑"1"代表 −5 ~ −15V，逻辑"0"代表 +5 ~ +15V。在发送数据时，发送端驱动器输出正电平为 +5 ~ +15V，负电平 −5 ~ −15V。因为传输线路的噪声容限为 2V，所以接收端的工作电平在 +3 ~ +12V 与 −3 ~ −12V 之间，即要求接收端能识别低至 +3V 的信号作为逻辑"0"，高到 −3V 的信号作为逻辑"1"。
- 信号线和信号地线之间的分布电容不超过 2 500pF。
- 数据传输速率为 0 ~ 20 000bit/s，数据终端设备和数据通信设备之间电缆的最大长度为 15m。

❸ **信号内容**

计算机通常都配有 RS-232C 接口，PLC 与计算机系统的连接器有 9 芯、25 芯等形式，其电缆连接图如图 5-8 所示。

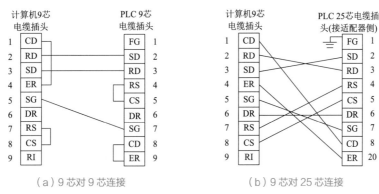

（a）9 芯对 9 芯连接　　　　　　（b）9 芯对 25 芯连接

图 5-8　RS-232C 接口连接图

❹ **功能**

RS-232C 接口功能分为数据传输和信息控制两部分，具体有如下 4 项功能：定义接口的控制信号、使用户数据通过接口、发送时钟信号使数据流同步、形成接口真实的电气特性。

❺ **接口的不足之处**

接口的不足之处就是传输距离有限，最远为 16m，允许使用较长电缆，但电缆的全部电容不得超过 2500pF。数据传输速率低，异步传输时，比特率仅为 20kbit/s；接口使用一根信号线和一根信号返回线构成共地的传输方式，这种用一根信号线的传输方式容易产生共模干扰，所以抗干扰能力差。

2. RS-422/RS-485

针对 RS-232C 的不足，出现了一些新的接口标准，RS-422 和 RS-485 就是其中的代表。它们的电气接口电路采用差分传输方式，抗共模干扰能力增强。RS-485 实际上是 RS-422 的改进，它们两个的不同在于 RS-422 采用全双工的通信方式，而 RS-485 则采用半双工的通信方式。

通常情况下，发送驱动器之间的正电平在 +2 ~ +6V 之间，表示逻辑"1"，负电平在 −2 ~ −6V，表示逻辑"0"。另有一个信号地，在 RS-485 中还有一个"使能"端，而在 RS-422 中是可选用的。当"使能"端起作用时，发送驱动器处于高阻状态，它是有别于逻辑"1"与"0"的第三态。当在接收端有大于 +200mV 的电平时，输出正逻辑电平，小于 −200mV 时，输出负逻辑电平。典型的 9 芯 RS-422 接口的信号内容如表 5-1 所示。

表 5-1　9 芯 RS-422 接口的信号内容

引脚序号	信号名称	说明
1	GND	保护接地
2	TX	发送数据
3	RX	接收数据
4	NC	空引脚
5	GND	信号地
6	YX	发送数据
7	RX	接收数据
8	NC	空引脚
9	VCC	+9V

5.1.4　PLC 的通信网络结构

工业生产过程中有各种各样的控制要求。如在一个较大规模的检测和控制系统中，常常有几十个、几百个甚至更多个被测和被控变量，若用一个 PLC 来实现，则在速度和容量上难以满足要求。有的被测和被控变量在地理位置上比较分散，若用一个 PLC 来完成，则需要大量长距离的输入输出信号电缆。因此，现今的 PLC 具备多种数据通信接口和较为完善的数据通信能力，可以与其他 PLC 或者其他设备构成通信网络，实现复杂的控制要求。PLC 的通信网络结构通常有 3 种：下位连接系统、同位连接系统和上位连接系统。下面将详细介绍这 3 种网络结构。

1. 下位连接系统

下位连接系统是 PLC 通过串行通信接口连接远程输入输出单元，实现远程分散检测和控制。其组网方式有两种，一种是独立的 PLC 通过远程 I/O 模块进行通信，另一种是利用远程 I/O 模块扩展远程输入输出单元。PLC 与远程输入输出单元的连接采用电缆或光缆，相应的通信接口是 RS-485、RS-422A 或光纤接口。但采用光纤系统传输数据时，可实现数据通信的远距离、高速度和高可靠性。下位连接系统的连接形式一般采用树形结构，如图 5-9 所示。

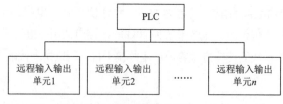

图 5-9　下位连接系统

PLC 是系统的集中控制单元，负责整个系统的数据通信、信息处理和协调各个远程输入输出单元的操作。远程输入输出单元是系统的分散控制单元，它们在 PLC 的统一管理下完成各自的输入输出任务。

系统的通信控制程序由生产厂商编制，并安装在 PLC 和远程输入输出单元中。用户只需根据系统的要求，设置远程输入输出单元地址和编制用户应用程序即可使系统运行。

由于远程输入输出单元可以就近安装在被测和被控对象附近，从而大大地缩短了输入输出信号的连接电缆。因此，下位连接系统特别适合于地理位置比较分散的控制系统，例如生产流水线上的各工序的控制等。

2. 同位连接系统

同位连接系统是 PLC 通过串行通信接口相互连接起来的系统。系统中的 PLC 是并行运行，并通过数据传递相互联系，以适应大规模控制的要求。其组网方式有两种，一种是一对一通信，另一种是主从通信。同位连接系统结构通常采用总线型，如图 5-10 所示。

图 5-10　同位连接系统

在同位连接系统中，各个 PLC 之间的通信一般采用 RS-422A、RS-485 接口或光纤接口。互连的 PLC 最大允许数量随 PLC 的类型不同而变化。系统内的每个 PLC 都有一个唯一的系统识别单元号，号码从 0 开始顺序设置。在各个 PLC 内部都设置一个公用数据区作为通信数据的缓冲区。同位连接系统的数据传送是把公用数据区的发送区数据发送到通信接口，并把通信接口上接收到的数据存放到公用数据区的接收区中，数据传送过程如图 5-11 所示。此过程不需用户编制应用程序干预。用户只需编制把发送的数据送到公用数据区的发送区和从公用数据区的接收区把数据读到所需地址的程序即可。

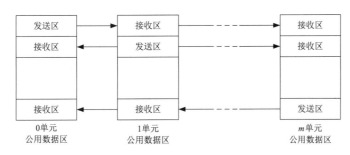

图 5-11　同位连接系统的数据传送

3. 上位连接系统

上位连接系统是一个自动化综合管理系统。管理计算机收集和管理各个上位机发送来的信息数据，并发送相关的命令控制上位计算机的运行。上位计算机通过串行通信接口与 PLC 的串行通信接口相连，对 PLC 进行监视和管理，构成集中管理、分散控制的分布式多级控制系统。在这个控制系统中，PLC 是直接控制级，它负责现场过程变量的检测和控制，同时接收上位计算机的信息和向上位计算机发送现场的信息。上位计算机是协调管理级，它要与下位直接控制、自身的人—机界面和上级信息管理级 3 个方面进行信息交换。它是过程控制与信息管理的结合点和转换点，是信息管理与过程控制联系的桥梁。上位连接系统结构如图 5-12 所示。

图 5-12　上位连接系统

上位计算机与 PLC 的通信一般采用 RS-232C/RS-422 通信接口。当使用 RS-232C 通信接口时，一台上位计算机只能连接一台 PLC，若要连接多台 PLC，则要加接 RS-232C/RS-422 转换装置。

通常，PLC 上的通信程序由制造厂商编制，并作为通信驱动程序提供给用户，用户只要在上位计算机的应用软件平台调用，即可完成与 PLC 的通信。

上位计算机与管理计算机的通信一般采用局域网。上位计算机通过通信网卡与信息管理级的其他计算机进行信息交换。上位计算机只要在应用软件平台中调用网络管理软件，即可完成网络的数据通信。

5.2 S7-200 的通信系统与网络

S7-200 与上位机或其他 PLC 通信时，采用异步通信方式，通信端口为与 RS-485 兼容的 9 针微型 D 型连接器，可以采用 3 个标准化协议和一个自由口协议。

5.2.1 S7-200 的通信概述

在使用 S7-200 进行网络连接、与其他设备进行通信前，需要了解 S7-200 通信的基础知识，本节就针对 S7-200 的数据格式、网络结构、通信设备做详细的介绍。

1. 字符数据格式

S7-200 采用异步串行通信方式，可以在通信组态时设置 10 位或 11 位的数据格式传送字符。

（1）10 位字符数据：一个起始位，8 个数据位，无校验位，一个停止位。传输速率一般为 9 600bit/s。

（2）11 位字符数据：一个起始位，8 个数据位，一个校验位，一个停止位。传输速率一般为 9 600bit/s，或者 19 200bit/s。

2. 网络层次结构

按照国际和国家标准，以 ISO/OSI 为参考模型，SIMATIC 提供了各种开放的、应用于不同控制级别的工业环境的通信系统，统称为 SIMATIC NET。SIMATIC NET 定义了如下内容。网络通信的物理传输介质、传输元件及相关的传输技术、在物理介质上的传输数据所需的协议和服务、PLC 及 PC 机联网所需的通信模块（通信处理器 CP "Communication Processor"）等。SIMATIC NET 提供了各种通信网络来适应不同的应用环境。不同的通信网络组成了网络通信的金字塔结构，如图 5-13 所示。在图 5-13 中，S7-200 既通过现场总线 PROFIBUS 与上层的 PLC 进行通信组成一个通信网络，又通过执行器总线 AS-1 与下层的执行部件组成通信网络。

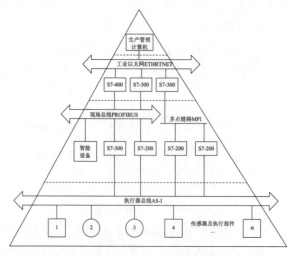

图 5-13 网络通信的金字塔结构

3．通信设备

①　通信电缆

S7-200 的通信电缆主要有网络电缆和 PC/PPI 电缆两种。

● 网络电缆。

网络电缆是 PROFIBUS DP 网络使用 RS-485 标准屏蔽双绞线电缆，在一个网络段上，该网络最多连接 32 台设备。根据比特率不同，网络段的最大长度可以达到 1 200m，如表 5-2 所示。

表 5-2　PROFIBUS DP 网络段中的最大电缆长度

比特率	网络段的最大电缆长度（m）
9.6 ～ 93.75kbit/s	1 200
185.5kbit/s	1 000
500kbit/s	400
1 ～ 1.5Mbit/s	200
3 ～ 12Mbit/s	100

● PC/PPI 电缆。

S7-200 通过 PC/PPI 电缆连接计算机及其他通信设备，PLC 主机侧是 RS-485 接口，计算机侧是 RS-232 接口，电缆的中部是 RS-485/RS-232 适配器，在适配器上有 4 个或 5 个 DIP 开关，用于设置比特率、字符数据格式及设备模式，其连接方式如图 5-14 所示。

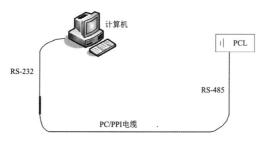

图 5-14　PC/PPI 电缆的连接方式

当数据从 RS-232 传送到 RS-485 时，PC/PPI 电缆是发送模式，当数据从 RS-485 传送到 RS-232 时，PC/PPI 电缆是接收模式。如果在 RS-232 检测到有数据发送时，电缆立即从接收模式切换到发送模式。如果 RS-232 的发送线处于闲置的时间超过电缆切换时间时，电缆又切换到接收模式。

如果在自由通信时使用了 PC/PPI 电缆，为保证数据从 RS-485 传送到 RS-232，在用户程序中必须考虑从发送模式到接收模式的延迟（电缆切换时间），电缆切换时间如表 5-3 所示。

表 5-3　电缆切换时间

比特率（bit/s）	切换时间（ms）
38 400	0.5
19 200	1
9 600	2
4 800	4
2 400	7
600	28

❷ 通信端口

S7-200 CPU 上的通信端口为与 RS-485 兼容的 9 针微型 D 型连接器，它符合欧洲标准 EN50170 中所定义的 PROFIBUS 标准，表 5-4 显示了提供通信端口的 RS-485 引脚图，并描述了通信端口的分配。S7-200 CPU221、CPU222 和 CPU224 均有一个 RS-485 串行通信端口，定义为端口 0，CPU226 有两个 RS-485 端口，分别定义为端口 0 和端口 1。

表 5-4 RS-485 端口

RS-485 引脚图	引脚号	端口 0/ 端口 1	Profibus 名称
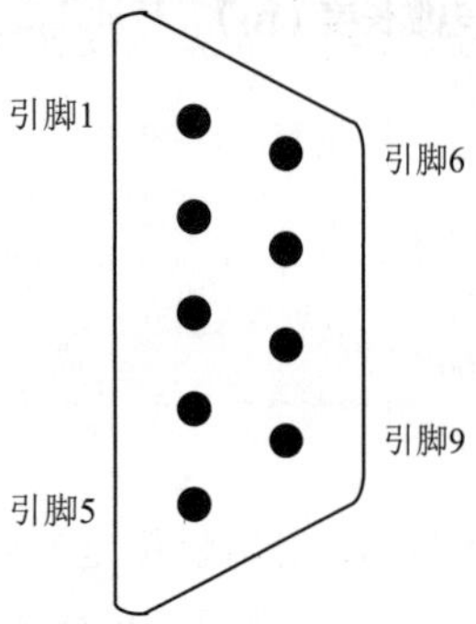	1	逻辑地	屏蔽
	2	逻辑地	24V 地
引脚1　　　引脚6	3	RS-485 信号 B	RS-485 信号 B
	4	RTS（TTL）	发送申请
	5	逻辑地	5V 地
	6	+5V 100Ω	+5V
引脚9	7	+24V	+24V
	8	RS-485 信号 A	RS-485 信号 A
引脚5	9	10 位信号选择	不用
	外壳	机壳接地	屏蔽

❸ 网络连接器

网络连接器用于将多个设备连接到网络中。网络连接器有两种类型，一种是标准网络连接器，另一种是包含编程端口的连接器。带有编程接口的连接器允许将编程站或 HMI 设备连接到网络，且对现有网络连接没有任何干扰，把所有信号（包括电源插针）从 S7-200 完全传递到编程端口，特别适用于连接从 S7-200 取电的设备（如 TD200）。

❹ 网络中继器

在 PROFIBUS DP 网络中，一个网络段的最大长度是 1200m，用网络中继器可以增加传输距离。一个 PROFIBUS DP 网络中，最多可以有 9 个网络中继器，每个网络中继器最多可接 32 个设备，但是网络的最大长度不能超过 9 600m。

❺ 调制解调器

当计算机（编程器）距离 PLC 主机很远时，可以用调制解调器进行远距离通信。

5.2.2 通信连接方式

在 S7-200 的通信网络中，可以把上位机、人机界面 HMI 作为主站。主站可以对网络中的其他设备发出初始化请求，从站只是响应来自主站的初始化请求，不能对网络中的其他设备发出初始化请求。

主站与从站之间有以下两种连接方式。

（1）单主站：只有一个主站，连接一个或多个从站，如图 5-15 所示。

（2）多主站：有两个以上的主站，连接多个从站，如图 5-16 所示。

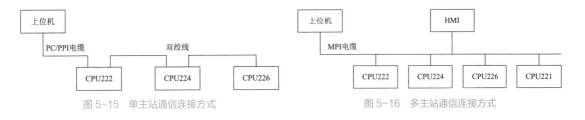

图 5-15　单主站通信连接方式　　　　　图 5-16　多主站通信连接方式

5.2.3　通信协议

通信网络中，主站和从站之间的通信一般采用公司专用通信协议，这些专用通信协议分为 PPI 协议、MPI 协议、PROFIBUS 协议和自由口通信协议。

1．PPI 协议（点对点接口协议）

PPI 协议是西门子公司专门为 S7-200 开发的，它是一种主从设备协议，即主设备给从属装置发送请求，从属装置进行响应，利用 PC/PPI 电缆，将 S7-200 系列 PLC 与装有 STEP 7-Microsoft/WIN 编程软件的主设备连接起来，PPI 协议网络通信结构如图 5-17 所示。

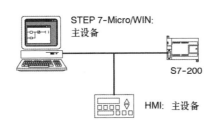

图 5-17　PPI 协议网络通信结构

在 PPI 协议网络通信结构中，主站可以是上位机（其他 PLC 主机，如 S7-300）、人机界面 HMI 等，网络中所有的 S7-200 都默认为从站，从站不发出信息，而是一直等到主站发送请求或轮询时才做出响应。主站与从站的通信将通过 PPI 协议管理的共享连接进行。PPI 不限制与任何一个从站进行通信的数量，但是在网络中，最多只能有 32 个主站。

如果在程序中指定某个 S7-200 为 PPI 主站模式，则在 RUN 模式时可作为主站。激活 PPI 主站模式后，可使用网络读取或网络写入指令从其他 S7-200 读取数据或将数据写入其他 S7-200。同时，它仍将作为从站对来自其他主站的请求进行响应。

PPI 高级协议允许网络设备建立设备之间的逻辑连接，所有 S7-200 CPU 均支持 PPI 和高级 PPI 协议，而 PPI 高级协议是用于从站连接到 PROFIBUS DP 网络的 EM277 模块所支持的唯一 PPI 协议。对于 PPI 高级协议，每台设备所提供的连接数目是有限的，S7-200 CPU 与 EM277 模块所支持的连接数目如表 5-5 所示。

表 5-5　S7-200 CPU 和 EM277 模块的连接数目

模块	比特率	连接
S7-200 CPU 端口 0	9.6kbit/s、19.2kbit/s 或 185.5kbit/s	4
端口 1	9.6kbit/s、19.2kbit/s 或 185.5kbit/s	4
EM277 模式	9.6kbit/s~12Mbit/s	每个模块 6 个

2. MPI 协议（多点接口协议）

MPI 是一种适用于小范围、少数站点间通信的网络，在网络结构中属于单元级和现场级。适用于 SIMATIC S7/M7 和 C7 系统，用于上位机和少量 PLC 之间近距离通信。通过电缆和接头，将 PLC 的 MPI 编程口相互连接以及与上位机网口的编程口（MPI/DP 口）连接即可实现。

MPI 协议允许主/主通信或主/从通信，MPI 协议网络结构如图 5-18 所示。通过在计算机或编程设备中插入一块多点接口（MPI 卡，如 CP5611）组成多站网络，而 S7-300/400 CPU 上自带编程 MPI 编程口。编程口通信是一种对传输速率要求不高、通信数据量不大的通信方式。

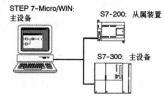

图 5-18　MPI 协议网络结构

若网络中的 PLC 都是 S7-300/400，则 S7-300/400 都默认为网络主站，建立主/主网络连接，若有 S7-200，则建立主/从网络连接。由于 S7-200 在 MPI 网络只默认为从站，则 S7-200 之间不能相互通信。MPI 协议总是在两个相互通信的设备之间建立连接，主站根据需要可以在短时间内建立一个连接，也可以无限期地保持连接断开。运行时，另一个主站不能干涉两个设备已经建立的连接，且设备之间的通信将受限于 S7-200 CPU 或 EM277 模块所支持的连接数目。

PLC 之间通过 MPI 通信可分为两种。

❶ 全局数据包（GD）通信方式

以这种通信方式实现 PLC 之间的数据交换时，只需关心数据的发送区和接收区。这种通信方式只适合 S7-300/400 PLC 之间相互通信。

❷ 调用系统功能的通信方式

- 不需要组态连接的通信方式，这种通信方式适合于 S7-200/300/400 之间通信。
- 需要组态连接的通信方式，这种通信方式适用于 S7-400 之间以及 S7-400 与 S7-300 之间的 MPI 通信。

3. PROFIBUS DP 协议

PROFIBUS DP 是属于单元级和现场级的 SIMATIC NET，适用于传输中小量的数据。PROFIBUS DP 网络是一种电气网络，物理传输介质可以是屏蔽双绞线、光纤或无线传输。

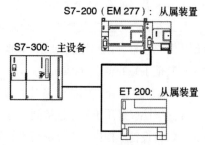

图 5-19　PROFIBUS 网络

PROFIBUS DP 协议适用于分布式 I/O 设备（远程 I/O）的高速通信。在 S7-200 中，CPU222、CPU224 和 CPU226 都可以通过增加 EM277 模板支持 PROFIBUS 协议。PROFIBUS DP 网络的典型特点就是具有一个主站和多个 I/O 从站，如图 5-19 所示。主站初始化网络，验证网络上的从属装置是否与配置相符，可将输出数据连续地写入从属装置，从中读出输入数据。若网络中有两个主站，则它只能访问第一个主站的从站。

4. 自由口通信协议

S7-200 有一种特殊的通信模式，即自由口通信模式。在这种通信模式下，用户可以自定义通信协议，即在用户程序中选择通信协议、设定比特率、设定校验方式、设定字符的有效数据位。通过建立通信中断事件，使用通信指令，控制 PLC 的串行通信口与其他设备进行通信。当 CPU 处于 RUN 工作方式下时，允许自由口通信，

操作视频

连接GSM调制解调器

S7-200 就失去了与标准通信装置正常通信的功能。当 CPU 处于 STOP 工作方式下时，自由口通信被禁止，PLC 的通信协议由自由口通信协议中断切换到 PPI 通信协议。

❶ **S7-200 自由口通信范围**

S7-200 自由口通信范围可以用于 3 个方面。

- 任何具有串行通信接口的设备，如打印机、变频器、条码阅读器、调制解调器和上位机等。
- S7-200 用于两个 PLC 间的简单数据交换。
- 具有 RS-232 接口的设备也可以用 PC/PPI 电缆连接进行自由口通信。

❷ **设置自由口通信协议**

S7-200 自由口模式的数据字节格式总是有一个起始位、一个停止位、7 ~ 8 个数据位，也可以选择是否有校验位以及是奇校验还是偶校验。

在自由口通信协议下，可以用特殊继电器 SMB30 设置通信端口 0 的通信参数，用 SMB130 设置通信端口 1 的通信参数。SMB30 和 SMB130 设置端口的说明如表 5-6 所示。

表 5-6　SMB30 和 SMB130 设置端口的说明

端口 0	端口 1	描述
SMB30 的数据格式	SMB130 的数据格式	<table><tr><td>7</td><td></td><td></td><td></td><td></td><td></td><td></td><td>0</td></tr><tr><td>P</td><td>P</td><td>D</td><td>B</td><td>B</td><td>B</td><td>M</td><td>M</td></tr></table>
SMB30.6 和 SMB30.7 奇偶校验选择	SMB130.6 和 SMB130.7 奇偶校验选择	PP：00—无奇偶校验 　　01—偶校验 　　10—无奇偶校验 　　11—奇校验
SMB30.5 每个字符的有效数据位	SMB130.5 每个字符的有效数据位	D：0—8 位有效数据 　　1—7 位有效数据
SMB30.2~SMB30.4 比特率的选择	SMB130.2 ~ SMB130.4 比特率的选择	BBB：000—38400bit/s 　　　001—19200bit/s 　　　010—9600bit/s 　　　011—4800bit/s 　　　100—2400bit/s 　　　101—1200bit/s 　　　110—1152000bit/s 　　　111—57600bit/s
SMB30.0 和 SMB30.1 通信协议的选择	SMB130.0 和 SMB130.1 通信协议的选择	MM：00—PPI 从站模式 　　　01—自由口通信模式 　　　10—PPI 主站模式 　　　11—保留

❸ 自由口通信时的中断事件

S7-200 在使用自由口通信协议与网络中的其他设备通信时，使用中断事件来实现。S7-200 自由口通信的中断事件如下。

- 中断事件 8：通信端口 0 单字符接收中断。
- 中断事件 9：通信端口 0 发送完成中断。
- 中断事件 23：通信端口 0 接收完成中断。

- 中断事件 25：通信端口 1 单字符接收中断。
- 中断事件 26：通信端口 1 发送完成中断。
- 中断事件 24：通信端口 1 接收完成中断。

5. USS 协议

通用串行接口协议（Universal Serial Interface Protocol，USS 协议）是 SIEMENS 公司所有传动产品的通用通信协议，它是一种基于串行总线进行数据通信的协议。USS 协议是主 - 从结构的协议，规定了在 USS 总线上可以有一个主站和最多 30 个从站。总线上的每个从站都有一个站地址（在从站参数中设定），主站依靠它识别每个从站。每个从站也只对主站发来的报文做出响应并回送报文，从站之间不能直接进行数据通信。

另外，还有一种广播通信方式，主站可以同时给所有从站发送报文，从站在接收到报文并做出相应的响应后可不回送报文。

❶ USS协议的优点

- 对硬件设备要求低，减少了设备之间的布线。
- 无须重新连线就可以改变控制功能。
- 可通过串行接口设置或改变传动装置的参数。
- 可实时的监控传动系统。

常用 USS 主站的性能对比如表 5-7 所示。

表 5-7　常用 USS 主站的性能对比

产品	通信接口	最大通信比特率
CPU 22X	9 芯 D 型插头	115.2 kbit/s
CPU 31XC-PTP	15 芯 D 型插头	19.2 kbit/s
CP 340-C	15 芯 D 型插头	9.6 kbit/s
CP 341-C	15 芯 D 型插头	19.2 kbit/s

由表 5-7 可见，S7-200 CPU22X 具有较高的性能价格比。S7-200 CPU22X 的性能如表 5-8 所示。

表 5-8　S7-200 CPU22X 的性能

产品	PKW 区	PZD 区	Bico	终端电阻	通信接口	最大通信比特率
M3/ECO	3 固定	2 固定	No	No	9 芯 D 型插头或端子	19.2 kbit/s
M410/420	0,3,4,127	0-4	YES	No	端子	55.6 kbit/s
M430/440	0,3,4,127	0-8	YES	NO	端子	115.2 kbit/s
Simoreg 6RA70	0,3,4,127	0-16	YES	YES	9 芯 D 型插头或端子	115.2 kbit/s
imovert 6SE70	0,3,4,127	0-16	YES	YES	9 芯 D 型插头或端子	115.2 kbit/s

❷ USS通信硬件连接

- 条件许可的情况下，USS 主站尽量选用直流型的 CPU（针对 S7-200 系列）。
- 一般情况下，USS 通信电缆采用双绞线即可（如常用的以太网电缆），如果干扰比较大，可采用屏蔽双绞线。
- 在采用屏蔽双绞线作为通信电缆时，把具有不同电位参考点的设备互连会在互连电缆中产生不应有的电流，从而造成通信口的损坏。要确保通信电缆连接的所有设备，或是共用一个公共电路参考点，或是相互隔离的，以防止不应有的电流产生。屏蔽线必须连接到机箱接地点或 9 针连接的插针 1。

建议将传动装置上的 0V 端子连接到机箱接地点。

- 尽量采用较高的比特率，传输速率只与通信距离有关，与干扰没有直接关系。
- 终端电阻的作用是用来防止信号反射的，并不用来抗干扰。如果在通信距离很近、比特率较低或点对点通信的情况下，可不用终端电阻。多点通信的情况下，一般也只需在 USS 主站上加终端电阻就可以取得较好的通信效果。
- 当使用交流型的 CPU22X 和单相变频器进行 USS 通信时，CPU22X 和变频器的电源必须接成同相位的。
- 建议使用 CPU226（或 CPU224+EM277）来调试 USS 通信程序。
- 不要带电插拔 USS 通信电缆，尤其是正在通信过程中，这样极易损坏传动装置和 PLC 的通信端口。如果使用大功率传动装置，即使传动装置掉电后，也要等几分钟，让电容放电后，再去插拔通信电缆。

③ USS通信的编程

USS 协议是以字符信息为基本单元的协议，而 CPU22X 的自由口通信功能和 CPU31XC–PTP 的 RS422/485 串行口正好也是以 ASCII 码的形式来发送接收信息的。

利用这些 CPU 的 RS485 串行口的通信功能，由用户程序完成 USS 协议功能，可实现与 SIEMENS 传动装置简单而可靠的通信连接。

USS 点对点通信编程步骤如下。

STEP01 USS 主站（PLC）与 USS 从站（传动装置）之间的通信是异步方式的，负责与传动装置通信的工作程序应采用后台工作方式，如何发送接收数据应与控制逻辑无关。用户程序通过改变 USS 报文中的 STW 及 HSW 的值，来控制变频器的启停及改变设定频率值。

STEP02 利用发送指令（如 XMT，P_SEND，P_SND_RK）发送 USS 报文至传动装置，利用接收指令（如 RCV，P_RCV，P_RCV_RK）接收变频器返回的 USS 报文。同一时刻，只能有一个发送指令或接收指令被激活。

STEP03 USS 通信程序包括通信端口初始化子程序、BCC 校验码计算子程序、数据发送子程序、数据接收子程序、通信超时响应子程序、通信流程控制子程序等。可采用中断响应的方式，也可用查询相应标志位的方式来实现。

STEP04 设立发送接收数据缓存区与映像区，用户应通过改变映像区的 USS 发送报文值来控制传动装置，或通过读取映像区 USS 接收报文中的状态值来判断传动装置的当前状态。以防止因干扰而接收到错误数据而使 PLC 做出错误的判断和控制。

USS 多点通信的编程步骤如下。

STEP01 控制通信的基本流程同上述点对点通信方式。

STEP02 对各从站的控制应采取轮询方式，轮询程序同样也是后台工作方式工作的。

STEP03 根据对各台传动装置控制任务的轻重，在 PLC 数据区内建立一个从站地址表，按该地址表轮询各传动装置。采用间接寻址的编程方式，可大大节省 CPU 的程序空间。

STEP04 虽然，USS 协议的实际物理地址只有 30 个，但轮询地址表的大小无限制，其有效站地址可以在表中根据实际应用需要反复出现。实际轮询站点数越多，其轮询的间隔时间也越大，而表中站地址重复次数越多，其轮询的间隔时间越小，因此必须为每个传动装置设定适当的通信超时时间以适应这种轮询间隔。

STEP05 不同 USS 从站可以有不同的 USS 报文结构，如 3PKW+2PZD、4PKW+4PZD、0PKW+6PZD 等组合。但整个系统要支持广播方式，USS 网络中的所有从站都必须有相同的 PKW 区才行。

STEP06 传动装置对以广播方式发送的指令做出响应后，不再回送报文，因此 PLC 可以不再进入数据接收状态。

5.3 S7-200 的网络通信及应用

S7-200 进行网络通信操作时，应先确定主从站，然后制定双方通信协议，最后编制用户程序。当采用 PPI 协议时只需编写主站程序即可。

5.3.1 S7-200 的通信指令

S7-200 的通信指令包括两类，即网络通信指令和自由口通信指令，其格式如表 5-9 所示。

表 5-9 通信指令格式

指令名称		梯形图	STL	操作数	作用
网络通信指令	网络读指令 NETR	NETR EN ENO TBL PORT	NETR TBL, PORT	VB、MB、*VD、*LD、常量	EN 有效时，初始化通信操作，通过通信端口 PORT（0 或 1）从远程设备接收数据，存放到 TBL 为首地址的数据表
	网络写指令 NETW	NETW EN ENO TBL PORT	NETW TBL, PORT	VB、MB、*VD、*LD、常量	EN 有效时，初始化通信操作，通过通信端口 PORT，将以 TBL 为首地址的数据发送到远程设备
自由口通信指令	数据接收指令 RCV	RCV EN ENO TBL PORT	RCV TBL, PORT	VB、IB、QB、MB、SMB、*VD、*LD、*AC、常量	EN 有效时，通过通信端口 PORT（0 或 1）接收远程设备的数据，存放到以 TBL 为首地址的数据接收缓冲区
	数据发送指令 XMT	XMT EN ENO TBL PORT	XMT TBL, PORT	VB、IB、QB、MB、SMB、*VD、*LD、*AC、常量	EN 有效时，通过通信端口 PORT（0 或 1），将以 TBL 为首地址的数据发送到远程设备

网络通信指令说明如下所述。

（1）影响网络通信指令的 ENO 的出错条件为 SM4.3（运行时间），0006（间接寻址）。

（2）影响 RCV 指令的 ENO 的出错条件为 SM86.6 和 SM186.6（RCV 参数错误）、0006（间接寻址）、0009（端口 0 中同时执行 SMTP/RCV）、000B（端口 1 中同时执行 XMT/RCV），S7-200 CPU 不在自由端口模式中。

（3）影响 XMT 指令的 ENO 的出错条件为 0006（间接寻址）、0009（端口 0 中同时执行 SMTP/RCV）、000B（端口 1 中同时执行 XMT/RCV）。

5.3.2 PPI 通信

在 S7-200 的特殊继电器 SM 中，SMB30（SMB130）用于设定通信端口 0（通信端口 1）的通信方式。SMB30（SMB120）的低 2 位决定通信端口 0（通信端口 1）的通信协议，PPI 从站，自由口、PPI 主站。只要将 SMB30（SMB130）的低 2 位设置为 2#10，就允许 PLC 为 PPI 主站模式，可以执行网络读写指令。

PPI 是一种主 / 从协议通信，主 / 从站在一个令牌环网中。在 CPU 内用户程序调用网络读（NETR）、写（NETW）指令即可，也就是说网络读写指令是运行在 PPI 协议上的。因此 PPI 网络只在主站侧编写程序即可，从站的读写网络指令没有意义。

网络读写指令可以向远程站发送或接收 16 个字节的信息，在 CPU 内同一时间最多有 8 条指令被激活，例如可以同时激活 6 条网络读指令和两条网络写指令。网络读、写指令是通过 TBL 参数来指定报文的，报文格式如表 5-10 所示。

表 5-10　网络读、写指令报文格式

字节	bit7							bit0
0	D	A	E	0	E1	E2	E3	E4
1	远程地址							
2								
3	远程站的数据指针（I、Q、M、V）							
4								
5								
6	信息字节总数							
7	信息字节 0							
8	信息字节 1							
…	……							
22	信息字节 15							

要点提示　　D 表示操作完成状态；0= 未完成；1= 已完成；A 表示操作有效否；0= 无效；1= 有效；E 表示错误信息；0= 无错；1= 有错。

E1、E2、E3、E4 为错误代码，错误代码及意义如表 5-11 所示。

表 5-11　错误代码及意义

错误代码	表示意义
0	没有错误
1	远程站响应超时
2	接收错误：奇偶校验错，响应时帧或校验错
3	离线错误：相同的站地址或无效的硬件引发冲突
4	队列溢出错误：同时激活超过 8 条网络读、写指令
5	通信协议错误：没有使用 PPI 协议而调用网络读、写指令
6	非法参数
7	远程站正在忙（没有资源）
8	第 7 层错误：违反应用协议
9	信息错误：数据地址或长度错误
10	保留（未用）

【练习 5-1】以图 5-20 所示的奶油罐装分配打包生产线为例完成 PPI 通信。

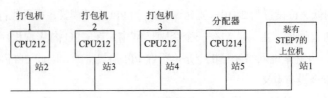

图 5-20　奶油罐装分配打包生产线

　　灌满的奶油瓶由分配器分配给 3 台打包机，3 台打包机由 3 台 CPU212 控制，分配器由 CPU214 控制（即 CPU214 为主站）。CPU214 用 NETR 指令连续地从每台打包机读取控制字节（VB100）及状态信息（VB101），控制字节及状态信息如图 5-21 所示。当打包机装箱数满 100 时，分配器得知此情况并用 NETW 指令发出信息去清除该站的状态字。网络数据通信缓冲区如表 5-12 所示。

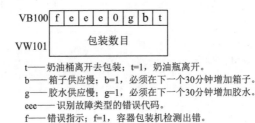

t——奶油桶离开去包装；t=1，奶油瓶离开。
b——箱子供应慢；b=1，必须在下一个30分钟增加箱子。
g——胶水供应慢；g=1，必须在下一个30分钟增加胶水。
eee——识别故障类型的错误代码。
f——错误指示；f=1，容器包装机检测出错。

图 5-21　控制字节与状态信息

表 5-12　网络通信数据缓冲区

地址	接收缓冲区	地址	发送缓冲区
VB200	站 2 接收缓冲区	VB300	站 2 发送缓冲区
VB210	站 3 接收缓冲区	VB310	站 3 发送缓冲区
VB220	站 4 接收缓冲区	VB320	站 4 发送缓冲区

1．网络通信设置

　　把 CPU 连接在 PPI 网络之前，根据前面的内容设置 PLC 的 PPI 通信端口比特率和通信属性参数。然后设置 PPI 网络中 PLC 的站号与通信比特率。在图 5-22 中，在项目里双击"通信端口"，打开设置通信端口的对话框。

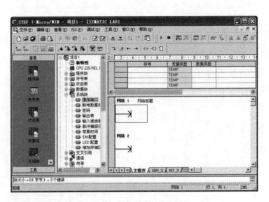

图 5-22　打开通信端口设置对话框

　　在图 5-23 的 CPU 通信端口设置对话框画面中，选择端口 1 的 PLC 地址为"2"、比特率为"9.6kbit/s"

等参数，然后单击 确认 按钮。

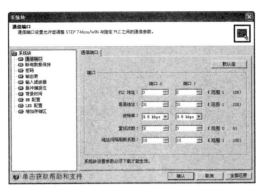

图 5-23　CPU 通信端口设置对话框

然后在图 5-24 中，选取【文件】/【下载】命令，把设置好的系统块参数下载到 PLC 中，重新搜索，可以看到刚才设置的通信参数已经设置成功。

图 5-24　下载系统块等参数到 CPU

然后利用同样方法，单独对另几台 CPU 进行 PPI 通信参数设置。

使用西门子网络线和网络接头（其中一个接头需有编程口）把几个 CPU 的 PORT0 口连接，使用 PC/PPI cable 或 USB/PPI cable 通信线把本地编程电脑也连接在 PPI 网络上，然后搜索 PPI 网络上的站。

2. 用户程序

分配器 CPU214 与站 2（1 号打包机）通信程序如图 5-25 所示。网络 1 在第一个扫描周期，将 2 存到 SMB30，设置 PPI 通信方式。将接收、发送缓冲区全部清零。网络 2 当 NETR 完成标志位 V200.7 为 1 时，并且打包 100 箱完成时，将 1 号打包机的站号装入到发送缓冲区中的 VB301。将打包箱的数目指针 &VB101 指向远程站数据的指针 VD302，将要发送的数据 2 装入 VB306，将要发送的数据 0 装入 VW307，通过端口 0 将发送缓冲区中的数据发送到 CPU214。网络 3 当 NETR 完成位 V200.7 为 1 时，保存 1 号打包机的控制数据。网络 4 当 NETR 无效且没有错误时，将 1 号打包机的站号装入到 VB201。将打包箱的数目指针 &VB101 指向远程站数据的指针 VD202；将要发送的数据长度 3 装入 VB206，通过端口 0 读取 CPU214 的数据存放在站 1 的接收缓冲区中。其他从站与主站的通信程序与此类似，在此不再赘述。

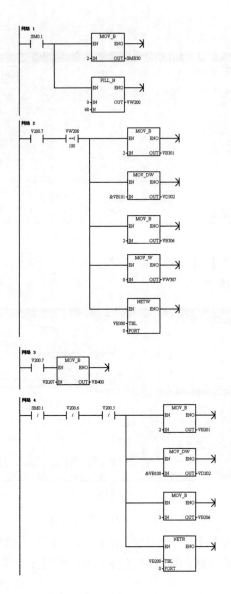

图 5-25　分配器 CPU214 与站 2（1 号打包机）通信程序

5.3.3　自由口通信

S7-200 可以通过选择自由通信模式控制串口通信。最简单的情况为只用 XMT 指令向打印机或者变频器等第三方设备发送信息。通信协议为自由端口模式时，PORT 0 或 PORT 1 完全受梯形图程序的控制，用户可以通过 XMT 指令、RCV 指令、发送中断、接收中断来控制通信口的操作。

1. 自由口通信的数据发送

自由口通信的数据在发送到远程设备前，会将数据存放到发送数据缓冲区，然后通过通信端口利用 XMT 指令将发送缓冲区中的数据发送给远程设备。发送数据缓冲区最多可发送 255 个字符的信息，发送数据缓冲区格式如表 5-13 所示。在发送缓冲区中，第一个字符存放的是发送字符数目，然后依次才是要发送的数据。

表 5-13　数据缓冲区格式

发送数据缓冲区	接收数据缓冲区
发送字符数	接收字符数
字符 1	字符 1
字符 2	字符 2
……	……
字符 n	字符 n

检测数据发送完成的方法有两种。

- 通过发送中断服务程序：若有一个中断服务程序连接在发送结束事件上，在发送信息最后一个字符时，则会产生一个中断（对 PORT0 为中断事件 9，对 PORT1 为中断事件 26）。
- 通过发送完成标志位：通过监控 SM4.5（对于 PORT0）或 SM4.6（对于 PORT1）的状态来判断发送是否完成，如果状态为 1，说明发送完成。

2. 自由口通信的数据接收

PLC 通过通信端口利用 RCV 命令接收到的数据会存放在接收数据缓冲区中。接收数据缓冲区最多可接收 255 个字符的信息。数据接收缓冲区如表 5-13 所示。在接收数据缓冲区中第一个字符存放的是接收字符数目，然后依次才是接收到的数据。

检测数据接收完成的方法有两种。

- 通过发送中断服务程序：若有一个中断服务程序连接在接收结束事件上，在接收信息字符最后一个字符时，则会产生一个中断（对 PORT0 为中断事件 23，对 PORT1 为中断事件 24）。
- 通过发送完成标志位：通过监控 SM86（对于 PORT0）或 SM186（对于 PORT1）的状态来判断发送是否完成，如果状态为 1，说明接收完成。

3. 自由口通信中的特殊继电器

S7-200 在接收信息字符时要用到一些特殊继电器，对通信端口 0 要用到 SMB86 ~ SMB94，对通信端口 1 要用到 SMB186 ~ SMB194，这些特殊继电器的功能如表 5-14 所示。

SMB86 和 SMB186 用于接收信息状态字节，其功能描述如表 5-15 所示。

SMB87 和 SMB187 用于接收信息控制字节，其功能描述如表 5-16 所示。

表 5-14　自由口通信时用到的特殊继电器的功能

端口 0	端口 1	功能描述
SMB86	SMB186	接收信息状态字节
SMB87	SMB187	接收信息控制字节
SMB88	SMB188	信息字符的开始
SMB89	SMB189	信息字符的结束
SMB90	SMB190	空闲时间段设定（ms），空闲后收到的第一个字符是新信息的首字符
SMB92	SMB192	内部字符定时器溢出值设定（ms），超时将禁止接收信息
SMB94	SMB194	要接收的最大字符数

表 5-15　接收信息状态字节功能描述

端口 0	端口 1	功能描述
SMB86 的格式	SMB186 的格式	<table><tr><td>7</td><td></td><td></td><td></td><td></td><td></td><td></td><td>0</td></tr><tr><td>N</td><td>R</td><td>E</td><td>0</td><td>0</td><td>T</td><td>C</td><td>P</td></tr></table>
SMB86.7	SMB186.7	N=1：用户通过禁止命令结束接收信息操作
SMB86.6	SMB186.6	R=1：因输入参数错误或缺少起始和结束条件引起的接收信息结束
SMB86.5	SMB186.5	E=1：收到结束字符
SMB86.4	SMB186.4	不用
SMB86.3	SMB186.3	不用
SMB86.2	SMB186.2	T=1：因超时引起的接收信息错误
SMB86.1	SMB186.1	C=1：因字符数超长引起的接收信息结束
SMB86.0	SMB186.0	P=1：因奇偶校验错误引起的接收信息结束

表 5-16　接收信息控制字节功能描述

端口 0	端口 1	功能描述
SMB87 的格式	SMB187 的格式	<table><tr><td>7</td><td></td><td></td><td></td><td></td><td></td><td></td><td>0</td></tr><tr><td>EN</td><td>SC</td><td>EC</td><td>IL</td><td>C/M</td><td>TMR</td><td>BK</td><td>0</td></tr></table>
SMB85.7	SMB185.7	EN：接收允许。0—禁止接收信息，1—允许接收信息
SMB85.6	SMB185.6	SC：是否用 SMB88 或 SMB188 的值检测起始信息。0—忽略，1—使用
SMB85.5	SMB185.5	EC：是否用 SMB89 或 SMB189 的值检测结束信息。0—忽略，1—使用
SMB85.4	SMB185.4	IL：是否用 SMB90 或 SMB190 的值检测空闲状态，0—忽略，1—使用
SMB85.3	SMB185.3	C/M：定时器定时性质。0—内部字符定时器，1—信息定时器
SMB85.2	SMB185.2	TMR：是否使用 SMB92 或 SMB192 的值终止接收。0—忽略，1—使用
SMB85.1	SMB185.1	BK：是否使用中断条件来检测起始信息。0—忽略，1—使用
SMB85.0	SMB185.0	不用

定义：起始信息 =IL*BC+BK*SC

结束信息 =EC+TMR+ 最大字符数

用起始信息编程

1. 空闲检测：　　　　IL = 1，SC = 0，BK=0，SMW90>0
2. 起始字符检测：　IL=0，SC=1，BK=0，SMW90 可以忽略
3. 中断检测：　　　　IL=0，SC=1，BK=1，SMW90 可以忽略
4. 对信息响应检测：IL=1，SC=0，BK=0，SMW90=0
5. 对中断和起始字符检测：IL=0，SC=1，BK=1，SMW90 可以忽略
6. 对空闲和起始字符检测：IL=1，SC=1，BK=0，SMW90>0
7. 对空闲和起始字符检测（非法）：IL=1，SC=1，BK=0，SMW90=0

要点提示

　　如果出现超时奇偶校验错误，则自动结束接收过程。

5.3.4　自由口通信应用实例

本小节以 S7-200 之间的数据交换和 S7-200 与打印机的通信为例来介绍自由口通信的应用。

1. 3 台 S7-200 系列 PLC 间的通信

【**练习 5-2**】3 台 S7-200 使用自由通信口模式连接在一个远程 I/O 网络上，3 台 PLC 均采用 S7-200 系列的 CPU214。工作站 0 为主工作站，与从工作站 1 和 2 相连。主工作站轮流发送 4 个字节的输出数据到每个从工作站，随之每个从工作站响应产生 4 个字节的输入数据。

因为自由口的通信是通过数据缓冲区来实现数据交换的，所以为每个工作站配备各自的数据输入 / 输出缓冲区，且为整个工作网络配备两个公共存储缓冲区，一个用作远程输入，另一个用作远程输出。发送的输出数据可从发送缓冲区获取，该数据是从输出缓冲区移到发送缓冲区的两个字长度的值。发送后，主工作站接收从工作站的响应，并且将数据存储在接收缓冲区。各工作站的输入缓冲区及输出缓冲区分配如表 5-17 和表 5-18 所示。公共存储缓冲区的格式如表 5-19 所示。其中 VB607 是在产生发送检查和时所使用的存储单元。

表 5-17　输入缓冲区分配

工作站 0	工作站 1	工作站 2
输入缓冲区	输入缓冲区	输入缓冲区
VB500 字节 0	VB504 字节 0	VB508 字节 0
VB501 字节 1	VB505 字节 1	VB509 字节 1
VB502 字节 2	VB506 字节 2	VB510 字节 2
VB503 字节 3	VB507 字节 3	VB511 字节 3

表 5-18　输出缓冲区分配

工作站 0	工作站 1	工作站 2
输出缓冲区	输出缓冲区	输出缓冲区
VB540 字节 0	VB544 字节 0	VB548 字节 0
VB541 字节 1	VB545 字节 1	VB549 字节 1
VB542 字节 2	VB546 字节 2	VB550 字节 2
VB543 字节 3	VB547 字节 3	VB551 字节 3

表 5-19　公共存储缓冲区格式

缓冲区	地址	作用
发送缓冲区	VB600	长度
	VB601	地址
	VB602	字节 0
	VB603	字节 1
	VB604	字节 2
	VB605	字节 3
	VB606	FCS
接收缓冲区	VB608	字节 0
	VB609	字节 1
	VB610	字节 2
	VB611	字节 3

本例仅讲述主工作站程序，从工作站程序结构与主工作站类似。

主工作站的程序包括以下几部分。

MAIN：主程序，程序如图 5-26 所示。网络 1 当 PLC 由 OFF 转为 ON 时，将从站数目发存到主工作站内存区；当 PLC 由 OFF 转为 ON 时，将标志位 I5.0~I5.3 复位。其中 I5.0 为传送完毕表示，I5.1 为传送错误标志，I5.2 为通信网络校验错误标志，I5.3 为网络错误标志。网络 2 调用设置自由口设置子程序。网络 3 当 PLC 处于 RUN 模式时，将主站的输入 IW0 传送到主站输出缓冲区 VW504；当 PLC 处于 RUN 模式时，将主工作站的输入缓冲区中的数据送到 QB0。网络 4 若存在传送错误即 I5.1 接通，则接通 Q1.0。网络 5 若存在通信网络校验错误，即 I5.2 接通，则接通 Q1.1。

SBR0：自由口通信设置子程序，如图 5-27 所示。网络 1 若 SM0.7 为 OFF，即 PLC 开关处于 TERM 位置，使自由口通信模式无效；若 SM0.7 为 OFF，使接收器无效；若 SM0.7 为 OFF，使发送器无效；若 SM0.7 为 OFF，使定时器无效；无条件返回主程序。网络 2 当 SM30.0 为 OFF，即不是 PPI 模式时，将控制字 16#C1 存储到 SMB30，比特率为 38.4kbit/s，奇校验，8 字符；当 SM30.0 为 OFF，开中断；当 SM30.0 为 OFF，定义定时中断 0 的时间间隔为 5ms；当 SM30.0 为 OFF，定义定时中断 1 的时间间隔为 20ms。网络 3 当 PLC 处于 RUN 模式时，复位 I5.0；当 PLC 处于 RUN 模式时，主站的输出缓冲区指针 &VB540 指向 VD630；当 PLC 处于 RUN 模式时，主站的输入缓冲区指针指向 VD634；当 PLC 处于 RUN 模式时，将发送缓冲区长度（6 个字节）送到 VB600；当 PLC 处于 RUN 模式时，将工作站站号 1 存储到 VB601；当 PLC 处于 RUN 模式时，将要发送的数据存储到 VD602；当 PLC 处于 RUN 模式时，将 VW602 的数据保存到 AC0；当 PLC 处于 RUN 模式时，将 VW602 与 AC0 异或，计算 FCS；当 PLC 处于 RUN 模式时，将 AC0 的检查序列字符保存到 VB606；当 PLC 处于 RUN 模式时，将 AC0 与 VW606 异或，存储 FCS；当 PLC 处于 RUN 模式时，复位传送错误位；当 PLC 处于 RUN 模式时，置位网络校验错误位；当 PLC 处于 RUN 模式时，使发送定时器有效（定时器中断事件 10 调用中断程序 1）；当 PLC 处于 RUN 模式时，使发送中断有效（发送中断程序 9 调用中断程序 10）。网络 4 跳转标号 0。网络 5 若 I5.0 不等于 1，即传送未完成，则等待完成。

SINT0：接收定时器中断程序，如图 5-28 所示。网络 1 当 PLC 处于 RUN 模式时，使接收中断无效；当 PLC 处于 RUN 模式时，使定时器中断无效；当 PLC 处于 RUN 模式时，使中断 11 无效。网络 2 若 I5.3 接通，即网络校验出错，则置位 I5.2。网络 3 将 VB601 与 VB0 比较；若是网络中最后一个工作站，则接通 I5.0，表

```
网络 1      网络标题
LD      SM0.1
MOVB    2, VB0
R       I7.0, 4

网络 2
LD      SM0.0
CALL    SBR_0:SBR0

网络 3
LD      SM0.0
MOVB    IB0, VB540
MOVB    VB500, QB0

网络 4
LD      I7.1
=       Q1.0

网络 5
LD      I7.2
=       Q1.1
```

图 5-26　S7-200 间自由口通信主程序

```
网络 1
LDN     SM0.7
MOVB    16#C0, SMB30
DTCH    8
DTCH    9
DTCH    10
CRET

网络 2
LDN     SM30.0
MOVB    16#C1, SMB30
ENI
MOVB    5, SMB34
MOVB    20, SMB35
CRET

网络 3
LD      SM0.0
R       I7.0, 1
MOVD    &VB540, VD630
MOVD    &VB500, VD634
MOVB    6, VB600
MOVB    1, VB601
MOVD    *VD630, VD602
MOVW    VW602, AC0
XORW    VW602, AC0
MOVB    AC0, VB606
XORW    AC0, VW606
R       I7.2, 1
S       I7.3, 1
ATCH    INT_1:INT1, 10
ATCH    INT_10:INT10, 9
XMT     VB600, 0

网络 4
LBL     0

网络 5
LDN     I7.0
JMP     0
```

图 5-27　选择自由口通信子程序

示传送结束；子程序返回。网络 4 当 PLC 处于 RUN 模式时；工作站地址加 1；增大指针，指向下一个工作站的输出数据缓冲区；增大指针，指向下个工作站的输出数据缓冲区；置入发送的数据；计算 FCS；存储 FCS；将网络错误标志 I73 置位；使发送定时器有效（定时器中断时间 10 调用中断程序 1）；使发送中断有效（发送中断时间 9 调用中断程序 10）；发送数据。

INT1：发送定时器中断程序，如图 5-29 所示。网络 1 当 PLC 处于 RUN 模式时，使定时器中断无效；当 PLC 处于 RUN 模式时，置位传送错误位 I5.1；当 PLC 处于 RUN 模式时，使定时器中断。

INT10：在发送完输出数据后发送中断程序，如图 5-30 所示。网络 1 当 PLC 处于 RUN 模式时，使端口 0 发送完成中断无效；当 PLC 处于 RUN 模式时，使定时器中断无效；当 PLC 处于 RUN 模式时，启动接收定时器；当 PLC 处于 RUN 模式时，将中断事件 8 与中断程序 11 联系。

INT11：接收信息第一个字符的中断程序，如图 5-31 所示。网络 1 当 PLC 处于 RUN 模式时，使中断事件 11 无效；当 PLC 处于 RUN 模式时，使能 5ms 接收定时器。网络 2 若没有奇偶校验错误，即 SM3.0 为 OFF；有正确的工作站响应，则初始化检查和寄存器 AC0；将接收字符总数 4 送到 AC1；VD638 指针指向接收缓冲区；使接收数据有效（接收中断事件 8 调用中断程序 12）；子程序返回。网络 3 使静止线接收器有效。

INT12：接收输入数据的中断程序，如图 5-32 所示。网络 1 如果没有奇偶校验错误，则将数据存储于接收寄存器中，指向下一个接收缓冲区的地址，计算正在运行的检查和接收的字符数减 1。网络 2 若接收到 4 个字符，AC1 自减到 0，SM1.0 由 OFF 变为 ON，使接收 FCS 中断有效；结束中断程序 INT_13。网络 3 若有奇偶校验错误，则使接收定时器中断有效；使静止线接收器有效。

INT13：接收 FCS 字符的中断程序，如图 5-33 所示。网络 1 当 PLC 处于 RUN 模式时，使接收定时器中断有效。网络 2 若有校验错误（SM3.0=1）且 FCS 匹配（SMB2 的内容与 AC0 中的相同），将从 VD608 接收的数据存储到 VD634 指针所指的位置，复位网络错误位。

INT14：静止线接收器中断程序，如图 5-34 所示。网络 1 当 PLC 处于 RUN 模式时，重新激发接收定时器。

```
网络 1
LD      SM0.0
DTCH    8
DTCH    10
DTCH    11

网络 2
LD      I7.3
S       I7.2, 1

网络 3
LDB>=   VB601, VB0
=       I7.0
CRETI

网络 4
LD      SM0.0
INCW    VW600
+D      +4, VD630
+D      +4, VD634
MOVD    *VD630, VD602
MOVW    VW602, AC0
XORW    VW604, AC0
MOVB    AC0, VB606
XORW    AC0, VW606
S       I7.3, 1
ATCH    INT_1:INT1, 10
ATCH    INT_10:INT10, 9
XMT     VB600, 0
```

图 5-28　接收定时器中断程序

```
LD      SM0.0
DTCH    9
S       I7.1, 1
ATCH    INT_0:INT0, 10
```

图 5-29　发送中断程序

```
网络 1
LD      SM0.0
DTCH    9
DTCH    10
ATCH    INT_0:INT0, 11
ATCH    INT_11:INT11, 8
```

图 5-30　在发送完输出数据后发送中断程序

```
网络 1
LD      SM0.0
DTCH    11
ATCH    INT_0:INT0, 10

网络 2
LDN     SM3.0
AB=     SB2, VB601
MOVB    0, AC0
MOVW    +4, AC1
MOVD    &VB608, VD638
ATCH    INT_12:INT12, 8
CRETI

网络 3
LD      SM0.0
ATCH    INT_14:INT14, 8
```

图 5-31　接收信息第一个字符的中断程序

```
网络 1
LDN     SM3.0
MOVB    SMB2, *VD638
INCD    VD638
XORW    SMW1, AC0
DECW    AC1

网络 2
LD      SM1.0
ATCH    INT_13:INT13, 8
CRETI

网络 3
LD      SM3.0
ATCH    INT_0:INT0, 10
ATCH    INT_14:INT14, 8
```

图 5-32　接收输入数据的中断程序

```
网络 1
LD      SM0.0
ATCH    INT_0:INT0, 10

网络 2
LDN     SM3.0
AB=     SMB2, AC0
MOVD    VD608, *VD634
R       I7.3, 1
```

图 5-33　接收 FCS 字符的中断程序

```
网络 1
LD      SM0.0
ATCH    INT_0:INT0, 10
```

图 5-34　静止线接收器中断程序

2. S7-200 系列 PLC 与并行打印机通信

【练习 5-3】S7-200 系列的 PLC-CPU212 采用自由口通信模式与并行打印机相连。假定打印机用并行接口连接，发送比特率为 9 600bit/s。

若输入 I0.0 = 1，则打印 "SIMATIC S7-200"。

若输入 I0.1=1，则打印 "INPUT 0.1 IS SET!"

若输入 I0.2=1，则打印 "INPUT 0.2 IS SET!"

……

若输入 I0.7=1，则打印 "INPUT 0.7 IS SET!"

根据控制要求，程序结构应分为以下两部分。

MAIN（主程序）：初始化和输入请求，检查 S7-200 模式开关，如果模式开关为 RUN 模式，则切换到自由通信口模式，根据输入命令把相应的信息传送到打印机。

SBR0（子程序）：打印设置，包括设置自由通信口模式的参数和相应于不同输入的打印输出文本。

S7-200 与并行打印机通信主程序如图 5-35 所示。网络 1 发送 ASCII 码并打印（VB80 中存放发送 ASCII 码数量）。网络 2PLC 处于 RUN 模式时，SM0.7 = 1，则设置端口 0 为自由口协议。网络 3 若 I0.0 由 OFF 变为 ON，识别脉冲上升沿，当 PLC 首次扫描时，即 SM0.1 = 1，调用子程序 SBR0。网络 4 若 I0.1 由 OFF 变为 ON，识别脉冲上升沿，把 1 的 ASCII 码 # 31 存入 VB109，发送 ASCII 码并打印（VB100 中存放发送 ASCII 码数量）。网络 5 若 I0.2 由 OFF 变为 ON，识别脉冲上升沿，把 2 的 ASCII 码 # 32 存入 VB109，发送

ASCII 码并打印（VB100 中存放发送 ASCII 码数量）。网络 6 若 I0.3 由 OFF 变为 ON，识别脉冲上升沿，把 3 的 ASCII 码 #33 存入 VB109，发送 ASCII 码并打印（VB100 中存放发送 ASCII 码数量）。网络 7 若 I0.4 由 OFF 变为 ON，识别脉冲上升沿，把 4 的 ASCII 码 #34 存入 VB109，发送 ASCII 码并打印（VB100 中存放发送 ASCII 码数量）。网络 8 若 I0.5 由 OFF 变为 ON，识别脉冲上升沿，把 5 的 ASCII 码 #35 存入 VB109，发送 ASCII 码并打印（VB100 中存放发送 ASCII 码数量）。网络 9 若 I0.6 由 OFF 变为 ON，识别脉冲上升沿，把 6 的 ASCII 码 #36 存入 VB109，发送 ASCII 码并打印（VB100 中存放发送 ASCII 码数量）。网络 10 若 I0.7 由 OFF 变为 ON，识别脉冲上升沿，把 7 的 ASCII 码 #37 存入 VB109，发送 ASCII 码并打印（VB100 中存放发送 ASCII 码数量）。

打印设置子程序如图 5-36 所示。网络 1 当 PLC 处于 RUN 模式时将状态字 9 送到 SMB30，比特率为 9 600bit/s，无奇偶校验，8 字符，将信息长度为 16 送到 VB80，将字符 SI 的 ASCII 码送到 VW81，将字符 MA 的 ASCII 码送到 VW83，将字符 TI 的 ASCII 码送到 VW85，将字符 C <SPACE> 的 ASCII 码送到 VW87，将字符 S7 的 ASCII 码送到 VW89，将字符 -2 的 ASCII 码送到 VW91，将字符 00 的 ASCII 码送到 VW93。网络 2 当 PLC 处于 RUN 模式时，将回车换行的 ASCII 码送到 VW95，将数据长度 20 送到 VB100，将字符 IN 的 ASCII 码送到 VW101，将字符 PU 的 ASCII 码送到 VW103，将字符 T<SPACE> 的 ASCII 码送到 VW105，将字符“0”和“.”的 ASCII 码送到 VW107，将字符“<space>”的 ASCII 码送到 VB110，将字符 IS 的 ASCII 码送到 VW111，将字符“<space>”和“S”的 ASCII 码送到 VW113，将字符 ET 的 ASCII 码送到 VW115，将字符“<space>”和“!”的 ASCII 码送到 VW117，将字符回车和换行的 ASCII 码送到 VW119。

```
网络 1
LD      SM0.1
CALL    SBR_0:SBR0
网络 2
LD      SM0.7
=       SM30.0
网络 3
LD      I0.0
EU
XMT     VB80, 0
网络 4
LD      I0.1
EU
MOVB    16#31, VB109
XMT     VB100, 0
网络 5
LD      I0.2
EU
MOVB    16#32, VB109
XMT     VB100, 0
网络 6
LD      I0.3
EU
MOVB    16#33, VB109
XMT     VB100, 0
网络 7
LD      I0.4
EU
MOVB    16#34, VB109
XMT     VB100, 0
网络 8
LD      I0.5
EU
MOVB    16#35, VB109
XMT     VB100, 0
网络 9
LD      I0.6
EU
MOVB    16#36, VB109
XMT     VB100, 0
网络 10
LD      I0.7
EU
MOVB    16#37, VB109
XMT     VB100, 0
```

图 5-35　S7-200 与并行打印机通信主程序

```
网络 1    网络标题
LD      SM0.0
MOVB    9, SMB30
MOVB    16, VB80
MOVW    16#5349, VW81
MOVW    16#4D41, VW83
MOVW    16#5449, VW85
MOVW    16#4320, VW87
MOVW    16#5337, VW89
MOVW    16#2D32, VW91
MOVW    16#3030, VW93
网络 2
LD      SM0.0
MOVW    16#0D0A, VW95
MOVB    20, VB100
MOVW    16#494E, VW101
MOVW    16#5055, VW103
MOVW    16#5420, VW105
MOVW    16#302E, VW107
MOVB    16#20, VB110
MOVW    16#4953, VW111
MOVW    16#2053, VW113
MOVW    16#4554, VW115
MOVW    16#2021, VW117
MOVW    16#0D0A, VW119
```

图 5-36　打印设置子程序

5.4 西门子 MPI 协议及应用

多点接口（Multi Point Interface，MPI）是西门子公司开发的用于 PLC 之间通信的保密协议。MPI 通信协议没有公开，不能支持一般的现场设备，不是标准的现场总线协议。

在传输速率要求不高、通信数据量不大时，MPI 通信是可以采用的一种简单经济的通信方式。MPI 通信一般用于在以下设备间进行数据交换，S7-200/300/400PLC、操作面板 TP/OP 及上位机 MPI/PROFIBUS 通信卡，如 CP5512/CP5611 /CP5613 等。

MPI 通信是一种比较简单的通信方式，MPI 网络传输速率是 19.2kbit/s ～ 12Mbit/s，MPI 网络最多支持连接 32 个节点，典型数据长度为 64 字节，最大通信距离为 50m。通信距离远，还可以通过中继器扩展通信距离，但中继器也占用节点。

西门子 PLC 与 PLC 之间的 MPI 通信一般有 3 种通信方式。

- 全局数据包通信方式。
- 组态连接通信方式。
- 无组态连接通信方式。

S7-300 与 S7-200 的 MPI 通信，只能采用单边编程方式，即 S7-200 作为服务器，无须任何编程。MPI 网络结构配置如图 5-37 所示。

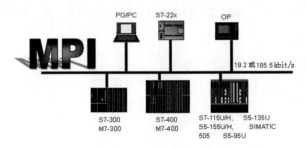

图 5-37　MPI 网络结构配置

S7-200 与 S7-300 的 MPI 通信的硬件包括：

- S7-300 PLC。
- S7-200 PLC。
- PC Adapter 或 CP5611。
- Profibus 总线连接器及电缆。

软件要求包括：

- STEP 7 V5.2 或以上。
- STEP 7-Micro/WIN SP4 或以上。

实现步骤如下：

- 在 STEP 7 中新建 S7-300 项目，按硬件安装顺序和订货号依次插入机架、电源、CPU 进行硬件组态。
- 在 STEP 7-Micro/WIN 的系统块中，设定 S7-200 的站地址为 4，通信比特率为 185.5kbit/s。
- 将组态设置下载到 S7-200 PLC 中。
- 使用 Profibus 电缆连接 CPU314-2DP 的 X1 DP 口和 CPU 224XP 的 DP0 口。

为实现 S7-300 作为客户机，对服务器 S7-200 的数据读写，需要在 STEP 7 中编写两个网络，如图 5-38 和图 5-39 所示。

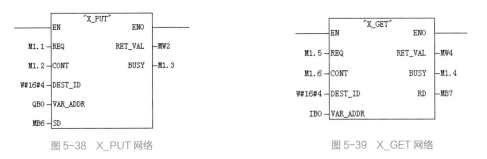

图 5-38　X_PUT 网络　　　　　　　　图 5-39　X_GET 网络

图 5-39 所示，当 M1.5 为 1 时，S7-300 会将 S7-200 的 IB0 的数值读取到 S7-300 的 MB7 中。将 S7-300 项目下载，运行测试即可。

5.5　Profibus-DP 通信及应用

Profibus 符合国际标准 IEC61158，是目前国际上通用的现场总线标准之一，并凭借其领先的技术特点、严格的认证规范、众多厂商的支持，逐渐发展为业界优良的现场级通信网络解决方案。Profibus 已成为机械制造行业的标准。

5.5.1　PROFIBUS 通信概述

1. PROFIBUS-DP 结构

PROFIBUS-DP 是 PROFIBUS 协议的主体。PROFIBUS-DP 是专为工业控制现场层的分散设备之间的通信而设计的。PROFIBUS-DP 的结构如图 5-40 所示。现场的传感器、执行器、控制器和触摸屏等都是常见的连接在总线上的现场设备，通过总线实现不同现场设备的通信。

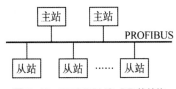

图 5-40　PROFIBUS-DP 的结构

2. 站点类型

每个 PROFIBUS-DP 系统包括各种类型的设备（装置）。根据不同的任务定义分为 3 种设备类型，分别为 1 类 DP 主站、2 类 DP 主站和 DP 从站。

3. 系统配置

PROFIBUS 系统的最小配置为一个主站和一个从站。一个主站和多个从站的 PROFIBUS 系统称为单主站系统，如图 5-41 所示。在这种操作模式下可以达到最短的总线周期。当 PROFIBUS 系统的总线上有多个主站时，称为多主站系统，如图 5-42 所示。多主站系统在原理上比单主站系统复杂。PROFIBUS 协议既支持单主站系统，也支持多主站系统。

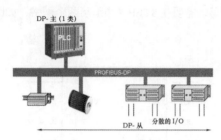

图 5-41 单主站的 PROFIBUS 系统

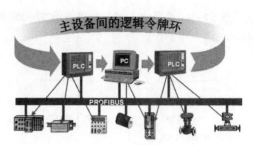

图 5-42 多主站的 PROFIBUS 系统

4. PROFIBUS 的通信方式

PROFIBUS 支持主从系统、纯主站系统、多主多从混合系统等几种模式。主站与主站之间采用的是令牌的传输方式，主站在获得令牌后通过轮询的方式与从站通信。若只有一个主站，并且有多个从站，则为主从系统；若只有多个主站，没有从站，则为纯主站系统；若有多个主站，每个主站均有隶属于自己的多个从站，则为多主多从混合系统。

图 5-42 所示的多主多从混合系统是 PROFIBUS 的一种方式，主站与主站之间为令牌方式，主站与从站之间是主从方式。

5.5.2 S7-300/400 和 S7-200 PLC 的 PROFIBUS-DP 通信应用实例

S7-200 只能作为 S7-300 PLC 的从站来配置。由于 S7-200 本身没有 DP 接口，只能通过 EM277 接口模块连接到 PROFIBUS-DP 网络上。

EM277 模块的左上方有两个拨码开关。EM277 在通电情况下修改拨码开关的数字后必须断电，然后再通电才能使设定的地址生效。硬件网络组态时设定的 EM277 站地址必须与拨码开关设定的地址一致。

1. 新建项目

打开 STEP 7 新建一个项目，项目名为"DP-300-277"，如图 5-43 所示，然后插入 S7-300 主站，并对主站进行硬件配置。

图 5-43 新建通信项目

硬件组态结束后可以对主站的网络参数进行配置，此处与前面的例子也是一样的，由于本例 CPU315-2PN/DP 是主站，因此，在图 5-44 中主站的工作模式选为 DP 主站。

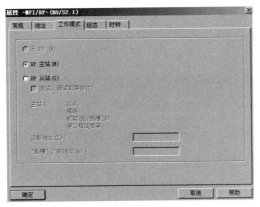

图 5-44 主站工作模式设定

图 5-45 中为组建完整的主站 PROFIBUS 网络，单击【编译保存】按钮可以对刚才的硬件组态进行保存编译。

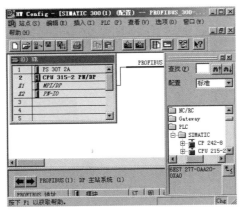

图 5-45 主站上组建了 PROFIBUS 网络

2. 插入 EM277 从站

由于 S7-200 没有集成 DP 接口，必须通过 EM277 才能连接到 PROFIBUS 网络上。在图 5-45 右侧的目录树内依次选择 "PROFIBUS-DP" "Additional Field Devices" "PLC" "SIMATIC" "EM277 PROFIBUS-DP" 选项，将其拖至左侧 "PROFIBUS-DP" 电缆处，并出现图 5-46 所示的对话框。

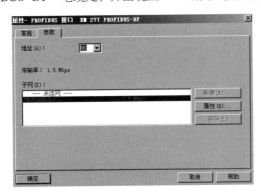

图 5-46 组态 EM277 的站地址及所属网络

框内的地址为 EM277 在 PROFIBUS-DP 网络内的站地址，它必须与 EM277 模块上的拨码开关设定的物理地址相同。EM277 物理地址的设定可以参见本节开始处所叙述的内容。设定完属性后单击 确定 按钮，即完成主站与 EM277 的连接，如图 5-47 所示。

图 5-47　EM277 站点与主站连接

3. 配置 CPU315-2PN/DP 与 S7-200 的通信区

这里要配置的通信区是指 S7-300 与 S7-200 两侧的互为映射的通信缓冲区。EM277 仅仅是 S7-200 用于和 S7-300 进行通信的一个接口模块，S7-200 侧的通信区地址设置必须能够被 S7-200 所接受，与 EM277 无关。插入的对象如图 5-48 所示，设置的通信区如图 5-49 所示。

图 5-48　插入 S7-300 侧通信区对象

图 5-49　设置 S7-300 侧通信区

配置的 S7-200 侧的通信区如图 5-50 所示。

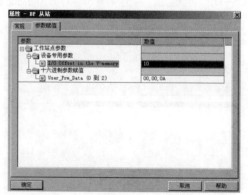

图 5-50　配置 S7-200 侧的通信区

4. 通信映射区

PROFIBUS-DP 网络都是通过硬件组态时预先设定的通信区实现数据交换的，这个数据区通常称为通信映射区，因为该通信区就通信双方来说是互为映射的。这一点在组态时及后面的编程中都必须牢记，否则容易出错。图 5-51 所示为通信映射区示意图，根据前面的组态，S7-300 侧的通信区分别为 QW10 和 IW10，S7-200 侧的通信区为 VW10 和 VW12。

图 5-51 S7-300 与 S7-200 之间的通信映射区

5.6 工业以太网通信及应用

西门子 PLC 支持各种工业以太网的通信，而 PLC 与 PLC 之间最常用的是 C/S 方式的通信。客户端 / 服务器端（Client/Server，C/S）通信就是通信双方中的一方作为客户端发起数据读写请求，另一方仅仅为数据的读写服务，不会主动发起通信。S7-200 系列的部分 PLC 在工业以太网中既可以作为客户端，也可以作为服务器端使用。每次通信一般是由客户端发起的，服务器端只是为数据通信服务。S7-200 系列的部分 PLC 本身并没有集成以太网接口，不过它可以通过通信处理模块 CP243-1 方便地连接到工业以太网上。CP243-1 是为 S7-200 系列 PLC 设计的，该模块提供了一个 RJ45 的网络接口。

5.6.1 工业以太网概述

以太网底层网络由物理层和 MAC 层（介质访问子层）构成。IEEE 802.3 以"以太网"为技术原形，在 MAC 层上采用 CSMA/CD（带冲突检测的载波侦听多路存取控制协议）的介质访问控制技术来处理通信中的冲突。

在以太网模型的网络层和传输层上常采用 TCP/IP 协议组。其中 IP（Internet Protocol）称为网际通信协议，对应网络层。TCP（Transmission Control Protocol）称为传输控制协议，对应传输层，保证数据被可靠地传送，以太网模型结构如图 5-52 所示。

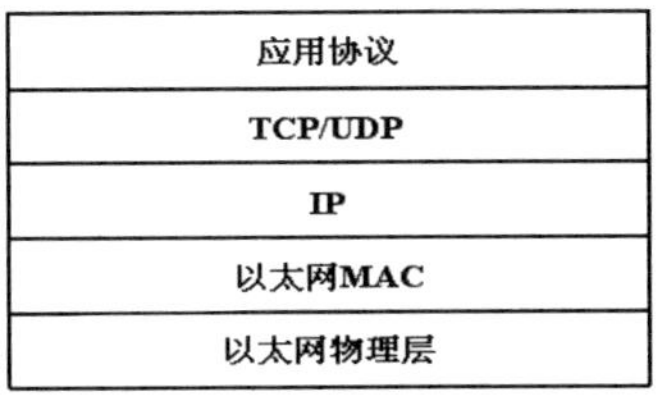

应用协议
TCP/UDP
IP
以太网MAC
以太网物理层

图 5-52 以太网模型结构

将以太网高速传输技术引入到工业控制领域，使得企业内部互联网（如 Intranet），外部互联网（Extranet）和国际互联网（Internet）提供的技术和广泛应用已经进入生产和过程自动化。工业以太网和传统以太网的比较如表 5-20 所示。

表 5-20　工业以太网和传统以太网比较

功能	工业以太网设备	普通商用以太网设备
元器件和设计	工业级	商用级
工作电压	24V DC	220V AC
电源冗余	双电源	一般没有
安装方式	DIN 导轨安装	桌面，机架
工作温度	0℃～60℃	5℃～40℃
冷却方式	无风扇	有风扇
电磁兼容性标准	EN50081-2（EMC，工业） EN50082-2（EMC，工业）	EN50081-1（EMC，办公室） EN50082-1（EMC，办公室）
冗余环网切换时间	小于 500ms	30～90s
MTFB（可靠性）	至少 10 年	3～5 年
要求备件供货时间	10 年	3～5 年

工业以太网的技术优点。

- 可以满足控制系统各个层次的要求，使企业信息网络与控制网络得以统一。
- 设备成本下降。
- 用户拥有成本下降。
- 以太网易与 Internet 集成。
- 软硬件开发方便。
- 避免工业总线技术游离于计算机网络技术的发展主流之外，相互促进。

西门子公司通过 SIMATIC NET 提供了开放的、适用于工业环境下各种控制级别的不同的通信系统。这些通信系统均基于国家和国际标准，符合 ISO/OSI 模型。

SIMATIC NET 包括以下内容：组成通信网络的媒介、媒介附件和传输组件以及相应的传输技术，数据传输的协议和服务，用于连接 PLC 或 PC 的通信模板（通信处理器"CP"）。

通过以太网扩展模块（CP243-1）或互联网扩展模块（CP243-1 IT），S7-200 将能支持 TCP/IP 以太网通信。

5.6.2　S7-200 PLC 之间的以太网通信

要通过以太网与 S7-200 PLC 通信，S7-200 必须使用 CP243-1（或 CP243-1 IT）以太网模块，PC 机上也要安装以太网网卡。

下面实现两台带有 CP243-1IT 扩展模块的 S7-200 CPU 的以太网连接以及通过以太网对 PLC 进行编程和诊断。服务器【配置连接】对话框如图 5-53 所示，对客户机【配置连接】对话框如图 5-54 所示，【配置 CPU 至 CPU 数据传输】对话框如图 5-55 所示。

图 5-53　服务器【配置连接】对话框

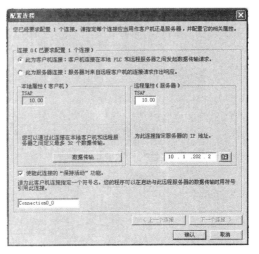

图 5-54　客户机【配置连接】对话框

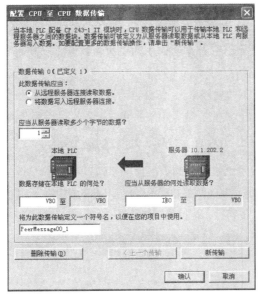

图 5-55　【配置 CPU 至 CPU 数据传输】对话框

服务器上的主程序如图 5-56 所示，客户机上的主程序如图 5-57 所示。

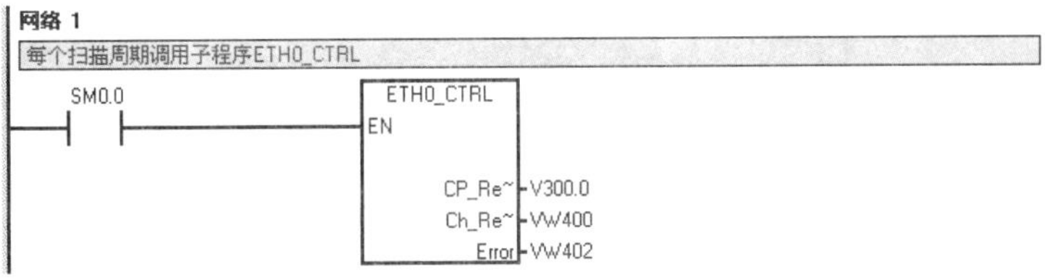

```
网络 1
每个扫描周期调用子程序ETH0_CTRL

    SM0.0              ETH0_CTRL
  ──┤├──────────────┤EN

                         CP_Re~├─V300.0
                         Ch_Re~├─VW400
                          Error├─VW402
```

图 5-56　服务器上的主程序

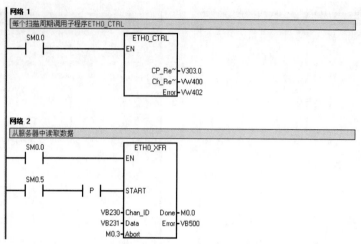

图 5-57　客户机上的主程序

通过以太网模块可以实现 S7-200 的远程编程与诊断，单击【控制面板】中的【设置 PG/PC 接口】进入 PC/PC 接口设置对话框，【已使用的接口参数分配】选择同计算机以太网卡一致的 TCP/IP 协议。

启动 STEP 7 Micro/WIN 软件，打开【通信】对话框，打开【IP 地址浏览器】对话框，添加新地址"10.1.202.2"和"10.1.202.3"并保存。

双击【通信】对话框中的【双击刷新】，系统会自动搜索已添加到 IP 浏览器内的 IP 地址。若通信正常，则在右侧列表中会显示连接的 CPU 类型，选择希望的 PLC 进行在线编程及诊断。

5.6.3　S7-200 PLC 和 S7-300 PLC 的以太网连接

S7-200 和 S7-300 PLC 可分别通过以太网扩展模块 CP243-1 或 CP243-1 IT 和 CP343-1 或 CP343-1IT 接入工业以太网，再加上功能强大的 STEP 7 和 STEP-7 Micro/WIN 等组态软件，使得 S7-200 和 S7-300 PLC 之间的以太网通信的实现简单易行，连接设置如图 5-58 所示。

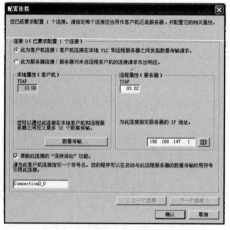

图 5-58　连接设置

CP243-1 IT 组态完毕之后，系统将自动生成相应的子程序。S7-200 作为客户机，只需编写主程序，调用子程序即可。程序清单及注释如图 5-59 所示。

S7-300 作为服务器与 S7-200 进行以太网通信时，不必编写 PLC 程序，只需做好硬件组态，并设置 CP343-1IT 模块的 IP 地址和子网掩码即可。

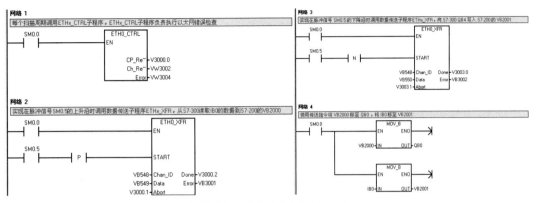

图 5-59   S7-200 客户机的主程序

5.6.4   PC-ACCESS 通过以太网访问 S7-200 PLC

PC Access 是西门子为 S7-200 PLC 开发的 OPC 服务器软件。OPC 是 OLE for Process Control 的缩写，即用于过程控制的 OLE（Object Linking and Embedding，对象链接与嵌入）。

PC Access 的主要技术特色如下。

- 兼容 OPC DA（OPC 数据访问）V2.05 标准。
- 可与所有标准 OPC 客户机配合使用。
- 可与 Micro/WIN 项目的符号（V3.x ~ V4.x）集成。
- 支持各类 S7-200 通信协议。

设置 CP243-1 IT 的工作模式和 TSAP 地址，如图 5-60 所示。

图 5-60   设置 CP243-1 IT 的工作模式和 TSAP 地址

完成以太网模块的配置后，在主程序中编写程序，如图 5-61 所示。

图 5-61　主程序

5.7　实例：PLC 与远程 PC 的通信

在自由端口模式下，实现一台本地 PLC（CPU 224）与一台远程 PC 之间的数据通信。本地 PLC 接收远程 PC 发送的一串字符，直到收到回车符为止，接收完成后，PLC 再将信息发回给 PC。

CPU 224 通信口设置为自由端口模式，传输速率为 9 600bit/s，无奇偶校验，每个字符 8 位。接收和发送使用同一个缓冲区，首地址为 VB100。

通信主程序：

```
LD       SM0.1

MOVB        16#09, SMB30

// 初次扫描时，初始化自由口，选择 9600bit/s，8 位数据位，无校验

MOVB16#B0, SMB87

// 初始化 RCV 信息控制字，启用 RCV 检测信息结束符字符及空闲线信息条件

MOVB16#0A, SMB89

// 设定信息结束字符为 16#0A（换行字符）

MOVW+5, SMW90

// 设置空闲线超时为 5ms

MOVB100,SMB94

// 设定最大字符数为 100

ATCHINT_0, 23

// 接收完成事件连接到中断 0

ATCHINT_2, 9

// 发送完成事件连接到中断 2

ENI      // 允许用户中断

RCV VB100, 0

// 接收指令，接收缓冲区 VB100，端口 0
```

通信中断 0 程序：

```
LDB =SMB86, 16#20

MOVB10, SMB34

ATCHINT_1, 10

// 连接一个 10ms 定时器触发发送，然后返回

CRETI
```

```
NOT
RCV VB100, 0
// 如果由于任何其他原因接收完成，启动一个新的接收
```

通信中断 1 程序：

```
LD   SM0.0
DTCH  10  // 断开定时器中断
XMT  VB100, 0
// 在端口 0 向用户回送信息
```

通信中断 2 程序：

```
LD   SM0.0
RCV  VB100, 0
// 允许另一个接收
```

5.8　思考与练习

1. 数据通信有几种传输方式？

2. 串行通信接口有哪些标注？

3. 在 S7-200 的通信网络中，主站与从站之间有几种连接方式？

4. S7-200 的通信指令有哪些？

5. 什么是 PPI 通信？

6. 什么是自由口通信？

7. 两个 PLC 之间的自由口通信。已知有两台 S7-224 型号 PLC 甲和乙。要求甲机和乙机采用可编程通信模式进行数据交换。乙机的 IB0 控制甲机的 QB0。对发送和接收的时间配合关系无特殊要求。

8. 用本地 CPU224 的输入信号 I0.0 上升沿控制接收来自远程 CPU224 的 20 个字符，接收完成后，又将信息发送回远程 PLC。当发送任务完成后用本地 CPU224 的输出信号 Q0.1 进行提示。

9. 用 NETR 和 NETW 指令实现两台 CPU224 之间的通信，其中，2 号机为主站，站地址为"2"。3 号机为从站，站地址为"3"，编程用计算机的站地址为"0"。

通信任务要求：用 2 号机的 I0.0 ～ I0.7 控制 3 号机 Q0.0 ～ Q0.7，用 3 号机的 I0.0 ～ I0.7 控制 2 号机的 Q0.0 ～ Q0.7。

10. 在自由端口模式下，实现一台 S7-200 PLC 向打印机发送信息。输入 I0.0 为"1"时，打印文字"SIMATIC S7-200"；输入 I0.1 ～ I0.7 为"1"时，打印文字"INPUT 0.X IS SET !"（其中 X 分别为 1, 2, …, 7）。

参数设置：CPU221 通信口设置为自由端口模式。通信协议：传输速率为 9 600bit/s，无奇偶校验，每个字符 8 位。

第6章
STEP 7- Micro/WIN 编程软件

随着 PLC 应用技术的不断进步，西门子公司 S7-200 PLC 编程软件的功能也在不断完善，尤其是汉字化工具的使用，使 PLC 的编程软件更具有可读性。STEP 7-Micro/WIN 程软件是 S7-200 系列 PLC 专用的编程软件，其编程界面和帮助文档已汉化，为用户实现开发、编辑和监控程序等提供了良好的界面。STEP 7-Micro/WIN 编程软件为用户提供了 3 种程序编辑器，即梯形图、指令表和功能块图编辑器，同时还提供了完善的在线帮助功能，有利于用户获取需要的信息。

【本章重点】
- 软件 STEP 7-Micro/WIN 的安装。
- STEP 7-Micro/WIN 编程软件的功能。
- STEP 7-Micro/WIN 编程软件的使用。
- 仿真运行点动控制程序。
- 使用指令向导初始化 HSC1 的工作模式 0。
- 应用 PID 指令向导编写水箱水位控制程序。

6.1 编程软件 STEP 7-Micro/WIN 的安装

STEP 7-Micro/WIN 编程软件的安装和普通的 Windows 应用程序安装方法大致相同，可以直接从西门子公司网站上下载或者使用安装光盘直接安装。

编程软件 STEP 7-Micro/WIN 可以安装在个人计算机和 SIMATIC 编程设备 PG70 上，需要 PC/PPI 电缆（或使用一个通信处理器卡），用于连接计算机与 PLC。在 PC 上安装的方法如下。

（1）将光盘插入光盘驱动器。

（2）系统自动进入安装向导，或单击【开始】按钮启动 Windows 菜单。

（3）单击【运行】选项。

（4）按照安装向导完成软件的安装。

（5）在安装结束时，会出现是否重新启动计算机选项。建议用户选择默认项，单击【完成】按钮，结束安装。

6.2 STEP 7-Micro/WIN 编程软件的功能

STEP 7-Micro/WIN 作为 S7-200 系列 PLC 的专用编程软件，功能强大，且可以实现全中文程序编程操作。

6.2.1 STEP 7-Micro/WIN 的基本功能

STEP 7-Micro/WIN 编辑软件是在 Windows 平台上编制用户应用程序，它主要完成下列任务。

- 在离线方式下（计算机不直接与 PLC 联系）可以实现对程序的创建、编辑、编译、调试和系统组态。由于没有联机，所有的程序都存储在计算机的存储器中。
- 在在线（联机）方式下通过联机通信的方式上装和下载用户程序及组态数据、编辑和修改用户程序。

可以直接对 PLC 做各种操作。

- 在编辑程序过程中进行语法检查。为避免用户在编程过程中出现的一些语法错误以及数据类型错误，软件会进行语法检查。使用梯形图编程时，在出现错误的地方会自动加红色波浪线。使用语句表编程时，在出现错误的语句行前自动画上红色叉，且在错误处加上红色波浪线。
- 提供对用户程序进行文档管理、加密处理等工具功能。
- 设置 PLC 的工作方式和运行参数，进行监控和强制操作等。

6.2.2 软件界面及其功能介绍

编程软件提供多种语言显示界面，下面依据中文界面介绍 STEP 7-Micro/WIN 常用功能。其他语言界面功能与中文界面相同，只是显示语言不同。

1. 软件界面

第一次启动 STEP 7-Micro/WIN 编程软件，显示的是英文界面，如图 6-1 所示。

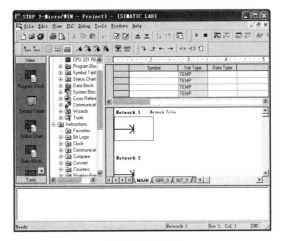

图 6-1　英文界面

因为 STEP 7-Micro/WIN 编程软件提供了多种显示语言，所以可以选择中文主界面。在图 6-1 中选择【 Tools 】/【 Options 】命令，打开【 Options 】对话框。在【 Options 】对话框中将【 General 】选项卡下的【 Language 】选项的内容选择为【 Chinese 】，如图 6-2 所示。

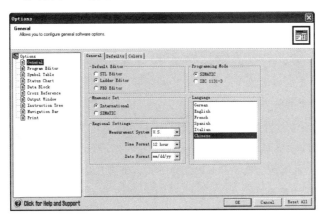

图 6-2　【 Options 】对话框

然后单击  OK 按钮，弹出图 6-3 所示的退出提示对话框，单击 确定 按钮后，弹出是否保存对话框（见图 6-4），单击 是(Y) 按钮保存后，英文界面被关闭。

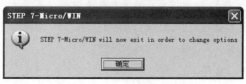

图 6-3　退出提示对话框

图 6-4　是否保存对话框

再次启动 STEP 7-Micro/WIN，出现中文界面，如图 6-5 所示。

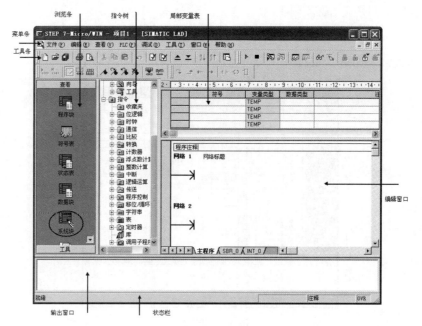

图 6-5　中文界面

2. 界面功能

STEP 7-Micro/WIN 编程软件的中文界面一般分为菜单条、工具条、浏览条、输出窗口、状态栏、编辑窗口、局部变量表和指令树等几个区域，这里分别对这几块区域进行介绍。

❶ 菜单条

- 文件（File）：有新建、打开、关闭、保存文件、上装或下载用户程序、打印预览、页面设置等操作。
- 编辑（Edit）：程序编辑工具。可进行复制、剪切、粘贴程序块和数据块及查找、替换、插入、删除和快速光标定位等操作。
- 查看（View）：可以设置开发环境，执行引导窗口区的选择项，选择编程语言（LAD、STL 或 FBD），设置 3 种程序编程器的风格，如字体的大小等。
- PLC：用于选择 PLC 的类型，改变 PLC 的工作方式，查看 PLC 的信息，进行 PLC 通信设置等功能。
- 调试（Debug）：用于联机调试。
- 工具（Tools）：可以调用复杂指令向导（包括 PID 指令、网络读写指令和高速计数器指令），安装文本显示器 TD200 等功能。

- 窗口（Windows）：可以打开一个或多个窗口，并进行窗口之间的切换，设置窗口的排放形式等。
- 帮助（Help）：可以检索各种相关的帮助信息。在软件操作过程中，可随时按F1键，显示在线帮助。

❷ 工具条

工具条的功能是提供简单的鼠标操作，将最常用的操作以按钮的形式安放在工具条中。

❸ 浏览条

通过选择【查看】/【浏览条】命令，打开浏览条。浏览条的功能是在编程过程中进行编程窗口的快速切换。各种窗口的快速切换是由浏览条中的按钮控制的，单击任何一个按钮，即可将主窗口切换到该按钮对应的编程窗口。

- 程序块。单击程序块图标，可立即切换到梯形图编程窗口。
- 符号表。为了增加程序的可读性，在编程时经常使用具有实际意义的符号名称替代编程元件的实际地址。例如，系统启动按钮的输入地址是 I0.0，如果在符号表中，将 I0.0 的地址定义为 start，这样在梯形图中，所有用地址 I0.0 的编程元件都由 start 代替，增强了程序的可读性。
- 状态表。状态表用于联机调试时检视所选择变量的状态及当前值。只需在地址栏中写入想要监视的变量地址，在数据栏中注明所选择变量的数据类型就可以在运行时监视这些变量的状态及当前值。
- 数据块。在数据窗口中，可以设置和修改变量寄存器（V）中的一个或多个变量值，要注意变量地址和变量类型及数据方位的匹配。
- 系统块。系统块主要用于系统组态。
- 交叉引用。当用户程序编译完成后，交叉索引窗口提供的索引信息有交叉索引信息、字节使用情况和位使用情况。
- 通信与设置 PG/PC 接口。当 PLC 与外部器件通信时，需进行通信设置。

❹ 输出窗口

该窗口用来显示程序编译的结果信息，如各程序块（主程序、中断程序或子程序）的大小、编译结果有无错误、错误编码和位置等。

❺ 状态栏

状态栏也称为任务栏，与一般任务栏功能相同。

❻ 编辑窗口

编辑窗口分为 3 部分，即编辑器、网络注释和程序注释。编辑器主要用于梯形图、语句表或功能图编写用户程序，或在联机状态下从 PLC 下载用户程序进行读程序或修改程序。网络注释是指对本网络的用户程序进行说明。程序注释用于对整个程序说明解释，多用于说明程序的控制要求。

❼ 局部变量表

每个程序块都对应一个局部变量表。在带参数的子程序调用中，局部变量表用来进行参数传递。

❽ 指令树

可通过选择【查看】/【指令树】命令打开，用于提示编程时所用到的全部 PLC 指令和快捷操作命令。

6.2.3 系统组态

系统组态是指参数的设置和系统配置。单击浏览条里的【系统块】（见图 6-5），即进入系统组态设置对话框（见图 6-6）。常用的系统组态包括断电数据保持、密码、输出表、输入滤波器和脉冲捕捉位等。下面将介绍这几种常用的系统组态的设置过程。

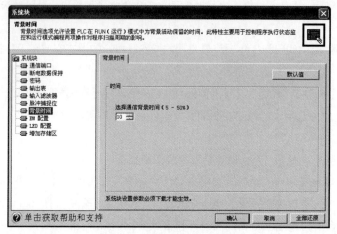

图 6-6　系统组态设置对话框

1. 设置断电数据保持

在 S7-200 中，可以用编辑软件来设置需要保持数据的存储器，以防止出现电源掉电的意外情况时丢失一些重要参数。

当电源掉电时，在存储器 M、T、C 和 V 中，最多可以定义 6 个需要保持的存储器区。对于 M，系统的默认值是 MB0 ~ MB13 不保持。对于定时器 T（只有 TONR）和计数器 C，只有当前值可以选择被保持，而定时器位和计数器位是不能保持的。单击图 6-6 中系统块下的【断电数据保持】，进入图 6-7 所示的断电数据保持设置界面，对需要进行断电保持的存储器进行设置。

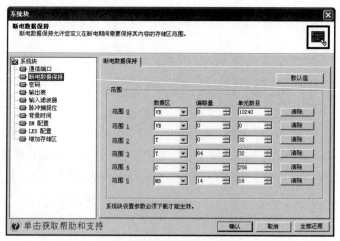

图 6-7　断电数据保持设置界面

2. 设置密码

设置密码指的是设置 CPU 密码，设置 CPU 密码主要是用来限制某些存取功能。S7-200 对存取功能提供了 4 个等级的限制，系统的默认状态是 1 级（不受任何限制），S7-200 的存取功能限制如表 6-1 所示。

表 6-1 S7-200 的存取功能限制

任务	1级	2级	3级	4级
读写用户数据	不限制	不限制	不限制	需要密码
启动、停止、重启				
读写时钟				
上传程序文件				
下载程序文件		需要密码	需要密码	
STL 状态				
删除用户程序、数据及组态				
取值数据或单次 / 多次扫描				
拷贝到存储器卡				
在 STOP 模式写输入				

设置 CPU 密码时，应先单击系统块下的【密码】，然后在 CPU 密码设置界面内选择权限，输入 CPU 密码并确认，如图 6-8 所示。如果在设置密码后又忘记了密码，无法进行受限制的操作，只有清除 CPU 存储器，重新装入用户程序。清除 CPU 存储器的方法是，在 STOP 模式下，重新设置 CPU 出厂设置的默认值（CPU 地址、时钟等除外）。选择菜单栏中的【PLC】/【清除】命令，弹出【清除】对话框，选择【ALL】命令，然后单击【确定】按钮即可。如果已经设置了密码，则弹出【密码授权】对话框，输入"Clear"，就可以执行全部清除（Clear ALL）的操作。由于密码同程序一起存储在存储卡中，最后还要重新写存储器卡，才能从程序中去掉遗忘的密码。

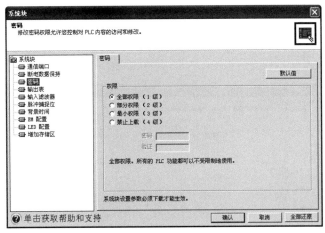

图 6-8 CPU 密码设置界面

3. 设置输出表

S7-200 在运行过程中可能会遇到由 RUN 模式转换到 STOP 模式，在已经配置了输出表功能时，就可以将输出量复制到各个输出点，使各个输出点的状态变为输出表规定的状态或保持转换前的状态。输出表也分为数字量输出表和模拟量输出表。单击系统块下的【输出表】后，输出表设置界面如图 6-9 所示。

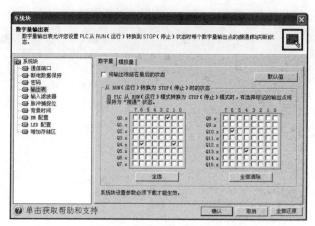

图 6-9　输出表设置界面

在图 6-9 中，只选择了一部分输出点，当系统由 RUN 模式转换到 STOP 模式时，在表中选择的点被置为 1 状态，其他点被置为 0 状态。如果选择【将输出冻结在最后的状态】复选项，则不复制输出表，所有的输出点保持转换前的状态不变。系统的默认设置为所有的输出点都保持转换前的状态。

4. 设置输入滤波器

单击系统块下的【输入滤波器】，进入输入滤波器设置界面。输入滤波器分为数字量输入滤波器和模拟量输入滤波器，下面分别来介绍这两种输入滤波器的设置。

❶ 设置数字量输入滤波器

对于来自工业现场输入信号的干扰，可以通过对 S7-200CPU 单元上的全部或部分数字量输入合理的延迟时间，就可以有效地抑制或消除输入噪声的影响，这就是设置数字量输入滤波器的目的。输入延迟时间的范围为 0.2ms ～ 12.8ms，系统的默认值是 6.4ms，如图 6-10 所示。

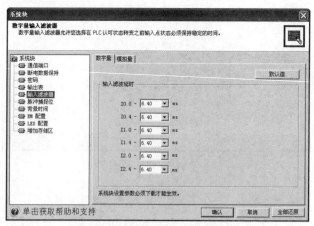

图 6-10　数字量输入滤波器设置界面

❷ 设置模拟量输入滤波器（使用机型：CPU222、CPU224、CPU226）

如果输入的模拟量信号是缓慢变换的，可以对不同的模拟量输入采用软件滤波的方式。模拟量输入滤波器设置界面如图 6-11 所示。

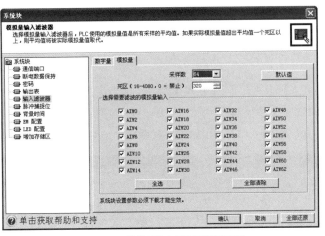

图 6-11　模拟量输入滤波器设置界面

图 6-11 中有 32 个参数需要设定，选择需要滤波的模拟量输入地址，设定采样次数和设定死区值。系统默认参数有选择全部模拟量参数，采样数为 64（滤波值是 64 次采样的平均值），死区值为 320（如果模拟量输入值与滤波值的差值超过 320，滤波器对最近的模拟量的输入值的变化将是一个阶跃函数）。

5. 设置脉冲捕捉位

如果在两次输入采样期间出现了一个小于一个扫描周期的短暂脉冲，在没有设置脉冲捕捉功能时，CPU 就不能捕捉到这个脉冲信号。反之，设置了脉冲捕捉功能，CPU 就能捕捉到这个脉冲信号。单击系统块下的【脉冲捕捉位】，进入脉冲捕捉位设置界面如图 6-12 所示。

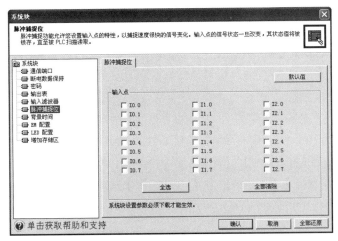

图 6-12　脉冲捕捉位设置界面

6.3　STEP 7–Micro/WIN 编程软件的使用

STEP 7-Micro/WIN 编程软件的使用是学习编程软件的重点，本节将对 STEP 7-Micro/WIN 编程软件的文件操作、编辑程序、下载和运行、停止程序进行介绍。

6.3.1　文件操作

STEP 7-Micro/WIN 的文件操作主要是指新建程序文件和打开已有文件两种。

1. 新建程序文件

新建一个程序文件，可选择【文件】/【新建】命令，或者通过单击工具条中的 🗋 按钮来完成。新建的程序文件名默认为"项目 1"，PLC 型号默认为 CPU221。程序文件建立后，程序块中包括一个主程序 MAIN（OB1）、一个子程序 SBR_0（SBR0）和一个中断服务程序 INT_0（INT0）。新建程序界面如图 6-13 所示。

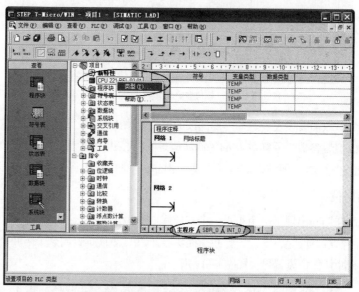

图 6-13　新建程序界面

在新建程序文件时需根据实际情况更改文件的初始设置，如更改 PLC 型号、项目文件更名、程序更名、添加和删除程序等。

❶ 更改PLC型号

因为不同型号的 PLC 的外部扩展能力不同，所以在建立新程序文件时，应根据项目的需要选择 PLC 型号。若选用 PLC 的型号为 CPU226，则右键单击项目 1（CPU221）的图标，在弹出的快捷菜单中选择【类型】选项（见图 6-13）或者选择【PLC】/【类型】命令，弹出【PLC 类型】对话框（见图 6-14），在【PLC 类型】选项的下拉列表中选择【CPU 226】，在【CPU 版本】选项的下拉列表中选择【02.01】，然后单击 ▮ 确认 ▮ 按钮，PLC 型号就更改为 CPU226，如图 6-15 所示。

图 6-14　【PLC 类型】对话框

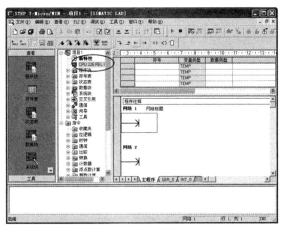

图 6-15　PLC 型号更改为 CPU226

❷ 项目文件更名

若要更改程序文件的默认名称，可选择【文件】/【另存为】命令，在弹出的对话框中键入新名称。

❸ 程序更名

主程序的名称一般默认为 MAIN，不用更改。若要更改子程序或者中断服务程序名称，则在指令树的程序块文件夹下右键单击子程序名或中断服务程序名，在弹出的快捷菜单中选择【重命名】选项（见图 6-16），原有名称被选中，此时键入新的程序名代替即可。

图 6-16　程序更名

❹ 添加和删除程序

在项目程序中，往往不只一个子程序和中断程序，此时就应根据需要添加。在编程时，也会遇到删除某个子程序和中断程序的情况。

添加程序有 3 种方法。

- 选择【编辑】/【插入】/【子程序（中断程序）】命令进行程序添加工作。
- 在指令树窗口，右键单击程序块下的任何一个程序图标，在弹出的快捷菜单中选择【插入】/【子程序（中断程序）】命令。
- 在编辑窗口中右键单击编辑区，在弹出的快捷菜单中选择【插入】/【子程序（中断程序）】命令。

新生成的子程序和中断程序根据已有子程序和中断程序的数目，默认名称分别为"SBR_n"和"INT_n"。插入子程序示意图如图 6-17 所示。

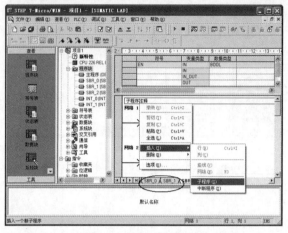

图 6-17 插入子程序示意图

删除程序只有一种方法，在指令树窗口，右键单击程序块下需删除的程序图标，在弹出的快捷菜单中选择【删除】选项，然后在弹出的【确认】对话框中单击 是(Y) 按钮即可（主程序无法删除）。

2. 打开已有文件

打开一个磁盘中已有的程序文件，应选择【文件】/【打开】命令，在弹出的对话框中选择打开的文件即可，也可用工具条中的 📂 按钮打开。

6.3.2 编辑程序

编制和修改程序是 STEP 7-Micro/WIN 编程软件编制程序的最基本的功能，本小节将介绍编辑程序的基本操作。

1. 选择编辑器

根据需要在 STEP 7-Micro/WIN 编程软件提供的 3 种编辑器中选择一种。这里以梯形图编辑器为例进行介绍，选择【查看】/【梯形图】命令，即可选择梯形图编辑器，如图 6-18 所示。

图 6-18 编辑器的选择

2. 输入编程元件

梯形图编程元件主要有触点、线圈、指令盒、标号及连接线，其中触点、线圈和指令盒属于指令元件，连接线分为垂直线和水平线，而垂直线包括下行线和上行线，水平线包括左行线和右行线。编程元件的输入方法有以下两种。

- 采用指令树中的指令，这些指令是按照类型排放在不同的文件夹中，主要用于选择触点、线圈和指令盒，直观性强。
- 采用指令工具条上的编程按钮，如图6-19所示。单击触点、线圈和指令盒按钮时，会弹出下拉菜单，可在下拉菜单中选择所需命令。

❶ 放置指令元件

在指令树里打开需要放置的指令，将图6-20中"A"位置的指令拖曳至所需的位置如"B"，指令就放置在指定的位置了，如图6-21所示。也可以用鼠标光标在需要放置指令的地方单击（如图6-20所示"B"），然后双击指令树中要放置的指令，图6-20中"A"的常开触点，那么指令自动出现在需要的位置上。

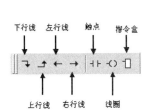

图6-19　编程按钮

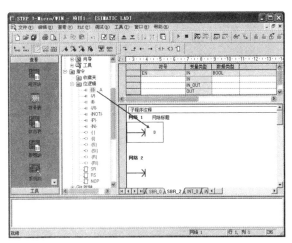

图6-20　放置指令（触点类指令）

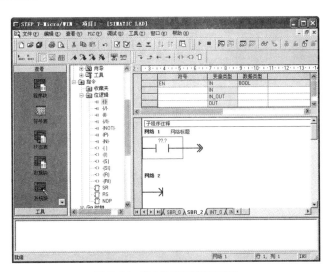

图6-21　指令放置在指定的位置

❷ **输入元件的地址**

在图 6-21 中，用鼠标光标单击指令的 ??.? ，可以输入元件的地址"I0.0"，如图 6-22 所示，然后按键盘的 Enter 键即可。

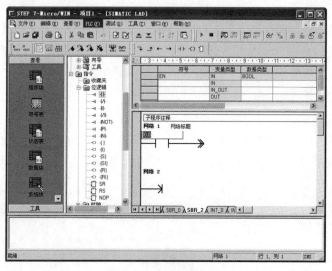

图 6-22　输入元件的地址

按照上述方法放置其他输入元件 I0.1 和输出元件 Q0.0，如图 6-23 所示。

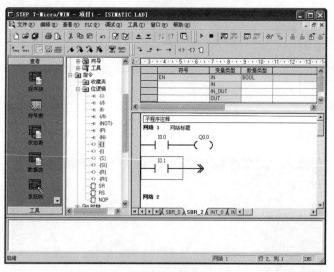

图 6-23　放置其他元件

❸ **画垂直线和水平线**

● 画垂直线。

在图 6-23 中，单击 ↑ 按钮完成图 6-24 所示的触点并联程序，也可以将图 6-23 中的编程方框放置在 I0.0 上，单击 ↓ 按钮，同样可以完成图 6-24 所示的程序。

画水平线。

将图 6-24 中的编程方框重新放置在图 6-25 所示的位置上，单击 → 按钮完成水平线的绘制，如图 6-26 所示。然后在图 6-26 所示的编辑方框处放置线圈 Q0.1，最后将编辑方框放置在 I0.0 元件上，如图 6-27 所示。

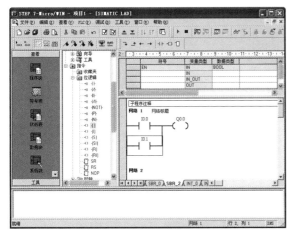

图 6-24　触点并联程序

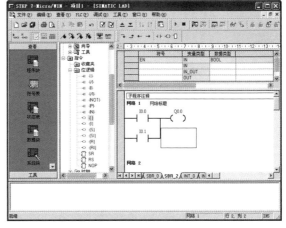

图 6-25　重新放置编辑方框

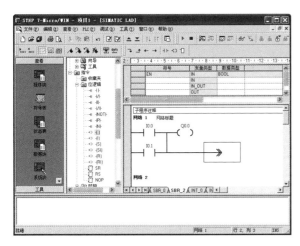

图 6-26　绘制水平线

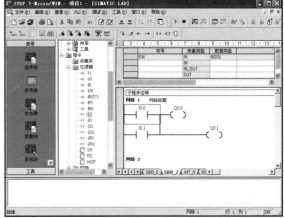

图 6-27　放置线圈 Q0.1

3．插入列和插入行

①　插入列

在图 6-27 中，选择【编辑】/【插入】/【列】命令就可以在 I0.0 前面插入一列的位置，如图 6-28 所示。然后将常开触点 M0.0 从指令树中拖曳到编辑方框所在位置并将编辑方框放置在元件 Q0.1 上，如图 6-29 所示。

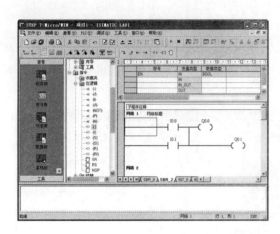

图 6-28 插入一列

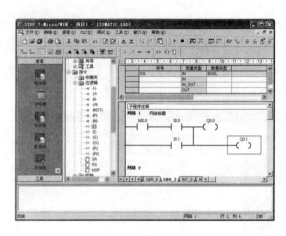

图 6-29 放置 M0.0

② 插入行

在图 6-29 中选择【编辑】/【插入】/【行】命令，就可以在 Q0.1 的上面插入一行，如图 6-30 所示。

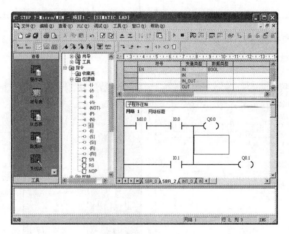

图 6-30 增加一行

然后在编程方框处添加线圈 M0.1，如图 6-31 所示。

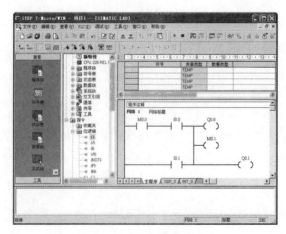

图 6-31 添加线圈 M0.1

4. 更改指令元件

如果要把图 6-31 中的常开触点 M0.0 变为常闭触点，常开触点 I0.1 变为立即常闭触点 I0.2，一般有两种方法。

- 把原来 M0.0 的常开触点和 I0.1 的常开触点删除，然后在相应的位置直接放置需要的指令。
- 把鼠标光标放置在 M0.0 的常开触点上面，然后双击指令树的常闭触点，可以看到 M0.0 的常开触点改为常闭触点了。利用同样的方法把 I0.1 的常开触点先改成立即常闭触点，然后把 I0.1 的地址改成 I0.2 的地址即可得到目标程序，如图 6-32 所示。

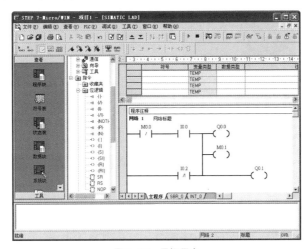

图 6-32 目标程序

5. 符号表

使用符号表可将元件地址用具有实际意义的符号代替，有利于程序清晰易读。符号表通常在编写程序前先进行定义，若在元件地址已经输入后定义，会出现无法显示的问题。例如，定义图 6-32 中的输入元件 I0.0 为机械手左移按钮，可以选择【查看】/【符号表】命令，也可以在浏览条中单击 （符号表）图标，出现符号表界面，然后在符号表界面里分别填写"符号"、"地址"和"注释"（"注释"项根据需要决定是否填写）3 项，如图 6-33 所示。

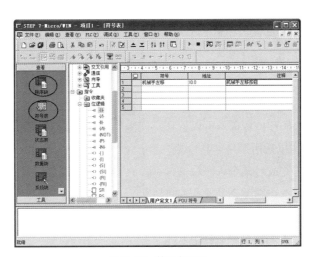

图 6-33 符号表界面

然后单击浏览条里的程序块图标，切换到梯形图程序，可以发现 I0.0 元件地址并没有变化，地址仍为 I0.0。若重新输入地址"I0.0"，则会发现 I0.0 前面出现了"机械手左~"（因为编程软件里的符号名称只能显示 4 个汉字），因此常在编写程序前先编写符号表。带有符号注释的梯形图如图 6-34 所示。

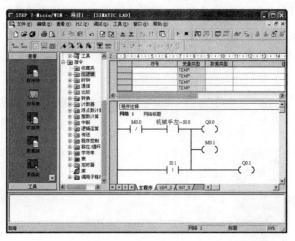

图 6-34　带有符号注释的梯形图

6. 插入和删除网络

❶ 插入网络

一个项目程序创建时，主程序、子程序和中断程序都默认为 25 个网络，而许多复杂的控制系统编程网络远远超过 25 个网络，因此需要增加网络数目。插入网络的常用方法有 3 种。

- 选择【编辑】/【插入】/【网络】命令。
- 使用快捷键 F3。
- 在编辑界面中单击鼠标右键，在弹出的快捷菜单中选择【插入】/【网络】命令。

❷ 删除网络

当某个网络程序不再需要时，应删除网络。先在要删除的网络的任意位置单击一下，然后按照以下两种方法删除网络。

- 选择【编辑】/【删除】/【网络】命令。
- 在编辑界面中单击鼠标右键，在弹出的快捷菜单中选择【删除】/【网络】命令。

7. 编译

程序编制完成后，应进行离线编译操作检查程序大小、有无错误及错误编码和位置等。可以选择【PLC】/【编译】命令，也可以采用工具条中的编译按钮。其中，编译按钮 ☑ 是完成对某个程序块的操作（如中断程序），全部编译按钮 ☑ 是对整个程序进行操作。

图 6-35 所示为某个程序的编译结果。其中显示

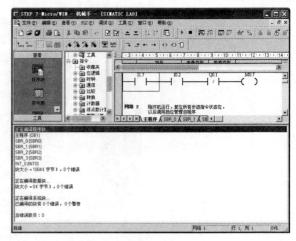

图 6-35　编译结果

了程序大小、编译无错误等信息。

6.3.3 下载与运行程序

程序编制完成并编译无误后，就可将程序下载到 PLC 中运行。

1. 下载程序

下载程序可单击 ▼ 按钮将用户程序下载到 PLC 中。若没有设置通信连接，便会在【下载】对话框中出现通信错误提示，如图 6-36 所示。

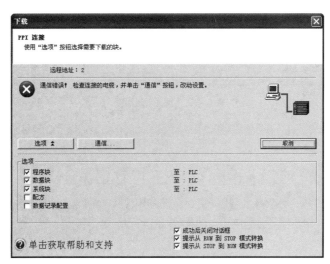

图 6-36 【下载】对话框（有通信错误提示）

使用 PC/PPI 或 USB/PPI 通信电缆把 S7-200 与编程计算机连接，然后单击 **通信...** 按钮，打开【通信】对话框，如图 6-37 所示。

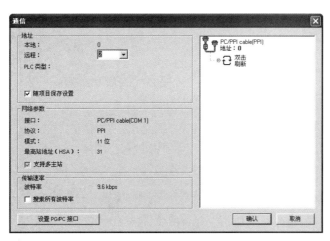

图 6-37 【通信】对话框

在图 6-37 中，单击 **设置 PG/PC 接口** 按钮，打开【设置 PG/PC 接口】对话框，选择【PC/PPI cable（PPI）】，如图 6-38 所示，单击 **属性(R)...** 按钮，出现【属性】对话框。在【属性】对话框中选择【本地连接】选项卡，设置本地编程计算机的通信口为【USB】，如图 6-39 所示。然后在【PPI】选项卡中设置站参数和网络参数（见图 6-40），单击 确认 按钮后，完成通信属性设置。

最后单击图 6-37 中的 🔄（双击刷新）图标，出现正常通信的界面，单击 确认 按钮，关闭【通信】对话框后，单击 ▼ 按钮，即可把项目程序下载到 PLC 中。

图 6-38 【设置 PG/PC 接口】对话框　　图 6-39 【属性】对话框　　图 6-40 站参数和网络参数

2. 运行与停止程序

❶ 运行用户程序

把需要运行的用户程序下载到 PLC 中，再把 PLC 上的 RUN/TERM/STOP 开关扳动到 RUN 位置，然后单击 ▶ 按钮，自动弹出【RUN（运行）】对话框，如图 6-41 所示，单击 是 按钮，CPU 开始运行用户程序。查看 CPU 上的 RUN 指示灯是否点亮。

图 6-41 【RUN（运行）】对话框

❷ 停止运行用户程序

单击 ■ 按钮，自动弹出【STOP（停止）】对话框。确认停止运行后，CPU 停止运行用户程序。查看 CPU 上的 STOP 指示灯是否点亮。

本节以 STEP 7-Micro/WIN 作为编程环境，对项目文件的建立、程序的编程编译以及程序的运行、停止等做了详细的介绍，这也是 PLC 项目文件在编程软件中最基本的操作。

6.4　仿真运行点动控制程序

操作视频

仿真运行点动控制程序

学习 PLC 最有效的手段是联机编程和调试，S7-200 仿真器 V2.0 版是一款优秀的汉化仿真软件，不仅能仿真 S7-200 主机，而且能仿真数字量、模拟量扩展模块和 TD200 文本显示器，在互联网上可以找到该软件。

仿真软件不能直接使用 S7-200 的用户程序，必须用【导出】功能将用户程序转换成 ASCII 码文本文件，然后再下载到仿真器中运行。

1. 导出文本文件

编写点动控制程序后，在编程软件 STEP 7-Micro/WIN V4.0 中文主界面中选中【文件】/【导出】命令，在【导出程序块】对话框中填入文件名和保存路径，该文本文件的后缀名为 ".awl"。单击【保存】按钮，如图 6-42 所示。

图 6-42　导出文本文件

2. 启动仿真程序

仿真程序不需要安装，启动时执行其中的 S7-200 汉化版 .EXE 文件即可。启动结束后，输入密码"6596"，如图 6-43 所示。

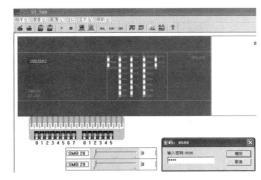

图 6-43　启动仿真软件

3. 选择 CPU

单击仿真器软件菜单栏中的【配置】/【PLC 型号】命令，选择与编程软件相应的 CPU 型号和 CPU 版本号后，单击 Accept 按钮，如图 6-44 所示。

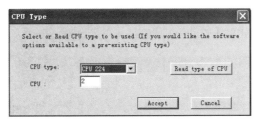

图 6-44　选择 CPU

4. CPU224 仿真图形

CPU224 的仿真图形如图 6-45 所示。CPU 模块下面是 14 个双掷开关，与 PLC 的输入端相对应，可单击它们输入控制信号。开关的下面是两个直线电位器，这两个电位器都是 8 位模拟量输入电位器，对应的特殊存储器字节分别是 SMB 28 和 SMB 29，可以用鼠标移动电位器的滑块来设置它们的值（0 ~ 255）。

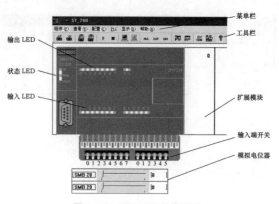

图 6-45　CPU224 仿真图形

双击扩展模块的空框，可在对话框中选择扩展模块的类型，添加或删除扩展模块单元。

5. 选中逻辑块

单击菜单栏中的【程序】/【装载程序】命令，在【装载程序】对话框中仅勾选【逻辑块】复选项，如图 6-46 所示，单击 **确定** 按钮，就进入【打开】对话框。

图 6-46　装载程序逻辑块

6. 选中仿真文件

在【打开】对话框中选中导出的【点动控制】文件，单击 打开(0) 按钮，如图 6-47 所示。

图 6-47　选择待仿真文件

7. 点动控制程序装入仿真器

点动控制程序的文本文件被装入仿真器软件中，如图 6-48 所示。

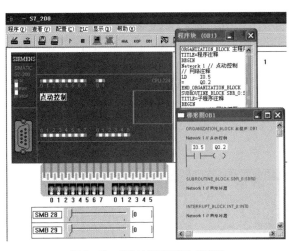

图 6-48　点动控制程序装入仿真器

8. 仿真运行

单击工具栏上的▶按钮（或选中菜单栏中【PLC】/【运行】命令），将仿真器切换到运行状态。单击对应于输入端 I0.5 的开关图标，接通 I0.5，输入 LED 灯 I0.5 和输出 LED 灯 Q0.2 点亮。断开 I0.5，输入 LED 灯 I0.5 和输出 LED 灯 Q0.2 灭，仿真结果符合点动程序逻辑，如图 6-49 所示。

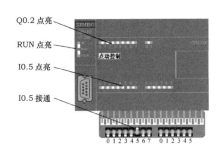

图 6-49　仿真运行

9. 内存变量监控

单击菜单栏中的【查看】/【内存监视】命令，在【内存表】对话框中填入变量地址，单击 开始 或者 停止 按钮，用来启动和停止监控。当 I0.5 接通时，I0.5 和 Q0.2 的值为"2#1"，否则为"2#0"，如图 6-50 所示，至此，仿真过程结束。

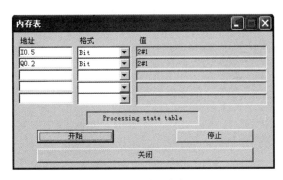

图 6-50　监控内存变量

6.5 实例1: 使用指令向导初始化 HSC1 的工作模式 0

下面介绍在STEP 7–Micro/WIN 开发环境中使用指令向导初始化 HSC1 的工作模式 0。

1. HSC 指令向导

在编辑界面，选择【工具】/【指令向导】命令，如图 6–51 所示，弹出如图 6–52 所示的【指令向导】对话框，选择【HSC】，然后单击 下一步 按钮，弹出如图 6–53 所示的对话框。

操作视频

使用指令向导初始化
HSC1的工作模式0

图 6-51　打开指令向导

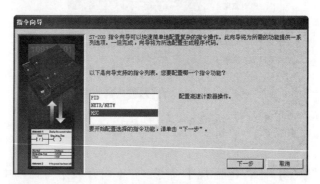

图 6-52　【指令向导】对话框

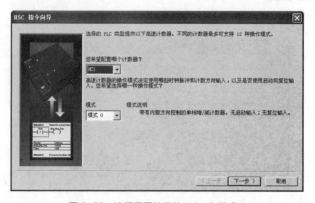

图 6-53　选择需要使用的 HC1 和模式 0

2. 选择计数器和工作模式

在图6-53中，选择希望配置计数器为HC1和其工作模式0，选择完毕后单击 下一步 按钮，弹出图6-54所示的对话框。

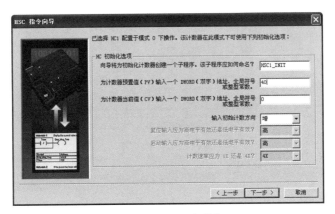

图6-54　HSC1初始化

3. 计数器初始化

在图6-54中，写上HSC1初始化用的子程序名称"HSC1_INIT"或默认名称，并写上初始状态HSC1的设定值，本例是40、当前值（本例是0）和计数方向。选择完毕后单击 下一步 按钮，进入图6-55所示的对话框。

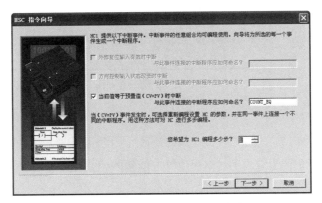

图6-55　声明使用当前值等于预置值中断

4. 设置中断事件

在图6-55中，选择【当前值等于预置值（CV=PV）时中断】复选项并写上该中断事件联系的中断程序名称，本例中采用默认名称，同时选择在该中断程序里改变HSC1的参数步骤个数【1】，选择完毕后单击 下一步 按钮，进入如图6-56所示的对话框。

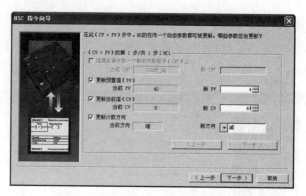

图 6-56　声明更新预置值和当前值及计数方向

5. 动态参数更新

在图 6-56 中，在动态参数更新界面里，更新 PV 为【4】，更新 CV 为【44】，更新计数方向为【减】，选择完毕后单击 **下一步** 按钮，进入如图 6-57 所示的对话框。

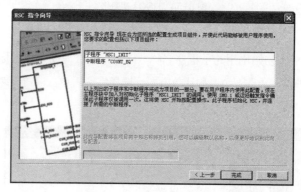

图 6-57　向导生成的程序名称

6. 设置程序名称

在图 6-57 中，可以看到向导按照前面步骤生成的初始化子程序和中断程序名称，单击 **完成** 按钮，在弹出的【完成】对话框中单击 **是(Y)** 按钮，如图 6-58 所示。

在程序编辑界面，打开项目中的程序块或视图中的程序块，可以看到向导生成的初始化子程序和当前值等于设定值的中断程序。

图 6-58　【完成】对话框

6.6　实例 2：应用 PID 指令向导编写水箱水位控制程序

STEP 7-Micro/WIN 提供了 PID 指令向导，只要在向导的指导下填写相应的参数，就可以方便快捷地完成 PID 运算的子程序（内含中断程序）。在主程序中调用向导生成的子程序，就可以完成控制任务。向导最多允许配置 8 个 PID 回路。应用 PID 指令向导编程水箱水位控制程序的过程如下。

1. 运行 PID 向导

在 STEP 7-Micro/WIN 主菜单中选择【工具】/【指令向导】命令，弹出如图 6-59

操作视频

应用 PID 指令向导编写水箱水位控制程序

所示的【指令向导】对话框，选择【PID】，然后单击 下一步 按钮，弹出如图 6-60 所示的对话框。选择回路编号【0】就进入 PID 指令向导界面。

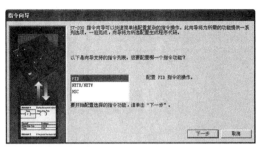

图 6-59　指令向导界面

图 6-60　PID 指令向导界面

2．回路给定值标定

回路给定值是提供给向导生成的子程序的控制参数。选择默认值，即给定值范围的低、高限分别为【0.0】和【100.0】，比例增益为【1.0】，采样时间为【1.0】，积分时间为【10.0】，微分时间为【0.0】，如图 6-61 所示。

图 6-61　回路给定值标定

3．回路输入 / 输出选项

在【回路输入选项】的【标定】的下拉菜单中选择【单极性】，即输入的信号为正，如 0～10V 或 0～20mA 等，量程范围默认为 0～32 000。如果【标定】中选择【双极性】，则输入信号在正、负的范围内变化，如输入信号为 ±10V、±5V 等时选用，量程范围默认为 −32 000～+32 000。如果输入为 4～20mA，则选择【单极性】和勾选【使用 20% 偏移量】复选项，向导会自动进行转换，量程范围默认为 6 400～32 000。

输出类型可以选择模拟量输出或数字量输出。模拟量输出用来控制一些需要模拟控制的设备，如变频器等。数字量输出实际上是控制输出点的通、断状态按照一定的占空比变化，可以控制固态继电器等，其信号极性、量程范围的意义同输入回路。回路输入／输出选项如图 6-62 所示。

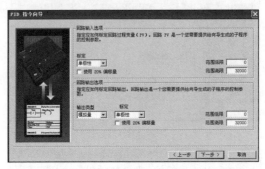

图 6-62　回路输入／输出选项

4．回路报警选项

向导可以为回路状况提供输出信号，输出信号将在报警条件满足时置位，也可不选。回路报警选项如图 6-63 所示。

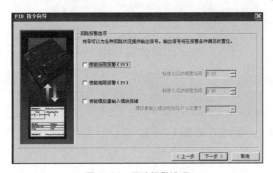

图 6-63　回路报警选项

5．指定 PID 运算数据存储区

PID 向导需要一个 120 字节的数据存储区（V 区），其中 80 字节用于回路表，40 字节用于计算。采用默认值 VB0～VB119，应注意在程序的其他地方不要重复使用这些地址。指定 PID 运算数据储区如图 6-64 所示。

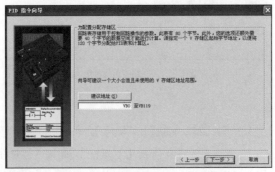

图 6-64　指定 PID 运算数据存储区

6. 创建子程序、中断程序

PID 向导生成的子程序名默认为"PID0_INIT"，中断程序名默认为"PID_EXE"，也可以自定义名称。选择手动控制 PID，处于手动模式时，不执行 PID 控制。创建子程序、中断程序如图 6-65 所示。

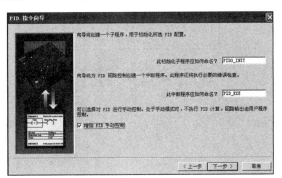

图 6-65　创建子程序、中断程序

7. PID 生成子程序、中断程序和全局符号表

PID 生成子程序、中断程序和全局符号表如图 6-66 所示。在【指令树】/【数据块】/【向导】/【PID0_DATA】中可以查看向导生成的数据表，如图 6-67 所示。

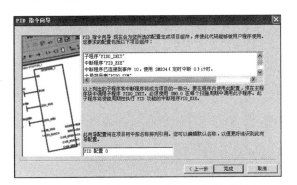

图 6-66　PID 生成子程序、中断程序和全局符号表

图 6-67　PID 向导生成的数据表

8. 水位 PID 控制主程序

在完成向导配置后，只要在主程序块中使用 SM0.0 在每个扫描周期中调用子程序 PID0_INIT 即可。程序编程后，将 PID 控制程序、数据块下载到 PLC 里。水位 PID 控制主程序如图 6-68 所示。

PID0_INIT 子程序包括以下几项。

（1）反馈过程变量值地址 PV_I，即 AIW0。

（2）设定值 Setpoint_R，即 75.0。

（3）手动 / 自动控制方式选择 Auto_Manual，即 I0.0。

（4）手动控制输出值 ManualOutput，即 0.5。

（5）PID 控制输出值地址 Output，即 AQW0。

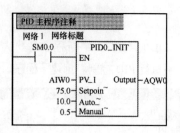

图 6-68　水位 PID 控制主程序

6.7　思考与练习

1. 编译快捷键按钮的功能是什么?

2. 简述网络程序段的复制方法。

3. 如何建立编程文件?

4. 如何下载程序?

5. 如何监控程序?

6. 如何仿真程序?

7. 练习安装 STEP 7-Micro/WIN 编程软件。

8. 利用电动机正反转程序完成 STEP 7-Micro/WIN 编程软件的使用。

第7章
STEP 7 编程软件基础

STEP 7 编程软件适用于西门子系列工控产品，是供 SIMATIC S7、M7、C7 和基于 PC 的 WinAC 的编程、监控和进行参数设置的标准工具，是 SIMATIC 工业软件的重要组成部分。

【本章重点】

- STEP 7 软件安装。
- STEP 7 软件的基本功能。
- SIMATIC 管理器的操作。
- 运用 STEP 7 软件进行项目建立、硬件组态、程序编写和程序运行调试。
- S7-PLCSIM 仿真软件的使用。

7.1　STEP 7 编程软件概述

STEP 7 标准软件包提供一系列的应用程序，它具有以下功能：硬件组态和参数设置、通信组态、编程、测试、启动和维护、文件建档、运行和诊断功能等，如图 7-1 所示。STEP 7 的所有功能均有大量的在线帮助，用鼠标光标打开或选中某一对象，按 F1 键便可得到该对象的在线帮助。

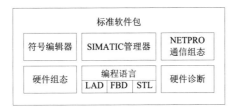

图 7-1　标准软件包提供的应用程序

标准软件包在 Windows 操作系统下，与 Windows 的图形和面向对象操作原则相匹配，支持自动控制任务创建过程的各个阶段。标准软件包提供的应用程序的主要功能如下。

1. SIMATIC 管理器（SIMATIC Manager）

管理可编程控制系统（S7/M7/C7）设计的自动化项目的所有数据。编辑数据所需要的工具由 SIMATIC Manager 自行启动。

2. 符号编辑器（Symbol Editor）

符号编辑器管理所有的共享符号，具有以下功能。

- 为过程信号（输入 / 输出）、位存储和块设定符号名和注释。

- 从 / 向其他的 Windows 程序导入 / 导出。
- 分类功能。

使用符号编辑器生成的符号表可供其他所有工具使用。对一个符号特性的任何变化都能自动被其他工具识别。

3. 硬件诊断

硬件诊断向用户提供可编程控制器的状态概况。在概况中显示符号，指示每个模块是否正常或有故障。双击故障模块，显示有关故障的详细信息。信息的范围视使用模块而定。

- 显示中央 I/O 和分布式从站的模块信息（如通道故障）。
- 显示关于模块的一般信息（如订货号、版本、名称）以及模块状态（如故障）。
- 显示来自诊断缓存区的报文。

对于 CPU，硬件诊断可显示以下附加信息。

- 显示循环时间（最长的、最短和最近一次的）。
- 用户程序处理过程中的故障原因。
- MPI 的通信可能性及负载。
- 显示性能数据（可能的输入 / 输出、位存储、计数器、定时器和块的数量）。

4. 硬件组态

硬件组态为自动化项目的硬件进行组态和参数设置。硬件组态的功能如下。

- 组态分布式 I/O 与组态中央 I/O 一致，也支持以通道为单位的 I/O。
- 组态可编程控制器时，从电子目录中选择一个机架，并在机架中将选中的模块安排在所需要的槽上。
- 在设置 CPU 参数的过程中，通过菜单的指导设置属性。比如，启动特性和循环扫描时间监控。支持多处理方式。输入的数据保存在系统数据块中。
- 在向模块作参数设置的过程中，所有设置的参数都是用对话框来设置的。没有任何设置使用 DIP 开关。参数设置向模块的传送是在 CPU 启动过程中自动完成的，即模块相互交换而无须赋值新的参数。
- 与其他模块的赋值方法一样，功能模块（FM）和通信处理器（CP）的参数设置也是在硬件组态工具中完成的。对于每一个 FM 和 CP，都有模块指定对话框和规则（包括在 FM/CP 功能软件包范围内）。通过只在对话框中提供有效的选项，系统防止不正确的输入。

5. 网络组态

网络组态通过 MPI，使用组态工具选择通信的网站，在表中输入数据源和数据目标，自动生成要下载的所有块（SDB），并且自动完整地下载到所有的 CPU 中。实现事件驱动的数据传送：设置通信连接，从集成的块库中选择通信或功能块，以选择的编程语言为所选的通信或功能块赋值参数。

6. 编程语言

S7-300 和 S7-400 的编程语言有 3 种，即梯形逻辑图（Ladder Logic，LAD）、语句表（Statement List，STL）和功能块图（Function Block Diagram，FBD），它们都集成在一个标准软件包中。

- 梯形逻辑图是 STEP 7 编程语言的图形表达方式。它的指令语法与一个继电器的梯形逻辑图相似。当电信号通过各个触点、复合元件以及输出线圈时，使用梯形图可追踪电信号在电源示意线之间的流动。

- 语句表是 STEP 7 编程语言的文本表达方式。如果一个程序是用语句表编写的，则 CPU 执行程序时按每一条指令一步一步地执行。为使编程更容易，语句表已进行扩展，还包括一些高层语言结构（如结构数据的访问和块参数）。
- 功能块图是 STEP 7 编程语言的图形表达方式，使用与布尔代数相类似的逻辑框来表达逻辑。复合功能（如数学功能）用逻辑框相连直接表达。其他编程语言作为可选软件包使用。

STEP 7 有多种版本，这里对 STEP 7 的介绍是针对 STEP 7 V5.4 版本的。

与以前版本的 STEP 7 相比，STEP 7 V5.4 增加了如下一些新的功能特性。

- 项目访问保护：只有已授权的客户才可打开受保护的项目。
- SIMATIC Manager：时间日期（Date and Time）显示格式可选择。
- 向／从 CAX 系统（如 CAD、CAE）以 XML 格式导出／导入 CAX 数据。

7.2　STEP 7 软件安装

为了确保 STEP 7 软件正常、稳定地运行，不同版本、型号对硬件、软件安装环境有不同的要求。下面以 STEP 7 V5.4 为例进行说明。在安装的过程中，必须严格按照要求进行安装。此外，STEP 7 软件在安装的过程中还需要进行一系列的设置，如通信接口的设置等。

（1）将 STEP 7 的安装光盘插入光驱中，打开光盘，双击其中的 Setup.exe 图标，按照向导提示进行安装。需要注意，安装软件以及安装程序存放的路径中不能包含中文字符。

（2）执行安装程序后，出现安装软件选择窗口，如图 7-2 所示，从中选择需要安装的软件。因为 STEP 7 是一个集合软件包，里面含有一系列的软件，用户可根据需要进行选择。

- STEP 7 V5.4：编程软件，必须安装。
- Automation License Manager：管理编程软件许可证密钥，必须安装。
- Adobe Reader 8：阅读 PDF 格式文件的阅读器，在 STEP 7 中编写的程序是图片形式的，用户可根据具体的需要选择性地安装。

（3）在图 7-2 所示的窗口中完成相应设置，单击 下一步(N) 按钮，然后按照安装向导的提示进行操作。在正式安装软件之前，会出现如图 7-3 所示的安装类型选择窗口。在此，用户需要决定软件的安装类型，系统提供了典型的、最小和自定义 3 种安装类型。

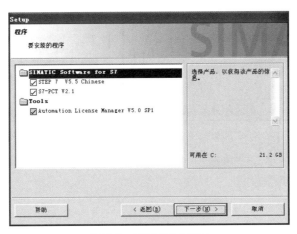

图 7-2　安装软件选择窗口

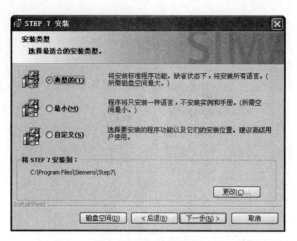

图 7-3　安装类型的选择

- 【典型的】：安装 STEP 7 软件的所有语言、应用程序、项目示例和文档等。对于初次安装的用户来说，建议选择这种安装类型。
- 【最小】：只安装一种语言和基本的 STEP 7 程序。如果要完成的控制任务比较简单，用户可选择这种安装类型，以节约系统资源。
- 【自定义】：用户根据需要，选择安装的语言、应用程序、项目示例和文档等，使系统以最优化的结果服务于用户。

在其后的安装过程中，还会要求用户指定什么时候传送密钥，如图 7-4 所示。

（4）STEP 7 的密钥放在一张只读的软盘上，用来激活 STEP 7 软件。图 7-4 所示，用户既可在安装过程中传输密钥，又可选择在安装完后再传输密钥。

（5）在安装的最后，系统会弹出如图 7-5 所示的【设置 PG/PC 接口】对话框。编程设备（PG）与 PLC 设备（PC）之间的连接有一定原则和规律，如何连接需要用户进行设置。

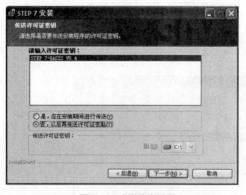

图 7-4　密钥传送设置

图 7-5　设置 PG/PC 接口

（6）在【接口】分组框中单击  按钮，弹出如图 7-6 所示的【安装 / 删除接口】对话框，从中选择建立连接时需要安装的硬件模块。

图 7-6　PG/PC 接口硬件模块的添加

7.3　SIMATIC 管理器

SIMATIC 管理器是 STEP 7 的窗口，是用于 S7-300/400 PLC 项目组态、编程和管理的基本应用程序。在 SIMATIC 管理器中，可进行项目设置、配置硬件并为其分配参数、组态硬件网络和程序块、对程序进行调试（离线方式或在线方式）等操作。操作过程中所用到的各种 STEP 7 工具，会自动在 SIMATIC 管理器环境下启动。

7.3.1　SIMATIC 管理器的操作界面

启动 SIMATIC Manager，进入 STEP 7 管理器窗口。操作窗口主要由标题栏、菜单栏、工具栏、项目窗口栏等部分组成。

1. 标题栏

显示区的第一行为标题栏。标题栏显示当前正在编辑程序（项目）的名称。

2. 菜单栏

显示区的第二行为菜单栏。菜单栏由文件、PLC（可编程序控制器）、视图、选项、窗口和帮助 6 组主菜单组成，如图 7-7 所示。每组主菜单都会对应一个下拉子菜单，即对应一组命令，进入下拉子菜单后，单击相应的命令执行选择的操作。

文件(F)　PLC　视图(V)　选项(O)　窗口(W)　帮助(H)

图 7-7　SIMATIC Manager 的菜单栏

通过菜单栏中的对应命令，可实现对文件的管理、PLC 联机、显示区的设置、选项设置、视窗选择或打开帮助功能等。

3. 工具栏

显示区的第三行为工具栏。工具栏由若干快捷按钮（工具按钮）组成，如图 7-8 所示。工具栏的作用是将常用操作以快捷按钮方式设定到主窗口。当移动鼠标光标，单击选中某个快捷按钮时，在状态栏会有简单的信息提示，如果某些键不能操作，则呈灰色。

图 7-8　SIMATIC Manager 的工具栏

工具栏中有新建、文件打开、可访问网络节点、S7 存储卡、设置过滤器、仿真调试工具、在线帮助等快捷按钮。

通过选择主菜单【视图】/【工具栏】命令，来显示或隐藏工具栏。

4. 项目窗口

每个项目的页面由两部分组成。管理器窗口左窗格为【项目树显示区】，【项目树显示区】用来管理生成的数据和程序，这些数据和程序（对象）在项目下按不同的项目层次以树状结构分布。【项目树显示区】显示所选择项目的层次结构，单击"+"符号显示项目完整的树状结构。管理器的右窗格为【对象显示区】，显示当前选中的目录下所包含的对象。

7.3.2　SIMATIC 管理器自定义选项设置

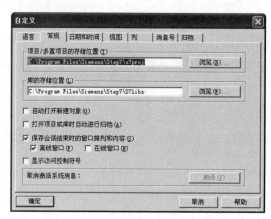

操作视频

STEP7之组态分布式IO

在使用 STEP 7 之前，需要对软件的使用环境及通信接口进行设置，以符合用户的使用习惯和项目的需求。

在 SIMATIC 管理器窗口，单击【选项】菜单下的【自定义】命令，打开【自定义】对话框，如图 7-9 所示。用户可在该对话框内进行自定义选项设置。下面介绍几个常用选项的设置。

图 7-9　【自定义】对话框

1. 常规选项设置

选中【常规】选项卡，在【项目／多重项目的存储位置】分组框设置 STEP 7 项目、多项目的默认存储目录，在【库的存储位置】分组框设置 STEP 7 库的存储目录。单击对应的 浏览(B)... 按钮，选择一个不同的存储路径目录。

勾选【自动打开新建对象】复选项，设置在插入对象时，是否自动打开编辑窗口。若勾选该复选项，则在插入对象后立即打开该对象，从而可编辑对象，否则必须双击才能打开对象。

勾选【打开项目或库时自动进行归档】复选项，在设置打开项目或库时，选择是否自动归档。若勾选该复选项，总是在打开之前归档所选择的项目或库。

勾选【保存会话结束时的窗口排列和内容】复选项，设置在会话结束时，是否保存窗口排列和内容。如果勾选该复选项，在会话结束时，保存离线项目窗口和在线项目窗口的窗口布局和内容。在开始下一个对话时，将恢复相同的窗口排列和内容。在打开的项目中，鼠标光标位于最后选中的那个文件夹上。

2. 语言环境设置

STEP 7 提供了多种可选语言。如果在安装 STEP 7 时，用户选择了多语言，则可在使用过程中改变语言环境。

STEP 7 V5.4 在安装过程中提供了德语、英语、法语、西班牙语和意大利语 5 种可供选择安装的环境语言和德语、英语两种助记符语言。在图 7-9 中选择【语言】选项卡，进入如图 7-10 所示的助记符语言设置对话框。

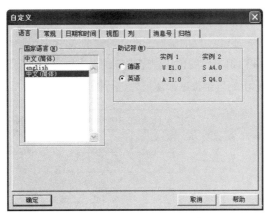

图 7-10　助记符语言设置对话框

所谓"助记符"，是指进行 PLC 程序设计时，各种指令元素的标识，这些标识一般用单词的缩写形式表示，以便于记忆。如 M（Memory）表示位存储器、T（Timer）表示定时器、C（Counter）（德语用 Z）表示计数器、I（Input）（德语用 E）表示输入元件、Q（德语用 A）表示输出元件、A（And）（德语用 U）表示逻辑"与"运算、O（Or）表示逻辑"或"运算等。

【语言】选项卡的左侧列出了已经安装的环境语言，选择一种语言并单击 确定 按钮，新的语言环境将在下次启动 SIMATIC 管理器后生效。语言环境更改后，软件的窗口、菜单、帮助系统等都将随之改变。

选项卡的右侧为助记符语言列表，STEP 7 支持德语和英语两种风格的助记符语言，切换助记符语言，单击 确定 按钮，新的助记符语言风格将在下次启动 SIMATIC 管理器后生效。这些语言主要影响各种元件的标识字符及用于在梯形图（LAD）、语句表（STL）和功能块图（FBD）中编程的指令集。

3. PG/PC 接口设置

PG/PC Interface（PG/PC 接口）是 PG/PC 和 PLC 之间进行通信连接的接口。PG/PC 支持多种类型的接口，每种接口都需要进行相应的参数设置（如传输速率等）。因此，要实现 PG/PC 和 PLC 之间的通信连接，必须正确地设置 PG/PC 接口。

在 STEP 7 的安装过程中，会提示用户设置 PG/PC 接口参数。在安装完成之后，通过以下几种方法打开 PG/PC 设置对话框。

- 在 Windows 桌面上，选择【开始】/【SIMATIC】/【设置 PG/PC 接口】选项，弹出【PG/PC 接口设置】对话框。
- 在 Windows 桌面，双击【我的电脑】，再单击【控制面板】，弹出【控制面板】界面，在该界面中，双击【Setting the PG/PC Interface】选项，弹出【PG/PC 接口设置】对话框。
- 在 SIMATIC Manager 窗口中，单击菜单栏的【选项】选项，再单击子菜单中的【设置 PG/PC 接口】选项，弹出【PG/PC 接口设置】对话框。

设置步骤如下。

STEP01　将【应用程序访问点】区域设置为 S7 ONLINE（STEP 7）。

(STEP02) 在【为使用的接口分配参数】区域中，选择需要的接口类型。如果列表中没有所需要的类型，通过单击 选择(C)... 按钮安装相应的模块或协议。

(STEP03) 选中一个接口类型，单击 属性(R)... 按钮，在弹出的对话框中对该接口进行参数设置。

7.4 STEP 7 的使用

STEP 7 是用于 S7 300/400 系列 PLC 自动化系统设计的标准软件包，设计步骤如图 7-11 所示。在设计一个自动化系统时，既可采用先硬件组态、后创建程序的方式，也可采用先创建程序、后硬件组态的方式。如果要创建一个使用较多输入和输出的复杂程序，建议先进行硬件组态。

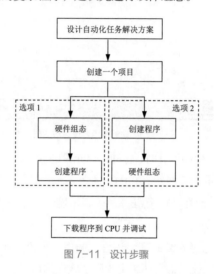

图 7-11 设计步骤

7.4.1 创建项目

在 PLC 的编程软件中，针对一个具体的问题，一般要建立一个项目来管理编写的 PLC 程序和要用到的数据。

一个项目包括项目名称、站点类型、CPU 类型、程序块和数据块等信息，项目名称、站点类型、CPU 类型需要在建立项目的过程中完成，而程序块和数据块则是在具体的编程过程中实时地建立。站点类型和 CPU 类型一定要和实际的可编程控制器一致。

建立一个新的项目有两种方式，即通过新建项目向导建立项目和手动建立项目。

1. 通过新建项目向导建立项目

在 SIMATIC 管理器的初始界面中单击【文件】菜单栏，在弹出的下拉菜单中选择【新建项目向导】命令，打开如图 7-12 所示的【STEP 7 向导："新建项目"】对话框。

在该对话框中展示出了一个项目的基本结构及其具体的设置，通过其中的 预览(P)>> 按钮可控制项目具体配置是否展现出来。查看展示出的项目的具体设置，主要看站点类型和 CPU 类型，如果与实际的设备一致，则直接单击 完成(I) 按钮，一个新的项目建立完毕。如果系统预置的配置与实际设备不符，则需要用户自己选择进行设置。

单击 下一步 >(N) 按钮，出现如图 7-13 所示的窗口。在该窗口中可选择与实际设备相符的 CPU 类型，同时还可对 MPI 地址进行设置（在【MPI 地址】下拉列表中选择具体的 MPI 地址）。

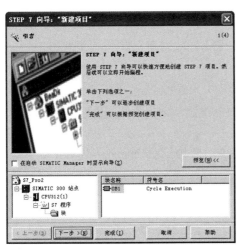

图 7-12 【STEP 7 向导："新建项目"】对话框　　　图 7-13　CPU 设置窗口

继续单击 下一步 >(N) 按钮，出现如图 7-14 所示的窗口。OB1 主要用于调用其他程序块、组织整个程序的结构。如果需要控制的问题比较复杂，就需要建立多个组织块。用户可在该窗口中选择多个组织块，也可在项目建立完成后，在程序块中再插入新的组织块。同时，通过这个组织块设置窗口可看出该系统提供的组织块数目，因为组织块的数目是与具体的系统有关的，这也可以帮助程序设计者避免在后面建立新的组织块时出现无定义的情况。如在该窗口中看到该系统没有提供组织块 OB9，那么后面建立新的组织块就不能出现 OB9 了。

在这个窗口中可选择编写用户程序的语言。系统提供了 3 种编程语言，即语句编程（STL）、梯形图编程（LAD）、功能块图编程（FBD）。在此选择了编程语言后，并不代表固定不变了，在后面具体的编程过程中可将编程语言在这三者之间进行切换。

继续单击 下一步 >(N) 按钮，出现如图 7-15 所示的窗口。在该窗口中可修改项目的名称，最好选择一些有实际意义的名称，便于后面的调用、交流和管理。

修改好了项目名称后，单击 完成(I) 按钮，一个修改过的、与实际设备配置相一致的项目建立完成。

图 7-14　程序块、编程语言设置窗口　　　图 7-15　项目名称修改窗口

2. 手动建立新的项目

在 SIMATIC Manager 窗口中选择【文件】菜单中的【新建】命令，或者直接单击 □ 按钮，均可打开图 7-16 所示的对话框。

在该对话框中选择【用户项目】选项卡，然后在【名称】文本框中输入建立的项目名称，在【类型】下拉列表框中选择项目类型，在【存储位置】文本框中设置保存路径，最后单击 **确定** 按钮，一个形式上的项目建立完成。

图 7-17 所示，这个项目已经包含了 MPI 网络，但是这个项目中没有配置硬件信息等，因此只是一个框架。

图 7-16 【新建项目】对话框   图 7-17 仅含有 MPI 网络的初步项目

对建立的项目配置站点、CPU 等基本信息。STEP 7 V5.4 软件是同时针对 S7-300/400 系统的编程软件，在具体的编程过程中需要根据实际情况选择系统类型，如果要控制的任务相当复杂，则选择点数更多、功能更强的 S7-400 系统，相反则选择 S7-300 系统，从而充分发挥硬件功效。我们通常将这个为项目选择系统的过程称为项目配置站点。

选中如图 7-17 中名为【exercise】的项目，然后选择【插入】/【插入站点】命令，再选择需要插入的站点。STEP 7 V5.4 为用户提供了 SIMATIC 400 站点、SIMATIC 300 站点、SIMATIC H 站点、SIMATIC PC 站点、SIMATIC S5 站点、PG/PC 站点和其他站点。用户根据实际情况选择一个站点，如这里选择 SIMATIC 300 站点，得到一个配置了站点的项目，如图 7-18 所示。

完成项目的站点插入，即给该项目选定了 PLC 型号。然而每一种型号的 PLC，其硬件又有多种类型，这时就需要用户根据实际需要选择具体的硬件。如 PLC 核心组成部分 CPU，就需要考虑到实际问题需要的节点数目等信息来进行选择。

在图 7-18 所示左边树形结构窗口中选中站点【SIMATIC 300（1）】，在右边窗口中将出现该硬件的图标，双击该图标，进入如图 7-19 所示的硬件配置窗口。

图 7-18　配置了站点的项目　　　　　　　图 7-19　项目硬件配置窗口

在图 7-19 所示的窗口中单击【目录】图标，则展开 PLC 项目所需硬件的目录，如图 7-20 所示。目录中列出了各个站点，如 SIMATIC 300 站点、SIMATIC 400 站点等，每个站点下面又有多种型号的 CPU 和其他硬件信息等。所谓硬件配置，就是根据实际可编程控制器的硬件信息，在 STEP 7 软件中选择与实际 PLC 相同型号或者兼容型号的虚拟硬件，这些虚拟硬件可完全反映实际硬件的情况，比如地址信息、节点数目及分布等。通过 STEP 7 的硬件诊断功能，还可检查硬件配置是否合理。

一个完整的 PLC 系统有多种模块，这些模块统一集成地装在机架上。在 STEP 7 系统中采用建立表格的形式来进行管理。将相应的模块插入到表格中对应的位置，表格中将列出各个硬件的详细信息，便于进行编程分析。前面选择的是 SIMATIC 300 站点，因此在图 7-20 中展开 SIMATIC 300，在其下级中选择【RACK-300】并展开，再将其下级中的【Rail】拖放到图 7-20 中左上方的空白处，得到用来插入模块的表格，如图 7-21 所示。这张表格类似于实际中的机架，用来管理硬件。双击表格的标题位置，可打开表格的设置窗口，从中可更改表格的名称、设置表格的机架号（为了便于管理以及后面的通信连接）和添加注释等。

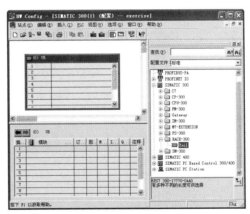

图 7-20　项目硬件目录展开图　　　　　　图 7-21　管理硬件的表格

打开表格后，就可进行硬件的配置了，PLC 系统最重要的硬件当属 CPU，因此在图 7-21 中单击目录中的【SIMATIC 300】，在其下级选择【CPU-300】，将会展开多种型号的 CPU，如图 7-22 所示。选择一种型号的 CPU 并打开，比如这里选择【CPU 312】，然后将选中的 CPU 拖放到左边的表格中，这样就完成了 CPU 的配置。

这里选择的 CPU 是根据实际设备 CPU 型号来选择的。另外在拖放的过程中，CPU 模块不能随便放在表格中的某个位置，在这张表格中每个位置具体放置什么模块是系统预先设置好的，在拖放的时候系统会提示具体放置的位置。

图 7-22 所示，在左上方表格的第二行位置放置了 CPU 312，左边下面的表格中列出了该 CPU 在系统中的一些信息，如 MPI 网络号等，在右下方则是该 CPU 性能的一些描述，比如内存大小、读取指令速度等信息。

保存并关闭硬件配置窗口，一个配置了 CPU 信息的项目建立完毕。返回 SIMATIC Manager 窗口后，可看到如图 7-23 所示的项目结构，其中包含了程序块等信息。

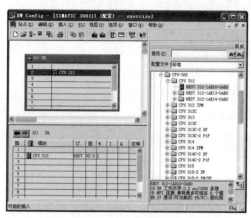

图 7-22　CPU 的具体配置

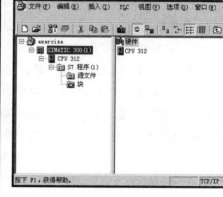

图 7-23　手动建立的项目结构

7.4.2　硬件组态

1. 硬件组态的任务与步骤

① 硬件组态的任务

操 作 视 频

STEP7 之系统组态

在 PLC 控制系统设计的初期，首先应根据系统的输入、输出信号的性质和点数以及对控制系统的功能要求，确定系统的硬件配置。例如，CPU 模块与电源模块的型号，需要哪些输入输出模块，即信号模块（SM）、功能模块（FM）和通信处理器模块（CP），各种模块的型号和每种型号的块数等。对于 S7-300 来说，如果 SM、FM 和 CP 的块数超过 8 块，除了中央机架外还需要配置扩展机架和接口模块（IM）。确定了系统的硬件组成后，需要在 STEP 7 中完成硬件配置工作。

硬件组态的任务就是在 STEP 7 中生成一个与实际的硬件系统完全相同的系统，例如要生成网络、网络中各个站的机架和模块以及设置各硬件组成部分的参数，即给参数赋值。所有模块的参数都是用编程软件来设置的，完全取消了过去用来设置参数的硬件 DIP 开关。硬件组态确定了 PLC 输入输出变量的地址，为设计用户程序打下了基础。

组态时设置的 CPU 的参数保存在系统数据块 SDB 中，其他模块的参数保存在 CPU 中。在 PLC 启动时 CPU 自动地向其他模块传送设置的参数，在更换 CPU 之外的模块后不需要重新对它们赋值。

PLC 在启动时，将 STEP 7 中生成的硬件设置与实际的硬件配置进行比较，如果两者不符，将立即产生错误报告。

模块在出厂时带有预置的参数，或称为默认参数，一般可采用这些预置的参数。通过多项选择和限制输入的数据，系统可防止不正确的输入。

对于网络系统，需要对以太网、PROFIBUS-DP 和 MPI 等网络的结构和通信参数进行组态，将分布式 I/O 连接到主站。例如，可将 MPI（多点接口）通信组态为时间驱动的循环数据传送或事件驱动的数据传送。

对于硬件已经装配好的系统，用 STEP 7 建立网络中各个站对象后，可通过通信从站从 CPU 中读出实际的组态和参数。

② 硬件组态的步骤

（1）生成站，双击 **叫 硬件** 图标，进入硬件组态窗口。

（2）生成机架，在机架中放置模块。

（3）双击模块，在打开的对话框中设置模块的参数，包括模块的属性和 DP 主站、从站的参数。

（4）保存硬件设置，并将它下载到 PLC 中去。

2. CPU 参数设置

S7-300/400 PLC 各种模块的参数用 STEP 7 编程软件来设置。在 STEP 7 的 SIMATIC 管理器中单击 **叫 硬件** 图标，进入【硬件组态】画面后，双击 CPU 模块所在的行，在弹出的【属性】对话框中单击某一选项卡，便可设置相应的属性。下面以 CPU 315-2 DP 为例，介绍 CPU 主要参数的设置方法。

① 启动特性参数

在【属性】对话框中单击【启动】选项卡，如图 7-24 所示，设置启动特性。

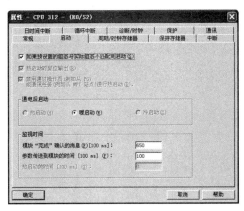

图 7-24　CPU 属性设置对话框

勾选【启动】选项卡下的某一复选项，框中出现一个"√"，表示选中（激活）了该选项，再单击一下，"√"消失，表示没有选中该选项，该选项被禁止。

如果没有勾选【如果预设置的组态与实际组态不匹配则启动】复选项，并且至少一个模块没有插在组态时指定的槽位，或者某个槽插入的不是组态的模块，CPU 将进入 STOP 状态。

如果勾选了该复选项，即使有上述的问题，CPU 也会启动，除了 PROFIBUS-DP 接口模块外，CPU 不会检查 I/O 组态。

【热启动时复位输出】复选项和【禁用通过操作员（例如从 PG）或通讯作业（例如从 MPI 站点）进行热启动】复选项仅用于 S7-400 PLC。

在【通电后启动】分组框，可选择【热启动】、【暖启动】和【冷启动】单选项。

电源接通后，CPU 等待所有被组态的模块发出完成信息的时间如果超过【模块"完成"确认的消息 [100 ms]】文本框设置的时间，表明实际的组态不等于预置的组态。该时间的设置范围为 1 ～ 650，单位为 100

ms，默认值为 650。

【参数传送到模块的时间 [100 ms]】文本框是 CPU 将参数传送给模块的最大时间，单位为 100 ms。对于有 DP 主站接口的 CPU，可用这个参数来设置 DP 从站启动的监视时间。如果超过了上述的设置时间，则 CPU 认为硬件配置信息与实际不匹配，就采用前面设置的【如果预设置的组态与实际不匹配则启动】复选项来决策。

❷ 时钟存储器

在【属性】对话框中单击【周期 / 时钟存储器】选项卡，可设置【扫描周期监视时间 [ms]】文本框，默认值为 150 ms。如果实际的周期扫描时间超过设定的值，CPU 将进入 STOP 模式。

【最小扫描周期时间 [ms]】文本框只能用于 S7-400。指定调用 CPU 程序的间隔时间。如果实际扫描时间小于最小扫描时间，CPU 将等待最小扫描周期完成，达到该时间后 CPU 才进入下一个扫描周期。

【来自通信的扫描周期负载 [%]】文本框用来限制通信处理占扫描周期的百分比，默认值为 20%。

时钟脉冲是一些可供用户程序使用的占空比为 1∶1 的方波信号，一个字节的时钟存储器的每一位对应一个时钟脉冲，如表 7-1 所示。

表 7-1　时钟存储器各位对应的时钟脉冲周期与频率

位	7	6	5	4	3	2	1	0
周期 /s	2	1.6	1	0.8	0.5	0.4	0.2	0.1
频率 /Hz	0.5	0.625	1	1.25	2	2.5	5	10

如果要使用时钟脉冲，首先应选【时钟存储器】选项，然后设置时钟存储器的字节地址。假设设置的地址为 100（即 MB100），由表 7-1 可知，M100.7 的周期为 2s。如果用 M100.7 的常开触点来控制 Q0.0 的线圈，Q0.0 将以 2s 的周期闪烁（亮 1s，熄灭 1s）。

【I/O 访问错误时的 OB85 调用】用来预设置 CPU 对系统修改过程映像时发生的 I/O 访问错误的响应。如果希望在出现错误时调用 OB85，建议选择【仅限于进入和离开的错误】，相对于【每次单独的访问】，不会增加扫描周期的时间。

❸ 系统诊断参数与实时时钟的设置

系统诊断是指对系统出现的故障进行识别、评估和做出相应的响应，并保存诊断的结果。通过系统诊断可发现用户程序的错误、模块的故障和传感器、执行器的故障等。

在【属性】对话框中单击【诊断 / 时钟】选项卡，可选择【报告 STOP 模式原因】等选项。

在某些大系统（例如电力系统）中，某一设备的故障会引起连锁反应，相继发生一系列事件，为了分析故障的原因，需要查出故障发生的顺序。为了准确地记录故障顺序，系统中各计算机的实时时钟必须定期做同步调整。

可用【在 PLC 中】【在 MPI 上】【在 MFI 上】3 种方法使实时时钟同步。每个设置方法有 3 个选项，【作为主站】是指用该 CPU 模块的实时时钟作为标准时钟，去同步别的时钟，【作为从站】是指该时钟被别的时钟同步，【无】为不同步。

【时间间隔】是时钟同步的周期，在下拉列表框中可设置同步的时间。

【校正因子】是对每 24h 时钟误差的补偿（以 ms 为单位），可指定补偿值为正或为负。例如，当实时时钟每 24h 慢 3s 时，校正因子应为 +3000ms。

❹ 保持区的参数设置

在电源掉电或 CPU 从 RUN 模式进入 STOP 模式后，其内容保持不变的存储区称为保持存储区。CPU 安装了后备电池后，用户程序中的数据块总是被保护的。

【保留存储器】选项卡的【从 MB0 开始的存储器字节数目】、【从 T0 开始的 S7 定时器的数目】和【从 C0 开始的 S7 计数器的数目】，设置的范围与 CPU 的型号有关，如果超出允许的范围，将会给出提示。没有电池后备的 S7-300 PLC 可在数据块中设置保持区域。

❺ 时刻中断参数的设置

大多数 CPU 有内置的实时时钟，可产生时刻中断，中断产生时调用组织块 OB10 ~ OB17。在【时刻中断】选项卡中，可设置中断的优先级，通过【激活】选项决定是否激活中断，【执行】下拉列表框中的【无】、【一次】、【每分钟】、【每小时】、【每天】、【每周】、【每月】、【月末】、【每年】可供选择。可设置开始日期和当日时间以及要处理的过程映像分区（仅用于 S7-400 PLC）。

❻ 周期性中断参数的设置

在【周期性中断】选项卡，可设置周期执行组织块 OB30 ~ OB38 的参数，包括中断的优先级、执行的时间间隔（以 ms 为单位）和相位偏移（仅用于 S7-400 PLC）。相位偏移用于将几个中断程序错开来处理。

❼ 中断参数的设置

在【中断】选项卡中，可设置【硬件中断】、【时间延迟中断】、【DPV1 中断】和【异步错误中断】的参数。S7-300 PLC 不能修改当前默认的中断优先级。S7-400 PLC 根据处理的硬件中断 OB 可定义中断的优先级。默认的情况下，所有的硬件中断都由 OB40 来处理。可用优先级 "0" 删掉中断。

DPV1 从站可产生一个中断请求，以保证主站 CPU 处理中断触发的事件。

❽ DP 参数的设置

对于有 PROFIBUS-DP 通信接口的 CPU 模块，例如 CPU 315-2 DP，双击左边窗口内 DP 所在行（第 3 行），在弹出的 DP 属性窗口中的【常规】选项卡中单击【接口】分组框中的 属性(R)... 按钮，可设置站地址或 DP 子网络的属性，生成或选择其他子网络，如图 7-25 所示。

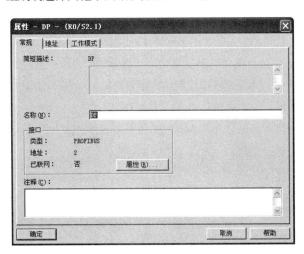

图 7-25　DP 接口属性的设置

在【地址】选项卡中，可设置 DP 接口诊断缓冲区的地址。

在【工作模式】选项卡中，可选择 DP 接口做 DP 主站或 DP 从站。

3. 数字量I/O模块的参数设置

数字量I/O模块的参数分为动态参数和静态参数，在CPU处于STOP模式时，通过STEP 7的硬件组态，两种参数均可设置。参数设置完成后，应将参数下载到CPU中，这样当CPU从STOP转为RUN模式时，CPU会将参数自动传送到每个模块中。

用户程序运行过程中，通过系统功能SFC调用修改动态参数。但是当CPU由RUN模式进入STOP又返回RUN模式后，PLC的CPU将重新传送STEP 7设置的参数到模块中，丢掉动态设置的参数。

❶ 数字量输入模块的参数设置

在SIMATIC管理器中双击 🖳 硬件 图标，打开如图7-26所示的HW Config窗口。双击窗口左边栏机架4号槽的"DI16×DC24V，Interrupt"，弹出如图7-27所示的【属性】对话框。

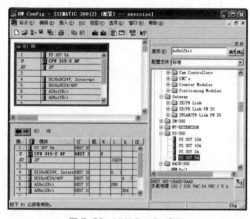

图 7-26　HW Config 窗口

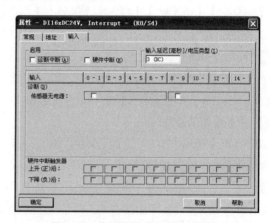

图 7-27　数字量输入模块参数设置窗口

在【地址】选项卡中可设置数字量输入模块的起始字节地址。

对于有中断功能的数字量输入模块，还有【输入】选项卡（没有中断功能的无此选项卡）。在该选项卡中，通过【诊断中断】和【硬件中断】复选项设置是否允许产生诊断中断和硬件中断。

如果勾选【硬件中断】复选项，则在硬件中断触发器区域可设置在信号的上升（正）沿或下降（负）沿或上升（正）沿和下降（负）沿均产生中断。出现硬件中断时，CPU将调用OB40进入处理。

S7-300/400的数字量输入模块可为传感器提供带熔断器保护的电源。通过STEP 7可以8个输入点为一组设置是否诊断传感器电源丢失。如果勾选【诊断中断】复选项，则当传感器电源丢失时，模块将此事件写入诊断缓冲区，用户程序可调用系统功能SFC 51读取诊断信息。

在【输入延迟】文本框中可选择以"ms"为单位的整个模块所有输入的输入延迟时间。该文本框主要用于设置输入点接通或断开时的延迟时间。

❷ 数字量输出模块的参数设置

在图7-26所示的HW Config窗口中双击窗口左边栏机架5号槽的DO16×UC24/48V，出现如图7-28所示的【属性】对话框。

在【地址】选项卡中可设置数字量输出模块的起始字节地址。

有些有诊断中断和输出强制值功能的数字量输出模块还有【输出】选项卡。在该选项卡中单击复选项可设置是否允许产生诊断中断。【对CPU STOP模式的响应】下拉列表用来选择CPU进入STOP模式时模块对各输出点的处理方式。选择【保持前一个有效的值】，CPU进入STOP模式后，模块将保持最后的输出值。

选择【替换值】，CPU 进入 STOP 模式后，使各输出点输出一个固定值，该值由【替换值 '1'】选项的复选项决定。如果所在行中的某一输出点对应的检查框被选中，则 CPU 进入 STOP 模式后，该输出点将输出 1，否则将输出 0。

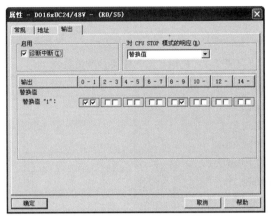

图 7-28   数字量输出模块参数设置窗口

4. 模拟量 I/O 模块的参数设置

① 模拟量输入模块的参数设置

图 7-29 所示为 8 通道 12 位的模拟量输入模块的参数设置对话框。

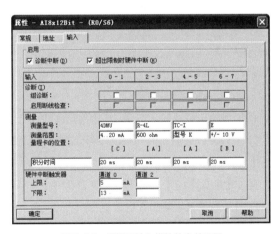

图 7-29   模拟量输入模块的参数设置

与数字量输入模块一样，在【地址】选项卡中可设置模拟量输入模块输入通道的起始字节地址。

在【输入】选项卡中设置是否允许诊断中断和模拟量超出限制硬件中断。如果选择了【超出限制硬件中断】复选项，则窗口下面【硬件中断触发器】分组框的【上限】和【下限】设置被激活，在此设置通道 0 和通道 1 产生超出限制硬件中断的上下限值。还可以两个通道为一组设置是否对各组进行诊断。

在【输入】选项卡中还可对模块每一通道组（含两个通道）设置测量型号和范围。方法是单击通道组的【测量型号】，在弹出的菜单中选择测量的种类。【4DMU】是 4 线式传感器电流测量，【R-4L】是 4 线式热电阻，【TC-I】是热电偶，【E】是电压。为减少模拟量模块的扫描时间，对未使用的通道组应选择【取消激活】。

单击【测量范围】，在弹出的菜单中选择测量范围。范围框下面的【A】、【B】、【C】等是通道组对应的范围卡的位置，应保证模拟量输入模块上范围卡的位置与 STEP 7 中的设置一致。

S7-300 系列 PLC 的 SM331 模拟量输入模块采用积分式 A/D 转换器，积分时间的设置直接影响到 A/D 转换时间、转换精度和干扰抑制频率。积分时间越长，A/D 转换精度越高，但速度越慢，之后积分时间越短，A/D 转换精度越低，但速度越快。另外积分时间还与干扰抑制频率互为倒数。为了抑制工频干扰，一般选用 20ms 的积分时间。对于订货号为 6ES7-331-7KF02-0AB0 的 8 通道 12 位模拟量的输入模块，其积分时间、干扰抑制频率、转换时间、转换精度之间的关系如表 7-2 所示。

表 7-2　模拟量输入模块参数关系表

积分时间 /ms	2.5	16.67	20	100
基本转换时间（包括积分时间）/ms	3	17	22	102
附加测量电阻转换时间 /ms	1	1	1	1
附加断路监控转换时间 /ms	10	10	10	10
精度（包括符号位）/bit	9	12	12	12
干扰抑制频率 /Hz	400	60	50	10
所有通道使用时的基本响应时间 /ms	24	136	176	816

由表 7-2 可看出 SM331 每一通道的处理时间由【积分时间】、【附加测量电阻转换时间（1 ms）】和【附加断路监控转换时间（10 ms）】3 部分组成。如果一个模块使用了其中的 N 个通道，则总转换时间为 N 个通道处理时间之和。先用鼠标单击图 7-29 中的【积分时间】，从弹出的菜单中选择按【积分时间】或按【干扰频率抑制】来设置参数，然后单击某一组进行设置。

S7-300/400 系列 PLC 中，有些模拟量输入模块使用算术平均滤波算法对输入的模拟量值进行平滑处理，这种处理对于测量像水位这类模拟量进行测量是很有意义的。对于这类模块，在 STEP 7 中可设置 4 个平滑等级（平、低、平均、高）。所选的平滑等级越高，平滑后的模拟值越稳定，但是速度越慢。

❷ 模拟量输出模块的参数设置。

模拟量输出模块参数设置窗口如图 7-30 所示。

在【地址】选项卡中可设置模拟量输出模块输出通道的起始字节地址。

在【输出】选项卡中，设置方法与模拟量输入模块有很多类似的地方。根据需要对下列参数进行设置。

- 设置每一通道是否允许【诊断中断】。
- 设置每一通道的输出类型（【电压】、【电流】、【取消激活】）以及信号的【输出范围】。
- 【对 CPU STOP 模式的响应】，OCV 表示输出无电流或电压，KLV 表示保持前一个值。

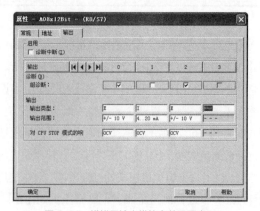

图 7-30　模拟量输出模块参数设置窗口

7.4.3 编辑符号表

在程序中可用【绝对地址】（如 I0.0 和 I0.1）访问变量，但是如果使用【符号地址】则可使程序更容易阅读和理解。用户在符号表中可定义全局变量，用【符号地址】代替【绝对地址】，供程序中所有的块使用。

1. 直接创建符号表

在 SIMATIC Manager 窗口中选择 符号 并双击，打开如图 7-31 所示的【符号编辑器】窗口。在符号表中，每一个符号地址都含有 5 项信息，即状态、符号、地址、数据类型和注释。

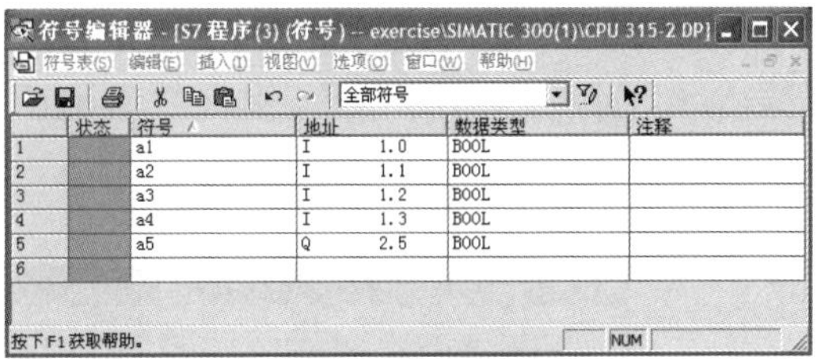

图 7-31 【符号编辑器】窗口

多种物理地址都可定义为符号地址，可定义符号地址的对象如下。

- I/O 接口（I、IB、IW、ID、Q、QB、QW、QD）。
- 位存储器（M、MB、MW、MD）。
- 定时器（T）。
- 计数器（C）。
- 程序块（FC、FB、SFC、SFB）。
- 数据块（DB）。
- 数据类型（UDT）。
- 变量表（VAT）。

2. 指定对象添加到符号表

❶ 指定硬件模块添加到符号表中

按照前面的硬件配置方法打开硬件配置窗口，选择机架上的硬件并单击鼠标右键，在弹出的快捷菜单中选择【编辑符号】选项，打开【编辑符号】对话框，如图 7-32 所示。

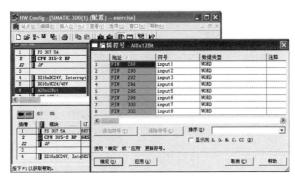

图 7-32 指定模块添加到符号表

在图 7-32 中，针对选择的模拟量输入模块，系统分配了 8 个绝对地址，即 PIW288、PIW290、PIW292、

PIW294、PIW296、PIW298、PIW300、PIW302，并分别用符号 input1、input2、input3、input4、input5、input6、input7、input8 与其对应。在【数据类型】栏中列出了相应的地址数据类型，这是系统自动生成的。完成设置后单击 **确定** 按钮，将指定模块加入到符号表中，用户通过在 SIMATIC Manager 窗口中选择符号并双击，打开其编辑窗口来查看。

② 指定元件添加到符号表

在编辑好的程序中选中触点、输出线圈等元件，单击鼠标右键，在弹出的快捷菜单中选择【符号编辑】选项，对选中的元件的绝对地址进行符号编辑。

图 7-33 所示，选中 I1.1 进行符号编辑。在打开的【编辑符号】窗口中为 I1.1 建立与之对应的符号【signal】后，系统自动生成数据类型，然后单击 **确定** 按钮，完成元件的符号编辑。

图 7-33 元件的符号编辑

不是程序中所有的元件都可插入到符号表中，如传输元件不能添加到符号表中，一般可添加的是触点和线圈。

为元件选取符号名称时，不能是系统的关键字，比如这里输入"sign"就不行，因为"sign"是系统的关键字，这一点对于全局符号都是应该遵守的。

③ 指定程序段添加到符号表

图 7-34 所示，在 FC2 中编写了一段程序，即"程序段 1"。右键单击 程序段1 图标，在弹出的快捷菜单中选择【编辑符号】选项，打开【编辑符号 - 程序段 ?1】窗口。在该窗口中列出了在这段程序中用到的触点、线圈和位标志等绝对地址，需要为这些绝对地址一一选择好符号地址并输入【符号】栏中，然后单击 **确定** 按钮，完成将指定程序段添加到符号表中。

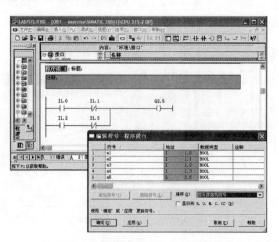

图 7-34 指定程序段进行符号表编辑

按照上面的符号编辑方法，将绝对地址添加到符号表后，在以后的编程中如果要使用已经进行符号对应建立的物理地址时，就可直接输入符号地址进行调用，十分方便。具体应用如图 7-35 所示，各个触点、线圈等均显示出绝对地址和符号地址。

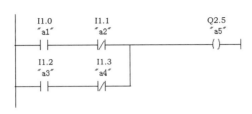

图 7-35　符号地址的调用实例

前面介绍了功能、功能块和组织块的使用，其程序块都含有接口变量区，在具体每一种类型的接口变量下，用户均可创建多个变量，这里创建的变量同样类似于符号地址。

这里介绍的符号地址在一个项目中的任何程序块都可使用，称为全局符号地址；而在具体程序块的接口区创建的符号地址只能在该程序块中运用，称为局部符号地址。两者在书写形式上就能够加以区分。全局符号地址的符号需要使用双引号框起来。局部符号地址在符号前面有 "#"。用户在编写程序时，一定要注意调用符号地址的使用范围。

7.4.4　生成用户程序

一个 PLC 站的所有的程序块存储于 S7 Program 目录下的 Blocks 文件夹中，在 Blocks 文件夹中包括系统数据、逻辑程序块（OB、FB、FC、DB、UDT）和变量监控表。

逻辑块的程序编辑器由变量声明表、程序指令和块属性组成。

- 变量声明表。在变量声明表中，用户可设置各种参数，如变量的名称、数据类型、地址和注释等。
- 程序指令。在程序指令部分，用户编写的能被 PLC 执行的块指令代码。这些程序可分为一段或多段，可用诸如编程语言梯形逻辑（LAD）、功能块图（FBD）或语句表（STL）来生成程序段。
- 块属性。块属性中有进一步的信息，如由系统输入的时间标记或路径。此外，用户可输入自己的内容，如块名称、系列名、版本号和作者名。用户可将系统属性分配给程序块。

从原则上来讲，用户编辑逻辑块各部分的顺序并不重要，各部分可随时修改及增加。如果用户希望使用符号表中的符号，必须首先检查一下它们是否存在，需要时可进行修改。

1. 创建逻辑块程序

❶ 建逻辑块的步骤

建逻辑块的步骤如图 7-36 所示。

❷ 创建逻辑块

- 打开已生成的项目。

在 SIMATIC 管理器中，执行菜单命令【文件】/【打开】，选择已生成的目录，打开已生成项目 SIMATIC 管理器对话框。

- 生成逻辑块。

在已生成项目 SIMATIC 管理器中，单击管理器对话框的左窗口中的"块"后，执行菜单命令【插入】/【S7 块】/【功能块】，弹出【功能块属

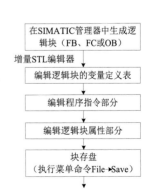

图 7-36　用 STL 编写逻辑块的步骤

性】对话框。在【功能块属性】对话框中，填入功能块的名称、符号名和符号注释，并选择【创建语言】，单击 确定 按钮，完成功能块的插入和属性设置。或在已生成项目 SIMATIC 管理器窗口中，单击 SIMATIC 管理器左窗口 "块"选项，然后右键单击 SIMATIC 管理器右窗口空白处，弹出快捷菜单。单击菜单选项【插入新对象】，选择需要生成的逻辑块，单击子菜单选择【功能块】选项，弹出【功能块属性】对话框。在【功能块属性】对话框中，填入功能的名称 FC1、符号名和符号注释，并选择【创建语言】，单击 确定 按钮，完成功能的插入和属性设置。

生成新的逻辑块后，选中某一个对象，然后执行菜单命令【编辑】/【对象属性】，弹出逻辑块属性设置的对话框。

2. 在 LAD/STL/FBD 程序编辑器对话框中编辑用户程序

❶ LAD/STL/FBD 程序编辑器窗口结构

在已生成项目 SIMATIC 管理器窗口中，单击左窗口的 "块"文件夹，再双击右窗口的逻辑块，打开逻辑块的 LAD/STL/FBD 编辑器窗口。

STEP 7 程序编辑器集成了 LAD、STL、FBD 3 种编辑语言的编辑、编译和调试功能，主要由编程元件列表区、变量声明区、程序编辑区、信息区等构成。

❷ 编辑变量声明表

当用户打开一个逻辑块时，在窗口的上半部分为变量声明表，下半部分为程序指令部分，用户在下半部分编写逻辑块的指令程序。

在变量声明表中，用户声明的变量包括块的形参和参数的系统属性。声明变量的作用如下。

- 声明变量后，在本地数据堆栈中为瞬态变量保留一个有效存储空间，对于功能块，还要为联合使用的背景数据块的静态变量保留空间。
- 当设置输入、输出和输入 / 输出类型参数时，用户还要在程序中声明块调用的 "接口"。
- 当用户给某功能块声明变量时，这些变量（瞬态变量除外）也在功能块联合使用的每个背景数据块的数据结构中声明。
- 通过设置系统特性，用户为信息和连接组态操作员接口功能分配特殊的属性以及参数的过程控制组态。

7.4.5 程序的下载与上传

所谓下载，就是把编程软件 STEP 7 的硬件组态设置和用户程序传送到 PLC 的过程。数据的反方向传输就是上传，上传的目的是在 PC 硬盘中保存来自 PLC 的信息。

1. 在线连接

下载硬件组态和用户程序以及调试程序的前提是在编程设备和可编程控制器之间建立合适的连接，如多点接口 MPI。需要特别注意的是，在第一次下载硬件组态时必须通过 MPI 接口和编程电缆，根据实际需要，以后的在线连接可通过 PROFIBUS 接口或者通信处理模块等完成。

下载硬件组态后，最希望看到的是 CPU 模块上的两个绿灯亮（一个是 DC 5V 指示灯，另一个是 RUN 指示灯），因为这代表硬件组态正确和通信正常，此时在 SIMATIC 管理器中，用户可通过【可访问的节点】窗口建立在线连接。这种访问方式使用户能快速访问所有正在使用的且与编程设备连接的 PLC，可在线测试网络是否通畅。

2. 下载

❶ 下载的条件

- CPU 必须在允许下载的工作模式下（STOP 或 RUN-P）。在 "RUN-P" 工作模式下，程序一次只能下载一个块。
- 编程设备和 CPU 之间必须有一个连接，最常用的连接是编程电缆。要使用户能有效访问到 PLC，不仅需要实际的物理连接，还需要设置好 "控制面板" 中的 "Setting the PG/PC Interface"。
- 用户已经编译好将要下载的程序和硬件组态。最好在编译好后及时保存，再下载到 PLC 中。

❷ 下载的方法

在 SIMATIC 管理器窗口、硬件组态窗口和【LAD/STL/FBD】窗口的工具栏上，都有下载工具 ，而且这些窗口的菜单项中也含有下载选项【PLC/ 下载】，为用户提供了便捷，用户最好先下载硬件组态，然后再下载程序。在下载新的全部用户程序之前，应该执行一次 CPU 存储器的复位。

- 在 SIMATIC 管理器中，首先在左侧或图右侧中选中要下载的对象，包括项目、PLC 站、程序块等，然后利用【PLC】/【下载】菜单命令或单击工具栏中的 按钮下载。
- 在硬件组态窗口中，用户组态好硬件后，执行菜单【网络】/【保存并编译】或者单击工具栏中的 按钮，然后利用【PLC】/【下载】菜单命令或单击工具栏中的 按钮下载。
- 在【LAD/STL/FBD】窗口中，单击工具栏中的 按钮下载的是当前窗口中编译好的程序。

3. 上传的条件和方法

上传的条件与下载条件中的第一条和第二条相同。上传的方法主要有以下 3 种。

- 在 SIMATIC 管理器窗口中，通过菜单命令【PLC】/【将站点上传到 PG】，将一个 PLC 站的内容上传到编程设备中，上传的内容包括这个 PLC 站的硬件组态和用户程序。
- 在硬件组态窗口中，执行菜单命令【PLC】/【上传】或者工具栏中的上传 按钮上传数据。这种方式会在项目中插入一个站，但是只包括这个 PLC 站的硬件组态，不包括用户程序。
- 在线状态下，可有选择地上传用户程序。在 SIMATIC 管理器中，通过菜单【视图】/【在线】或者单击工具栏上的 按钮打开在线窗口，选中要上传的程序块，通过菜单【PLC】/【上传到 PG】把选中的程序块上传到编程设备中。

7.5　S7-PLCSIM 仿真软件

仿真软件 S7-PLCSIM 集成在 STEP 7 中，在 STEP 7 环境下，不用连接任何 S7 系列的 PLC（CPU 或 I/O 模板），而是通过仿真的方法来模拟 PLC 的 CPU 中用户程序的执行过程和测试用户的应用程序。可在开发阶段发现和排除错误，提高用户程序的质量和降低试车的费用。

S7-PLCSIM 提供了简单的界面，可用编程的方法（如改变输入的通 / 断状态、输入值的变化）来监控和修改不同的参数，也可使用变量表（VAT）进行监控和修改变量。

7.5.1　S7-PLCSIM 的主要功能

S7-PLCSIM 可在计算机上对 S7-300/400 PLC 的用户程序进行离线仿真与调试，因为 S7-PLCSIM 与 STEP 7 是集成在一起的，仿真时计算机不需要连接任何 PLC 的硬件。

S7-PLCSIM 提供了用于监视和修改程序中使用的各种参数的简单的接口，例如，使输入变量为 ON 或 OFF。与实际 PLC 一样，在运行仿真 PLC 时可使用变量表和程序状态等方法来监视和修改变量。

S7-PLCSIM 可模拟 PLC 的输入 / 输出存储器区，通过在仿真窗口改变输入变量的 ON/OFF 状态，来控制程序的运行，通过观察有关输出变量的状态来监视程序运行的结果。

S7-PLCSIM 可实现定时器和计数器的监视和修改，通过程序使定时器自动运行，或者手动对定时器复位。

S7-PLCSIM 还可对下列地址的读 / 写操作进行模拟：位存储器（M）、外设输入（PI）变量区和外设输出（PQ）变量区及存储在数据块中的数据。

除了可对数字量控制程序仿真外，还可对大部分组织块（OB）、系统功能块（SFB）和系统功能（SFC）仿真，包括对许多中断事件和错误事件仿真，也可对语句表、梯形图、功能块图和 S7 Graph（顺序功能图）、S7 HiGraph、S7-SCL 和用 CFC 等语言编写的程序仿真。

7.5.2 S7-PLCSIM 的使用方法

S7-PLCSIM 提供了一个简便的操作界面，可监视或者修改程序中的参数，如直接进行只存数字量的输入操作。当 PLC 程序在仿真 PLC 上运行时，可继续使用 STEP 7 软件中的各种功能，如在变量表中进行监视或者修改变量。S7-PLCSIM 的使用步骤如下。

操作视频

STEP 7之PLCSIM
的使用

1. 打开 S7-PLCSIM

可通过 SIMATIC 管理器中工具栏■按钮打开 / 关闭仿真功能。单击仿真按钮，打开 S7-PLCSIM 软件，如图 7-37 所示，此时系统自动装载仿真的 CPU。当 S7-PLCSIM 在运行时，所有的操作（如下载程序）都会自动与仿真 CPU 相关联。

2. 插入"View Objects"（视图对象）

通过生成视图对象（View Objects），可访问存储区、累加器和被仿真 CPU 的配置。在视图对象上可强制显示所有数据。执行菜单命令【Inset】或直接单击如图 7-37 所示工具栏中的相应按钮，可在 PLCSIM 窗口中插入以下视图对象。

- Input Variable：允许访问输入（I）存储区。
- Output Variable：允许访问输出（Q）存储区。
- Bit Memory：允许访问位存储区（M）中的数据。
- Timer：允许访问程序中用到的定时器。
- Counter：允许访问程序中用到的计数器。
- Generic：允许访问仿真 CPU 中所有的存储区，包括程序使用到的数据块（DB）。
- Vertical Bits：允许通过符号地址或者绝对地址来监视或者修改数据。可用来显示外部 I/O 变量（PI/PO）、I/O 映像区变量（I/O）、位存储器、数据块等。

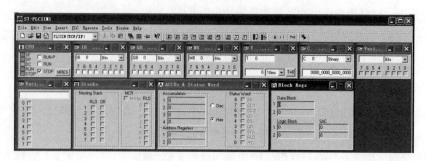

图 7-37　S7-PLCSIM 软件的界面

对于插入的视图对象，可输入需要仿真的变量地址，而且可根据被监视
变量的情况选择显示格式，如 Bits、Binary、Hex、Decimal 和 Slider：Dec（滑
动条控制功能）等。变量显示"Slider：Dec"的视图如图 7-38 所示，可用滑
动条的控制仿真逐渐变化的值或者在一定范围内变化的值。有 3 个存储区的
仿真可使用这个功能，即 Input Variable、Output Variable、Bit Memory。

图 7-38　变量显示"Slider：Dec"

3. 下载项目到 S7-PLCSIM

在下载前，首先通过执行菜单命令【PLC/Power On】为仿真 PLC 上电（一般默认选项是上电），通过
菜单命令【PLC/MPI Address】设置与项目中相同的 MPI 地址（一般默认 MPI 地址为 2），然后在 STEP 7
软件中单击▇按钮，将已经编译好的项目下载到 S7-PLCSIM。若单击 CPU 视图中的 MRES 按钮，可清除
PLCSIM 中的内容，此时如果需要调试程序，必须重新下载程序。

4. 选择 CPU 运行的方式

执行菜单命令【Execute/Scan Mode/Singles can】，使仿真 CPU 仅执行程序一个扫描周期，然后等待开始
下一次扫描。执行菜单命令【Execute/Scan Mode/Continuous scans】，仿真 CPU 将会与真实 PLC 一样连续地
周期性地执行程序。如果用户对定时器 Timer 或计数器 Counter 进行仿真，那么这个功能非常有用。

5. 调试程序

用各个视图的对象中的变量模拟实际 PLC 的 I/O 信号，用它来产生输入信号，并观察输出信号和其他
存储区中内容的变化情况。模拟输入信号的方法是，移动鼠标光标，单击图 7-37 中 IB0 的第 3 位（即 I0.3）
处的复选项中，则在框中出现符号"√"表示 I0.3 为 ON，若再单击这个位置，则"√"消失，表示 I0.3 为
OFF。在【View object】中所做的改变会立即引起存储区地址中内容发生相应变化，仿真 CPU 并不等待扫描
开始或者结束后才更新变换了的数据。在执行用户程序的过程中，可检查并离线修改程序，保存后再下载，
之后继续调试。

6. 保存文件

退出仿真软件时，可保存仿真时生成的 LAY 文件及 PLC 文件，便于下次仿真这个项目时可使用本次的
各种设置。LAY 文件用于保存仿真时各视图对象的信息，例如选择的数据格式等；PLC 文件用于保存仿真运
行时设置的数据和动作等，包括程序、硬件组态、设置的运行模式等。

7.5.3　仿真 PLC 与真实 PLC 的区别

1. 仿真 PLC 特有的功能

仿真 PLC 有下述实际 PLC 没有的功能。

- 可立即暂时停止执行用户程序，对程序状态不会有影响。
- 由 RUN 模式进入 STOP 模式不会改变输出的状态。
- 在视图对象中的变动立即使对应的存储区中的内容发生相应的改变，而实际 CPU 要等到扫描结束时
才会修改存储区。
- 可选择单次扫描或连续扫描，而实际 PLC 只能是连续扫描。
- 可使定时器自动运行或手动运行，可手动复位全部定时器或复位指定的定时器。
- 可手动触发下列中断组织块：OB40 ～ OB47（硬件中断）、OB70（I/O 冗余错误）、OB72（CPU 冗余错误）、

OB73（通信冗余错误）、OB80（时间错误）、OB82（诊断中断）、OB83（插入/拔出中断）、OB85（程序顺序错误）与 OB86（机架故障）。

- 对映象存储器与外设存储器的处理。如果在视图对象中改变了过程输入的值，S7-PLCSIM 立即将它复制到外设存储区。在下一次扫描开始，外设输入值被写到过程映像寄存器时，希望能的变化不会丢失。在改变过程输出值时，它被立即复制到外设输出存储区。

2. 仿真 PLC 与实际 PLC 的区别

仿真 PLC 与实际 PLC 的区别有以下几点。

- PLCSIM 不支持写到诊断缓冲区的错误报文，例如，不能对电池失电和 EEPROM 故障仿真，但是可对大多数 I/O 错误和程序错误仿真。
- 仿真 PLC 工作模式的改变（例如，由 RUN 转换到 STOP 模式）不会使 I/O 进入"安全状态"。
- 仿真 PLC 不支持功能模块和点对点通信。
- 仿真 PLC 支持有 4 个累加器的 S7-400 CPU。在某些情况下，S7-400 可能与只有两个累加器的 S7-300 的程序运行不同。
- S7-300 的大多数 CPU 的 I/O 是自动组态的，模块插入物理控制器后被 CPU 自动识别。仿真 PLC 没有这种自动识别功能。如果将自动识别 I/O 的 S7-300 CPU 的程序下载到仿真 PLC，则系统数据没有包括 I/O 组态。因此，在用 S7-PLCSIM 仿真 S7-300 程序时，如果想定义 CPU 支持的模块，首先必须下载硬件组态。

7.6　实例：S7-300 系列 PLC 硬件组态

1. S7-300 系列 PLC 单机架硬件组态

单机架硬件组态最多配置 8 个扩展模块，如图 7-39 所示。

图 7-39　单机架硬件组态

所必需的硬件材料如表 7-3 所示，硬件组成如图 7-40 所示。

表 7-3　硬件材料表

名称	数量	配置型号例
电源模块 PS	1	例如 PS 307，6ES7 307-1EA00-0AA0
CPU 模块	1	例如 CPU 313C，6ES7 317-5BE00-0AB0
SIMATIC 微型存储卡 MMC	1	例如 6ES7 957-8LL00-0AA0
前连接器	根据模块数量，分为 20 针、40 针	通过螺钉连接的 40 针 6ES7 392-1AM00-0AA0
固定导轨	1	例如 6ES7 390-1AE80-0AA0
编程软件	1	STEP 7 软件（版本 ≥ 5.1+ SP 2）
编程接口	1	• PG 电缆 • 带适当接口卡的 PC（CP5611 卡）

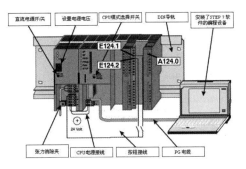

图 7-40　硬件组成

在 STEP 7 软件中的硬件配置如图 7-41 所示，说明如下。

图 7-41　STEP 7 软件中的硬件配置（单机架）

- 插槽 1 为电源模块配置，电源模块如果不选用西门子专用电源模块，插槽 1 配置为空。
- 插槽 2 为 CPU 模块配置。
- 插槽 3 为多机架扩展接口模块配置，在单机架配置时为空。
- 扩展模块必须从插槽 4 开始配置。

2. S7-300 系列 PLC 多机架硬件组态

S7-300 系列 PLC 最多配置 4 个机架。每个机架最多可以插入 8 个模块。在 4 个机架上最多可安装 32 个模块。IM 365 用于一个中央机架和一个扩展机架的配置中，用于 1 对 1 配置。IM360/IM 361 用于一个中央机架和最多 3 个扩展机架的配置中。

① 通过IM365扩展

只能用于一个中央机架和一个扩展机架的配置中，用于 1 对 1 配置。

IM365 型号是 6ES7 365-0BA01-0AA0，用于使用一个扩展单元扩展 S7-300，两个带有连接电缆的模块（1M）如图 7-42 所示。

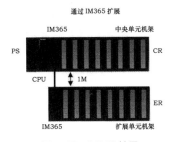

图 7-42　IM365 扩展

在 STEP 7 软件中的硬件配置如图 7-43 所示，说明如下。

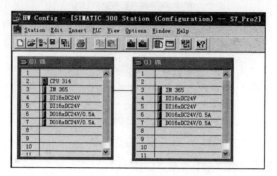

图 7-43　STEP 7 软件中的硬件配置（IM365）

- 插槽 1 为电源模块配置，电源模块如果不选用西门子专用电源模块，插槽 1 配置为空。
- 插槽 2 为 CPU 模块配置。
- 插槽 3 为多机架扩展接口模块配置。
- 扩展模块必须从插槽 4 开始配置。

2 通过IM360/361扩展

IM360/IM361 用于一个中央机架和最多 3 个扩展机架的配置中。所必需的硬件材料如表 7-4 所示，硬件组成如图 7-44 所示。

表 7-4　硬件材料表

种类	型号	作用
IM360 模块	6ES7 360-3AA01-0AA0	用于使用 3 个扩展单元扩展 S7-300，可插入中央控制器
IM361 模块	6ES7 361-3CA01-0AA0	用于使用 3 个扩展单元扩展 S7-300，可插入扩展单元
1m 连接电缆	6ES7 368-3BB01-0AA0	IM360 和 IM361 之间或 IM361 和 IM361 之间，最长距离 10m
2.5m 连接电缆	6ES7 368-3BC51-0AA0	
5m 连接电缆	6ES7 368-3BF01-0AA0	
10m 连接电缆	6ES7 368-3CB01-0AA0	

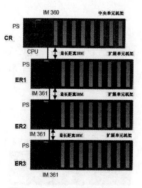

图 7-44　IIM360/361 扩展

在 STEP 7 软件中的硬件配置如图 7-45 所示，说明如下。

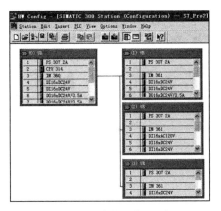

图 7-45　STEP 7 软件中的硬件配置（IM360/361）

- 插槽 1 为电源模块配置，电源模块如果不选用西门子专用电源模块，插槽 1 配置为空。
- 插槽 2 为 CPU 模块配置。
- 插槽 3 为多机架扩展接口模块配置。
- 扩展模块必须从插槽 4 开始配置。

7.7　思考与练习

1. STEP 7 软件的主要特点及功能有哪些?
2. 练习 STEP 7 软件安装。
3. 练习 SIMATIC 管理器的操作。
4. 练习 S7–PLCSIM 仿真软件的使用。

第8章
STEP 7 指令系统及应用

S7-300/400 系列 PLC 用的设计软件是 STEP 7。STEP 7 具有硬件组态、通信组态、编程、测试、启动、维护、运行和诊断等功能。STEP 7 的所有功能均有大量的在线帮助，用鼠标打开或选中某一对象，按 F1 键可以得到该对象的在线帮助。

在 STEP 7 中，用项目来管理一个自动化系统的硬件和软件。STEP 7 用 SIMATIC 管理器对项目进行集中管理，实现 STEP 7 各种功能所需的 SIMATIC 软件工具都集成在 STEP 7 中。

【本章重点】
- S7-300/400 PLC 的系统存储器的分类、功能。
- S7-300/400 PLC 的基本数据类型。
- S7-300/400 PLC 的基本编程原则。
- STEP 7 指令系统中各指令的基本功能及使用方法。

8.1 PLC 编程基础

IEC 61131 是 PLC 的国际标准，1992 ~ 1995 年发布了 IEC 61131 标准中的 1 ~ 4 部分。IEC 61131 定义了 5 种编程语言。

- 指令表 IL（Instruction list）：对应西门子的语句表（STL）。
- 结构文本 ST（Structured text）：对应西门子的结构化控制语言（SCL）。
- 梯形图 LD（Ladder diagram）：对应西门子的梯形图语言 LAD。
- 功能块图 FBD（Function block diagram）：对应西门子的功能块图（FBD）。
- 顺序功能图 SFC（Sequential function chart）：对应西门子的 S7 Graph。

8.1.1 STEP 7 中的编程语言

STEP 7 中的编程语言主要包括。

- 梯形图逻辑编程语言（LAD）。
- 语句表编程语言（STL）。
- 功能块图编程语言（FBD）。
- S7-GRAPH/S7 HiGraph 编程语言。
- 结构化控制语言（SCL）。
- 顺序功能图（SFC）。
- 连续功能图（CFC）。

其中 LAD、STL 和 FBD 是 3 种基本编程语言。

LAD（LAdder Diagram）简称梯形图，LAD 是使用最多的 PLC 编程语言。因与继电器电路很相似，具有直观易懂的特点，很容易被熟悉继电器控制的电气人员所掌握，特别适合于数字量逻辑控制，也适合于熟悉继电器电路的人员使用。LAD 编程语言如图 8-1 所示。

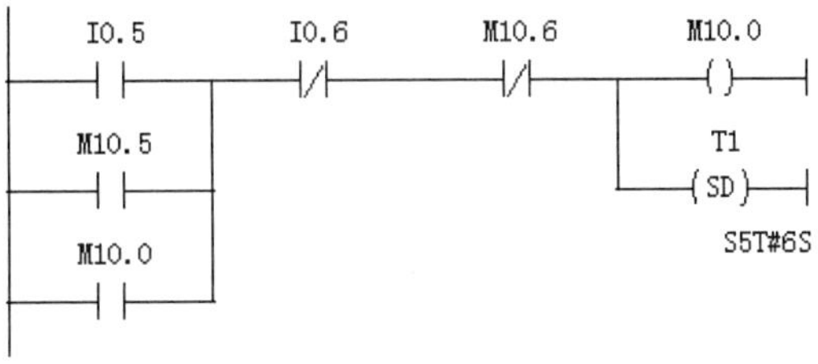

```
    I0.5      I0.6      M10.6     M10.0
──┤ ├──┬──┤/├──┤/├──────( )──
   M10.5 │                    T1
──┤ ├──┤              ┌──(SD)──
   M10.0 │            │     S5T#6S
──┤ ├──┘
```

图 8-1 LAD 编程语言

STL（STatement List）简称语句表，STL 是一种类似于微机汇编语言的一种文本编程语言，由多条语句组成一个程序段。语句表适合于经验丰富的程序员使用，可以实现某些梯形图不能实现的功能。STL 适用于喜欢用汇编语言编程的人员使用。STL 编程语言如图 8-2 所示。

```
A(
O     I     0.5
O     M     10.5
O     M     10.0
)
AN    I     0.6
AN    M     10.6
=     M     10.0
L     S5T#6S
SD    T     1
```

图 8-2 STL 编程语言

FBD（Function Block Diagram）简称功能块图，功能块图使用类似于布尔代数的图形逻辑符号来表示控制逻辑，一些复杂的功能用指令框表示。FBD 适合于有数字电路基础的编程人员使用。FBD 编程语言如图 8-3 所示。

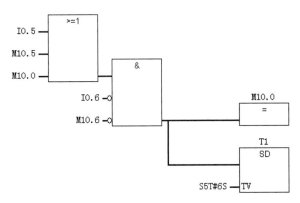

图 8-3 FBD 编程语言

8.1.2　S7-300/400 CPU 的系统存储器

1.　过程映像输入 / 输出表（I/Q）

过程映像输入表（Process Image Input，PII）：循环扫描开始时，存储数字量输入模块的输入信号的状态。

过程映像输出表（Process Image Output，PIQ）：循环扫描结束时，存储用户程序计算的输出值，并将 PIQ 的内容写入数字量输出模块。

2.　内部存储器区（M）

内部存储器区（M），主要用于存储中间变量。

3.　定时器（T）存储器区

在 CPU 的存储器中，有一个区域是专为定时器保留的。此存储区域为每个定时器地址保留一个 16 位字。梯形图逻辑指令集支持 256 个定时器。时间值可以用二进制或 BCD 码方式读取。

4.　计数器（C）存储器区

在用户 CPU 的存储器中，有为计数器保留的存储区。此存储区为每个计数器地址保留一个 16 位字。梯形图指令集支持 256 个计数器。计数值（0 ~ 999）可以用二进制或 BCD 码方式读取。

5.　数据块（DB）/ 背景数据块（DI）

DB 为共享数据块：DBX2.3、DBB5、DBW10 和 DBD12。

DI 为背景数据块：DIX、DIB、DIW 和 DID。

6.　外部 I/O 存储区（PI/PO）

外设输入（PI）和外设输出（PQ）区允许直接访问本地的和分布式的输入模块和输出模块。

8.1.3　S7-300/400 CPU 的寄存器

1.　累加器（ACCUx）

累加器用于处理字节、字或双字的寄存器。S7-300 有两个 32 位累加器（ACCU1 和 ACCU2），S7-400 有 4 个累加器（ACCU1 ~ ACCU4）。数据放在累加器的低端（右对齐）。

2.　状态字寄存器（16 位）

状态字用于表示 CPU 执行指令时所具有的状态。一些指令是否执行或以何种方式执行可能取决于状态字中的某些位；执行指令时也可能改变状态字中的某些位，也能在位逻辑指令或字逻辑指令中访问并检测它们。状态字的结构如图 8-4 所示。

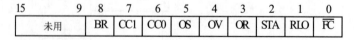

图 8-4　状态字的结构

3.　数据块寄存器

DB 和 DI 寄存器分别用来保存打开的共享数据块和背景数据块的编号。

8.1.4 数据类型

数据类型决定数据的属性，在 STEP 7 中，数据类型分为三大类，即基本数据类型、复杂数据类型和参数数据类型。

1. 基本数据类型

基本数据类型定义不超过 32 位（bit）的数据，可以装入 S7 处理器的累加器，可利用 STEP 7 基本指令处理。

基本数据类型共有 12 种，每一种数据类型都具有关键词、数据长度与取值范围以及常数表示形式等属性。表 8-1 列出了 S7-300/400 PLC 所支持的基本数据类型。

表 8-1　基本数据类型

类型（关键词）	位	表示形式	数据与范围	示例
布尔（BOOL）	1	布尔量	True/False	触点的闭 / 断开
字节（BYTE）	8	十六进制	B#16#0~B#16#FF	LB#16#20
字（WORD）	16	二进制	2#0~2#1111_1111_1111_1111	L 2#0000_0011_1000_0000
		十六进制	W#16#0~W#16#FFFF	L W#16#0380
		BCD 码	C#0~C#999	L C#896
		无符号十进制	B#(0,0)~B#(255,255)	L B#(10,10)
双字（DWORD）	32	十六进制	DW#16#0000_0000~DW#16#FFFF_FFFF	LDW#16#0123_ABCD
		无符号数	B#(0,0,0,0)~B#(255,255,255,255)	LB#(1,23,45,67)
字符（CHAR）	8	ASCII 字符	可打印的 ASCII 字符	"A" "," "0"
整数（INT）	16	有符号十进制	−32768~+32767	L-23
长整数（DINT）	32	有符号十进制	L#-214 783 648~L#214 783 647	L#23
实数（REAL）	32	IEEE 浮点数	± 1.175 495e-38~± 3.402 823e+38	L2.34567e+2
时间（TIME）	32	带符号 IEC 时间，分辨率为 1ms	T#-24D_20H_31M_23S_648MS~T#24D_20H_31M_23S_647MS	L T#8D_7H_6M_5S_0MS
日期（DATE）	32	IEC 日期，分辨率为 1 天	D#1990_1_1~D#2168_12_31	LD#2011_7_11
实时时间（Time_Of_Daytod）	32	实时时间，分辨率为 1ms	TOD#0:0:0.0~TOD#23:59:59.999	LTOD#8:30:45.12
S5 系统时间（S5TIME）	32	S5 时间，以 10ms 为时基	S5T#0H_0M_10MS~S5T#2H_46M_30S_0MS	L S5T#1H_1M_2S_10MS

2. 复杂数据类型

复杂数据类型定义超过 32 位或由其他数据类型组成的数据。复杂数据类型要预先定义，其变量只能在全局数据块中声明，可以作为参数或逻辑块的局部变量。STEP 7 支持的复杂数据类型有数组、结构、字符串、日期和时间、用户定义的数据类型以及功能块类型 6 种。

❶ 数组

数组（ARRAY）是由一组同一类型的数据组合在一起而形成的复杂数据类型。数组的维数最大可以到 6 维，数组中的元素可以是基本数据类型或者复杂数据类型中的任一数据类型（ARRAY 类型除外，即数组类型不可以嵌套）。数组中每一维的下标取值范围是 −32 768 ~ 32 767，要求下标的下限必须小于下标的上限。

定义数组时必须指明数组元素的类型、维数及每一维的下标范围。数据格式是 ARRAY[*n..m*]。第一个数

n 和最后一个数 *m* 在方括号中指明。例如，[1..10] 表示 10 个元素，第一个元素的地址是 [1]，最后一个元素的地址是 [10]。也可以采用 [0..9]，元素个数为 10 个，地址为 [0] ~ [9]。

例如：ARRAY[1..4，1..5，1..6] INT

这是一个三维数组，1..4，1..5，1..6 为数据第 1 ~ 3 维的下标范围。INT 为元素类型关键词。定义了一个整数型，大小为 4×5×6 的三维数组。可以用数组名加上下标方式来引用数组中的某个元素，如 a[2，1，5]。

❷ 结构

结构（STRUCT）是由一组不同类型（结构的元素可以是基本的或复杂的数据类型）的数据组合在一起而形成的复杂数据类型。数据通常用来定义一组相关的数据，例如，电动机的一组数据可以按如下方式定义。

```
Motor: STRUCT
    Speed: INT
    Current: REAL
END_STRUCT
```

其中，STRUCT 为结构的关键词；Motor 为结构类型名（用户自定义），Speed 和 Current 为结构的两个元素，INT 和 REAL 是这两个元素的数据类型，END_STRUCT 是结构的结束关键词。

❸ 字符串

字符串（STRING）是最多 254 个字符（CHAR）的一维数组，最大长度为 256 个字节（其中前两个字节用来存储字符串的长度信息）。字符串常量用单引号括起来，如 'SIMATIC S7-300' 'SIMENS'。

❹ 日期和时间

日期和时间（DATE_AND_TIME）用来存储年、月、日、时、分、秒、毫秒和星期，占用 8 个字节，用 BCD 码格式保存。星期天的代码为 1，星期一至星期六的代码分别为 2 ~ 7。如，DT#2011-06-21-09:30:15.200 表示 2011 年 6 月 21 日 9 点 30 分 15.2 秒。

❺ 用户定义的数据类型

用户定义的数据类型（UDT）表示自定义的结构，存放在 UDT 块中（UDT1 ~ UDT65535），在另一个数据类型中作为一个数据类型"模板"。当输入数据块时，如果需要输入几个相同的结构，利用 UDT 可以节省输入时间。

❻ 功能块类型

功能块类型（FB、SFB）只可以在 FB 的静态变量区定义，用于实现多背景 DB。

3. 参数数据类型

参数类型是一种用于逻辑块（FB、FC）之间传递参数的数据类型，主要有以下几种。

（1）TIMER（定时器）和 COUNTER（计数器）。

（2）BLOCK（块）。指定一个块用作输入和输出，实参应为同类型的块。

（3）POINTER（指针）。6 字节指针类型，用来传递 DB 的块号和数据地址。

（4）ANY。10 字节指针类型，用来传递 DB 块号、数据地址、数据数量以及数据类型。

8.2 S7-300/400 指令基础

指令是程序的最小独立单位，用户程序是由若干条顺序排列的指令构成。指令一般由操作码和操作数组成，其中的操作码代表指令所要完成的具体操作（功能），操作数则是该指令操作或运算的对象。

8.2.1　指令操作数

指令操作数（又称编程元件）一般在用户存储区中，操作数由操作标识符和参数组成。操作标识符由主标识符和辅助标识符组成，主标识符用来指定操作数所使用的存储区类型，辅助标识符则用来指定操作数的单位（如位、字节、字、双字等）。

主标识符有：I（输入过程映像寄存器）、Q（输出过程映像寄存器）、M（位存储器）、PI（外部输入寄存器）、PQ（外部输出寄存器）、T（定时器）、C（计数器）、DB（数据块寄存器）和 L（本地数据寄存器）。

辅助标识符有：X（位）、B（字节）、W（字或 2B）、D（双字或 2DW 或 4B）。

例如，对于指令"A M0.0"，A 为操作码（逻辑与运算），M 为主标识符，0.0 为辅助标识符，是位地址。

8.2.2　寻址方式

所谓寻址方式就是指令执行时获取操作数的方式，可以直接或间接方式给出操作数。S7-300/400 PLC 有 4 种寻址方式，即立即寻址、存储器直接寻址、存储器间接寻址和寄存器间接寻址。

1.　立即寻址

立即寻址是对常数或常量的寻址方式，其特点是操作数直接表示在指令中，或以唯一形式隐含在指令中。下面各条指令操作数均采用了立即寻址方式，其中"//"后面的内容为指令的注释部分，对指令没有任何影响。

2.　存储器直接寻址

存储器直接寻址，简称直接寻址。该寻址方式在指令中直接给出操作数的存储单元地址。存储单元地址可用符号地址（如 SB1、KM 等）或绝对地址（如 I0.0、Q4.1 等）。下面各条指令操作数均采用了直接寻址方式。

3.　存储器间接寻址

存储器间接寻址，简称间接寻址。该寻址方式在指令中以存储器的形式给出操作数所在存储器单元的地址，也就是说该存储器的内容是操作数所在存储器单元的地址。该存储器一般称为地址指针，在指令中需写在方括号"[ ]"内。地址指针可以是字或双字，对于地址范围小于 65 535 的存储器可以用字指针，对于其他存储器则要使用双字指针。

4.　寄存器间接寻址

寄存器间接寻址，简称寄存器寻址。该寻址方式在指令中通过地址寄存器和偏移量间接获取操作数，其中的地址寄存器及偏移量必须写在方括号"[ ]"内。在 S7-300 中有两个地址寄存器 AR1 和 AR2，用地址寄存器的内容加上偏移量形成地址指针，并指向操作数所在的存储器单元。地址寄存器的地址指针有两种格式，其长度均为双字，指针格式如图 8-5 所示。

```
位序 31        24 23        16 15        8 7        0
     x000  rrr  0000 0bbb  bbbb bbbb  bbbb bxxx
```

图 8-5　指针格式

含义：0~2（xxx）位为被寻址地址中的编号（0~7）。

3~8 位为被寻址地址的字节编号（0~65535）。

24~26（rrr）位为被寻址地址的区域标识号。

31 位的 x=0 为区域内的间接寻址，x=1 为区域间的间接寻址。

第一种地址指针格式适用于在确定的存储区内寻址，即区内寄存器间接寻址。

第二种地址指针格式适用于区域间寄存器间接寻址。

第一种地址指针格式包括被寻址数据所在存储单元地址的字节编号和位编号，至于对哪个存储区寻址，则必须在指令中明确给出。这种格式适用于在确定的存储区内寻址，即区内寄存器间接寻址。

第二种地址指针格式包含了数据所在存储区的说明位（存储区域标识位），可通过改变标识位实现跨区域寻址，区域标识由位 24 ~ 26 确定。这种指针格式适用于区域间寄存器间接寻址。

8.2.3　指令的基本构成

1. STL 指令

一条指令由一个操作码和一个操作数组成，操作数由标识符和参数组成。操作码定义要执行的功能，操作数为执行该操作所需要的信息。例如：

```
A  I1.0
```

是一条位逻辑操作指令。

其中，"A"是操作码，它表示执行"与"操作。"I1.0"是操作数，对输入继电器 I1.0 进行的操作。

有些语句指令不带操作数，它们操作的对象是唯一的。例如：

```
NOT
```

表示对逻辑操作结果"RLO"取反。

2. LAD 指令

梯形图指令是一种用图形符号表示的指令系统，它源于早期的继电器控制电路图，因为编写的程序像一级一级的梯子，故名"梯形图"。在梯形图中，使用抽象的触点和线圈表示输入和输出，最左边的竖线称为母线，假想的电流从母线流出，经过一系列触点，控制右边的线圈，线圈通电后可以触发相关的触点，这和继电器控制原理相同。

8.2.4　PLC 编程的基本原则

PLC 编程应该遵循以下基本原则。

（1）外部输入、输出继电器、内部继电器、定时器、计数器等器件的接点可多次重复使用。

（2）梯形图每一行都是从左母线开始，线圈接在最右边，接点不能放在线圈的右边。

（3）线圈不能直接与左母线相连。

（4）同一编号的线圈在一个程序中使用两次容易引起误操作，应尽量避免线圈重复使用。

（5）梯形图程序必须符合顺序执行的原则，从左到右、从上到下地执行，如不符合顺序执行的电路不能直接编程，桥式电路不能直接编程。

（6）在梯形图中，串联接点、并联接点的使用次数没有限制，可无限次地使用。

8.3　位逻辑指令及其应用

位逻辑指令处理的对象为二进制位信号。位逻辑指令扫描信号状态"1"和"0"位，并根据布尔逻辑对它们进行组合，所产生的结果（"1"或"0"）称为逻辑运算结果，存储在状态字的"RLO"中。

常用的位逻辑指令有触点与线圈指令、基本逻辑指令、置位和复位指令、RS 和 SR 触发器指令及跳变沿检测指令等。

8.3.1 触点与线圈指令

在 LAD（梯形图）程序中，通常使用类似继电器控制电路中的触点符号及线圈符号来表示 PLC 的位元件，被扫描的操作数（用绝对地址或符号地址表示）则标注在触点符号的上方，如图 8-6 所示。

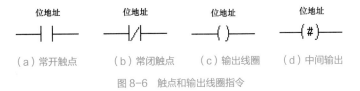

（a）常开触点　（b）常闭触点　（c）输出线圈　（d）中间输出

图 8-6　触点和输出线圈指令

1. 常开触点

对于常开触点（动合触点），则对"1"扫描相应操作数。在 PLC 中规定，若操作数是"1"则常开触点"动作"，即认为是"闭合"的。若操作数是"0"，则常开触点"复位"，即触点仍处于打开的状态。

常开触点所使用的操作数是：I、Q、M、L、D、T、C。

2. 常闭触点

对于常闭触点（动断触点）则对"0"扫描相应操作数。在 PLC 中规定，若操作数是"1"则常闭触点"动作"，即认为是"断开"的。若操作数是"0"，则常闭触点"复位"，即触点仍保持闭合。

常闭触点所使用的操作数是 I、Q、M、L、D、T、C。

3. 输出线圈（赋值指令）

输出线圈与继电器控制电路中的线圈一样，如果有电流（信号流）流过线圈（RLO ="1"），则被驱动的操作数置"1"。如果没有电流流过线圈（RLO ="0"），则被驱动的操作数复位（置"0"）。输出线圈只能出现在梯形图逻辑串的最右边。

输出线圈等同于 STL 程序中的赋值指令（用等于号"="表示），所使用的操作数可以是 Q、M、L、D。

4. 中间输出

在梯形图设计时，如果一个逻辑串很长，不便于编辑时，可以将逻辑串分成几个段，前一段的逻辑运算结果（RLO）可作为中间输出，存储在位存储器（I、Q、M、L 或 D）中，该存储位可以当作一个触点出现在其他逻辑串中。中间输出只能放在梯形图逻辑串的中间，而不能出现在最左端或最右端。

8.3.2 基本逻辑指令

常用的基本逻辑指令有"与"指令、"与非"指令、"或"指令、"或非"指令、逻辑"异或"和"异或非"指令。

1. 逻辑"与"和"与非"指令

逻辑"与"和"与非"指令使用的操作数可以是 I、Q、M、L、D、T、C，可以用 STL（指令语句表）、FBD（功能块图）和 LAD（梯形图）进行编程，指令格式如表 8-2 和表 8-3 所示。STL 指令中的"A"表示逻辑"与"，"AN"表示逻辑"与非"。

表 8-2　逻辑"与"指令

指令形式	STL	FBD	LAD
指令格式	A 位地址 1 A 位地址 2	位地址 1 — 位地址 2 — &	位地址 1　位地址 2 —| |——| |—

表 8-3　逻辑"与非"指令

指令形式	STL	FBD	LAD
指令格式	A 位地址 1 AN 位地址 2	位地址 1 — 位地址 2 —○ &	位地址 1　位地址 2 —| |——|/|—
	AN 位地址 1 AN 位地址 2	位地址 1 —○ 位地址 2 —○ &	位地址 1　位地址 2 —|/|——|/|—

2. 逻辑"或"和"或非"指令

逻辑"或"和"或非"指令使用的操作数可以是 I、Q、M、L、D、T、C，可以用 STL（指令语句表）、FBD（功能块图）和 LAD（梯形图）进行编程，指令格式如表 8-4 和表 8-5 所示。STL 指令中的"O"表示逻辑"或"，"ON"表示逻辑"或非"。

表 8-4　逻辑"或"指令

指令形式	STL	FBD	LAD
指令格式	O 位地址 1 O 位地址 2	位地址 1 — 位地址 2 — >=1	位地址 1 —| |— 位地址 2 —| |—

表 8-5　逻辑"或非"指令

指令形式	STL	FBD	LAD
指令格式	O 位地址 1 ON 位地址 2	位地址 1 — 位地址 2 —○ >=1	位地址 1 —| |— 位地址 2 —|/|—

3. 逻辑"异或"和"异或非"指令

逻辑"异或"和"异或非"指令格式如表 8-6 和表 8-7 所示。

表 8-6　逻辑"异或"指令

指令形式	STL	FBD	LAD
指令格式	X 位地址 1 X 位地址 2	位地址 1 — 位地址 2 — XOR	位地址 1　位地址 2 —| |——|/|— 位地址 1　位地址 2 —|/|——| |—
	XN 位地址 1 XN 位地址 2	位地址 1 —○ 位地址 2 —○ XOR	

表 8-7　逻辑"异或非"指令

指令形式	STL	FBD	LAD
指令格式	X 位地址 1 XN 位地址 2	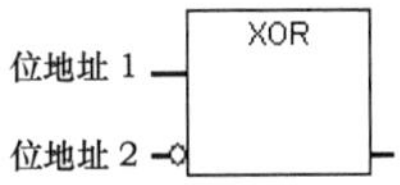 XOR 位地址 1 位地址 2	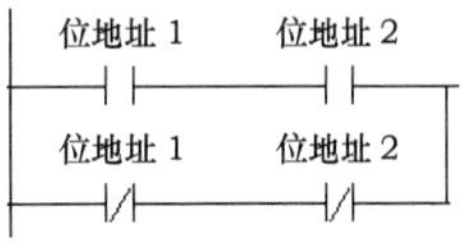 位地址 1　位地址 2 位地址 1　位地址 2
	XN 位地址 1 X 位地址 2	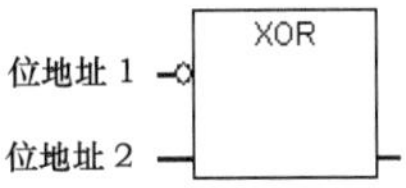 XOR 位地址 1 位地址 2	

4. 信号流取反指令

信号流取反指令的作用就是对逻辑串的 RLO 值进行取反。指令格式如表 8-8 所示。当输入位 I0.0 和 I0.1 同时动作时，Q4.0 信号状态为 "0"。否则，Q4.0 信号状态为 "1"。示例如图 8-7 所示。

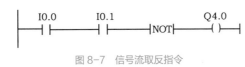

I0.0　　I0.1　　　　Q4.0
┤├────┤├───┤NOT├───( )┤

图 8-7　信号流取反指令

表 8-8　信号流取反指令

指令形式	STL	FBD	LAD
指令格式	NOT	 ○	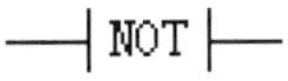 ┤NOT├

8.3.3　置位和复位指令

置位（S）和复位（R）指令根据 RLO 的值来决定操作数的信号状态是否改变，对于置位指令，一旦 RLO 为 "1"，则操作数的状态置 "1"，即使 RLO 又变为 "0"，输出仍保持为 "1"。若 RLO 为 "0"，则操作数的信号状态保持不变。对于复位操作，一旦 RLO 为 "1"，则操作数的状态置 "0"，即使 RLO 又变为 "0"，输出仍保持为 "0"。若 RLO 为 "0"，则操作数的信号状态保持不变。这一特性又被称为静态的置位和复位，相应地，赋值指令被称为动态赋值。

置位和复位指令格式如表 8-9 和表 8-10 所示。当 I1.0 动作且 I1.2 未动作时，则 RLO 为 "1"，对 Q2.0 置位并保持。当 I1.1 动作且 I1.2 未动作时，则 RLO 为 "1"，对 Q2.0 复位并保持。示例如图 8-8 所示。

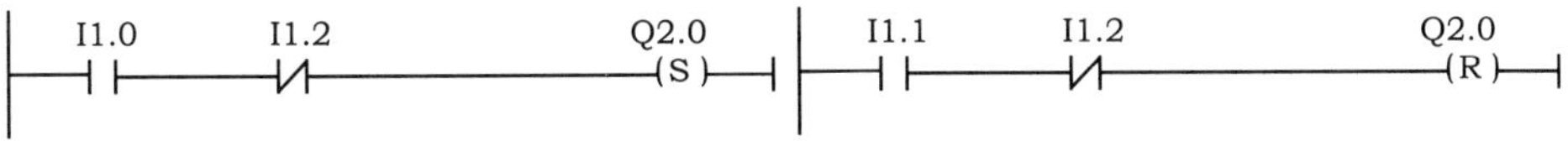

I1.0　　I1.2　　　　Q2.0　　I1.1　　I1.2　　　　Q2.0
┤├────┤/├───(S)┤　　┤├────┤/├───(R)┤

图 8-8　置位和复位指令

表 8-9　置位（S）指令

指令形式	STL	FBD	LAD
指令格式	S 位地址	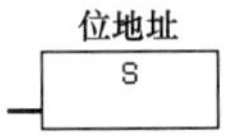 位地址 S	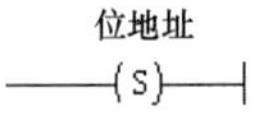 位地址 —(S)┤

表 8-10　复位（R）指令

指令形式	STL	FBD	LAD
指令格式	R 位地址	位地址 ─┤ R ├─	位地址 ──(R)──┤

8.3.4　RS 和 SR 触发器指令

STEP 7 有两种触发器，即 RS 触发器和 SR 触发器。

RS 触发器为"置位优先"型触发器（当 R 和 S 驱动信号同时为"1"时，触发器最终为置位状态）。

SR 触发器为"复位优先"型触发器（当 R 和 S 驱动信号同时为"1"时，触发器最终为复位状态）。

RS 触发器和 SR 触发器的"位地址"、置位（S）、复位（S）及输出（Q）所使用的操作数可以是 I、Q、M、L、D。RS 和 SR 触发器指令格式如表 8-11 和表 8-12 所示。

表 8-11　RS 触发器

指令形式	STL	FBD	LAD
指令格式	A 复位信号 R 位地址 A 置位信号 S 位地址	位地址 RS 复位信号 ─R 置位信号 ─S　Q─	位地址 RS 复位信号 ─┤├─ R　Q 置位信号 ─S

表 8-12　SR 触发器

指令形式	STL	FBD	LAD
指令格式	A 置位信号 S 位地址 A 复位信号 R 位地址	位地址 SR 复位信号 ─S 置位信号 ─R　Q─	位地址 SR 复位信号 ─┤├─ S　Q 置位信号 ─R

8.3.5　跳变沿检测指令

STEP 7 中有两类跳变沿检测指令，一种是对 RLO 的跳变沿检测的指令，另一种是对触点的跳变沿直接检测的梯形图方块指令。

1. RLO 边沿检测指令

RLO 边沿检测指令有 RLO 上升沿检测指令和 RLO 下降沿检测指令两种类型，指令格式如表 8-13 和表 8-14 所示。

RLO 边沿检测指令均制定一个"位存储器"，用来保存前一周期 RLO 的信号状态，以进行比较，在 OB1 的每一个扫描周期，RLO 位的信号状态都将与前一周期中获得的结果进行比较，看信号状态是否有变化。"位存储器"使用的操作数可以是 I、Q、M、L、D。

表 8-13　RLO 上升沿检测指令

指令形式	STL	FBD	LAD
指令格式	FP 位存储器	位存储器 ─┤ P ├─	位存储器 ──(P)──

表 8-14　RLO 下降沿检测指令

指令形式	STL	FBD	LAD
指令格式	FN 位存储器	位存储器 — N —	位存储器 —(N)—

2. 触点信号边沿检测指令

触点信号边沿检测指令有触点信号上升沿检测指令和触点信号下降沿检测指令两种类型，指令格式如表 8-15 和表 8-16 所示。

其中，"地址 1"、"地址 2"和"状态（Q）"使用的操作数可以是 I、Q、M、L、D。

表 8-15　触点信号上升沿检测指令

指令形式	STL	FBD	LAD
指令格式	A 地址 1 BLD 100 FP 地址 2 = 输出	位地址 1 位地址 2 — POS M_BIT　Q	位地址 1 启动条件 — POS Q 位地址 2 — M_BIT

表 8-16　触点信号下降沿检测指令

指令形式	STL	FBD	LAD
指令格式	A 地址 1 BLD 100 FN 地址 2 = 输出	位地址 1 位地址 2 — NEG M_BIT　Q	位地址 1 启动条件 — NEG Q 位地址 2 — M_BIT

8.4　定时器与计数器指令

定时器和计数器是 PLC 中的重要部件。定时器用于实现或监控时间序列，它是一种由位和字组成的复合单元，定时器的触点由位表示，其定时时间值存储在字存储器中。计数器是由表示当前计数值的字及状态的位组成。

8.4.1　定时器指令

定时器相当于继电器控制电路中的时间继电器，在 S7-300/400 PLC CPU 的存储器中，为定时器保留有存储区，该存储区为每个定时器保留一个 16 位定时字和一个二进制位存储空间。STEP 7 梯形图指令最多支持 256 个定时器，不同的 CPU 模块所支持的定时器数目在 64 ～ 512 之间。

S7-300/400 PLC 有以下 5 种定时器，S_PULSE（脉冲 S5 定时器）、S_PEXT（扩展脉冲 S5 定时器）、S_ODT（接通延时 S5 定时器）、S_ODTS（保持型接通延时 S5 定时器）和 S_OFFDT（断电延时 S5 定时器）。

1. S_PULSE（脉冲 S5 定时器）

S_PULSE（脉冲 S5 定时器）指令的 STL、FBD 及 LAD 如表 8-17 所示。

表 8-17　脉冲 S5 定时器 STL、FBD 及 LAD 指令

指令形式	STL	FBD	LAD
指令格式	A 启动时间 L 定时时间 SP Tno A 复位信号 R Tno L Tno T 时间字单元 1 LC Tno T 时间字单元 2 A Tno = 输出位地址	Tno S_PULSE 启动信号—S　BI—时间字单元 1 定时时间—TV 　　　　　BCD—时间字单元 2 复位信号—R　Q	Tno S_PULSE 　　　　　S　Q 定时时间—TV 　　　　　BI—时间字单元 1 复位信号—R 　　　　　BCD—时间字单元 2

表中各符号的含义如下。

（1）Tno 为定时器的编号，其范围与 CPU 的型号有关。

（2）S 为启动信号，当 S 端出现上升沿时，启动指定的定时器。

（3）R 为复位信号，当 R 端出现上升沿时，定时器复位，当前值清"0"。

（4）TV 为设定时间值输入，最大设定时间为 9 990s，或 2H_46M_30s，输入格式按 S5 系统时间格式，如 S5T#100S、S5T#10MS、S5T#2M1S、S5T#1H2M3S。

（5）Q 为定时器输出，定时器启动后，剩余时间为非 0 时，Q 输出为"1"。定时器停止或剩余时间为 0 时，Q 输出为"0"。该端可以连接位存储器，如 Q4.0 等，也可以悬空。

（6）BI 为剩余时间显示或输出（整数格式），采用十六进制形式，如 16#0023、16#00ab 等。该端口可以连接各种字存储器，如 MW0、QW2 等，也可以悬空。

（7）BCD 为剩余时间显示或输出（BCD 码格式），采用 S5 系统时间格式，如 S5T#10MS、S5T#2M1S、S5T#1H2M3S 等。该端口可以连接各种字存储器，如 MW0、QW2 等，也可以悬空。

（8）STL 等效程序中的"SP…"为脉冲定时器指令，用来设置脉冲定时器编号。"L…"为累加器 1 装入指令，可将定时器的定时值作为整数装入累加器 1。"LC…"为 BCD 码装入指令，可将定时器的定时值作为 BCD 码装入累加器。"T…"为传送指令，可将累加器 1 的内容传送给指定的字节、字或双字单元。

2. S_PEXT（扩展脉冲 S5 定时器）

S_PEXT（扩展脉冲 S5 定时器）指令的 STL、FBD 及 LAD 如表 8-18 所示。

表 8-18　扩展脉冲 S5 定时器 STL、FBD 及 LAD 指令

指令形式	STL	FBD	LAD
指令格式	A 启动时间 L 定时时间 SE Tno A 复位信号 R Tno L Tno T 时间字单元 1 LC Tno T 时间字单元 2 A Tno = 输出位地址	Tno S_PEXT 启动信号—S　BI—时间字单元 1 定时时间—TV 　　　　　BCD—时间字单元 2 复位信号—R 　　　　　Q	Tno S_PEXT —S　Q— 定时时间—TV 　　　　BI—时间字单元 1 复位信号—R 　　　　BCD—时间字单元 2

3. S_ODT（接通延时 S5 定时器）

S_ODT（接通延时 S5 定时器）指令的 STL、FBD 及 LAD 如表 8-19 所示。

表 8-19　接通延时 S5 定时器 STL、FBD 及 LAD 指令

指令形式	STL	FBD	LAD
指令格式	A 启动时间 L 定时时间 SD Tno A 复位信号 R Tno L Tno T 时间字单元 1 LC Tno T 时间字单元 2 A Tno = 输出位地址	Tno S_SOT 启动信号—S　BI—时间字单元 1 定时时间—TV 　　　　　BCD—时间字单元 2 复位信号—R 　　　　　Q	Tno S_SOT —S　Q— 定时时间—TV 　　　　BI—时间字单元 1 复位信号—R 　　　　BCD—时间字单元 2

4. S_ODTS（保持型接通延时 S5 定时器）

S_ODTS（保持型接通延时 S5 定时器）指令的 STL、FBD 及 LAD 如表 8-20 所示。

表 8-20　保持型接通延时 S5 定时器 STL、FBD 及 LAD 指令

指令形式	STL	FBD	LAD
指令格式	A 启动时间 L 定时时间 SS Tno A 复位信号 R Tno L Tno T 时间字单元 1 LC Tno T 时间字单元 2 A Tno = 输出位地址	Tno S_SOTS 启动信号—S　BI—时间字单元 1 定时时间—TV 　　　　　BCD—时间字单元 2 复位信号—R 　　　　　Q	Tno S_SOTS —S　Q— 定时时间—TV 　　　　BI—时间字单元 1 复位信号—R 　　　　BCD—时间字单元 2

5. S_OFFDT（断电延时 S5 定时器）

S_OFFDT（断电延时 S5 定时器）指令的 STL、FBD 及 LAD 如表 8-21 所示。

表 8-21　保持型接通延时 S5 定时器 STL、FBD 及 LAD 指令

指令形式	STL	FBD	LAD
指令格式	A 启动时间 L 定时时间 SF Tno A 复位信号 R Tno L Tno T 时间字单元 1 LC Tno T 时间字单元 2 A Tno = 输出位地址	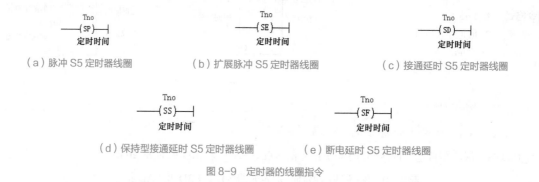	

6. 定时器的线圈指令

除了前面介绍的块图形式的定时器指令以外，S7-300 系统还为用户准备了 LAD 环境下的线圈形式的定时器。这些指令有脉冲 S5 定时器线圈、扩展脉冲 S5 定时器线圈、接通延时 S5 定时器线圈、保持型接通延时 S5 定时器线圈和断电延时 S5 定时器线圈，如图 8-9 所示。

　　Tno　　　　　　　　　　　Tno　　　　　　　　　　　Tno
—(SP)—　　　　　　　—(SE)—　　　　　　　—(SD)—
　定时时间　　　　　　　　　定时时间　　　　　　　　　定时时间

（a）脉冲 S5 定时器线圈　　　（b）扩展脉冲 S5 定时器线圈　　　（c）接通延时 S5 定时器线圈

　　Tno　　　　　　　　　　　Tno
—(SS)—　　　　　　　—(SF)—
　定时时间　　　　　　　　　定时时间

（d）保持型接通延时 S5 定时器线圈　　　（e）断电延时 S5 定时器线圈

图 8-9　定时器的线圈指令

8.4.2　计数器指令

S7-300/400 PLC 的计数器都是 16 位的，因此每个计数器占用该区域两个字节空间，用来存储计数值。不同的 CPU 模板，用于计数器的存储区域也不同，最多允许使用 64 ~ 512 个计数器。计数器的地址编号为 C0 ~ C511。

S7-300/400 PLC 有以下 3 种计数器，即 S_CUD（加/减计数器）、S_CU（加计数器）和 S_CD（减计数器）。

1. S_CUD（加/减计数器）

加/减计数器的 STL、FBD 及 LAD 指令如表 8-22 所示。

表 8-22　加 / 减计数器 STL、FBD 及 LAD 指令

指令形式	STL	FBD	LAD
指令格式	A 加计数输入 CU Cno A 减计数输入 CD Cno A 预置信号 L 计数初值 S Cno A 复位信号 R Cno L Cno T 计数字单元 1 LC Cno T 计数字单元 2 A Cno = 输出位地址		

表中各符号的含义如下。

（1）Cno 为计数器的编号，其编号范围与 CPU 的具体型号有关。

（2）CU 为加计数器输入端，该端每出现一个上升沿，计数器自动加"1"，当计数器的当前值为 999 时，计数器保持为 999，此时的加"1"操作无效。

（3）CD 为减计数器输入端，该端每出现一个上升沿，计数器自动减"1"，当计数器的当前值为 0 时，计数器保持为 0，此时的减"1"操作无效。

（4）S 为预置信号输入端，该端出现上升沿的瞬间，将计数初值作为当前值。

（5）PV 为计数初值输入端，初值的范围为 0 ~ 999。可以通过字存储器（如 MW0、IW1 等）为计数器提供初值，也可以直接输入 BCD 码形式的立即数，此时的立即数格式为 C#xxx，如 C#6、C#999。

（6）R 为计数器复位信号输入端，任何情况下，只要该端出现上升沿，计数器就会立即复位。复位后计数器当前值变为 0，输出状态为"0"。

（7）CV 为以整数形式显示或输出的计数器当前值，如 16#0023、16#00ab。该端可以接各种字存储器，如 MW4、QW0、IW2，也可以悬空。

（8）CV_BCD 为以 BCD 码形式显示或输出的计数器当前值，如 C#369、C#023。该端可以接各种字存储器，如 MW4、QW0、IW2，也可以悬空。

（9）Q 为计数器状态输出端，只要计数器的当前值不为 0，计数器的状态就为"1"。该端可以连接位存储器，如 Q4.0、M1.7，也可以悬空。

2. S_CU（加计数器）

加计数器的 STL、FBD 及 LAD 指令如表 8-23 所示。

表 8-23　加计数器 STL、FBD 及 LAD 指令

指令形式	STL	FBD	LAD
指令格式	A　加计数输入 CU　Cno BLD 101 A　预置信号 L　计数初值 S　Cno A　复位信号 R　Cno L　Cno T　计数字单元 1 LC　Cno T　计数字单元 2 A　Cno =　输出位地址	加计数输入 —CU　Cno S_CU CV— 1 计数字单元 预置信号 —S 计数初值 —PVCV_BCD— 2 计数字单元 复位信号 —R　Q	预置信号 —CU　Cno S_CU　Q CV— 1 计数字单元 计数初值 —S PV 复位信号 —R　CV_BCD— 2 计数字单元

3. S_CD（减计数器）

减计数器的 STL、FBD 及 LAD 指令如表 8-24 所示。

表 8-24　减计数器 STL、FBD 及 LAD 指令

指令形式	STL	FBD	LAD
指令格式	A　减计数输入 CD　Cno BLD 101 A　预置信号 L　计数初值 S　Cno A　复位信号 R　Cno L　Cno T　计数字单元 1 LC　Cno T　计数字单元 2 A　Cno =　输出位地址	减计数输入 —CD　Cno S_CD CV— 1 计数字单元 预置信号 —S 计数初值 —PVCV_BCD— 2 计数字单元 复位信号 —R　Q	预置信号 —CD　Cno S_CD　Q CV— 1 计数字单元 计数初值 —S PV 复位信号 —R　CV_BCD— 2 计数字单元

4. 计数器的线圈指令

除了前面介绍的块图形式的计数器指令以外，S7-300 系统还为用户准备了 LAD 环境下的线圈形式的计数器。这些指令有计数器初值预置指令 SC、加计数器指令 CU 和减计数器指令 CD，如图 8-10 所示。

（a）计数器初值预置指令　　　（b）加计数器指令　　　（c）减计数器指令

图 8-10　计数器的线圈指令

8.5 数据处理功能指令

数据处理功能指令主要包括装入和传送指令、比较指令、转换指令、移位和循环移位指令及累加器操作和地址寄存器指令。

8.5.1 装入和传送指令

装入指令（L）和传送指令（T），可以对输入或输出模块与存储区之间的信息交换进行编程。装入指令和传送指令的功能是实现各种数据存储区之间的数据交换，这种数据交换必须通过累加器来实现。S7-300 PLC系统有两个32位的累加器，S7-400 PLC系统有4个32位的累加器。

下面以S7-300 PLC为例介绍指令的应用。当执行装入指令时，首先将累加器1中原有的数据移入累加器2，累加器2中的原有内容被覆盖，然后将数据存入累加器1中。当执行传送指令时，将累加器1中的数据写入目标存储区中，而累加器1的内容保持不变。L和T指令可对字节、字、双字数据进行操作，当数据长度小于32位时，数据在累加器1中右对齐（低位对齐），其余各位填0。

1. 对累加器1的装入指令

L指令可以将被寻址的操作数的内容（字节、字或双字）送入累加器1中，未用到的位清"0"。指令格式如下：

```
L   操作数
```

其中，操作数可以是立即数（如：4、-5、B#16#1A、'AB'、S5T#8S、P#I1.0）、直接或间接寻址的存储区（如IB0）。指令示例如表8-25所示。

表8-25 L指令示例

示例（STL）	说明
L B#16#1B	向累加器1的低字低字节装入8位的十六进制常数
L 139	向累加器1的低字装入16位的整型常数
L B#(1,2,3,4)	向累加器1的4个字节分别装入常数1、2、3、4
L L#168	向累加器1装入32位的整型常数168
L 'ABC'	向累加器1装入字符型常数ABC
L C#10	向累加器1装入计数型常数
L S5T#10S	向累加器1装入S5定时型常数
L 1.0E+2	向累加器1装入实型常数
L T#1D_2H_3M_4S	向累加器1装入时间型常数
L D#2005_10_20	向累加器1装入日期型常数
L IB10	将输入字节IB10的内容装入累加器1的低字低字节
L MB20	将存储字节MB20的内容装入累加器1的低字低字节
L DBB12	将数据字节DBB12的内容装入累加器1的低字低字节
L DIW15	将背景数据字DIW15的内容装入累加器1的低字

2. 对累加器1的传送指令

T指令可以将累加器1的内容复制到被寻址的操作数，所复制的字节数取决于目标地址的类型（字节、字或双字），指令格式如下：

```
T   操作数
```

其中的操作数可以为直接 I/O 区（存储类型为 PQ）、数据存储区或过程映像输出表的相应地址（存储类型为 Q）。指令示例如表 8-26 所示。

表 8-26　T 指令示例

示例（STL）	说明
T QB10	将累加器 1 的低字低字节的内容传送到输出字节 QB10
T MW16	将累加器 1 的低字的内容传送到输出字 MW16
T DBD2	将累加器 1 的内容传送到数字双字 DBD2

3. 状态字与累加器 1 之间的装入和传送指令

❶ 将状态字装入累加器1（L STW）

将状态字装入累加器 1 中，指令的执行与状态位无关，而且对状态字没有任何影响。指令格式如下：

```
    L   STW
```

❷ 将累加器1的内容传送到状态字（T STW）

使用 T STW 指令可以将累加器 1 的位 0～8 传送到状态字的相应位，指令的执行与状态位无关，指令格式如下：

```
    T   STW
```

4. 与地址寄存器有关的装入和传送指令

S7-300/400 PLC 系统有两个地址寄存器 AR1 和 AR2。对于地址寄存器可以不经过累加器 1 而直接将操作数装入或传送，或者直接交换两个地址寄存器的内容。

❶ LAR1（将操作数的内容装入地址寄存器AR1）

使用 LAR1 指令可以将操作数的内容（32 位）装入地址寄存器 AR1，执行后累加器 1 和累加器 2 的内容不变。指令的执行与状态位无关，而且对状态字没有任何影响，指令格式如下：

```
    LAR1    操作数
```

其中操作数可以是累加器 1、指针型常数（P#）、存储双字（MD）、本地数据双字（LD）、数据双字（DBD）、背景数据双字（DID）或地址寄存器 AR2 等。操作数也可以省略，若省略操作数，则直接将累加器 1 的内容装入地址寄存器 AR1。指令示例如表 8-27 所示。

表 8-27　LAR1 指令示例

示例（STL）	说明
LAR1	将累加器 1 的内容装入 AR1
LAR1 P#I0.0	将输入位 I0.0 的地址指针装入 AR1
LAR1 P#M10.0	将一个 32 位指针常数装入 AR1
LAR1 P#2.7	将指针数据 2.7 装入 AR1
LAR1 MD20	将存数字 MD20 的内容装入 AR1
LAR1 DBD2	将数据双字 DBD2 中的指针装入 AR1
LAR1 DID30	将背景数据双字 DID30 中的指针装入 AR1
LAR1 LD180	将本地数据双字 LD180 中的指针装入 AR1
LAR1 P#Start	将符号名为"Start"的存储器的地址指针装入 AR1
LAR1 AR2	将 AR2 的内容传送到 AR1

❷ **LAR2（将操作数的内容装入地址寄存器AR2）**

使用 LAR2 指令可以将操作数的内容（32 位指针）装入地址寄存器 AR2，指令格式同 LAR1，其中的操作数可以是累加器 1、指针型常数（P#）、存储双字（MD）、本地数据双字（LD）、数据双字（DBD）或背景数据双字（DID），但不能用 AR1。

❸ **TAR1（将地址寄存器1的内容传送到操作数）**

使用 TAR1 指令可以将地址寄存器 AR1 传送给被寻址的操作数，指令的执行与状态位无关，而且对状态字没有任何影响，指令格式如下：

> TAR1　操作数

其中操作数可以是累加器 1、存储双字（MD）、本地数据双字（LD）、数据双字（DBD）、背景数据双字（DID）或地址寄存器 AR2 等。操作数也可以省略，若省略操作数，则直接将地址寄存器 AR1 的内容装入累加器 1，而累加器 2 的内容传送到累加器 2。指令示例如表 8-28 所示。

表 8-28　TAR1 指令示例

示例（STL）	说明
TAR1	将 AR1 的内容传送到累加器 1
TAR1 DBD20	将 AR1 的内容传送到数据双字 DBD20
TAR1 DID20	将 AR1 的内容传送到背景数据双字 DID20
TAR1 LD180	将 AR1 的内容传送到本地数据双字 LD180
TAR1 AR2	将 AR1 的内容传送到地址寄存器 AR2

❹ **TAR2（将地址寄存器2的内容传送到操作数）**

使用 TAR2 指令可以将地址寄存器 AR1 的内容（32 位指针）传送给被寻址的操作数，指令格式同 TAR1。其中的操作数可以是累加器 1、存储双字（MD）、本地数据双字（LD）、数据双字（DBD）、背景数据双字（DID），但不能用 AR1。

❺ **CAR（交换地址寄存器1和地址寄存器2的内容）**

使用 CAR 指令可以交换地址寄存器 AR1 和地址寄存器 AR2 的内容，指令不需要指定操作数。指令的执行与状态位无关，而且对状态字没有任何影响。

5. LC（定时器 / 计数器装入指令）

使用 LC 指令可以在累加器 1 的内容保存到累加器 2 中之后，将指定定时器的当前时间值和时基以 BCD 码（0 ~ 999）格式装入到累加器 1 中，或将指定计数器的当前计数值以 BCD 码（0 ~ 999）格式装入到累加器 1 中。指令格式如下：

> LC　　<定时器 / 计数器 >

指令示例如表 8-29 所示。

表 8-29　LC 指令示例

示例（STL）	说明
LC T3	将定时器 3 的当前时间值和时基以 BCD 码格式装入累加器 1 低字中
LC C10	将计数器 C10 的计数值以 BCD 码格式装入累加器 1 低字中

6. MOVE 指令

MOVE 指令为功能框形式的传送指令，能够复制字节、字或双字数据对象。指令格式如表 8-30 所示。应用中 IN 为传送数据输入端，可以是常数、I、Q、M、D、L 等类型，OUT 为数据接收端，可以是常数、I、Q、M、D、L 等类型，但必须在宽度上相匹配。

表 8-30　MOVE 指令

指令形式	FBD	LAD
指令格式	使能输入 — EN　MOVE　OUT — 数据输出；数据输入 — IN　ENO	MOVE　EN　ENO；数据输入 — IN　OUT — 数据输出

8.5.2　比较指令

比较指令可完成整数、长整数或 32 位浮点数（实数）的相等、不等、大于、小于、大于或等于、小于或等于等比较。

1. 整数比较指令

整数比较指令格式及说明如表 8-31 所示。

表 8-31　整数比较指令

STL	FBD	LAD	说明	STL	FBD	LAD	说明
==I	CMP ==I　IN1　IN2	CMP ==I　IN1　IN2	整数相等（EQ_I）	<I	CMP <I　IN1　IN2	CMP <I　IN1　IN2	整数小于（LT_I）
<>I	CMP <>I　IN1　IN2	CMP <>I　IN1　IN2	整数不等（NE_I）	>=I	CMP >=I　IN1　IN2	CMP >=I　IN1　IN2	整数大于或等于（GE_I）
>I	CMP >I　IN1　IN2	CMP >I　IN1　IN2	整数大于（GT_I）	<=I	CMP <=I　IN1　IN2	CMP <=I　IN1　IN2	整数小于或等于（LE_I）

2. 长整数比较指令

长整数比较指令格式及说明如表 8-32 所示。

表 8-32　长整数比较指令

STL	FBD	LAD	说明	STL	FBD	LAD	说明
==D	CMP ==D　IN1　IN2	CMP ==D　IN1　IN2	长整数相等（EQ_D）	<D	CMP <D　IN1　IN2	CMP <D　IN1　IN2	长整数小于（LT_D）

STL	FBD	LAD	说明	STL	FBD	LAD	说明
<>D	CMP <>D	CMP <>D	长整数不等（NE_D）	>=D	CMP >=D	CMP >=D	长整数大于或等于（GE_D）
>D	CMP >D	CMP >D	长整数大于（GT_D）	<=D	CMP <=D	CMP <=D	长整数小于或等于（LE_D）

3. 实数比较指令

实数比较指令格式及说明如表 8-33 所示。

表 8-33　实数比较指令

STL	FBD	LAD	说明	STL	FBD	LAD	说明
==R	CMP ==R	CMP ==R	实数相等（EQ_R）	<R	CMP <R	CMP <R	实数小于（LT_R）
<>R	CMP <>R	CMP <>R	实数不等（NE_R）	>=R	CMP >=R	CMP >=R	实数大于或等于（GE_R）
>R	CMP >R	CMP >R	实数大于（GT_R）	<=R	CMP <=R	CMP <=R	实数小于或等于（LE_R）

8.5.3　转换指令

转换指令是将累加器 1 中的数据进行数据类型转换，转换结果仍放在累加器 1 中。在 STEP 7 中，可以实现 BCD 码与整数、整数与长整数、长整数与实数、整数的反码、整数的补码、实数求反等数据转换操作。

1. BCD 码和整数到其他类型转换指令

BCD 码和整数到其他类型转换指令共有 6 条，有 3 种指令格式，其指令格式与说明如表 8-34 和表 8-35 所示。

表 8–34　STL 形式的 BCD 码和整数到其他类型转换指令

指令	说明
BTI	将累加器 1 低字中的内容作为 3 位的 BCD 码（−999 ～ +999）进行编译，并转换为整数，结果保存在累加器 1 低字中，累加器 2 保持不变。累加器 1 的位 11 ～ 0 为 BCD 码数值部分，位 15 ～ 12 为 BCD 码的符号位（0000 代表正数，1111 代表负数） 如果 BCD 码出现无效码（10 ～ 15）会引起转换错误（BCDF），并使 CPU 进入 STOP 状态
BTD	将累加器 1 的内容作为 7 位的 BCD 码（−9 999 999 ～ +9 999 999）进行编译，并转换为长整数，结果保存在累加器 1 中，累加器 2 保持不变。累加器 1 的位 27 ～ 0 为 BCD 码数值部分，位 3 为 BCD 码的符号位（0 代表正数，1 代表负数），位 30 ～ 28 无效 如果 BCD 码出现无效码（10 ～ 15）会引起转换错误（BCDF），并使 CPU 进入 STOP 状态
ITB	将累加器 1 低字中的内容作为一个 16 位整数进行编译，并转换为 3 位的 BCD 码，结果保存在累加器 1 低字中。累加器 1 的位 11 ～ 0 为 BCD 码数值部分，位 15 ～ 12 为 BCD 码的符号位（0000 代表正数，1111 代表负数），累加器 1 的高字及累加器 2 保持不变 BCD 码的范围在 −999 ～ +999 之间，如果有数值超出这一范围，则 OV = "1"、OS = "1"
DTB	将累加器 1 中的内容作为一个 32 位长整数进行编译，并转换为 7 位的 BCD 码，结果保存在累加器 1 中。位 27 ～ 0 为 BCD 码数值部分，位 31 ～ 28 为 BCD 码的符号位（0000 代表正数，1111 代表负数），累加器 2 保持不变 BCD 码的范围在 −9 999 999 ～ +9 999 999 之间，如果有数值超出这一范围，则 OV = "1"、OS = "1"
ITD	将累加器 1 低字中的内容作为一个 16 位整数进行编译，并转换为 32 位的长整数，结果保存在累加器 1 中，累加器 2 保持不变
DTR	将累加器 1 中的内容作为一个 32 位长整数进行编译，并转换为 32 位的 IEEE 浮点数，结果保存在累加器 1 中

表 8–35　FBD 和 LAD 形式的 BCD 码和整数到其他类型转换指令

FBD	LAD	说明	FBD	LAD	说明
BCD_I EN OUT IN ENO	BCD_I EN ENO IN OUT	将 3 位 BCD 码转换为整数	DI_BCD EN OUT IN ENO	DI_BCD EN ENO IN OUT	将长整数转换为 7 位 BCD 码
BCD_DI EN OUT IN ENO	BCD_DI EN ENO IN OUT	将 7 位 BCD 码转换为长整数	I_DI EN OUT IN ENO	I_DI EN ENO IN OUT	将整数转换为长整数
I_BCD EN OUT IN ENO	I_BCD EN ENO IN OUT	将整数转换为 3 位 BCD 码	DI_R EN OUT IN ENO	DI_R EN ENO IN OUT	将长整数转换为 32 位的浮点数

2. 整数和实数的码型转换指令

整数和实数的转换指令共有 5 条，有 3 种指令格式。其指令格式及说明如表 8-36 和表 8-37 所示。

表 8-36　STL 形式的整数和实数的转换指令

指令	说明
INVI	对累加器 1 低字中的 16 位数求二进制反码（逐位求反，即 "1" 变为 "0"、"0" 变为 "1"），结果保存在累加器 1 的低字中
INVD	对累加器 1 中的 32 位数求二进制反码，结果保存在累加器 1 中
NEGI	对累加器 1 低字中的 16 位数求二进制补码（对反码加 1），结果保存在累加器 1 的低字中
NEGD	对累加器 1 中的 32 位数求二进制补码，结果保存在累加器 1 中
NEGR	对累加器 1 中的 32 浮点数求反（相当于乘 −1），结果保存在累加器 1 中

表 8-37　FBD 和 LAD 形式的整数和实数的转换指令

FBD	LAD	说明	FBD	LAD	说明
INV_I EN OUT IN ENO	INV_I EN ENO IN OUT	求整数的二进制反码	NEG_DI EN OUT IN ENO	NEG_DI EN ENO IN OUT	求长整数的二进制补码
INV_DI EN OUT IN ENO	INV_DI EN ENO IN OUT	求长整数的二进制反码	NEG_R EN OUT IN ENO	NEG_R EN ENO IN OUT	对浮点数求反
NEG_I EN OUT IN ENO	NEG_I EN ENO IN OUT	求整数的二进制补码			

3. 实数取整指令

实数取整指令共有 4 条，有 3 种指令形式。其指令格式及说明如表 8-38 和表 8-39 所示。

表 8-38　STL 形式的实数取整指令

指令	说明
RND	将累加器 1 中的 32 位浮点数转换为长整数，并将结果取整为最近的整数。如果被转换数字的小数部分位于奇数和偶数中间，则选取偶数结果。结果保存在累加器 1 中
TRUNC	截取累加器 1 中的 32 位浮点数的整数部分，并转换为长整数。结果保存在累加器 1 中
RND+	将累加器 1 中的 32 位浮点数转换为大于或等于该浮点数的最小的长整数，结果保存在累加器 1 中
RND−	将累加器 1 中的 32 位浮点数转换为小于或等于该浮点数的最大的长整数，结果保存在累加器 1 中

表 8-39　FBD 和 LAD 形式的实数取整指令

FBD	LAD	说明	FBD	LAD	说明
ROUND EN OUT IN ENO	ROUND EN ENO IN OUT	将 32 位浮点数转换为最接近的长整数	CEIL EN OUT IN ENO	CEIL EN ENO IN OUT	将 32 位浮点数转换为大于或等于该数的最小的长整数
TRUNC EN OUT IN ENO	TRUNC EN ENO IN OUT	取 32 位浮点数的整数部分并转换为长整数	FLOOR EN OUT IN ENO	FLOOR EN ENO IN OUT	将 32 位浮点数转换为小于或等于该数的最大的长整数

4. 累加器 1 调整指令

累加器 1 调整指令可对累加器 1 的内容进行调整，其指令格式及说明如表 8-40 所示。

表 8-40　STL 形式的累加器 1 调整指令

指令	说明
CAW	交换累加器 1 低字中的字节顺序
CAD	交换累加器 1 中的字节顺序

8.5.4　移位和循环移位指令

移位指令有两种类型，即基本移位指令可对无符号整数、有符号长整数、字或双字数据进行移位操作，循环移位指令可对双字数据进行循环移位和累加器 1 带 CC1 的循环移位操作。

1. 有符号右移指令

有符号右移指令的格式及说明如表 8-41 所示。

表 8-41　有符号右移指令

STL	FBD	LAD	说明
SSI 或 SSI< 数值 >	SHR_I EN IN　OUT N　ENO	SHR_I EN　ENO IN　OUT N	有符号整数右移（SHR_I） 空出位用符号位（位 15）填补，最后移出的位送 CC1，有效移位位数是 0 ～ 15
SSD 或 SSD< 数值 >	SHR_DI EN IN　OUT N　ENO	SHR_DI EN　ENO IN　OUT N	有符号整数右移（SHR_DI） 空出位用符号位（位 31）填补，最后移出的位送 CC1，有效移位位数是 0 ～ 31

2. 字移位指令

字移位指令的格式及说明如表 8-42 所示。

表 8-42　字移位指令

STL	FBD	LAD	说明
SLW 或 SLW< 数值 >	SHL_W EN IN　OUT N　ENO	SHL_W EN　ENO IN　OUT N	字左移（SHL_W） 空出位用 "0" 填补，最后移出的位送 CC1，有效移位位数是 0 ～ 15
SRW 或 SRW< 数值 >	SHR_W EN IN　OUT N　ENO	SHR_W EN　ENO IN　OUT N	字右移（SHR_W） 空出位用 "0" 填补，最后移出的位送 CC1，有效移位位数是 0 ～ 15

3. 双字移位指令

双字移位指令的格式及说明如表 8-43 所示。

表 8-43　双字移位指令

STL	FBD	LAD	说明
SLD 或 SLD< 数值 >	SHL_DW EN IN　OUT N　ENO	SHL_DW EN　ENO IN　OUT N	双字左移（SHL_DW） 空出位用"0"填补，最后移出的位送 CC1，有效移位位数是 0 ~ 31
SRD 或 SRD< 数值 >	SHR_DW EN IN　OUT N　ENO	SHR_DW EN　ENO IN　OUT N	双字右移（SHR_DW） 空出位用"0"填补，最后移出的位送 CC1，有效移位位数是 0 ~ 31

4. 双字循环移位指令

双字循环移位指令的格式及说明如表 8-44 所示。

表 8-44　双字循环移位指令

STL	FBD	LAD	说明
RLD 或 RLD< 数值 >	ROL_DW EN IN　OUT N　ENO	ROL_DW EN　ENO IN　OUT N	双字循环左移（ROL_DW） 有效移位位数是 0 ~ 31
RRD 或 RRD< 数值 >	ROR_DW EN IN　OUT N　ENO	ROR_DW EN　ENO IN　OUT N	双字循环右移（ROR_DW） 有效移位位数是 0 ~ 31

5. 带累加器循环移位指令

带累加器循环移位指令的格式及说明如表 8-45 所示。

表 8-45　带累加器循环移位指令

STL	FBD	LAD	说明
RLDA	–	–	累加器 1 通过 CC1 循环左移 累加器 1 的内容与 CC1 一起进行循环左移 1 位。CC1 移入累加器 1 的位 0，累加器 1 的位 31 移入 CC1
RRDA	–	–	累加器 1 通过 CC1 循环右移 累加器 1 的内容与 CC1 一起进行循环右移 1 位。CC1 移入累加器 1 的位 31，累加器 1 的位 0 移入 CC1

8.5.5　累加器操作和地址寄存器指令

1. 累加器操作指令

累加器操作指令的格式及说明如表 8-46 所示。

表 8-46　STL 形式的累加器操作指令

指令	说明
TAK	累加器 1 和累加器 2 的内容互换
PUSH	把累加器 1 的内容移入累加器 2，累加器 2 原内容被丢掉
POP	把累加器 2 的内容移入累加器 1，累加器 1 原内容被丢掉
INC	把累加器 1 低字的低字节内容加上指令中给出的常数，常数范围为 0 ~ 255。指令的执行是无条件的，结果不影响状态字
DEC	把累加器 1 低字的低字节内容减去指令中给出的常数，常数范围为 0 ~ 255。指令的执行是无条件的，结果不影响状态字
CAW	交换累加器 1 低字中的字节顺序
CAD	交换累加器 1 中的字节顺序

2. 地址寄存器指令

地址寄存器指令的格式及说明如表 8-47 所示。

表 8-47　STL 形式的地址寄存器指令

指令	操作数	说明
+AR1	–	把累加器 1 低字的内容加至地址寄存器 1
+AR2	–	把累加器 1 低字的内容加至地址寄存器 2
+AR1	P#Byte.Bit	把一个指针常数加至地址寄存器 1
+AR2	P#Byte.Bit	把一个指针常数加至地址寄存器 2

3. 数据块指令

数据块指令的格式及说明如表 8-48 所示。

表 8-48　STL 形式的数据块指令

指令	说明
OPEN	打开一个数据块作为共享数据块或背景数据块
CAD	交换共享数据块和背景数据块
DBLG	将共享数据块的长度（字节数）装入累加器 1
CBNO	将共享数据块的块号装入累加器 1
DILG	将背景数据块的长度（字节数）装入累加器 1
DINO	将背景数据块的块号装入累加器 1

4. 显示和空操作指令

显示和空操作指令的格式及说明如表 8-49 所示。

表 8-49　STL 形式的显示和空操作指令

指令	说明
BLD	该指令控制编程器显示程序的形式，执行程序时不产生任何影响
NOP 0	空操作 0：不进行任何操作
NOP 1	空操作 1：不进行任何操作

8.5.6 数据处理功能指令编程举例

运用"传送"指令完成按钮 I0.0 按下，Q4.0 ~ Q4.7、Q5.0 ~ Q5.7 全部得电。按钮 I0.1 按下，Q4.0 ~ Q4.7、Q5.0 ~ Q5.7 全部断电。梯形图如图 8-11 所示。

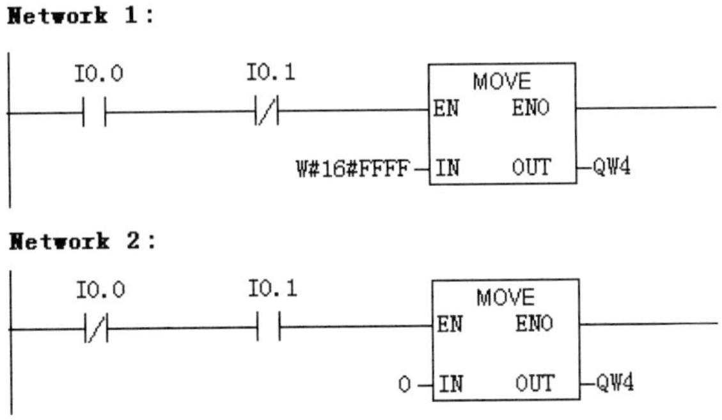

Network 1:

Network 2:

图 8-11　梯形图

运用"计数器"和"比较"完成指令按钮 I0.0 闭合 10 次之后，输出 Q4.0。按钮 I0.0 闭合 20 次之后，输出 Q4.1。按钮 I0.0 闭合 30 次之后，计数器及所有输出自动复位。手动复位按钮为 I0.1。梯形图如图 8-12 所示。

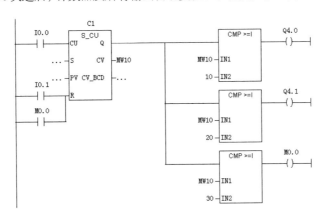

图 8-12　梯形图

8.6　控制指令

控制指令可控制程序的执行顺序，使得 CPU 能根据不同的情况执行不同的程序。控制指令有逻辑控制指令、程序控制指令和主控继电器指令 3 类。

8.6.1　逻辑控制指令

逻辑控制指令是指逻辑块内的跳转和循环指令，这些指令可以中断原有的线性程序扫描，并跳转到目标地址处重新执行线性程序扫描。目标地址由跳转指令后面的标号指定，该地址标号指出程序要跳往何处，可向前跳转，也可以向后跳转，最大跳转距离为 -32 768 或 32 767 字。

逻辑控制指令有无条件跳转指令、多分支跳转指令、条件跳转指令和循环指令 4 种。

1. 无条件跳转指令

无条件跳转指令 JU 执行时，将直接中断当前的线性程序扫描，并跳转到由指令后面的标号所指定的目标地址处重新执行线性程序扫描，其指令格式及说明如表 8-50 所示。

表 8-50　无条件跳转指令格式及说明

指令格式	说明
JU ＜标号＞	STL 形式的无条件跳转指令
标号 ——(JMP)——┤	FBD 形式的无条件跳转指令，不需要连接任何元件，否则将变成条件跳转指令
标号 | JMP | …	LAD 形式的无条件跳转指令，直接连接到最左边母线，否则将变成条件跳转指令

2. 多分支跳转指令

多分支跳转指令 JL 的指令格式如下：

> JL　＜标号＞

如果累加器 1 低字中低字节的内容小于 JL 指令和由 JL 指令所指定的标号之间的 JU 指令的数量，JL 指令就会跳转到其中一条 JU 处执行，并由 JU 指令进一步跳转到目标地址。如果累加器 1 低字中低字节的内容为 0，则直接执行 JL 指令下面的第一条 JU 指令。如果累加器 1 低字中低字节的内容为 1，则直接执行 JL 指令下面的第二条 JU 指令。如果跳转的目的地的数量太大，则 JL 指令跳转到目的地列表中最后一个 JU 指令之后的第一个指令。

3. 条件跳转指令

条件跳转指令是根据运算结果 RLO 的值或状态字各标志位的状态改变线性程序扫描，其指令格式及说明如表 8-51 所示。

表 8-51　条件跳转指令格式及说明

指令格式	说明	指令格式	说明
JC ＜标号＞	RLO 为 "1" 跳转	JO ＜标号＞	OV 为 "1" 跳转
标号 ——(JMP)——┤	RLO 为 "1" 跳转，FBD 指令 指令左边必须有信号，否则就变成无条件跳转指令	JOS ＜标号＞	OS 为 "1" 跳转
标号 |(JMP)|	RLO 为 "1" 跳转，LAD 指令 指令左边必须有信号，否则就变成无条件跳转指令	JZ ＜标号＞	为 "0" 跳转
JCN ＜标号＞	RLO 为 "0" 跳转	JN ＜标号＞	非 "0" 跳转
标号 ——(JMPN)——┤	RLO 为 "0" 跳转，FBD 指令	JP ＜标号＞	为 "正" 跳转
标号 |(JMPN)|	RLO 为 "0" 跳转，LAD 指令	JM ＜标号＞	为 "负" 跳转
JCB ＜标号＞	RLO 为 "1" 且 BR 为 "1" 跳转	JPZ ＜标号＞	非 "负" 跳转
JNB ＜标号＞	RLO 为 "0" 且 BR 为 "1" 跳转	JMZ ＜标号＞	非 "正" 跳转
JBI ＜标号＞	BR 为 "1" 跳转	JUO ＜标号＞	"无效" 转移
JNBI ＜标号＞	BR 为 "0" 跳转		

4. 循环指令

循环指令的格式如下：

使用循环指令（LOOP）可以多次重复执行特定的程序段，由累加器 1 确定重复执行的次数，即以累加器 1 的低字为循环计数器。LOOP 指令执行时，将累加器 1 低字中的值减 1，如果不为 0，则继续循环过程，否则执行 LOOP 指令后面的指令。循环体是指循环标号和 LOOP 指令间的程序段。

8.6.2 程序控制指令

程序控制指令是指功能块（FB、FC、SFB、SFC）调用指令和逻辑块（OB、FB、FC）结束指令。调用块或结束块可以是有条件的或是无条件的。程序控制指令可分为基本控制指令和子程序调用指令。

1. 基本控制指令

基本控制指令包括无条件块结束指令 BE、BEU 和有条件结束指令 BEC。它们的 STL 形式的指令格式、说明及示例如表 8-52 所示。

表 8-52　STL 格式的基本控制指令格式及说明

STL	说明	示例
BE	无条件块结束 对于 STEP 7 软件而言，其功能等同于 BEU 指令	A　I0.0 JC　NEXT　// 若 I0.0 = 1，则跳转到 NEXT
BEU	无条件块结束 无条件结束当前块的扫描，将控制返还给调用块，然后从块调用指令后的第一条指令开始，重新进行程序扫描	A　I4.0　　// 若 I0.0 = 0，继续向下扫描程序 A　I4.1 S　M8.0 BEU　　　// 无条件结束当前块的扫描 NEXT: …　// 若 I0.0 = 1，则扫描其他程序
BEC	条件块结束 当 RLO = "1" 时，结束当前块的扫描，将控制返还给调用块，然后从块调用指令后的第一条指令开始，重新进行程序扫描。若 RLO = "0"，则跳过该指令，并将 RLO 置 "1"，程序从该指令后的下一条指令继续在当前块内扫描	A　I1.0　　// 刷新 RLO BEC　　　// 若 RLO = 1，则结束当前块 L　IW0　　// 若 BEC 未执行，继续向下扫描 T　MW2

2. 子程序调用指令

子程序调用 CALL 指令可以调用用户编写的功能块或操作系统提供的功能块，CALL 指令的操作数是功能块类型及其编号，当调用的功能块是 FB 块时还要提供相应的背景数据块 DB。使用 CALL 指令可以为被调用功能块中的形参赋以实际参数，调用时应保证实参与形参的数据类型一致。STL 形式的指令格式、说明及示例如表 8-53 所示。

表 8-53　STL 格式的子程序调用指令格式及说明

STL	说明	示例
CALL ＜块标识＞	无条件块调用 可无条件调用 FB、FC、SFB、SFC 或由西门子公司提供的标准预编程块。如果调用 FB 或 SFB，必须提供具有相关背景数据块的程序块。被调用逻辑块的地址可以绝对指定，也可以相对指定	CALL　SFB4, DB4 IN: I0.1　　// 给形参 IN 分配实参 I0.1 　PT: T#20S // 给形参 PT 分配实参 T#20S Q: M0.0　// 给形参 Q 分配实参 M0.0 ET: MW10 // 给形参 ET 分配实参 MW10

续表

STL	说明	示例
CC < 块标识 >	条件块调用 若 RLO = "1"，则调用指定的逻辑块，该指令用于调用无参数 FC 或 FB 类型的逻辑块，除了不能使用调用程序传递参数之外，该指令与 CALL 指令的用法相同	A I2.0 // 检查 I2.0 的信号状态 CC FC12 // 若 I2.0=1，则调用 FC12 A M3.0 // 若 I2.0=0，则直接执行该指令
UC < 块标识 >	无条件调用 可无条件调用 FC 或 SFC，除了不能使用调用程序传递参数之外，该指令与 CALL 指令的用法相同	UC FC2 // 调用功能块 FC2（无参数）

8.6.3 主控继电器指令

主控继电器（MCR）是一种继电器梯形图逻辑的主开关，用于控制电流（能流）的通断，其指令格式及说明如表 8-54 所示。

表 8-54 主控继电器指令

STL	FBD	LAD	说明
MCRA	MCRA	—(MCRA)—	主控继电器启动 从该指令开始，可按 MCR 控制
MCR(	MCR<	—(MCR<)—	主控继电器接通 将 RLO 保存在 MCR 堆栈中，并产生一条新的子母线，其后的连接均受控于该子母线
)MCR	MCR>	—(MCR>)—	主控继电器断开 恢复 RLO，结束子母线
MCRD	MCRD	—(MCRD)—	主控继电器停止 从该指令开始，将禁止 MCR 控制

8.7 数据运算指令

数据运算指令包括算数运算指令和字逻辑运算指令。

其中，算术运算指令可完成整数、长整数及实数的加、减、乘、除、取余、取绝对值等基本算数运算以及 32 位浮点数的平方、平方根、自然对数、基于 e 的指数运算及三角函数等扩展算数运算。算术运算指令有两类：整数算术运算指令和浮点数算术运算指令。

字逻辑运算指令可对两个 16 位（WORD）或 32 位（DWORD）的二进制数据，逐位进行逻辑与、逻辑或、逻辑异或运算。

8.7.1 整数算术运算指令

整数算术运算指令可完成整数、长整数的加、减、乘、除、取余及取绝对值等运算。整数运算类指令格式及说明如表 8-55 所示，长整数运算类指令格式及说明如表 8-56 所示。

表 8-55　整数运算类指令

STL	FBD	LAD	说明
+I	ADD_I EN IN1 OUT IN2 ENO	ADD_I EN ENO IN1 OUT IN2	整数加（ADD_I） 累加器 2 的低字（或 IN1）加累加器 1 的低字（或 IN2），结果保存到累加器 1 的低字（或 OUT）中
−I	SUB_I EN IN1 OUT IN2 ENO	SUB_I EN ENO IN1 OUT IN2	整数减（SUB_I） 累加器 2 的低字（或 IN1）减累加器 1 的低字（或 IN2），结果保存到累加器 1 的低字（或 OUT）中
*I	MUL_I EN IN1 OUT IN2 ENO	MUL_I EN ENO IN1 OUT IN2	整数乘（MUL_I） 累加器 2 的低字（或 IN1）乘以累加器 1 的低字（或 IN2），结果（32 位）保存到累加器 1（或 OUT）中
/I	DIV_I EN IN1 OUT IN2 ENO	DIV_I EN ENO IN1 OUT IN2	整数除（DIV_I） 累加器 2 的低字（或 IN1）除以累加器 1 的低字（或 IN2），结果保存到累加器 1 的低字（或 OUT）中
+ <16 位整数常数>	–	–	加整数常数（16 位或 32 位） 累加器 1 的低字加 16 位整数常数，结果保存到累加器 1 的低字中

表 8-56　长整数运算类指令

STL	FBD	LAD	说明
+D	ADD_DI EN IN1 OUT IN2 ENO	ADD_DI EN ENO IN1 OUT IN2	长整数加（ADD_DI） 累加器 2（或 IN1）加累加器 1（或 IN2），结果保存到累加器 1（或 OUT）中
−D	SUB_DI EN IN1 OUT IN2 ENO	SUB_DI EN ENO IN1 OUT IN2	长整数减（SUB_DI） 累加器 2（或 IN1）减累加器 1（或 IN2），结果保存到累加器 1（或 OUT）中

STL	FBD	LAD	说明
*D	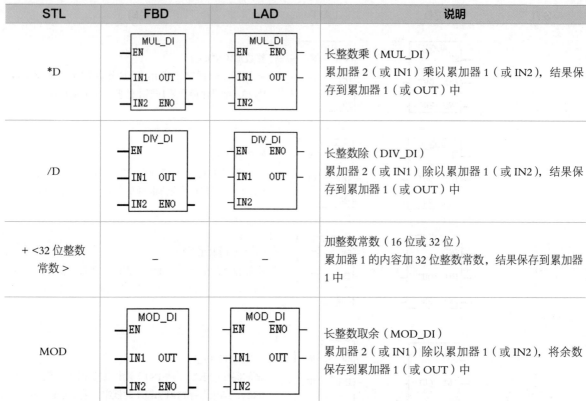		长整数乘（MUL_DI） 累加器 2（或 IN1）乘以累加器 1（或 IN2），结果保存到累加器 1（或 OUT）中
/D			长整数除（DIV_DI） 累加器 2（或 IN1）除以累加器 1（或 IN2），结果保存到累加器 1（或 OUT）中
+ <32 位整数常数 >	–	–	加整数常数（16 位或 32 位） 累加器 1 的内容加 32 位整数常数，结果保存到累加器 1 中
MOD			长整数取余（MOD_DI） 累加器 2（或 IN1）除以累加器 1（或 IN2），将余数保存到累加器 1（或 OUT）中

8.7.2 浮点数算术运算指令

浮点数算术运算指令包括实数运算和扩展算数运算，其中，实数运算可完成 32 位浮点数（实数）的加、减、乘、除、取余及取绝对值等运算，扩展算数运算可完成 32 位浮点数的平方、平方根、自然对数、基于 e 的指数运算及三角函数等运算，其指令格式及说明分别如表 8-57 和表 8-58 所示。

表 8-57 实数运算类指令

STL	FBD	LAD	说明
+R			实数加（ADD_R） 累加器 2（或 IN1）加累加器 1（或 IN2），结果保存到累加器 1（或 OUT）中
−R			实数减（SUB_R） 累加器 2（或 IN1）减累加器 1（或 IN2），结果保存到累加器 1（或 OUT）中

STL	FBD	LAD	说明
*R	MUL_R EN IN1 OUT IN2 ENO	MUL_R EN ENO IN1 OUT IN2	实数乘（MUL_R） 累加器2（或IN1）乘以累加器1（或IN2），结果保存到累加器1（或OUT）中
/R	DIV_R EN IN1 OUT IN2 ENO	DIV_R EN ENO IN1 OUT IN2	实数除（DIV_R） 累加器2（或IN1）除以累加器1（或IN2），结果保存到累加器1（或OUT）中
ABS	ABS EN OUT IN ENO	ABS EN ENO IN OUT	取绝对值（ABS） 对累加器1（或IN1）的32位浮点数取绝对值，结果保存到累加器1（或OUT）中

表 8-58 扩展算数运算指令

STL	FBD	LAD	说明
SQR	SQR EN OUT IN ENO	SQR EN ENO IN OUT	浮点数 平方 （SQR）
SQRT	SQRT EN OUT IN ENO	SQRT EN ENO IN OUT	浮点数 平方根 （SQRT）
EXP	EXP EN OUT IN ENO	EXP EN ENO IN OUT	浮点数 以e为底的指数运算 （EXP）
LN	LN EN OUT IN ENO	LN EN ENO IN OUT	浮点数 自然对数运算 （LN）
SIN	SIN EN OUT IN ENO	SIN EN ENO IN OUT	浮点数 正弦运算 （SIN）
COS	COS EN OUT IN ENO	COS EN ENO IN OUT	浮点数 余弦运算 （COS）

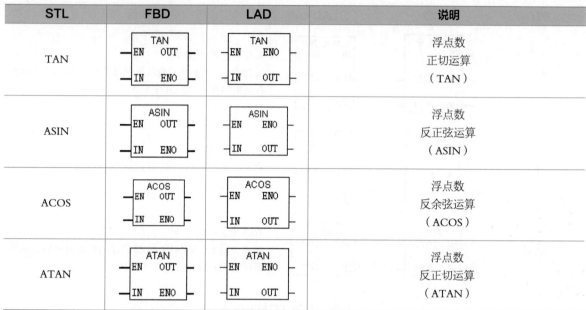

STL	FBD	LAD	说明
TAN	TAN EN OUT IN ENO	TAN EN ENO IN OUT	浮点数 正切运算 （TAN）
ASIN	ASIN EN OUT IN ENO	ASIN EN ENO IN OUT	浮点数 反正弦运算 （ASIN）
ACOS	ACOS EN OUT IN ENO	ACOS EN ENO IN OUT	浮点数 反余弦运算 （ACOS）
ATAN	ATAN EN OUT IN ENO	ATAN EN ENO IN OUT	浮点数 反正切运算 （ATAN）

8.7.3 字逻辑运算指令

对于 STL 形式的字逻辑运算指令，可对累加器 1 和累加器 2 中的字或双字数据进行逻辑运算，结果保存在累加器 1 中，若结果不为 0，则对状态标志位 CC1 置"1"，否则对 CC1 置"0"。

对于 LAD 和 FBD 形式的字逻辑运算指令，由参数 IN1 和 IN2 提供参与运算的两个数据，运算结果保存在由 OUT 指定的存储区中，其指令格式及说明分别如表 8-59 所示。

表 8-59　字逻辑运算指令

STL	FBD	LAD	说明
AW	WAND_W EN IN1 OUT IN2 ENO	WAND_W EN ENO IN1 OUT IN2	字"与" （WAND_W）
OW	WOR_W EN IN1 OUT IN2 ENO	WOR_W EN ENO IN1 OUT IN2	字"或" （WOR_W）
XOW	WXOR_W EN IN1 OUT IN2 ENO	WXOR_W EN ENO IN1 OUT IN2	字"异或" （WXOR_W）

STL	FBD	LAD	说明
AD	WAND_DW EN IN1　OUT IN2　ENO	WAND_DW EN　ENO IN1　OUT IN2	双字"与" （WAND_DW）
OD	WOR_DW EN IN1　OUT IN2　ENO	WOR_DW EN　ENO IN1　OUT IN2	双字"或" （WOR_DW）
XOD	WXOR_DW EN IN1　OUT IN2　ENO	WXOR_DW EN　ENO IN1　OUT IN2	双字"异或" （WXOR_DW）

8.7.4　数据运算指令举例

试用整数"加、减、乘、除"指令设计完成程序 $[(835 - 89) \div 12 + 786] \times 26 = ?$。其中启动信号为 I0.0，运算结果存储在 MW30 中。梯形图如图 8-13 所示。

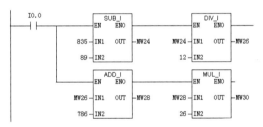

图 8-13　梯形图

8.8　实例 1：位逻辑指令的应用

试运用 PLC 实现对三相异步电动机正反转双重连锁的控制，要求电动机具有常规的保护环节。三相异步电动机正反转双重连锁控制电路如图 8-14 所示。

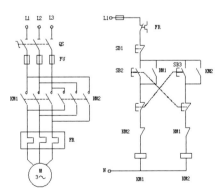

图 8-14　三相异步电动机正反转双重连锁控制电路

I/O 分配表如表 8-60 所示。

表 8-60　I/O 分配表

I/O 设备名称	I/O 地址	说明
FR	I0.0	热保护（常闭触点）
SB1	I0.1	停止按钮（常闭触点）
SB2	I0.2	正转启动按钮（常开触点）
SB3	I0.3	反转启动按钮（常开触点）
KM1	I0.4	正转接触器（常开）辅助触点
KM2	I0.5	反转接触器（常开）辅助触点
KM1	Q4.0	正转接触器线圈
KM2	Q4.1	反转接触器线圈

I/O 接线示意图如图 8-15 所示。

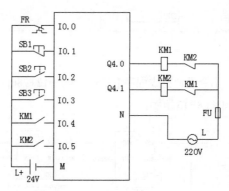

图 8-15　I/O 接线示意图

三相异步电动机正反转双重连锁控制电路的梯形图如图 8-16 所示。

Network 1：正转

```
   I0.2      I0.3     I0.0     I0.1     I0.5      Q4.0
 ──┤ ├──┬──┤/├────┤ ├─────┤ ├─────┤/├──────( )──
   I0.4  │
 ──┤ ├──┘
```

Network 2：反转

```
   I0.3      I0.2     I0.0     I0.1     I0.4      Q4.1
 ──┤ ├──┬──┤/├────┤ ├─────┤ ├─────┤/├──────( )──
   I0.5  │
 ──┤ ├──┘
```

图 8-16　梯形图

8.9　实例 2：定时器与计数器指令编程

试运用 PLC 实现对三相异步电动机 Y—△ 减压启动控制，要求 Y—△ 切换时间为 6s，电动机具有常规的保护环节。

三相异步电动机Y—△减压启动控制电路如图 8-17 所示。

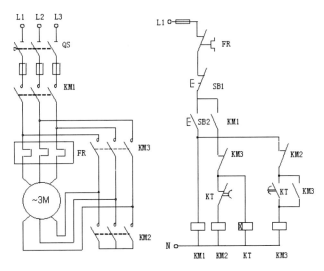

图 8-17   三相异步电动机 Y—△减压启动控制电路

I/O 分配表如表 8-61 所示。

表 8-61   I/O 分配表

I/O 设备名称	I/O 地址	说明
FR	I0.0	热保护（常闭触点）
SB1	I0.1	停止按钮（常闭触点）
SB2	I0.2	启动按钮（常开触点）
KM1	I0.3	主接触器（常开）辅助触点
KM1	I0.4	Y 接触器（常开）辅助触点
KM2	I0.5	△接触器（常开）辅助触点
KM1	Q4.0	主接触器线圈
KM2	Q4.1	Y 接触器线圈
KM3	Q4.2	△接触器线圈

I/O 接线示意图如图 8-18 所示。

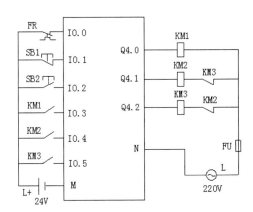

图 8-18   I/O 接线示意图

三相异步电动机Y—Δ减压启动控制的梯形图如图 8-19 所示。

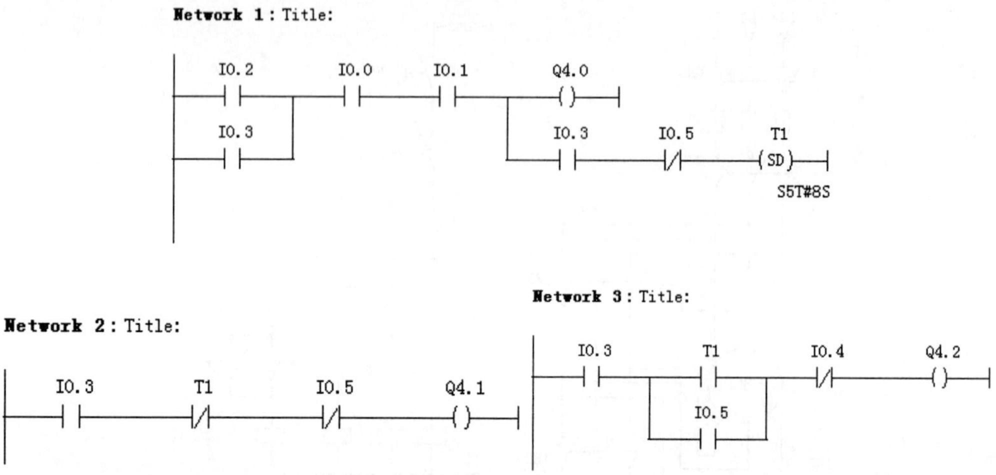
Network 1 : Title:
I0.2
I0.0
I0.1
Q4.0
I0.3
I0.3
I0.5
T1
SD
S5T#8S
Network 2 : Title:
I0.3
T1
I0.5
Q4.1
Network 3 : Title:
I0.3
T1
I0.4
Q4.2
I0.5

图 8-19　梯形图

8.10　思考与练习

1. 试编写一个 1 小时 10 分钟的长延时电路程序。

2. 第一次按下按钮指示灯亮，第二次按下按钮指示灯闪亮，第三次按下按钮指示灯灭，如此循环，试编写其 PLC 控制的梯形图程序。

3. 试设计一个照明灯的控制程序。当按下接在 I0.1 上的按钮后，接在 Q4.1 上的照明灯可发光 20s，如果在这段时间内又有人按下按钮，则时间间隔从头开始。这样可确保在最后一次按完按钮后，灯光可维持 20s。

第9章

S7-300/400 系列 PLC 的程序结构和程序设计

西门子公司 S7-300/400 系列 PLC 采用的是"块式程序结构",就是用"块"的形式来管理用户编写的程序及程序运行所需要的数据，组成完整的 PLC 应用程序系统（软件系统）。

【本章重点】

- 编程方式与程序块。
- 数据块与数据结构。
- CPU 中程序。
- 用户程序。
- 组织块与中断处理。
- S7-300/400 系列 PLC 的程序设计。

9.1 编程方式与程序块

因为 S7-300 和 S7-400 只是硬件结构上有区别，编写程序的方式及程序运行是一样的，所以我们以 S7-300 为例介绍这部分内容。

1. S7-300 编程方式简介

S7-300 系列 PLC 的编程语言是 STEP 7。用文件块的形式管理用户编写的程序及程序运行所需的数据，组成结构化的用户程序。这样，PLC 的程序组织明确，结构清晰，易于修改。

为支持结构化程序设计，STEP 7 用户程序通常由组织块（OB）、功能块（FB）或功能块（FC）等 3 种类型的逻辑块和数据块（DB）组成。

OB1 是主程序循环块，在任何情况下，它都是需要的。

功能块（FB、FC）实际上是用户子程序，分为带"记忆"的功能块 FB 和不带"记忆"的功能块 FC。FB 带有背景数据块（Instance Data Block），在 FB 块结束时继续保持，即被"记忆"。功能块 FC 没有背景数据块。

数据块（DB）是用户定义的用于存取数据的存储区，可以被打开或关闭。DB 可以是属于某个 FB 的情景数据块，也可以是通用的全局数据块，用于 FB 或 FC。

S7 CPU 还提供标准系统功能块（SFB、SFC），集成在 S7 CPU 中的功能程序库。用户可以直接调用它们，由于它们是操作系统的一部分，因此不需将其作为用户程序下载到 PLC。

STEP 7 调用过程示意图如图 9-1 所示。

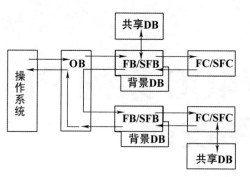

图 9-1　STEP 7 调用过程示意图

2. 功能块编程及调用

功能块由两个主要部分组成。

- 变量声明表：声明此块的局部数据。
- 程序：要用到变量声明表中的局部数据。

当调用功能块时，需要参数传递。参数传递的方式使得功能块具有通用性，它可被其他的块调用，以完成多个类似的控制任务。

❶ 变量声明表（局部数据）

每个逻辑块前部都有一个变量声明表，在变量声明表中定义逻辑块所用到的局部数据。表 9-1 给出了局部数据声明类型。

表 9-1　局部数据类型

变量名	类型	说明
输入参数	In	由调用逻辑块的块提供数据，输入给逻辑块
输出参数	Out	向调用逻辑块的块返回参数，从逻辑块输出的数据
I/O 参数	In_Out	参数的值由调用块的块提供，运算然后返回
静态变量	Stat	存储在背景数据块中，块调用后，其内容被保留
临时变量	Temp	存储在 L 堆栈中，块执行结束变量的值被丢掉

- 形参。

为保证功能块对同一类设备控制的通用性，应使用这类设备的抽象地址参数，这些抽象参数称为形式参数，简称形参。功能块在运行时将该设备的相应实际存储区地址参数（简称实参）替代形参，从而实现功能块的通用性。

形参需在功能块的变量声明表中定义，实参在调用功能块时给出。在功能块的不同调用处，可为形参提供不同的实参，但实参的数据类型必须与形参一致。

- 静态变量。

静态变量在 PLC 运行期间始终被存储。S7 将静态变量定义在背景数据块中，因此只能为 FB 定义静态变量。功能块 FC 不能有静态变量。

- 临时变量。

临时变量仅在逻辑块运行时有效，逻辑块结束时存储临时变量的内存被操作系统另行分配。S7 将临时变量定义在 L 堆栈中。

② 逻辑块局部数据的数据类型

在变量声明表中，要明确局部数据的数据类型，这样操作系统才能给变量分配确定的存储空间。局部数据可以是基本数据类型或复式数据类型，也可以是专门用于参数传递的所谓的"参数类型"。参数类型包括定时器、计数器、块的地址或指针等，如表9-2所示。

表9-2　参数类型变量

参数类型	大小	说明
定时器（Timer）	2 B	定义一个定时器形参，调用时赋予定时器实参
计数器（Counter）	2 B	定义一个计数器形参，调用时赋予计数器实参
块： Block_FB Block_FC Block_DB Block_SDB	2 B	定义一个功能块或数据块形参变量，调用时给块类形参赋予实际的块编号，如 FC101、DB42
指针（Pointer）	6 B	该形参是内存的地址指针。例如，调用时可给形参赋予实参 P#M50.0，以访问内存 M50.0
ANY	10 B	当实参的数据类型未知时，可以使用该类型

3. 块调用过程及内存分配

CPU 提供块堆栈（B 堆栈）来存储与处理被中断块的有关信息。当发生块调用或有来自更高优先级的中断时，就有相关的块信息存储在 B 堆栈里，并影响部分内存和寄存器。图 9-2 显示了调用块时 B 堆栈与 L 堆栈的变化。图 9-3 提供了关于 STEP 7 的块调用情况。

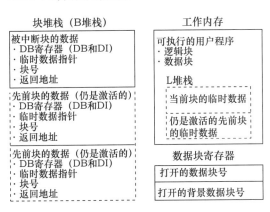

图 9-2　堆栈与 L 堆栈

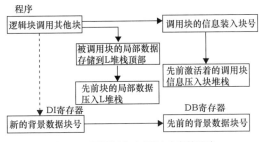

图 9-3　调用指令对 CPU 内存的影响

1 B堆栈与L堆栈

B 堆栈存储以下被中断块的数据。

- 块号、块类型、优先级、被中断块的返回地址。
- 块寄存器 DB、DI 被中断前的内容。
- 临时变量的指针（被中断块的 L 堆栈地址）。

L 堆栈在块调用时被重新分配。L 堆栈用来存储逻辑块中定义的临时变量，也分配给临时本地数据使用。梯形图的方块指令与标准功能块也可能使用 L 堆栈存储运算的中间结果。

2 调用功能块FB

当调用功能块 FB 时，会有以下事件发生。

- 调用块的地址和返回位置存储在块堆栈中，调用块的临时变量压入 L 堆栈。
- 数据块 DB 寄存器内容与 DI 寄存器内容交换。
- 新的数据块地址装入 DI 寄存器。
- 被调用块的实参装入 DB 和 L 堆栈上部。
- 当功能块 FB 结束时，先前块的现场信息从块堆栈中弹出，临时变量弹出 L 堆栈。
- DB 和 DI 寄存器内容交换。

3 调用功能块FC

当调用功能块 FC 时会有以下事件发生。

- 功能块 FC 实参的指针存到调用块的 L 堆栈。
- 调用块的地址和返回位置存储在块堆栈，调用块的局部数据压入 L 堆栈。
- 功能块存储临时变量的 L 堆栈区被推入 L 堆栈上部。
- 当被调用功能块 FC 结束时，先前块的信息存储在块堆栈中，临时变量弹出 L 堆栈。

因为功能块 FC 不用背景数据块，不能分配初始数值给功能块 FC 的局部数据，所以必须给功能块 FC 提供实参。

4. 功能块编程与调用举例

对功能块编程分两步进行。

- 第一步是定义局部变量（填写局部变量表）。
- 第二步是编写要执行的程序，并在编程过程中使用定义了的局部变量（数据）。

定义局部变量的工作内容包括。

- 分别定义形参、静态变量和临时变量（FC 块中不包括静态变量）。
- 确定各变量的声明类型（Decl）、变量名（Name）和数据类型（Data Type），还要为变量设置初始值（Initial Value），尽管对有些变量初始值不一定有意义。如果需要，还可为变量注释（Comment）。在增量编程模式下，STEP 7 将自动产生局部变量地址（Address）。

写功能块程序时，可以用以下两种方式使用局部变量。

- 使用变量名，此时变量名前加前缀"#"，以区别于在符号表中定义的符号地址。增量方式下，前缀会自动产生。
- 直接使用局部变量的地址，这种方式只对背景数据块和 L 堆栈有效。

在调用 FB 块时，要说明其背景数据块。背景数据块应在调用前生成，其顺序格式与变量声明表必须保持一致。在增量方式下，调用 FB 块时，STEP 7 会自动提醒并生成背景数据块。

① 二分频器

假设功能块 FC10 是二分频器产生程序，功能是对不同的输入位进行二分频处理。以下给出了 FC10 的变量声明表和语句表程序。在程序中使用了跳变沿检测指令。

• FC10 的变量声明表如表 9-3 所示。

表 9-3　FC10 的变量声明表

Address	Decl.	Symbol	Data Type	Initial Value	Comment
0.0	In	INP	BOOL	FALSE	脉冲输入信号
1.0	Out	OUTP	BOOL	FALSE	脉冲输出信号
2.0	In_Out	ETF	BOOL	FALSE	跳变沿标志

语句表程序。

```
Network 1
A    #INP              // 对脉冲输入信号产生 RLO
FP   #ETF              // 对前面的 RLO 进行跳变沿检测
NOT                   // 取反 RLO
BEC                   // 若 RLO = 1（没有正跳沿），结束块；
                      // 若 RLO = 0（有正跳沿），继续执行下一条指令

AN   #OUTP
=    #OUTP             // 输出信号反转
     BEU              // 无条件结束块
```

在功能块 FC10 中定义了 3 个形参，调用时为形参分别赋予实参 I0.0、Q4.0 和 M10.0，以对输入位 I0.0 进行二分频以产生输出脉冲 Q4.0。

调用方式：

```
CALL   FC10
   INP: = I0.0
   OUTP: = Q4.0
   ETF: = M10.0
```

② 读模拟输入量程序

一些 S7-300 的应用系统中，使用 8 通道模拟量模块采集信号，当模块数量较多时，读模拟输入量就很烦琐。下面给出一个通用程序 FC100，利用它可以方便地把模拟量读回并顺序存入数据块，因为模拟量输入模块的起始地址、通道数、存储数据块号及数据在数据块中的存储起始位置均是可变的，所以可在调用 FC100 时灵活确定。

• FC100 的变量声明表如表 9-4 所示。

表 9-4　FC100 的变量声明表

Address	Decl.	Symbol	Data Type	Initial Value	Comment
0.0	In	PIW_Addr	INT	—	模拟量输入模块通道起始地址
2.0	In	CH_LEN	INT	—	要读入的通道数
4.0	In	DB_No	INT	—	存储数据块号
6.0	In	DBW_Addr	INT	—	存储在数据块中的字地址

语句表程序。

```
Network 1
    L    #DB_No
    T    LW0
    OPN  DB[LW 0]                  // 打开存储数据块
    L    #PIW_Addr
    SLD 3                          // 形成模入模块地址指针
    T    LD4                       // 在临时本地数据双字 LD 4 中存储模入模块地址指针
    L    #DBW_Addr
    SLD 3                          // 形成数据块存储地址指针
    T    LD8                       // 在临时本地数据双字 LD 8 中存入数据块存储地址指针
    L    #CH_LEN                   // 以要读入的通道数为循环次数，装入累加器 1
NEXT: T  LW  0
    L    LD4
    LAR1                           // 将模入模块地址指针装入地址寄存器 1
    L    PIW[AR1, P#0.0]           // 读模入模块装入累加器 1
    T    LW2                       // 将累加器 1 的内容暂存入缓冲器 LW2
    L    LD8
    LAR1                           // 将数据块存储地址指针装入地址寄存器 1
    L    LW2                       // 将数据缓冲器中的内容装入累加器 1
    T    DBW[AR1, P#0.0]           // 将累加器的内容存入数据块中
    L    LD4                       //AR1+P#2.0→AR1
    +    L#16                      //ACC1+(.._0001_0 000)
    T    LD4                       // 调整模入模块地址指针，指向下一通道 Acc1+(bb bbbb bxxx)
    L    LD8
    +    L#16
    T    LD8                       // 调整数据块存储地址指针，指向下一存储地址
    L    LW0                       // 将循环次数计数器 LW0 的值装入累加器 1
    LOOP  NEXT                     // 若累加器 1 的值不为 0，将累加器减 1 继续循环
                                   // 若累加器为 0，则结束
```

在某应用中，机架 0 的 4 号槽位安装了一个 8 模入模块（地址 256 开始），若要将前 6 个模入模块信号读回，存入 DB50.DBW10 开始的 6 个字单元中，可按下列形式调用 FC100：

```
CALL          FC100
PIW_Add:   =  256
CH_LEN:    =  6
DB_No:     =  50
DBW_Addr:  =  10
```

5. 系统功能、系统功能块和系统数据库

SFC（系统功能）和 SFB（系统功能块）是预先编好的可供用户调用的程序块，它们已经固化在 S7 PLC 的 CPU 中，其功能和参数已经确定。一台 PLC 具有哪些 SFC 和 SFB 功能，是由 CPU 型号决定的，具体信息可查阅 CPU 的相关技术手册。通常 SFC 和 SFB 提供一些系统级的功能调用。举例如下。

SFC 39 "DIS_IRT" 用来禁止中断和异步错误处理，可以禁止所有的中断、有选择地禁止某些范围的中断和某个中断。

SFC 40 "EN_IRT" 用来激活新的中断和异步错误处理，可以全部允许所有的中断和有选择地允许某些中断。

SFC 41 "DIS_AIRT" 延迟处理比当前优先级高的中断和异步错误，直到用 SFC 42 "EN _AIRT" 允许处理中断或当前的 OB 执行完毕。

SFC 42 "EN _AIRT" 用来允许处理被 SFC 41 "DIS_AIRT" 暂时禁止的中断和异步错误，SFC 42 "EN _AIRT" 和 SFC 41 "DIS_AIRT" 配对使用。

SFB 38 "HSC_A_B" 为处理高速计数器的系统功能块、SFB 41 "CONT_C" 处理 PID 控制的系统功能块等。

要点提示　在调用 SFB 时，需要用户指定其背景数据块（CPU 中不包含其背景数据块），并确定将背景数据块下载到 PLC 中。

9.2　数据块与数据结构

1. 数据块

数据块定义在 S7 CPU 存储器中，用户可在存储器中建立一个或多个数据块。每个数据块可大可小，但 CPU 对数据块数量及数据总量有限制，如对于 CPU314，用作数据块的存储器最多为 8KB（8192B），用户定义的数据总量不能超出这个限制。对数据块必须遵循先定义后使用的原则，否则，将造成系统错误。

❶ 定义数据块

在编程阶段和运行程序中都能定义数据块。大多数数据块是在编程阶段用 STEP 7 开发软件包定义的。定义内容包括数据块号及块中的变量（包括变量符号名、数据类型以及初始值等），定义完成后，数据块中变量的顺序及类型决定了数据块的数据结构，变量的数量决定了数据块的大小。

数据块在使用前，必须作为用户程序的一部分下载到 CPU 中。

假设用 SIMATIC 管理器定义一个名称为 DB1 的共享数据块，具体步骤如下。

STEP01 首先在 SIMATIC 管理器中选择 S7 项目的 S7 程序的"块"文件夹，然后执行菜单命令【插入】/【S7 块】/【数据块】，如图 9-4 所示。

STEP02 在弹出的【属性 – 数据块】对话框中，可设置以下要建立的数据块属性。

（1）数据块名称：如 DB1、DB2 等。

（2）数据块符号名：为可选项。

（3）符号注释：为可选项。

（4）数据块类型：共享数据块、背景数据块或用户定义数据块。

STEP03 设置完毕后单击 确定 按钮。

图 9-4　SIMATIC 管理器创建数据块

共享数据块建立以后，可以在 S7 的块文件夹内双击块图标，启动 LAD/STL/FBD S7 编辑器，并打开数据块，如图 9-5 所示。数据块编辑窗口与 UDT1 的编辑窗口相似，因此可按相同的方法，输入需要的变量即可。

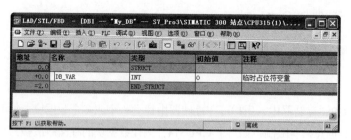

图 9-5　编辑数据块

❷ 访问数据块

访问时需要明确数据块号和数据块中的数据类型与位置。根据明确数据块号的不同方法，可以用多种方法访问数据块中的数据。

直接在访问指令中写明数据块号，如：

```
L    DB5.DBW10

T    DB10.DBW20

L    Motor_1.Speed    // 符号地址
```

另一种方法是先打开后访问。在访问某数据块中的数据前，先打开这个数据块，这样，存放在数据块中的数据就可利用数据块起始地址加偏移量的方法来访问。如：

```
OPN    DB5
  L    DBW10
OPN       DB10
  T    DBW20
```

❸ 背景数据块和共享数据块

背景数据块和共享数据块有不同的用途。任何 FB、FC 或 OB 均可读写存放在共享数据块中的数据。背景数据块是 FB 运行时的工作存储区，它存放 FB 的部分运行变量。调用 FB 时，必须指定一个相关的背景数据块。作为规则，只有 FB 块才能访问存放在背景数据块中的数据。

2. 数据结构

STEP 7 数据块中的数据既可以是基本数据类型，又可以是复式数据类型。STEP 7 允许 4 种复式数据类型，如表 9-5 所示。

表 9-5　复式数据类型

名称	类型	说明
日期 – 时间	DATE_AND_TIME	长度为 8 B（64 位）。按 BCD 码格式顺序存储：年、月、日、小时、分、秒、毫秒、星期
字符串	STRING	字符串是一组 ASCII 码，一个串内可定义最多 254 个字符，占用 256 B 内存
数组	ARRAY	由一种数据类型组成的数据集合，数据类型可以是基本数据类型或复式数据类型。可定义到 6 维数组
构造	STRUCT	由多种数据类型组成的数据集合

9.3　PLC 中的程序

PLC 中的程序分为操作系统和用户程序两种。

操作系统用来实现与特定的控制任务无关的功能，如处理 PLC 的启动、刷新输入 / 输出过程映像表、调用用户程序、处理中断和错误、管理存储区和处理通信等。操作系统主要完成以下工作。

（1）处理启动（暖启动和热启动）。

（2）刷新输入的过程映像表和输出的过程映像表。

（3）调用用户程序。

（4）检测中断并调用中断程序。

（5）检测并处理错误。

（6）管理存储区域。

（7）与编程设备和其他通信设备的通信。

用户程序是为了完成特定的自动化任务，由用户自己编写的程序。一般来说，用户程序主要完成以下工作。

（1）暖启动和热启动的初始化工作。

（2）处理过程数据（数字信号、模拟信号）。

（3）对中断的响应。

（4）对异常和错误的处理。

操作系统处理的是底层的系统级任务，它为 PLC 应用搭建了一个平台，提供了一套用户程序的调用机制；而用户程序则在这个平台上，完成用户自己的自动化任务。

9.4　用户程序

用户程序由用户在 STEP 7 中生成，然后将它下载到 CPU。用户程序包含处理用户特定的自动化任务所需要的所有功能，如指定 CPU 暖启动或热启动的条件、处理过程数据、指定对中断的响应和处理程序正常运行中的干扰等。

9.4.1　用户程序中的块结构

STEP 7 将用户编写的程序和程序所需的数据放置在块中，使单个的程序部件标准化。通过在块内或块之间类似子程序的调用，使用户程序结构化，可以简化程序组织，使程序易于修改、查错和调试。块结构显著地增加了 PLC 程序的组织透明性、可理解性和易维护性。各种块的简要说明如表 9-6 所示，OB、SFB、SFC、FB 和 FC 都包含部分程序，统称为逻辑块。

表 9-6　用户程序中的块

块	简要描述
组织块（OB）	操作系统与用户程序的接口，决定用户程序的结构
系统功能块（SFB）	集成在 CPU 模块中，通过 SFB 调用一些重要的系统功能，有存储区
系统功能（SFC）	集成在 CPU 模块中，通过 SFB 调用一些重要的系统功能，无存储区
功能块（FB）	用户编写的包含经常使用的功能的子程序，有存储区
功能（FC）	用户编写的包含经常使用的功能的子程序，无存储区
背景数据块（DI）	调用 SFB 和 FB 时用于传递参数的数据块，在编译过程中自动生成数据
共享数据块（DB）	存储用户数据的数据区域，供所有的块共享

根据用户程序的需要，用户程序可以由不同的块构成，各种块的关系如图 9-6 所示。在图中可以看出，组织块 OB 可以调用 SFB、SFC、FB 和 FC。FB 或 FC 也可以调用另外的 FB 或 FC，称为嵌套。SFB 和 FB 使用时需要配有相应的背景数据块（IDB）。

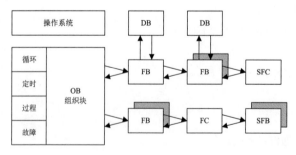

OB—组织块；FB—功能块；FC—功能；SFB—系统功能块；SFC—系统功能；FB 　—FB 带背景数据块

图 9-6　各种块的关系

其中组织块 OB、系统功能块 SFB、系统功能 SFC、功能块 FB 和功能 FC 中包含由 S7 指令构成的程序代码，因此称这些模块为程序块或逻辑块。背景数据块（Instance Data Block）和共享数据块（Shared Data Block）中不包含 S7 的指令，只用来存放用户数据，因此称为数据块。

9.4.2　程序结构

在 STEP 7 中，用文件块的形式管理用户编写的程序及程序运行所需的数据，组成结构化的用户程序。这样，PLC 的程序组织明确、结构清晰、易于修改。

用户程序的编程方式主要有线性程序、分部式程序和结构化程序 3 种类型。

1. 线性程序（线性编程）

所谓线性程序结构，就是将整个用户程序连续放置在一个循环程序块（OB1）中，块中的程序按顺序执行，CPU 通过反复执行 OB1 来实现自动化控制任务。这种结构和 PLC 所代替的硬接线继电器控制类似，CPU 逐条地处理指令。事实上所有的程序都可以用线性结构实现，不过，线性结构一般适用于相对简单的程序编写。

操作视频

STEP7之如何使用 FC 块

2. 分部式程序（分部编程、分块编程）

所谓分部程序，就是将整个程序按任务分成若干个部分，并分别放置在不同的功能（FC）、功能块（FB）及组织块中，在一个块中可以进一步分解成段。在组织块 OB1 中包含按顺序调用其他块的指令，并控制程序执行。

在分部程序中，既无数据交换，也不存在重复利用的程序代码。功能（FC）和功能块（FB）不传递也不接收参数，分部程序结构的编程效率比线性程序有所提高，程序测试也较方便，对程序员的要求也不太高。对不太复杂的控制程序可考虑采用这种程序结构。

操作视频

STEP7之如何使用 FB 块

3. 结构化程序（结构化编程或模块化编程）

所谓结构化程序，就是处理复杂自动化控制任务的过程中，为了使任务更易于控制，常把过程要求类似或相关的功能进行分类，分割为可用于几个任务的通用解决方案的小任务，这些小任务以相应的程序段表示，称为块（FC 或 FB）。OB1 通过调用这些程序块来完成整个自动化控制任务。

结构化程序的特点是每个块（FC 或 FB）在 OB1 中可能会被多次调用，以完成具有相同过程工艺要求的不同控制对象。这种结构可简化程序设计过程、减小代码长度、提高编程效率，比较适合于较复杂自动化控制任务的设计。

9.5　组织块与中断处理

组织块（OB）是指 CPU 的操作系统与用户程序之间的接口。OB 用于执行特定的程序段，如在启动 CPU 时、在循环或定时执行过程中、出错时和发生硬件中断时。

9.5.1　中断的基本概念

启动事件触发 OB 调用称为中断。中断处理用来实现对特殊内部事件或外部事件的快速响应。CPU 检测到中断请求时，立即响应中断，调用中断源对应的中断程序（OB）。执行完中断程序后，返回被中断的程序。

中断源主要有 I/O 模块的硬件中断和软件中断（如日期时间中断、延时中断、循环中断和编程错误引起的中断等）。

表 9-7 显示了 STEP 7 中的中断类型以及分配给这些中断的组织块的优先级，不同的 PLC 所支持的组织块的个数和类型有所不同，因此用户只能编写 PLC 支持的组织块。

表 9-7　组织块的启动事件和对应优先级

OB 号	启动事件	默认优先级	说明
OB1	启动或上一次循环结束时执行 OB1	1	主程序循环
OB10 ~ OB17	日期时间中断 0 ~ 7	2	在设置的日期时间启动
OB20 ~ OB23	时间延时中断 0 ~ 3	3 ~ 6	延时后启动
OB30 ~ OB38	循环中断 0 ~ 8 时间间隔分别为 5s、2s、1s、500ms、200ms、100ms、50ms、20ms 和 10ms	7 ~ 15	以设定的时间为周期运行
OB40 ~ OB47	硬件中断 0 ~ 7	16 ~ 23	检测外部中断请求时启动
OB55	状态中断	2	DPVI 中断（PROFIBUS-DP）
OB56	刷新中断	2	
OB57	制造厂特殊中断	2	
OB60	多处理中断，调用 SFC35 时启动	25	多处理中断的同步操作
OB61 ~ OB64	同步循环中断 1 ~ 4	25	同步循环中断
OB70	I/O 冗余错误中断	25	
OB72	CPU 冗余错误中断，例如一个 CPU 发生故障	28	冗余故障中断只用于 H 系列的 CPU
OB73	通行冗余错误中断，例如冗余连接的冗余丢失	25	
OB80	时间错误	26，启动为 28	
OB81	电源故障	27，启动为 28	
OB82	诊断中断	28，启动为 28	
OB83	插入 / 拔出模块中断	29，启动为 28	
OB84	CPU 硬件故障	30，启动为 28	异步错误中断
OB85	优先级错误	31，启动为 28	
OB86	扩展机架、DP 主站系统或分布式 I/O 站故障	32，启动为 28	
OB87	通行故障	33，启动为 28	
OB88	过程中断	34，启动为 28	
OB90	冷、热启动，删除或背景循环	29	背景循环
OB100	暖启动	27	
OB101	热启动（S7-300 和 S7-400H 不具备）	27	启动
OB102	冷启动	27	
OB121	编程错误	引起错误的 OB 优先级	同步错误中断
OB122	I/O 访问错误		

9.5.2　组织块

　　组织块（OB）是操作系统与用户程序之间的接口。用户程序一般由启动程序、主程序和各种中断响应程序等模块组成，这些模块就是组织块。组织块由操作系统调用，控制循环、中断、驱动等程序的执行以及 PLC 启动特性和错误处理等。可以对组织块进行编程来确定 CPU 的工作特性。不同型号的 CPU 支持不同的 OB。

9.5.3　循环处理的主程序 OB1

　　OB1 是循环扫描的主程序，它的优先级最低，其循环时间被监控，即除 OB90 以外，其他所有的 OB 均可中断 OB1 的执行。以下两个事件可以导致操作系统调用 OB1。

操作视频

STEP7之如何在OB1中编程

（1）CPU 启动完毕。

（2）OB1 执行到上一个循环周期结束。

OB1 执行完毕后，操作系统发送全局数据。再次启动 OB1 之前，操作系统会将输出映像区数据写入输出模板，刷新输入映像区并接收全局数据。S7 监视最长循环时间，保证最长的响应时间，最长循环时间默认设置为 150ms。可以通过设一个新值或 SFC43 "RE_TRIGR" 重新启动时间监视功能，如果程序超过了 OB1 最长循环时间，操作系统将调用 OB80（时间故障 OB）。如果 OB80 不存在，则 CPU 停机。除了监视最长循环时间，还可以保证最短循环时间，操作系统将延长下一个新循环（将输出映像区数据传送到输出模板）直到最短循环时间到。参数 "最长" "最短" 循环时间的范围可以运用 STEP 7 软件更改参数设置。

表 9-8 描述了 OB1 的临时变量（TEMP），变量名是 OB1 的默认名称。

表 9-8　OB1 的临时变量

变量	类型	说明
OB1_EV_CLASS	BYTE	事件等级和标识符：B#16#1：OB1 激活
OB1_SCAN1	BYTE	B#16#01：完成暖重启 B#16#02：完成热重启 B#16#03：完成主循环 B#16#04：完成冷重启 B#16#05：主站——保留站切换和 "停止" 上一主站之后新主站 CPU 的首个 OB1 循环
OB1_PRIORITY	BYTE	优先级 1
OB1_OB_NUMBER	BYTE	OB 编号（01）
OB1_RESERVED_1	BYTE	保留
OB1_RESERVED_2	BYTE	保留
OB1_PREV_CYCLE	INT	上一次扫描的运行时间（ms）
OB1_MIN_CYCLE	INT	自上次启动后的最小周期（ms）
OB1_MAX_CYCLE	INT	自上次启动后的最大周期（ms）
OB1_DATE_TIME	DATE_AND_TIME	调用 OB 时的 DATE_AND_TIME

9.5.4　日期时间中断组织块 OB10 ~ OB17

日期时间中断组织块有 OB10~OB17，共计 8 个。CPU318 只能使用 OB10 和 OB11，其余的 S7-300 CPU 只能使用 OB10。S7-400 可以使用的日期时间中断 OB（OB10~OB17）的个数与 CPU 的型号有关。

日期时间中断可以在某一特定的日期和时间执行一次，也可以从设定的日期时间开始，周期性地重复执行。例如，每分钟、每小时、每天，甚至每年执行一次。可以用 SFC 28 ~ SFC 30 取消、重新设置或激活日期时间中断。

1. 设置和启动日期时间中断

（1）用 SFC 28 "SET_TINT" 和 SFC 30 "ACT_TINT" 设置和激活日期时间中断。

（2）在硬件组态工具中设置和激活。在 STEP 7 中打开硬件组态工具，双击机架中的 CPU 模块所在的行，打开设置 CPU 属性的对话框，单击【Time-Of-Day Interrupts】选项卡，设置启动日期时间中断的日期和时间，勾选【Active】（激活）复选项，在【Execution】选项的下拉列表中选择执行方式，如图 9-7 所示。将硬件组态数据下载到 CPU 中，可以实现日期时间中断的自动启动。

图 9-7　参数设置对话框

（3）用上述方法设置日期时间中断的参数，但不选择【Active】，而是在用户程序中用 SFC 30 "ACT_TINT" 激活日期时间中断。

2. 查询日期时间中断

要想查询设置了哪些日期时间中断以及这些中断什么时间发生，可以调用 SFC 31 "QRY_TINT" 查询日期时间中断。SFC 31 输出的状态字节（STATUS）如表 9-9 所示。

表 9-9　SFC 31 输出的状态字节

位	取值	意义
0	0	日期时间中断已被激活
1	0	允许新的日期时间中断
2	0	日期时间中断未被激活或时间已过去
3	0	—
4	0	没有装载日期时间中断组织块
5	0	日期时间中断组织块的执行没有被激活的测试功能禁止
6	0	以基准时间为日期时间中断的基准
7	1	以本地时间为日期时间中断的基准

3. 禁止和激活日期时间中断

用 SFC 29 "CAN_TINT" 取消（禁止）和激活日期时间中断，用 SFC 28 "SET_TINT" 重新设置那些被禁用的日期时间中断，用 SFC 30 "ACT_TINT" 重新激活日期时间中断。

在调用 SFC 28 时，如果参数 "OB10_PERIOD_EXE" 为十六进制数 W#16#0000、W#16#0201、W#16#0401、W#16#1001、W#16#1201、W#16#1401、W#16#1801 和 W#16#2001，分别表示执行一次及每分钟、每小时、每天、每周、每月、每年和月末执行一次。

9.5.5　时间延时中断组织块 OB20 ~ OB23

PLC 中的普通定时器的工作与扫描工作方式有关，其定时精度受到不断变化的循环周期的影响。使用时间延时中断可以获得精度较高的延时，延时中断以 ms 为单位定时。

S7 提供了 4 个时间延时中断 OB（OB20 ~ OB23），CPU 可以使用的延时中断 OB 的个数与 CPU 的型号有关，S7-300（不包含 CPU318）只能使用 OB20。用 SFC 32 "SRT_DINT" 启动，经过设定的时间触发中断，调用 SFC 32 指定的 OB。延时中断可以用 SFC 33 "CAN_DINT" 取消，用 SFC 34 "QRY_DINT" 查询延时中断的状态，它输出的状态字节（STATUS）如表 9-10 所示。

表 9-10　SFC 34 输出的状态字节

位	取值	意义
0	0	时间延时中断已被允许
1	0	未拒绝新的时间延时中断
2	0	时间延时中断未被激活或已完成
3	0	—
4	0	没有装载时间延时中断组织块
5	0	时间延时中断组织块的执行没有被激活的测试功能禁止

9.5.6　循环中断组织块 OB30 ～ OB38

循环中断组织块用于按一定时间间隔循环执行中断程序，例如：周期性地定时执行某一段程序，间隔时间从 STOP 切换到 RUN 模式时开始计算。

循环中断组织块 OB30 ～ OB38 默认的时间间隔和中断优先级如表 9-11 所示。CPU318 只能使用 OB32 和 OB35，其余的 S7-300 CPU 只能使用 OB35。S7-400 CPU 可以使用的循环中断 OB 的个数与 CPU 型号有关。

表 9-11　循环 OB 默认的参数

OB 号	时间间隔	优先级	OB 号	时间间隔	优先级
OB30	5s	7	OB35	100ms	12
OB31	2s	8	OB36	50ms	13
OB32	1s	9	OB37	20ms	14
OB33	500ms	10	OB38	10ms	15
OB34	200ms	11			

如果两个 OB 的时间间隔成整数倍，不同的循环中断 OB 可以同时请求中断，导致处理循环中断程序超过指定的循环时间。为了避免出现这样的错误，用户可以定义一个相位偏移。相位偏移用于在循环时间间隔到达时，延时一定的时间后再执行循环中断，相位偏移时间要小于循环的时间间隔。

设 OB38 和 OB37 的时间间隔分别为 10ms 和 20ms，它们的相位偏移分别为 0ms 和 3ms。则 OB38 分别在 $t = 10$ms，$t = 20$ms，…，$t = 60$ms 时产生中断，而 OB37 分别在 $t = 23$ms，$t = 43$ms，…，$t = 63$ms 时产生中断。

可以用 SFC 40 和 SFC 39 来激活和禁止循环中断。SFC 40 "EN_IRT" 是用于激活新的中断和异步错误的系统功能，其参数 MODE 为 0 时激活所有的中断和异步错误，为 1 时激活部分中断和错误，为 2 时激活指定的 OB 对应的中断和错误。SFC 39 "DIS_IRT" 是禁止新的中断和异步错误的系统功能，MODE 为 2 时禁止指定的 OB 对应的中断和错误，MODE 必须用十六进制数来设置。

9.5.7　硬件中断组织块 OB40 ～ OB47

硬件中断组织块（OB40 ～ OB47）用于快速响应信号模块（SM，即输入 / 输出模块）、通信处理器（CP）和功能模块（FM）的信号变化。具有中断能力的信号模块将中断信号传送到 CPU 时，或者当功能模块产生一个中断信号时，将触发硬件中断。

CPU318 只能使用 OB40 和 OB41，其余的 S7-300 CPU 只能使用 OB40。S7-400 CPU 可以使用的硬件中断 OB 的个数与 CPU 的型号有关。

用户可以用 STEP 7 的硬件组态功能来决定信号模块哪一个通道在什么条件下产生硬件中断，将执行哪个硬件中断 OB，OB40 被默认于执行所有的中断。对于 CP 和 FM，可以在对话框中设置相应的参数来启动 OB。

硬件中断被模块触发后，操作系统将自动识别是哪一个槽的模块和模块中哪一个通道产生的硬件中断，硬件中断 OB 执行完后，将发送通道确认信号。

如果正在处理某一中断事件，又出现了同一模块同一通道产生的完全相同的中断时间，新的中断事件将丢失。如果正在处理某一中断信号时同一模块中其他通道或其他模块产生了中断事件，则当前已激活的硬件中断执行完后，再处理暂存的中断。

9.5.8　背景组织块 OB90

CPU 可以保证设置的最小扫描循环时间，如果它比实际的扫描循环时间长，在循环程序结束后 CPU 处于空闲的时间内可以执行背景组织块（OB90）。背景 OB 的优先级为 29（最低）。

9.5.9　启动组织块 OB100 / OB101 / OB102

当 CPU 上电，或者操作模式由停止状态改变为运行状态时，CPU 首先执行启动组织块，只执行一次，然后开始循环执行主程序组织块 OB1。需要注意的是，启动组织块只在 PLC 启动的瞬间执行，而且只执行一次。

S7 系列 PLC 的启动组织块有 3 个，分别为 OB100、OB101 和 OB102。这 3 个启动组织块对应不同的启动方式。至于 PLC 采取哪种启动方式，是与 CPU 的型号以及启动模式有关的。

1. 暖启动（Warm Restart）组织块 OB100

启动时，过程映像区和不保持的标志存储器、定时器及计数器被清零，保持的标志存储器、定时器和计数器以及数据块的当前值保持原状态。执行 OB100，然后开始执行循环程序 OB1。一般 S7-300 PLC 都采用此种启动方式。

2. 热启动（Hot Restart）组织块 OB101

启动时，所有数据（无论是保持型或非保持型）都将保持原状态，并且将 OB101 中的程序执行一次，然后程序从断点处开始执行，剩余循环执行完以后开始执行循环程序。热启动一般只有 S7-400 具有此功能。

3. 冷启动（Cold Restart）组织块 OB102

冷启动时，所有过程映像区和标志存储器、定时器和计数器（无论是保持型还是非保持型）都将被清零，而且数据块的当前值被装载存储器的原始值覆盖，然后将 OB102 中的程序执行一次后执行循环程序。

9.5.10　故障处理组织块 OB80-OB87/OB121/OB122

S7-300/400 有很强的错误（或称故障）检测和处理能力，可以检测和处理 PLC 内部的功能性错误或编程错误，而不是外部设备的故障。CPU 检测到错误后，操作系统调用对应的组织块，用户可以在组织块中编程，对发生的错误采取相应的措施。对于大多数错误，如果没有给组织块编程，出现错误时 CPU 将进入 STOP 模式。

为避免发生某种错误时 CPU 进入停机状态，可以在 CPU 中建立一个对应的空的组织块。

被 S7 CPU 检测到并且用户可以通过组织块对其进行处理的错误分为两个基本类型。

1. 异步错误

异步错误是与 PLC 的硬件或操作系统密切相关的错误，与程序执行无关，后果严重。异步错误 OB 具有最高等级的优先级，其他 OB 不能中断它们。同时有多个相同优先级的异步错误 OB 出现，将按出现的顺序处理。

处理异步错误的组织块如下。

❶ 时间错误处理组织块（OB80）

循环监控时间的默认值为 150ms，时间错误包括实际循环时间超过设置的循环时间、因为向前修改时间而跳过日期时间中断、处理优先级时延迟太多等。

❷ 电源故障处理组织块（OB81）

电源故障包括后备电池失效或未安装，S7-400 的 CPU 机架或扩展机架上的 DC 24V 电源故障。电源故障出现和消失时操作系统都要调用 OB81。

❸ 诊断中断处理组织块（OB82）

OB82 在下列情况时被调用：有诊断功能的模块的断线故障，模拟量输入模块的电源故障，输入信号超过模拟量模块的测量范围等。错误出现和消失时，操作系统都会调用 OB82。用 SFC 51 "RDSYSST" 可以读出模块的诊断数据。

❹ 插入/拔出模块中断组织块（OB83）

S7-400 可以在 RUN、STOP 或 STARTUP 模式下带电拔出和插入模块，但是不包括 CPU 模块、电源模块、接口模块和带适配器的 S5 模块，上述操作将会产生插入/拔出模块中断。

❺ CPU 硬件故障处理组织块（OB84）

当 CPU 检测到 MPI 网络的接口故障、通信总线的接口故障或分布式 I/O 网卡的接口故障时，操作系统调用 OB84。故障消除时也会调用该 OB 块。

❻ 优先级错误处理组织块（OB85）

在以下情况下将会触发优先级错误中断。

- 产生了一个中断事件，但是对应的 OB 块没有下载到 CPU。
- 访问一个系统功能块的背景数据块时出错。
- 刷新过程映像表时 I/O 访问出错，模块不存在或有故障。

❼ 机架故障组织块（OB86）

在以下情况下将会触发机架故障中断。

- 机架故障，例如找不到接口模块或接口模块损坏，或者连接电缆断线。
- 机架上的分布式电源故障。
- 在 SINEC L2-DP 总线系统的主系统中有一个 DP 从站有故障。

❽ 通信错误组织块（OB87）

在以下情况下将会触发通信错误中断。

- 接收全局数据时，检测到不正确的帧标识符（ID）。

- 全局数据通信的状态信息数据块不存在或太短。
- 接收到非法的全局数据包编号。

2. 同步错误

同步错误是与程序执行有关的错误，其 OB 的优先级与出现错误时被中断的块的优先级相同，即同步错误 OB 中的程序可以访问块被中断时累加器和状态寄存器中的内容。对错误进行处理后，可以将处理结果返回被中断的块。

处理同步错误的组织块如下。

❶ 错误组织块（OB121）

出现编程错误时，CPU 的操作系统将调用 OB121。局域变量 OB121_SW_FLT 给出了错误代码，可以查看《S7-300/400 的系统软件和标准功能》中 OB121 部分的错误代码表。

❷ I/O访问错误组织块（OB122）

STEP 7 指令访问有故障的模块，例如直接访问 I/O 错误（模块损坏或找不到），或者访问了一个 CPU 不能识别的 I/O 地址，此时 CPU 的操作系统将会调用 OB122。

9.6　S7 系列 PLC 程序设计

STEP 7 不仅从不同层次充分支持合理的程序结构设计，而且也简化了结构设计的复杂程度。

一个复杂的自动化过程可以被分解并定义为一个或多个项目（PROJECT），图 9-8 显示了一个样本过程，它分成 4 个不同的项目。项目间或项目中的各 CPU 程序之间，能以某种方式联网，实现信息共享。如在 S7 协议支持下，用 MPI 网以全局数据通信的方式可方便地建立起联系，实现一个项目中各 CPU 共享信息。

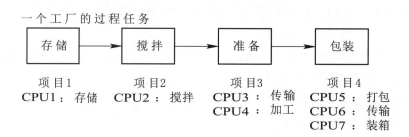

图 9-8　样本过程的项目划分

典型的情况是一个过程控制任务只有一个项目，该项目下也仅有一个 CPU 程序，每一个 CPU 程序又可依据时间特性或事件触发特性的差异分类编入不同的组织块（OB）中。例如，对程序执行中产生的同步错误的响应处理程序编入组织块 OB121 或 OB122 中。

组织块 OB1（主程序循环）中的程序是应用程序中主要的也是最复杂的部分，可以根据其复杂程度分别选用线性、分部或结构化等 3 种形式中的一种程序结构。

9.6.1　实例 1：工业搅拌过程控制

工业搅拌过程控制的示意图如图 9-9 所示。

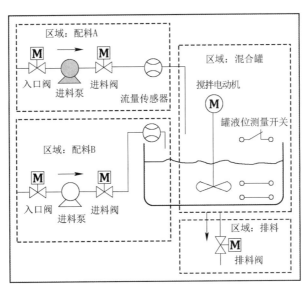

图 9-9　工业搅拌过程示意图

1．工艺过程

一个自动化过程包括许多单个的任务，将这个工业搅拌过程构造为 4 个功能区域，分别为配料 A 区域、配料 B 区域、混合罐区域和排料区域。

❶ 配料A和配料B区域

- 每种配料的管道都配备有一个入口和一个进料阀以及进料泵。
- 进料管还有流量传感器。
- 当罐的液面传感器指示罐满时，进料泵的接通必须被锁定。
- 当排料阀打开时，进料泵的启动必须被锁定。
- 在启动进料泵后 1s 内必须打开入口阀和进料阀。
- 在进料泵停止后（来自流量传感器的信号），阀门必须立即被关闭以防止配料从泵中泄露。
- 进料泵的启动与一个时间监控功能相结合，换句话说，在泵启动后的 7s 之内，流量传感器会报告溢出。
- 当进料泵运行时，如果流量传感器没有流量信号，进料泵必须尽可能快地断开。
- 必须对进料泵启动的次数进行计数（维护间隔）。

❷ 混合罐区域

- 当罐的液面传感器指示"液面低于最低限"或排料阀打开时，搅拌电动机的启动必须被锁定。
- 搅拌电动机在达到额定速度时要发出一个响应信号。如果在电动机启动后 10s 内还未接收到该信号，则电动机必须被断开。
- 必须对搅拌电动机的启动次数进行计数（维护间隔）。
- 在混合罐中必须安装 3 个传感器。① 罐装满：一个常闭触点。② 罐中液面高于最低限：一个常开触点。③ 罐非空：一个常开触点。

❸ 排料区域

- 罐内产品的排出由一个螺线管阀门控制。
- 这个螺线管阀门由操作员控制，但是最迟在"罐空"信号产生时，该阀必须被关闭。

- 当搅拌电动机在工作或罐空时，打开排料阀必须被锁定。

2．定义逻辑块

通过程序块可以将用户程序分布到不同的块中并建立块调用的分层结构来组织程序。本例中用户程序主要由组织块 OB1、功能块 FB1、功能 FC1 及 3 个数据块 DB1 ~ DB3 组成。图 9-10 所示为结构化编程的块的分层调用结构。

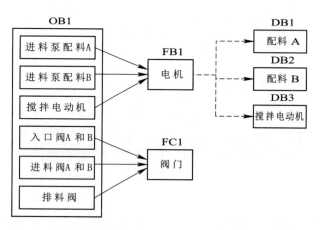

图 9-10　工业搅拌过程的分层调用结构图

3．指定符号名

如果在用户程序中使用了符号，则必须用 STEP 7 在符号表中对这些符号进行定义。表 9-12 所示为所用的程序组件的符号名及绝对地址。

表 9-12　程序组件的符号名及绝对地址

进料泵、搅拌电动机和入口阀的符号地址			
Symbolic Name（符号名称）	Address（地址）	Data Type（数据类型）	Description（说明）
Feed_pump_A_start	I0.0	BOOL	启动配料 A 的进料泵
Feed_pump_A_stop	I0.1	BOOL	停止配料 A 的进料泵
Flow_A	I0.2	BOOL	配料 A 流动
Inlet_valve_A	Q4.0	BOOL	启动配料 A 的入口阀
Feed_pump_A	Q4.1	BOOL	启动配料 A 的进料阀
Feed_pump_A_on	Q4.2	BOOL	"配料 A 的进料泵运行"指示灯
Feed_pump_A_off	Q4.3	BOOL	"配料 A 的进料泵未运行"指示灯
Feed_pump_A	Q4.4	BOOL	配料 A 的进料泵启动
Feed_pump_A_fault	Q4.5	BOOL	"进料泵 A 故障"指示灯
Feed_pump_A_maint	Q4.6	BOOL	"进料泵 A 维护"指示灯
Feed_pump_B_start	I0.3	BOOL	启动配料 B 的进料泵
Feed_pump_B_stop	I0.4	BOOL	停止配料 B 的进料泵
Flow_B	I0.5	BOOL	配料 B 流动
Inlet_valve_B	Q5.0	BOOL	启动配料 B 的入口阀
Feed_valve_B	Q5.1	BOOL	启动配料 B 的进料阀
Feed_pump_B_on	Q5.2	BOOL	"B 进料泵运行"指示灯

进料泵、搅拌电动机和入口阀的符号地址			
Symbolic Name（符号名称）	Address（地址）	Data Type（数据类型）	Description（说明）
Feed_pump_B_off	Q5.3	BOOL	"B 的进料泵未运行"指示灯
Feed_pump_B	Q5.4	BOOL	启动配料 B 的进料泵
Feed_pump_B_fault	Q5.5	BOOL	"进料泵 B 故障"指示灯
Feed_pump_B_maint	Q5.6	BOOL	"进料泵 B 维护"指示灯
Agitator_running	I1.0	BOOL	搅拌电动机的响应信号
Agitator_start	I1.1	BOOL	搅拌启动按钮
Agitator_stop	I1.2	BOOL	搅拌停止按钮
Agitator	Q8.0	BOOL	启动搅拌器
Agitator_on	Q8.1	BOOL	"搅拌器运行"指示灯
Agitator_off	Q8.2	BOOL	"搅拌器未运行"指示灯
Agitator_fault	Q8.3	BOOL	"搅拌电动机故障"指示灯
Agitator_maint	Q8.4	BOOL	"搅拌电动机维护"指示灯
传感器和罐液面显示的符号地址			
Symbolic Name（符号名称）	Address（地址）	Data Type（数据类型）	Description（说明）
Tank_below_max	I1.3	BOOL	"混合罐未满"传感器
Tank_above_min	I1.4	BOOL	"混合罐液面高于最低限"传感器
Tank_not_empty	I1.5	BOOL	"混合罐非空"传感器
Tank_max_disp	Q9.0	BOOL	"混合罐满"指示灯
Tank_min_disp	Q9.1	BOOL	"混合罐液面低于最低限"指示灯
Tank_empty_disp	Q9.2	BOOL	"混合罐空"指示灯
排料阀的符号地址			
Symbolic Name（符号名称）	Address（地址）	Data Type（数据类型）	Description（说明）
Drain_open	I0.6	BOOL	打开排料阀的按钮
Drain_closed	I0.7	BOOL	关闭排料阀的按钮
Drain	Q9.5	BOOL	启动排料阀
Drain_open_disp	Q9.6	BOOL	"排料阀打开"指示灯
Drain_closed_disp	Q9.7	BOOL	"排料阀关闭"指示灯
其他编程组件的符号地址			
Symbolic Name（符号名称）	Address（地址）	Data Type（数据类型）	Description（说明）
EMER_STOP_off	I1.6	BOOL	紧急停机开关
Reset_maint	I1.7	BOOL	复位所有电动机上的维护指示灯的开关
Motor_block	FB1	FB1	控制泵和电动机的 FB
Valve_block	FC1	FC1	控制阀门的 FC
DB_feed_pump_A	DB1	FB1	控制送料泵 A 的背景 DB
DB_feed_pump_B	DB2	FB1	控制送料泵 B 的背景 DB
DB_agitator	DB3	FB1	控制搅拌电动机的背景 DB

311

4. 生成电动机的 FB

电动机的 FB 包括以下逻辑功能。

● 启动和停止输入。

- 允许设备操作的一系列互锁（泵和搅拌电动机）。
- 来自设备的反馈必须在一个特定的时间内出现。
- 时间点和响应时间等都必须被指定。
- 如果按下启动，设备自动运行直至按下停机按钮。
- 当设备接通时，一个定时器启动运行，如果在定时器的时间到达之前未接到来自设备的响应信号，则停机。

电动机通用 FB 的输入和输出示意图如图 9-11 所示。

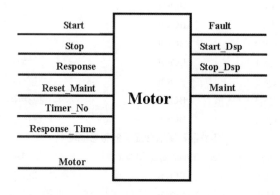

图 9-11 电动机通用 FB 的输入和输出示意图

在 STEP 7 中，每一个被不同的块调用的块一定要在调用它的块之前生成，因此在样板程序中必须在 OB1 之前先生成电动机的 FB。STL 编程语言的 FB1 程序部分如下。

Network 1 启动 / 停止和锁存

```
A(
O     #Start
O     #Motor
)
AN    #Stop
=     #Motor
```

Network 2 启动监控

```
A     #Motor
L     #Response_Time
SD    #Timer No
AN    #Motor
R     #Timer No
L     #Timer No
T     #Timer bin
LC    #Timer No
T     #Timer BCD
A     #Timer No
```

```
        AN   #Response
        S    #Fault
        R    #Motor
```

Network 3　启动指示灯和故障复位

```
        A    #Response
        =    #Start_Dsp
        R    #Fault
```

Network 4　断开指示灯

```
        AN   #Response
        =    #Stop_Dsp
```

Network 5　启动计数

```
        A    #Motor
        FP   #Start_Edge
        JCN  lab1
        L    #Starts
        +    1
        T    #Starts
        lab1: NOP 0
```

Network 6　维护指示灯

```
        L    #Starts
        L    50
        >=I
        =    #Maint
```

Network 7　复位累计启动次数的计数器

```
        A    #Reset_Maint
        A    #Maint
        JCN  END
        L    0
        T    #Starts
        END: NOP 0
```

5. 生成阀门 FC

入口和进料阀以及排料阀的功能包含以下逻辑功能。

- 一个用于打开阀门的输入，一个用于关闭阀门的输入。
- 互锁允许阀门被打开。互锁状态存储在 OB1 的临时局域数据（L 堆栈）中（"Valve_enable"），并且在阀门的 FC 被处理时与打开和关闭的输入进行逻辑组合。

阀门的通用 FC 的输入和输出示意图如图 9-12 所示。

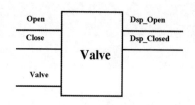

图 9-12　阀门的通用 FC 的输入和输出示意图

由于被调用的块必须在调用块之前生成，因此阀门的 FC1 功能必须在 OB1 之前生成。STL 编程语言的 FC1 程序部分如下。

Network 1　打开 / 关闭和锁存

```
A(
O   #Open
O   #Valve
)
AN  #Close
=    #Valve
```

Network 2　显示 "阀门打开"

```
A   #Valve
=   #Dsp_Open
```

Network 3　显示 "阀门关闭"

```
AN  #Valve
=    #DSp_Closed
```

6. 生成 OB1

OB1 决定用户程序的结构，也包含要传送给各个功能的参数。例如：

- 为进料泵和搅拌电动机 FB 提供输入参数。PLC 的每一个循环周期都会处理这个电动机的 FB。
- 如果电动机的 FB 被处理，则输入 Timer_No 和 Response_Time 所需要的时间。
- 程序为处理进料泵和搅拌电动机的控制任务，使用电动机的 FB 时分别配备了不同的背景 DB。

9.6.2　实例 2：抢答器设计

抢答器在竞赛中有很大用处，它能准确、公正、直观地判断出第一抢答者。设计可供 4 名选手或 4 个代表队参加比赛的抢答器。

1. 设计任务

（1）给竞赛主持人设置两个控制按钮，用来控制抢答的停止和开始。

（2）每桌上设有一个抢答按钮和一个抢答成功提示灯，谁先抢答了，谁桌上的灯亮，其他桌上的灯被封死，抢答无效。

（3）抢答器具有定时抢答的功能。即当主持人按下开始按钮后，电源指示灯亮，参赛选手在设定时间（10s）内抢答，抢答有效。反之，本次抢答无效。

（4）如再次抢答，必须由主持人再次操作 "停止" 和 "开始" 按钮。

（5）如果主持人未按下开始抢答按钮就开始抢答属于违例，蜂鸣器发出报警声提示。

2. 抢答器工作原理

接通电源后，主持人按下“停止”按钮，抢答器处于禁止状态，电源指示灯灭。主持人宣布开始并按下“开始”按钮，电源指示灯亮，抢答器工作。本轮抢答之后，如再次抢答，必须由主持人再次操作“停止”和“开始”按钮。如果定时时间已到，无人抢答，本次抢答无效。如果违规抢答，报警提示。

3. 抢答器 PLC 的 I/O 端口分配表

根据现场控制所需的输入信号和输出信号，分配 PLC 的输入和输出点，如表 9-13 所示。

表 9-13　I/O 端口分配表

I/O 地址分配	外部设备	说明
I0.0	开始按钮	输入，主持人开始按钮
I0.1 ～ I0.4	1 ～ 4 号抢答按钮	输入，分别为 1 ～ 4 号抢答按钮
I0.5	停止（复位）按钮	输入，主持人停止（复位）按钮
Q0.0	红色指示灯	输出，抢答开始指示灯，没亮时抢答扣分
Q0.1 ～ Q0.4	蓝色指示灯	输出，分别为 1 ～ 4 号抢答成功指示灯
Q1.1 ～ Q1.4	红色指示灯	输出，分别为 1 ～ 4 号犯规指示灯
Q0.5	蜂鸣器	输出，定时时间到还无人抢答时，蜂鸣器响，提示本次抢答超时

4. 编辑符号表

符号表如图 9-13 所示。

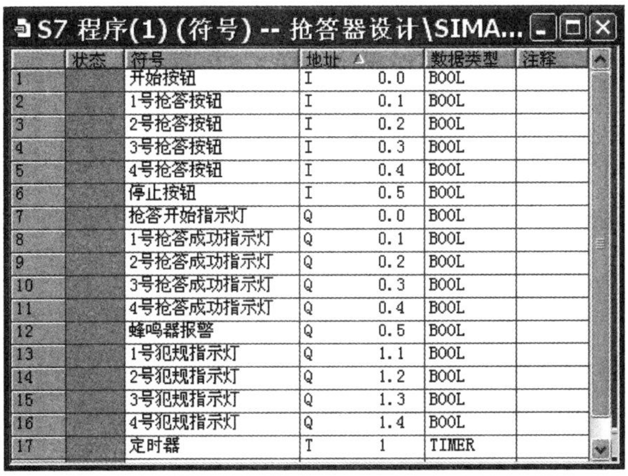
S7 程序(1) (符号) -- 抢答器设计\SIMA...

	状态	符号	地址		数据类型	注释
1		开始按钮	I	0.0	BOOL	
2		1号抢答按钮	I	0.1	BOOL	
3		2号抢答按钮	I	0.2	BOOL	
4		3号抢答按钮	I	0.3	BOOL	
5		4号抢答按钮	I	0.4	BOOL	
6		停止按钮	I	0.5	BOOL	
7		抢答开始指示灯	Q	0.0	BOOL	
8		1号抢答成功指示灯	Q	0.1	BOOL	
9		2号抢答成功指示灯	Q	0.2	BOOL	
10		3号抢答成功指示灯	Q	0.3	BOOL	
11		4号抢答成功指示灯	Q	0.4	BOOL	
12		蜂鸣器报警	Q	0.5	BOOL	
13		1号犯规指示灯	Q	1.1	BOOL	
14		2号犯规指示灯	Q	1.2	BOOL	
15		3号犯规指示灯	Q	1.3	BOOL	
16		4号犯规指示灯	Q	1.4	BOOL	
17		定时器	T	1	TIMER	

图 9-13　符号表

5. 梯形图程序

抢答器的梯形图程序如图 9-14 ～图 9-17 所示。

程序段1: 抢答开始

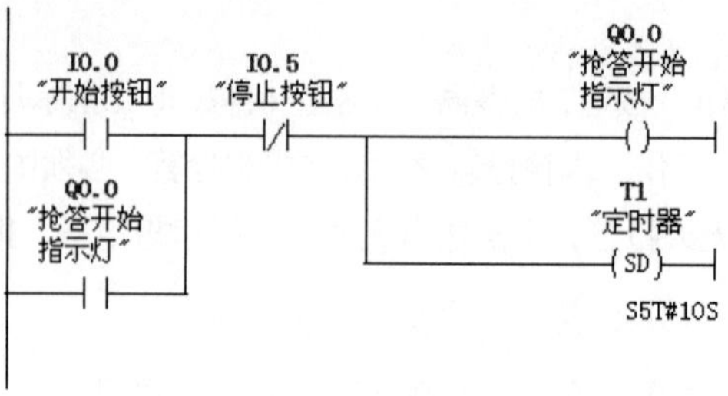

图 9-14 抢答器设计程序段 1

程序段 2: 1号抢答

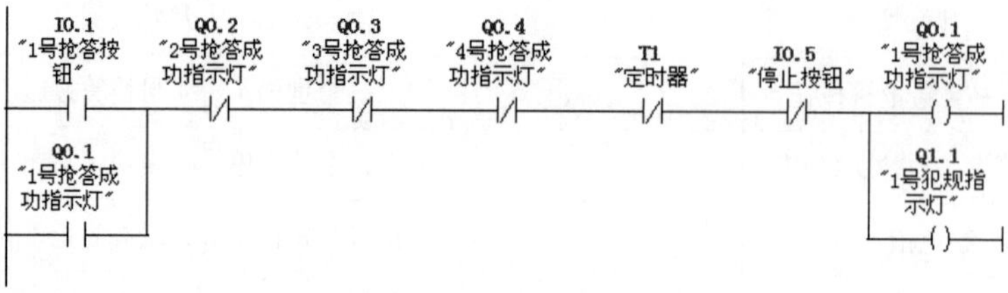

程序段 3: 2号抢答

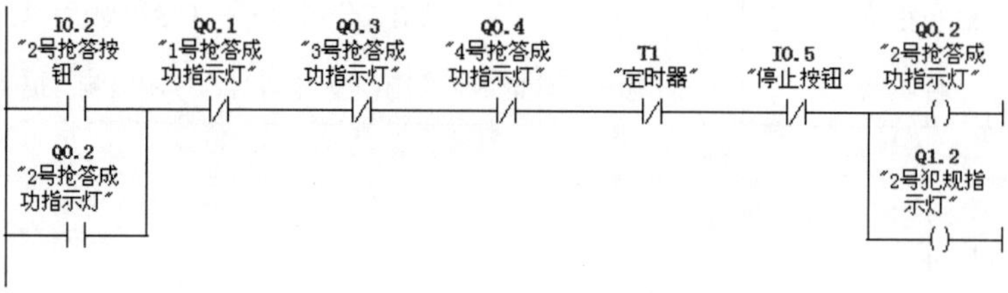

程序段 4: 3号抢答

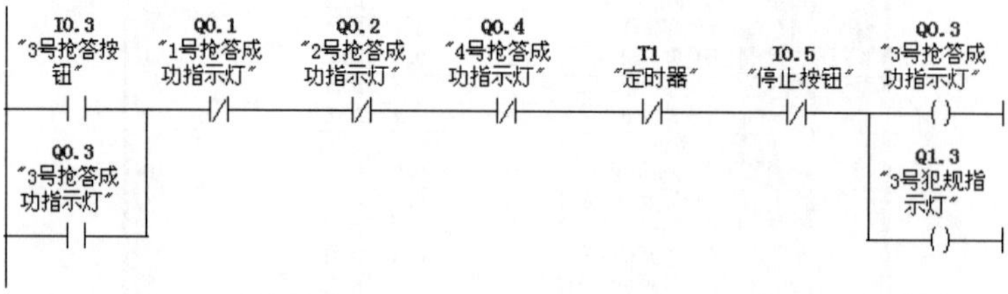

程序段 5: 4号抢答

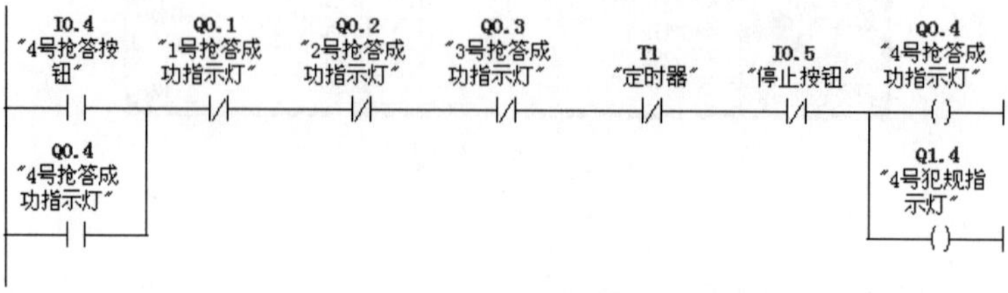

图 9-15 抢答器设计程序段 2 ~ 5

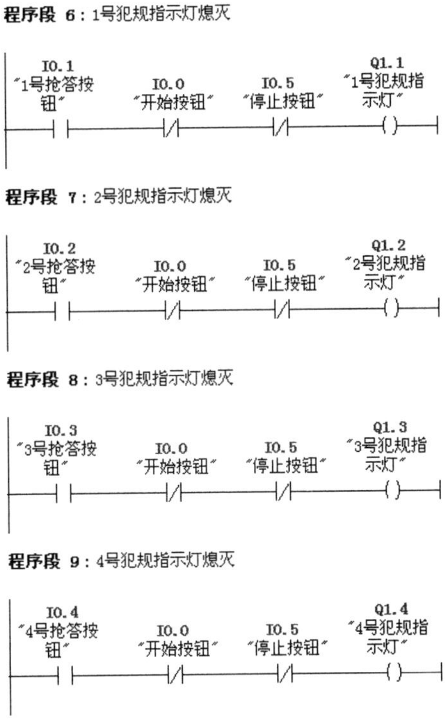

程序段 6：1号犯规指示灯熄灭

```
  I0.1        I0.0        I0.5        Q1.1
"1号抢答按   "开始按钮"   "停止按钮"   "1号犯规指
  钮"                                 示灯"
  ─┤├─────────┤/├─────────┤/├─────────( )─
```

程序段 7：2号犯规指示灯熄灭

```
  I0.2        I0.0        I0.5        Q1.2
"2号抢答按   "开始按钮"   "停止按钮"   "2号犯规指
  钮"                                 示灯"
  ─┤├─────────┤/├─────────┤/├─────────( )─
```

程序段 8：3号犯规指示灯熄灭

```
  I0.3        I0.0        I0.5        Q1.3
"3号抢答按   "开始按钮"   "停止按钮"   "3号犯规指
  钮"                                 示灯"
  ─┤├─────────┤/├─────────┤/├─────────( )─
```

程序段 9：4号犯规指示灯熄灭

```
  I0.4        I0.0        I0.5        Q1.4
"4号抢答按   "开始按钮"   "停止按钮"   "4号犯规指
  钮"                                 示灯"
  ─┤├─────────┤/├─────────┤/├─────────( )─
```

图 9-16　抢答器设计程序段 6 ~ 9

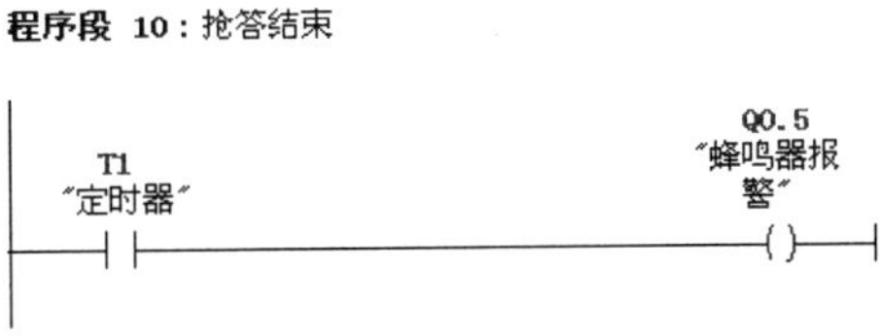

程序段 10：抢答结束

```
  T1                      Q0.5
"定时器"                "蜂鸣器报
                          警"
  ─┤├─────────────────────( )─
```

图 9-17　抢答器设计程序段 10

图 9-14 表明，当主持人按下"开始"按钮 I0.0，抢答开始，指示灯 Q0.0 亮，定时器 T1 定时 10s。按下"停止（复位）"按钮 I0.5，Q0.0 熄灭，不能抢答。

图 9-15 表明，在主持人按下"开始"按钮的 10s 内，谁先抢答了，谁台上的灯亮，其他台上的灯被封死，抢答无效。比如 1 号抢答了（按下 I0.1），Q0.1 亮，2、3、4 号均被封锁（互锁电路）。

定时器 T1 定时时间（10s）到时，封锁输入信号（I0.1 ~ I0.4），禁止选手超时后抢答。

谁在允许抢答之前抢答了，谁的犯规指示灯 Q1.1 ~ Q1.4 亮，扣谁的分。

支持人"停止（复位）"按钮 I0.5 按下后，熄灭所有抢答台的指示灯，为下一轮抢答做准备。

图 9-16 表明，主持人按下"开始"按钮 I0.0 后，犯规指示灯 Q1.1 ~ Q1.4 由 I0.0 的动断触点控制，处于熄灭状态。

图 9-17 表明，定时器 T1 定时时间（10s）到时，蜂鸣器响，提示选手本轮抢答时间已到。

9.6.3　实例 3：液压送料机 PLC 控制

当系统启动后，液压泵 M 开始运转，当电磁铁 Y1 得电后，单电控两位四通换向阀 1.1 换向，液压油进入液压缸 A 的无杆腔，活塞右移，到达右限位点时限位开关 a1 闭合，电磁铁 Y2 得电，另一双电控两位四通换向阀 2.1 换向，液压油进入液压缸 B 的无杆腔，液压缸 B 的活塞右移，到达右限位点时限位开关 b1 闭合，电磁铁 Y1 断电，两位四通换向阀 1.1 复位，使液压油进入液压缸 A 的有杆腔，活塞左移，当到达左限位点时限位开关 a0 闭合，电磁铁 Y3 得电，两位四通换向阀 2.1 复位，液压油进入液压缸 B 的右杆腔，液压缸 B 的活塞左移，活塞到达左限位点时，限位开关 b0 闭合，完成一个循环。按停止按钮后，两个液压缸停在初始位置，液压泵停机。

液压送料机控制系统示意图如图 9-18 所示。

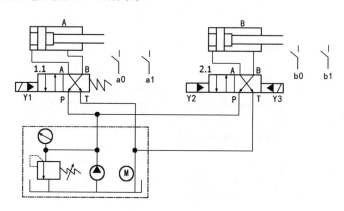

图 9-18　液压送料机控制系统示意图

1. 硬件设计

根据系统的控制要求，首先确定系统所需的输入 / 输出设备，如表 9-14 所示。

表 9-14　I/O 端口分配表

I/O 地址分配	外部设备符号	说明
I0.0	SB0	系统停止按钮
I0.1	SB1	系统启动按钮
I0.2	a0	液压缸 A 的左限位开关
I0.3	a1	液压缸 A 的右限位开关
I0.4	b1	液压缸 B 的左限位开关
I0.5	b2	液压缸 B 的右限位开关
I0.6	FR	液压泵的热保护
Q4.0	KM	液压泵的接触器
Q4.1	Y1	两位四通换向阀 1.1 电磁铁 Y1
Q4.2	Y2	两位四通换向阀 2.1 电磁铁 Y2
Q4.3	Y3	两位四通换向阀 2.1 电磁铁 Y3

系统的 I/O 接线示意图如图 9-19 所示。

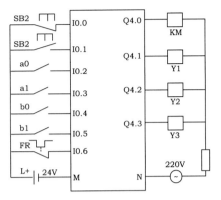

图 9-19　系统的 I/O 接线示意图

2. 逻辑分析与软件设计

❶ 液压送料机系统控制逻辑分析

分析液压缸 A、B 的运动规律，可将工作过程分成 4 个循环执行的工作状态，即 S1、S2、S3 和 S4，另设一个初始状态 S0。本系统控制不是很复杂，可以用单流程实现，系统的顺序功能图如图 9-20 所示。

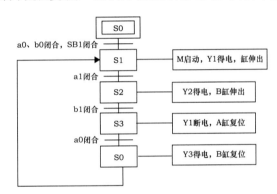

图 9-20　系统的顺序功能图

❷ 系统程序设计

编写程序时，由于步的转移条件比较多，故采用几个位存储器存放转移条件。送料机的控制程序如图 9-21 ~ 图 9-27 所示。

OB1：　"Main Program Sweep (Cycle)"

Network 1：按下 I0.1，系统循环运动；按下 I0.0 或 FR 断开，系统停止。

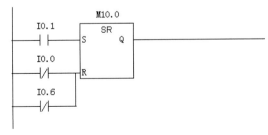

图 9-21　液压送料机程序段 1

Network 2：系统开始新一轮循环的五个条件　M10.1～M10.5均为0。

图9-22　液压送料机程序段 2

Network 3：液压泵启动的初始条件。

图9-23　液压送料机程序段 3

Network 4：两位四通换向阀1.1电磁铁Y1换向的条件。

Network 5：两位四通换向阀2.1电磁铁Y2换向的条件。

图9-24　液压送料机程序段 4、5

Network 6：液压缸A复位的条件。

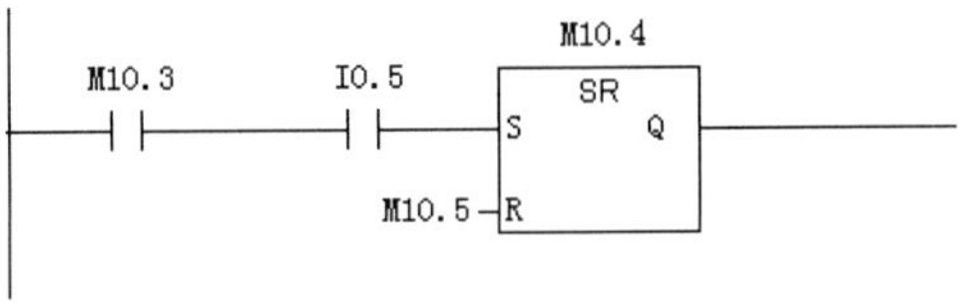

Network 7：液压缸B复位的条件。

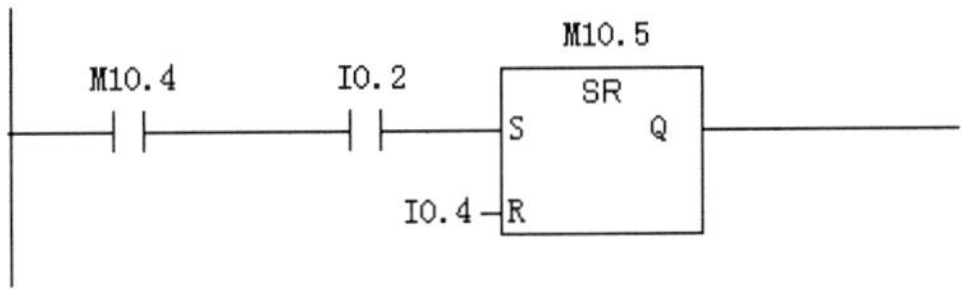

图 9-25 液压送料机程序段 6、7

Network 8：液压泵启停控制。

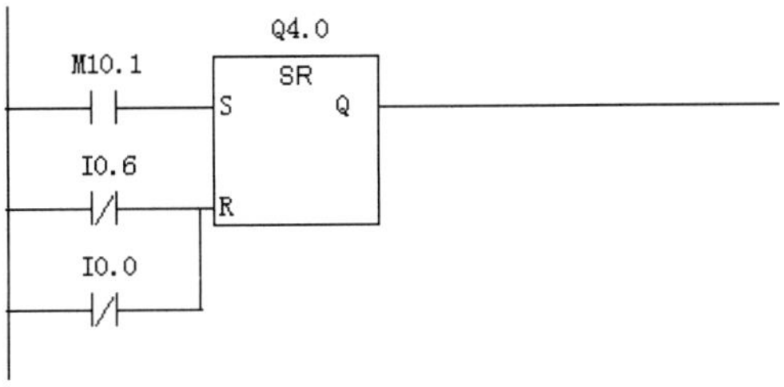

Network 9：液压缸A运动方向控制。

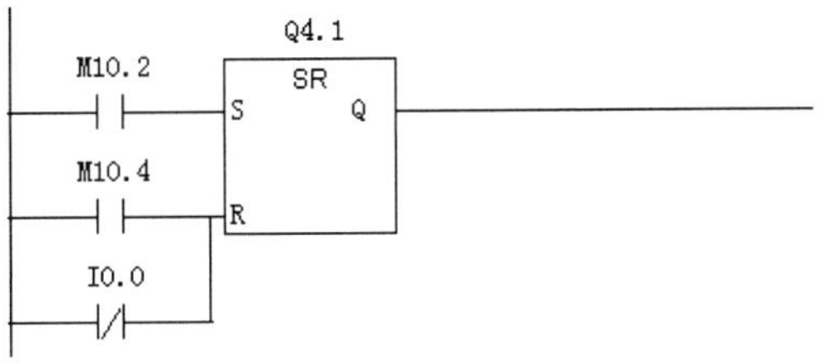

图 9-26 液压送料机程序段 8、9

Network 10：液压缸B伸出控制。

Network 11：液压缸复位控制。

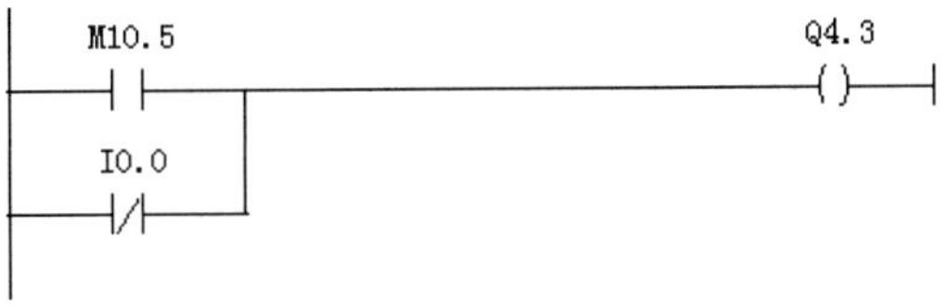

图 9-27 液压送料机程序段 10、11

9.6.4 实例 4：五层电梯的 PLC 控制

操作视频

五层电梯控制系统

五层电梯的 PLC 控制要求：

- 当轿厢停在 1F（1 楼）或 2F，3F，4F，如果 5F 有呼叫，则轿厢上升到 5F。
- 当轿厢停在 2F（2 楼）或 3F，4F，5F，如果 1F 有呼叫，则轿厢下降到 1F。
- 当轿厢停在 1F（1 楼）或 2F，3F，4F，5F 均有人呼叫，则先到 2F，停 8s 后继续上升，每层均停 8s，直到 5F。
- 当轿厢停在 5F（5 楼），1F，2F，3F，4F 均有人呼叫，则先到 4F，停 8s 后继续下降，每层均停 8s，直到 1F。
- 在轿厢运行途中，如果有多个呼叫，则优先响应与当前运行方向相同的就近楼层，对反方向的呼叫进行记忆，待轿厢返回时就近停车。
- 在各个楼层之间的运行时间应少于 10s，否则认为发生故障，应发出报警信号。
- 电梯的运行方向指示。
- 用数码管显示轿厢所在的楼层。
- 在轿厢运行期间不能开门。
- 轿厢不关门不允许运行。

1. 控制思路

首先是实现楼层的显示，电梯每层底部都有一个行程开关。当电梯触碰到行程开关则会接通所在楼层的梯形图，自锁后把所在楼层的信息输入到显示管。当电梯触碰其他楼层的行程开关后，梯形图中的互锁断开之前，楼层自锁而输入自己的楼层到显示管。行程开关就是实现对电梯位置的确定。

电梯的上下运行其实就是电梯的正反转，设电梯上行是电动机正转，电梯下行则是电动机反转。这样电梯就能上下运行了。

电梯的调度在梯形图中主要是通过比较器来实现的，比较的两个值是电梯的当前位置和电梯的响应位置。电梯的当前位置就是通过之前的行程开关来确定的，电梯的响应位置是通过电梯外部每层的按钮。当外部的按钮被按下时，则电梯会对所在楼层置 1，把上升的过程设为一个子程序，每层都有一个小于比较器和相等比较器。如果当前位置小于电梯的响应位置，则小于比较器输出高电平，使电梯继续上升。当电梯到达相应位置时，则通过相等比较器进行比较，比较相等后触发延时器，电梯延时 8s，通过互锁清除之前的置位。如果在上升过程中同时有多个响应，那么电梯逐层扫描后置位，先到达离当前层最近的楼层，停 8s 后再运行到下一个离当前层最近的楼层。

下降过程和上升过程思路相同，核心都是比较器，当前位置大于响应位置时，比较器触发下降继电器，电梯下降。当电梯到达响应位置时，通过相等比较器，电梯延时 8s。如果在下降过程中有多个响应，则也是按照上升原则处理。

如果在运行过程有相反方向的呼叫，则有状态寄存器记录位置，当电梯运行完同向的楼层后再进行反向的运行，上升和下降是循环进行，当不再有上升的呼应则下降，反之同理。

2. I/O 地址的分配

I/O 地址的分配如表 9-15 所示。

表 9-15　I/O 地址分配表

外部设备符号	I/O 地址分配		数据类型	说明
SQ0	I	0.1	BOOL	一楼的下限位开关
SQ2	I	0.2	BOOL	二楼的下限位开关
SQ4	I	0.3	BOOL	三楼的下限位开关
SQ6	I	0.4	BOOL	四楼的下限位开关
SQ8	I	0.5	BOOL	五楼的下限位开关
SB1up	I	1.1	BOOL	一楼的上按钮
SB2up	I	1.2	BOOL	二楼的上按钮
SB3up	I	1.3	BOOL	三楼的上按钮
SB4up	I	1.4	BOOL	四楼的上按钮
SQ5	I	1.6	BOOL	三楼的上限位开关
SB2dn	I	2.2	BOOL	二楼的下按钮
SB3dn	I	2.3	BOOL	三楼的下按钮
SB4dn	I	2.4	BOOL	四楼的下按钮
SB5dn	I	2.5	BOOL	五楼的下按钮
sysstart	I	3.0	BOOL	系统总启动按钮
sysstop	I	3.1	BOOL	系统停止按钮
drc	M	2.0	BOOL	轿厢运行方向
flo1up	M	2.1	BOOL	一楼上行呼叫
flo2up	M	2.2	BOOL	二楼上行呼叫
flo3up	M	2.3	BOOL	三楼上行呼叫
flo4up	M	2.4	BOOL	四楼上行呼叫
flo2dn	M	6.2	BOOL	二楼下行呼叫
flo3dn	M	6.3	BOOL	三楼下行呼叫
flo4dn	M	6.4	BOOL	四楼下行呼叫
flo5dn	M	6.5	BOOL	五楼下行呼叫
sysstate	M	7.0	BOOL	—
loc	MW	0	INT	轿厢现在的位置，在 MB1 中观察
nxtloc	MW	3	INT	轿厢下一个位置，在 MB4 中观察
up	Q	4.0	BOOL	向上运行电动机接法
down	Q	4.1	BOOL	向下运行电动机接法
ledw0	Q	4.2	BOOL	数码管的显示值（带译码）
ledw1	Q	4.3	BOOL	—
ledw2	Q	4.4	BOOL	—
ledw3	Q	4.5	BOOL	—
upled	Q	4.6	BOOL	上行指示灯
dnled	Q	4.7	BOOL	下行指示灯

3．PLC 外部接线图

PLC 外部接线图如图 9-28 所示。

4. 系统流程图

系统流程图如图 9-29 所示。

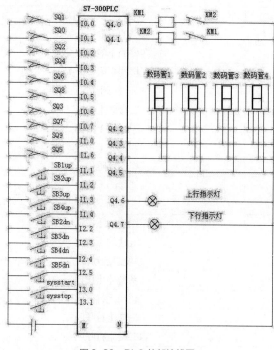

图 9-28　PLC 外部接线图

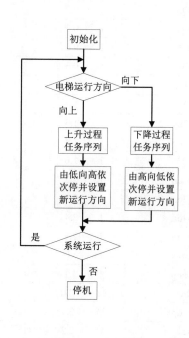

图 9-29　系统流程图

5. 程序结构及各模块功能

❶ 复位初始化模块OB100

复位初始化模块 OB100 梯形图如图 9-30 所示。

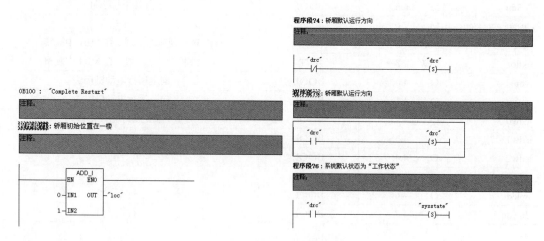

图 9-30　复位初始化模块梯形图

确定系统的初始状态。初始时系统默认为运行状态，位于一楼，向上运行。

❷　**主循环体OB1**

系统启停梯形图如图 9-31 所示。

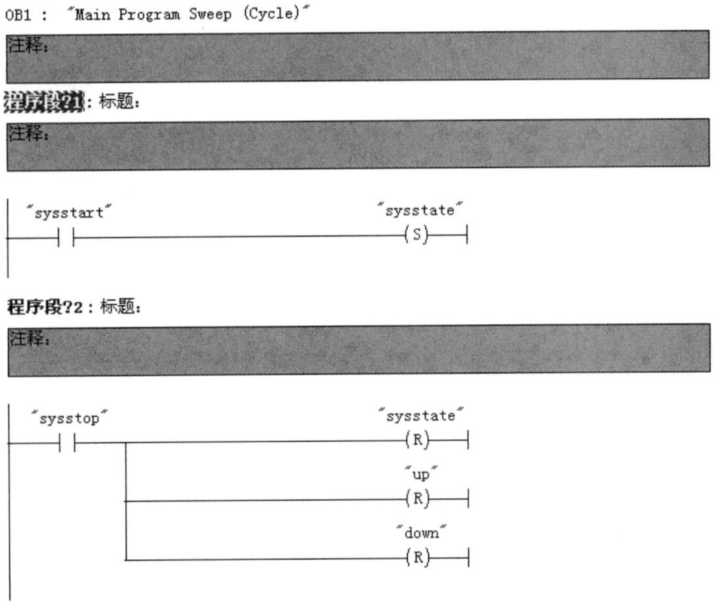

OB1 : ″Main Program Sweep (Cycle)″

注释：

程序段?1：标题：

注释：

```
 "sysstart"                         "sysstate"
─────┤├───────────────────────────────( S )───┤
```

程序段?2：标题：

注释：

```
 "sysstop"                          "sysstate"
─────┤├──────────┬────────────────────( R )───┤
                 │                      "up"
                 ├────────────────────( R )───┤
                 │                     "down"
                 └────────────────────( R )───┤
```

图 9-31　系统启停梯形图

状态与决策梯形图如图 9-32 所示。

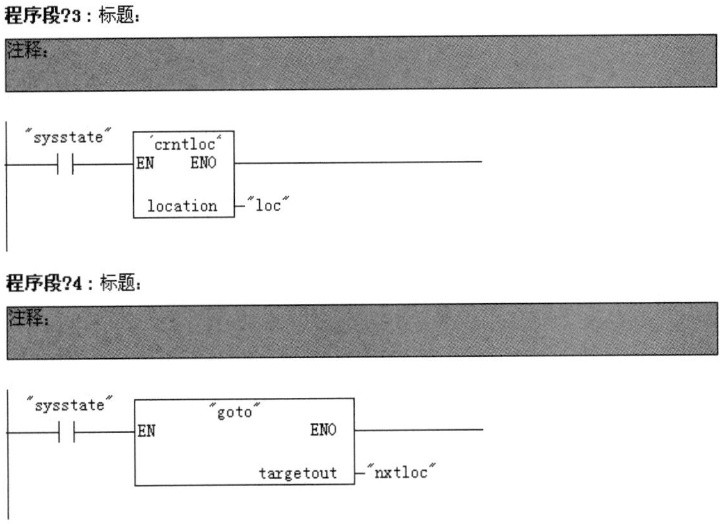

程序段?3：标题：

注释：

```
 "sysstate"    ┌──'crntloc'──┐
─────┤├───────┤EN        ENO ├─────────────────────
               │             │
               │location─"loc"│
               └─────────────┘
```

程序段?4：标题：

注释：

```
 "sysstate"    ┌───"goto"──────┐
─────┤├───────┤EN          ENO ├──────────────────
               │               │
               │targetout─"nxtloc"│
               └───────────────┘
```

图 9-32　状态与决策梯形图

❸　**实时求取轿厢位置的模块FC1：where及FC3：crtnloc**

实时求取轿厢位置的模块 FC1 梯形图如图 9-33 所示。

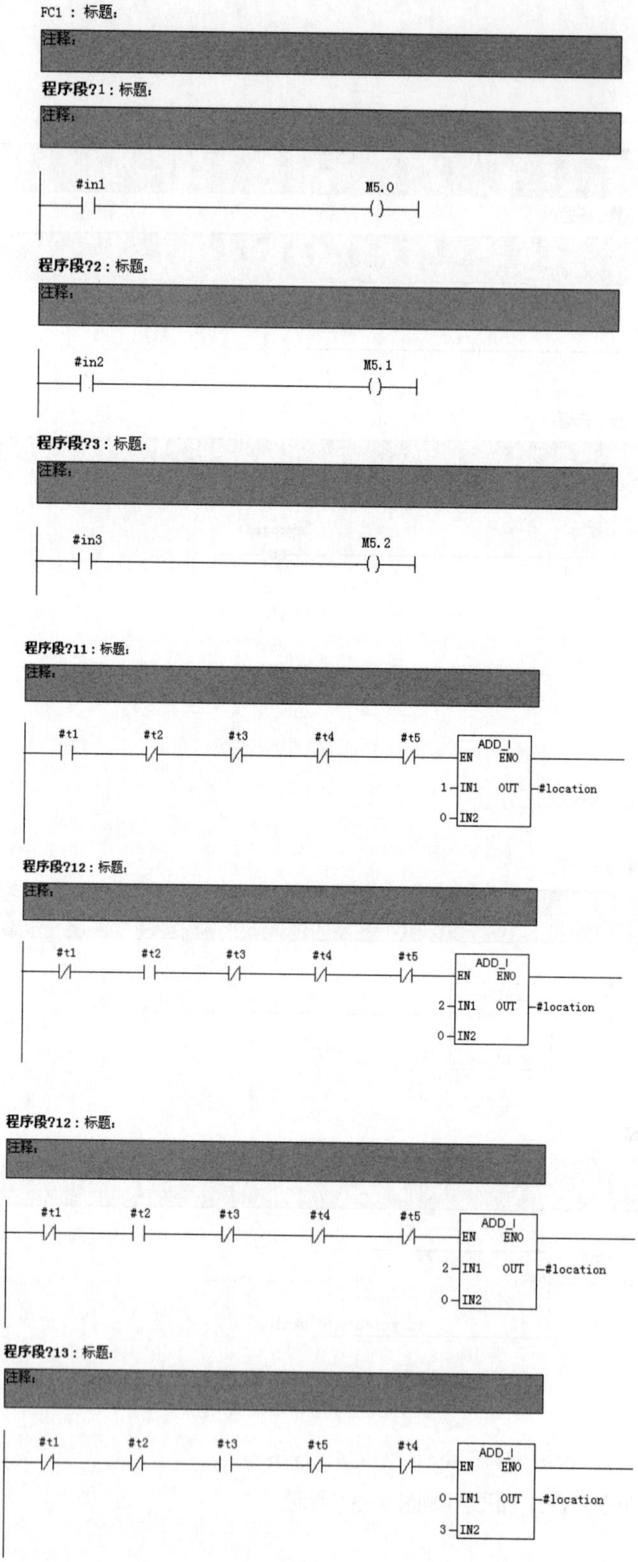

FC1：标题：

注释：

程序段?1：标题：

注释：

```
      #in1                                    M5.0
  ─────┤ ├─────                              ─( )─
```

程序段?2：标题：

注释：

```
      #in2                                    M5.1
  ─────┤ ├─────                              ─( )─
```

程序段?3：标题：

注释：

```
      #in3                                    M5.2
  ─────┤ ├─────                              ─( )─
```

程序段?11：标题：

注释：

```
      #t1      #t2      #t3      #t4      #t5      ┌─ADD_I──┐
  ────┤ ├──────┤/├──────┤/├──────┤/├──────┤/├─────┤EN   ENO├
                                              1 ─┤IN1   OUT├─#location
                                              0 ─┤IN2      │
                                                 └─────────┘
```

程序段?12：标题：

注释：

```
      #t1      #t2      #t3      #t4      #t5      ┌─ADD_I──┐
  ────┤/├──────┤ ├──────┤/├──────┤/├──────┤/├─────┤EN   ENO├
                                              2 ─┤IN1   OUT├─#location
                                              0 ─┤IN2      │
                                                 └─────────┘
```

程序段?12：标题：

注释：

```
      #t1      #t2      #t3      #t4      #t5      ┌─ADD_I──┐
  ────┤/├──────┤ ├──────┤/├──────┤/├──────┤/├─────┤EN   ENO├
                                              2 ─┤IN1   OUT├─#location
                                              0 ─┤IN2      │
                                                 └─────────┘
```

程序段?13：标题：

注释：

```
      #t1      #t2      #t3      #t5      #t4      ┌─ADD_I──┐
  ────┤/├──────┤/├──────┤ ├──────┤/├──────┤/├─────┤EN   ENO├
                                              0 ─┤IN1   OUT├─#location
                                              3 ─┤IN2      │
                                                 └─────────┘
```

图 9-33 模块 FC1 梯形图

实时求取轿厢位置的模块 FC3 梯形图如图 9-34 所示。

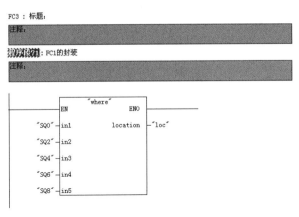

图 9-34　模块 FC3 梯形图

根据限位开关等确定轿厢位置。

❹ **捕获并记忆用户呼叫的模块FC5：scanSB**

捕获并记忆用户呼叫的模块 FC5 梯形图如图 9-35 所示。

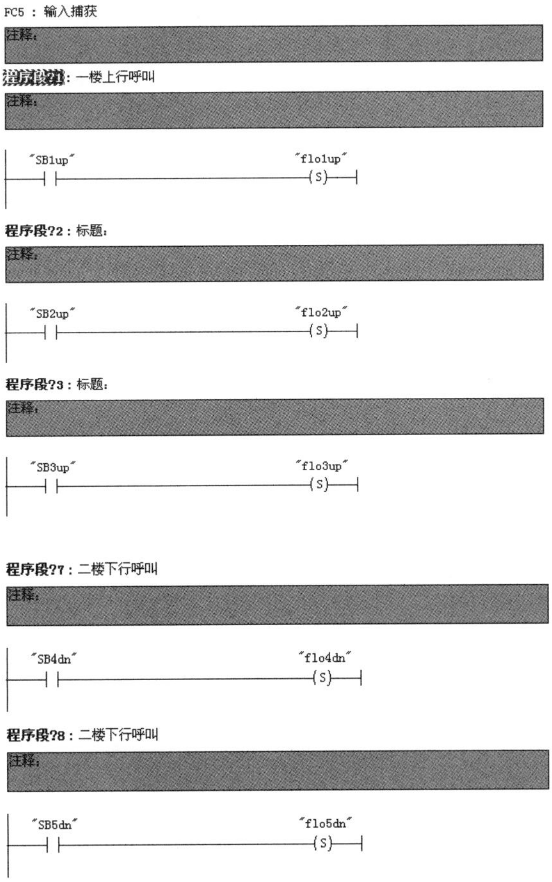

图 9-35　模块 FC5 梯形图

由各层按钮动作情况实时更新任务序列。

❺ **下一步决策模块FC2：goto**

模块 FC2 梯形图如图 9-36 ~图 9-38 所示。

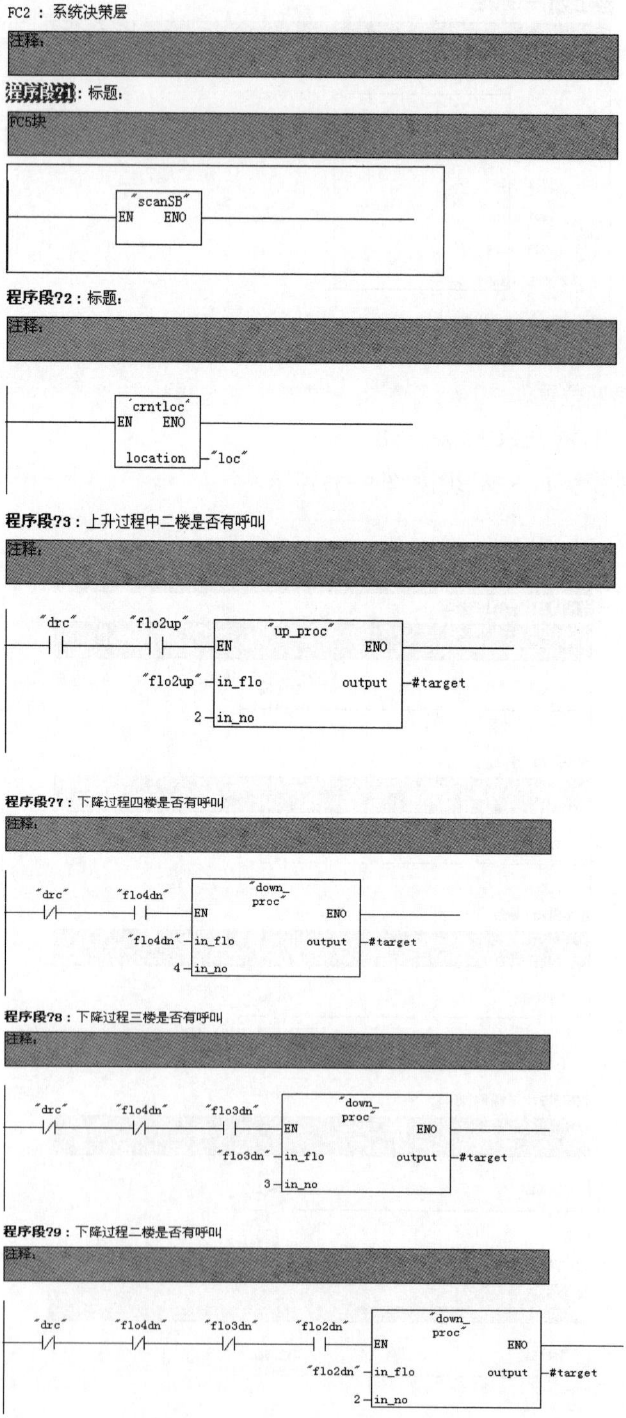

FC2：系统决策层

注释：

程序段?1：标题：

FC5块

```
      ″scanSB″
    EN      ENO
```

程序段?2：标题：

注释：

```
      ″crntloc″
    EN      ENO
    location ─″loc″
```

程序段?3：上升过程中二楼是否有呼叫

注释：

```
 ″drc″    ″flo2up″        ″up_proc″
──┤├──────┤├─────┤EN          ENO├──
          ″flo2up″─┤in_flo   output├─#target
               2 ─┤in_no
```

程序段?7：下降过程四楼是否有呼叫

注释：

```
 ″drc″    ″flo4dn″      ″down_
                         proc_″
──┤/├──────┤├───────┤EN          ENO├──
          ″flo4dn″─┤in_flo   output├─#target
               4 ─┤in_no
```

程序段?8：下降过程三楼是否有呼叫

注释：

```
 ″drc″    ″flo4dn″   ″flo3dn″   ″down_
                                 proc_″
──┤/├──────┤/├───────┤├──────┤EN          ENO├──
                    ″flo3dn″─┤in_flo   output├─#target
                         3 ─┤in_no
```

程序段?9：下降过程二楼是否有呼叫

注释：

```
 ″drc″   ″flo4dn″  ″flo3dn″  ″flo2dn″  ″down_
                                        proc_″
──┤/├─────┤/├──────┤/├──────┤├──────┤EN          ENO├──
                          ″flo2dn″─┤in_flo   output├─#target
                               2 ─┤in_no
```

图 9-36　模块 FC2 梯形图 1

程序段?10：下降过程一楼是否有呼叫

注释：

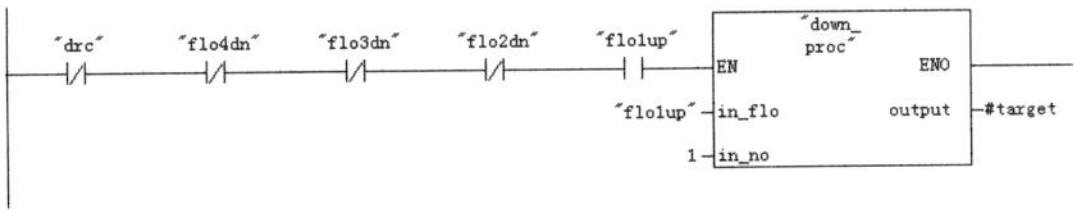

```
 "drc"    "flo4dn"  "flo3dn"  "flo2dn"  "flo1up"        down_
                                                        proc
──┤/├──────┤/├──────┤/├──────┤/├──────┤├───────┤EN      ENO├──
                                                 
                                      "flo1up"──┤in_flo  output├──#target
                                                 
                                            1──┤in_no
```

程序段?11：标题：

注释：

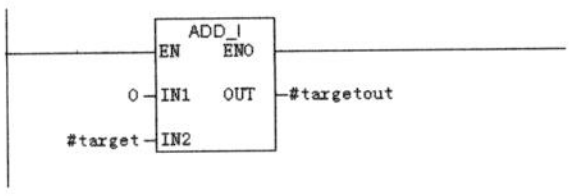

```
            ADD_I
          ┌─────────┐
        ──┤EN    ENO├──
          │         │
       0──┤IN1   OUT├──#targetout
          │         │
 #target──┤IN2      │
          └─────────┘
```

程序段?12：标题：

注释：

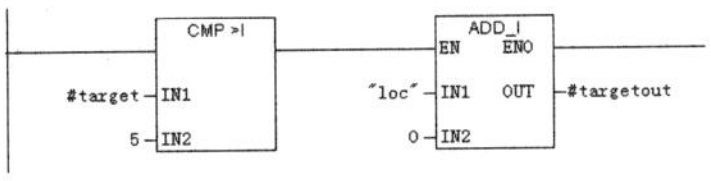

```
         CMP >I              ADD_I
       ┌────────┐          ┌─────────┐
       │        │        ──┤EN    ENO├──
 #target─┤IN1    │          │         │
       │        ├─── "loc"──┤IN1   OUT├──#targetout
     5──┤IN2    │          │         │
       └────────┘       0──┤IN2      │
                          └─────────┘
```

程序段?13：数码管的显示值（带译码）

注释：

```
     M1.0                    "ledw0"
   ───┤├─────────────────────( )───
```

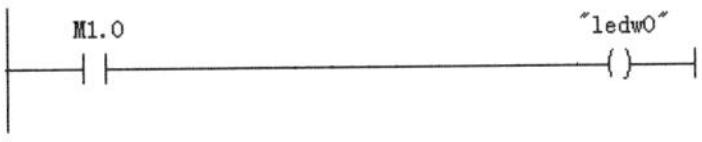

程序段?14：数码管的显示值（带译码）

注释：

```
     M1.1                    "ledw1"
   ───┤├─────────────────────( )───
```

程序段?15：数码管的显示值（带译码）

注释：

```
     M1.2                    "ledw2"
   ───┤├─────────────────────( )───
```

程序段?16：数码管的显示值（带译码）

注释：

```
     M1.3                    "ledw3"
   ───┤├─────────────────────( )───
```

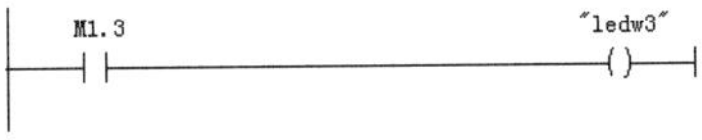

图 9-37　模块 FC2 梯形图 2

程序段?17：标题：

注释：

```
     "drc"                   "upled"
   ───┤├─────────────────────( )───
```

程序段?18：标题：

注释：

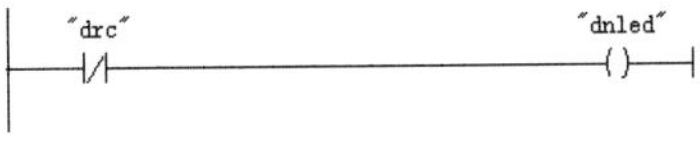

```
     "drc"                   "dnled"
   ───┤/├─────────────────────( )───
```

图 9-38　模块 FC2 梯形图 3

决策下一步位置并到达。

❻ 决策执行模块FC6：up_proc及FC7：down_proc

决策执行模块 FC6 梯形图如图 9-39 和图 9-40 所示。

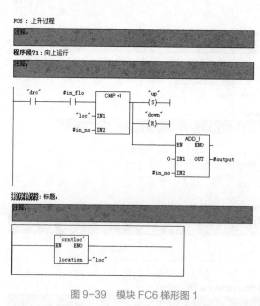

图 9-39　模块 FC6 梯形图 1

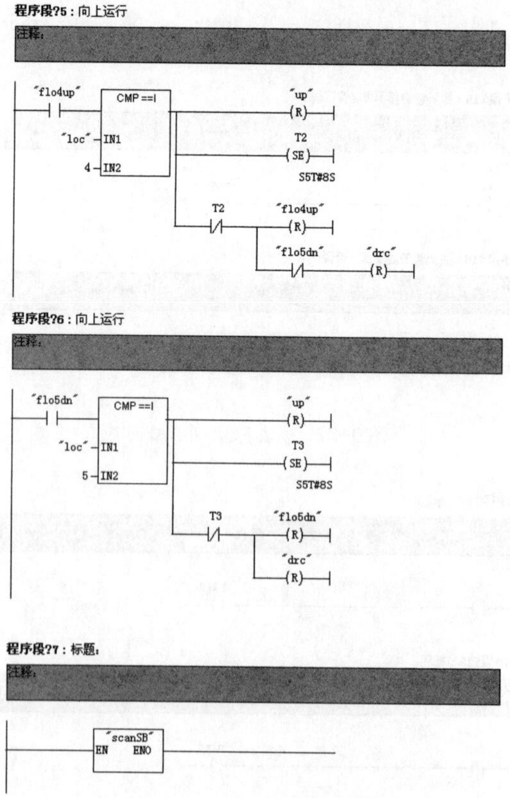

图 9-40　模块 FC6 梯形图 2

决策执行模块 FC7 梯形图如图 9-41 所示。

图 9-41　模块 FC7 梯形图

9.7　思考与练习

1. 用 I0.0 控制接在 Q4.0 ~ Q4.7 上的 8 个彩灯循环移位，用 T37 定时，每 0.5s 移 1 位，首次扫描时给 Q4.0 ~ Q4.7 置初值，用 I0.1 控制彩灯移位的方向，试设计梯形图程序。

2. 在按钮 I4.0 按下后，Q4.0 变为 1 状态并自保持，I0.1 输入 3 个脉冲后（用 C1 计数）T37 开始定时，5s 后 Q4.0 变为 0 状态，同时 C1 被复位，在可编程序控制器刚开始执行用户程序时，C1 也被复位，试设计梯形图程序。

3. 请设计一个程序，完成对 3 台电动机的启停控制：1 号电动机可以自由启动，2 号电动机在 1 号电动机启动后才可以启动，3 号电动机在 2 号电动机启动后才可以启动，3 号电动机可以自由停止。若 3 号电动机不停止，则 2 号电动机也不能停止。若 2 号电动机不停止，则 1 号电动机也不能停止。

4. 多个传送带启动和停止示意图如图 9-42 所示。按下启动按钮后，电动机 M1 通电运行，行程开关

SQ1 有效后，电动机 M2 通电运行，行程开关 SQ2 有效后，M1 断电停止，其他传动带动作类推。整个系统循环工作。按下停止按钮后，系统把目前的工作完成后停止在初始状态。

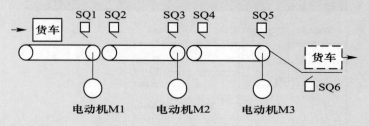

图 9-42　多个传送带启动和停止示意图

第10章
PLC 控制系统的应用设计

PLC 已广泛应用在工业控制的各个领域，由于 PLC 的应用场合多种多样，以 PLC 为主控制器的控制系统也越来越多。应当说，在介绍了 PLC 的基本工作原理和指令系统之后，就可以结合实际进行 PLC 控制系统的应用设计，使 PLC 能够实现对生产机械或生产过程的控制。PLC 控制系统与继电器控制系统也有本质区别，硬件和软件分开进行设计是 PLC 的一大特点。

【本章重点】
- PLC 控制系统设计的基本原则。
- PLC 控制系统的设计步骤。
- 减少 PLC 输入和输出点数的方法。
- 提高 PLC 控制系统可靠性的措施。

10.1 PLC 控制系统的总体设计

PLC 控制系统的总体设计是进行 PLC 应用设计至关重要的第一步。首先应当根据被控对象的要求，确定 PLC 控制系统的类型与 PLC 机型，然后根据控制要求编写用户程序，最后应当进行联机调试。

10.1.1 PLC 控制系统的类型

PLC 控制系统有 4 种类型，即单机控制系统、集中控制系统、远程 I/O 控制系统和分布式控制系统。

1. 单机控制系统

单机控制系统是由一台 PLC 控制一台设备或一条简易生产线，如图 10-1 所示。单机控制系统构成简单，所需要的 I/O 点数较少，存储容量小，选择 PLC 的型号时，无论目前是否有通信联网的要求，都应当选择有通信功能的 PLC，以适应将来系统功能扩充的要求。

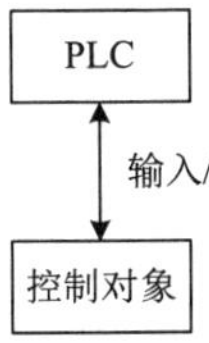

图 10-1 单机控制系统

2. 集中控制系统

集中控制系统是由一台 PLC 控制多台设备或几条简易生产线，如图 10-2 所示。这种控制系统的特点是多个被控对象的位置比较接近，且相互之间的动作有一定的联系。由于多个被控对象通过同一台 PLC 控制，因此各个被控对象之间的数据、状态的变化不需要另设专门的通信线路。

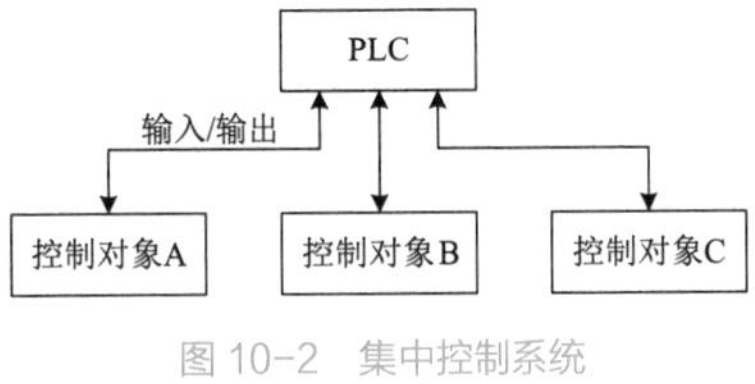

图 10-2 集中控制系统

集中控制系统的最大缺点是如果某个被控对象的控制程序需要改变或 PLC 出现故障时，整个系统都要停止工作。对于大型的集中控制系统，可以采用冗余系统来克服这个缺点，此时要求 PLC 的 I/O 点数和存储器容量有较大的裕量。

3. 远程 I/O 控制系统

远程 I/O 控制系统的 I/O 模块不是与 PLC 放在一起，而是远距离地放在被控对象附近。远程 I/O 通道与 PLC 之间通过同轴电缆连接传递信息。同轴电缆长度的大小要根据系统的需要选用。远程 I/O 控制系统的构成如图 10-3 所示。其中使用 3 个远程 I/O 通道（A、B、D）和一个本地 I/O 通道（C）。

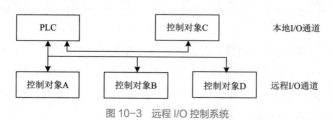

图 10-3　远程 I/O 控制系统

4. 分布式控制系统

分布式控制系统有多个被控对象，每个被控对象由一台具有通信功能的 PLC 控制，如图 10-4 所示。

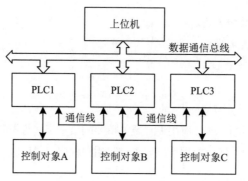

图 10-4　分布式控制系统

分布式控制系统的特点是多个被控对象分布的区域较大，相互之间的距离较远，每台 PLC 可以通过数据通信总线与上位机通信，也可以通过通信线与其他 PLC 交换信息。分布式控制系统的最大好处是，某个被控对象或 PLC 出现故障时，不会影响其他 PLC。

PLC 控制系统的发展是非常快的，在单机控制系统、集中控制系统、分布式控制系统之后，目前又提出了 PLC 的 EIC 综合化控制系统，即将电气控制（Electric）、仪表控制（Instrumentation）和计算机（Computer）控制集成于一体，形成先进的 EIC 控制系统。基于这种控制思想，在进行 PLC 控制系统的总体设计时，要考虑到如何同这种先进性相适应，并有利于系统功能的进一步扩展。

10.1.2　PLC 控制系统设计的基本原则

PLC 控制系统的设计总体原则是根据控制任务，在最大限度地满足生产机械或生产工艺对电气控制要求的前提下，运行稳定，安全可靠，经济实用，操作简单，维护方便。

任何一个电气控制系统所要完成的控制任务，都是为满足被控对象（生产控制设备，自动化生产线、生产工艺过程等）提出的各项性能指标，提高劳动生产率，保证产品质量，减轻劳动强度和危害程度，提升自动化水平。因此，在设计 PLC 控制系统时，应遵循的基本原则如下。

1. 最大限度地满足被控对象提出的各项性能指标

为明确控制任务和控制系统应有的功能，设计人员在进行设计前，就应深入现场进行调查研究，搜集资料，与机械部分的设计人员和实际操作人员密切配合，共同拟定电气方案，以便协同解决在设计过程中出现的各种问题。

2. 确保控制系统的安全可靠

电气控制系统的可靠性就是生命线，不能安全可靠工作的电气控制系统是不能长期投入生产运行的。尤其是在以提高产品数量和质量、保证生产安全为目标的应用场合，必须将可靠性放在首位。

3. 力求控制系统简单

在能满足控制要求和保证可靠工作的前提下，不失先进性，应力求控制系统结构简单。只有结构简单的控制系统才具有经济性、实用性的特点，才能做到使用方便和维护容易。

4. 留有适当的裕量

考虑到生产规模的扩大、生产工艺的改进、控制任务的增加以及维护方便的需要，要充分利用 PLC 易于扩充的特点，在选择 PLC 的容量（包括存储器的容量、机架插槽数、I/O 点的数量等）时，应留出富裕量。

10.1.3 PLC 控制系统的设计步骤

图 10-5 所示为 PLC 控制系统的设计步骤，下面就几个主要步骤做进一步的说明。

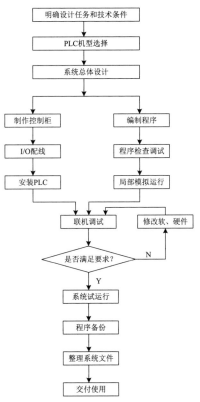

图 10-5 PLC 控制系统设计步骤

1. 明确设计任务和技术条件

在进行系统设计之前，设计人员首先应该对被控对象进行深入的调查和分析，并熟悉工艺流程及设备性能。根据生产中提出来的问题，确定系统所要完成的任务。与此同时，拟定出设计任务书，明确各项设计要求、约束条件及控制方式。设计任务书是整个系统设计的依据。

2. 选择 PLC 机型

目前，国内外 PLC 生产厂家生产的 PLC 品种已达数百个，其性能各有优点，价格也不尽相同。在设计 PLC 控制系统时，要选择最适宜的 PLC 机型，一般应考虑下列因素。

（1）系统的控制目标。设计 PLC 控制系统时，首要的控制目标是确保控制系统安全可靠地稳定运行，提高生产效率，保证产品质量等。如果要求以极高的可靠性为控制目标，则需要构成 PLC 冗余控制系统，这时要从能够完成冗余控制的 PLC 型号中进行选择。

（2）PLC 的硬件配置。根据系统的控制目标和控制类型，征求听取生产厂家的意见，再根据被控对象的工艺要求及 I/O 点数分配考虑具体配置问题。

3. 系统硬件设计

PLC 控制系统的硬件设计是指对 PLC 外部设备的设计。在硬件设计中，要进行输入设备的选择（操作按钮、开关及保护装置的输入信号等），执行元件的选择（如接触器的线圈、电磁阀的线圈、指示灯等），控制台、柜的设计和选择，操作面板的设计。

通过用户输入 / 输出设备的分析、分类和整理，进行相应的 I/O 地址分配。在 I/O 设备表中，应包含 I/O 地址、设备代号、设备名称及控制功能，应尽量将相同类型的信号、相同电压等级的信号地址安排在一起，以便于施工和布线，并依次绘制出 I/O 接线图。对于较大的控制系统，为便于设计，可根据工艺流程，将所需要的定时器、计数器、内部辅助继电器及变量寄存器也进行相应的地址分配。

4. 系统软件设计

对于电气设计人员来说，控制系统软件的设计就是用梯形图编写控制程序，可采用经验设计或逻辑设计。对于控制规模比较大的系统，可根据工艺流程图，将整个流程分解为若干步，确定每步的转换条件，配合分支、循环、跳转及某些特殊功能，以便很容易地转换为梯形图设计。对于传统的继电器控制线路的改造，可根据原系统的控制线路图，将某些桥式电路按照梯形图的编程规则进行改造后，直接转换为梯形图。这种方法设计周期短，修改、调试程序简单方便。软件设计可以与现场施工同步进行，以缩短设计周期。

5. 系统的局部模拟运行

上述步骤完成后，便有了一个 PLC 控制系统的雏形，接着便进行模拟调试。在确保硬件工作正常的条件下，再进行软件调试。在调试控制程序时，应本着从上到下、先内后外、先局部后整体的原则，逐句逐段地反复调试。

6. 控制系统联机调试

这是较关键性的一步。应对系统性能进行评价后再做出改进。反复修改，反复调试，直到满足要求为止。为了判断系统各部件工作的情况，可以编制一些短小而针对性强的临时调试程序（待调试结束后再删除）。在系统联机调试中，要注意使用灵活的技巧，以便加快系统调试过程。

10.1.4 减少 PLC 输入和输出点数的方法

为了提高 PLC 系统的可靠性，并减少 PLC 控制系统的造价。在设计 PLC 控制系统或对老设备进行改造时，往往会遇到输入点数不够或输出点数不够而需要扩展的问题，当然可以通过增加 I/O 扩展单元或 I/O 模板来解决，但会造成一定的经济负担，若不需要增加很多的点，可以对输入信号或输出信号进行一定的处理，节省一些 PLC 的 I/O 点数，使问题得到解决。下面介绍几种常用的减少 PLC 输入和输出点数的方法。

1. 减少 PLC 输入点数的方法

❶ 分时分组输入

自动程序和手动程序不会同时执行，自动和手动这两种工作方式使用的输入量可以分成两组输入，如图 10-6 所示。I1.0 用来输入自动 / 手动命令信号，供自动程序和手动程序切换使用。

图 10-6 中的二极管用来切断寄生电路。假设图中没有二极管，系统处于自动状态，S1、S2、S3 闭合，S4 断开，这时电流从 L+ 端子流出，经 S3、S1、S2 形成的寄生回路流入 I0.1 端子，使输入端 I0.1 错误地变为 ON。各开关串联了二极管，切断了寄生回路，避免了错误输入的产生。

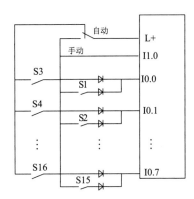

图 10-6　分时分组输入

❷ 输入触点的合并

如果某些外部输入信号总是以某种"与或非"组合的整体形式出现在梯形图中，可以将它们对应的触点在 PLC 外部串联、并联后作为一个整体输入到 PLC，这只占 PLC 的一个输入点。

例如，某负载各有 3 个启动和停止，可以将 3 个启动信号并联，将 3 个停止信号串联，分别送给 PLC 的两个输入点，如图 10-7 所示。与每个启动信号和停止信号占用一个输入点的方法相比，不仅节约了输入点，还简化了梯形图电路。

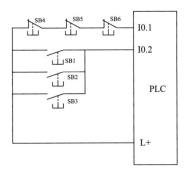

图 10-7　输入触点合并

❸ 将信号设置在PLC之外

系统的某些输入信号，如通过手动操作按钮手动复位的电动机热继电器 FR 的常闭触点提供的信号，可以设置在 PLC 外部的硬件电路中，如图 10-8 所示。这里需要注意的是，某些手动按钮需要串接一些安全联锁触点，如外部硬件联锁电路过于复杂，则应考虑仍将有关信号送入 PLC，用梯形图实现过于复杂的联锁。

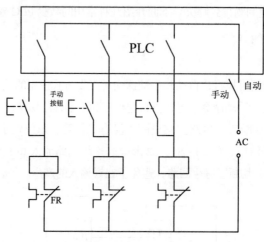

图 10-8 信号设置在 PLC 之外

2. 减少 PLC 输出点数的方法

在 PLC 输出功率允许的条件下，通 / 断状态完全相同的多个负载并联后，可以共用一个输出点，通过外部的或 PLC 控制的转换开关的切换，一个输出点可以控制两个或多个不同工作的负载。与外部元件的触点配合，可以用一个输出点控制两个或多个有不同要求的负载。用一个输出点控制指示灯常亮或闪烁，可以显示两种不同的信息。

在需要用指示灯显示 PLC 驱动的负载（如接触器线圈）状态时，可以将指示灯与负载并联，并联时指示灯与负载的额定电压应相同，总电流不应超过允许的值。可以选用电流小、工作可靠的 LED（发光二极管）指示灯。用接触器的辅助触点来实现 PLC 外部的硬件联锁。

系统中某些相对独立或比较简单的部分，可以直接用继电器电路来控制，这样同时减少了所需的 PLC 输入点和输出点。

如果直接用数字量输出点来控制多位 LED 七段显示器，所需的输出点是很多的。图 10-9 所示的电路中，具有锁存、译码、驱动功能的芯片 CD4513 驱动共阴极 LED，两只 CD4513 的数据输入端 A ~ D 共用 PLC 的 4 个输出端，其中 A 为最低位，D 为最高位，LE 为高电平时，显示的数不受数据输入信号的影响。显然，n 个显示器占用的输出点数为 $4 + n$。

如果使用继电器输出模块，应在与 CD4513 相连的 PLC 各输出端与"地"之间分别接一个几千欧的电阻，以避免在输出继电器输出触点断开时 CD4513 的输入端悬空。输出继电器的状态变化时，其触点可能抖动，因此应先送数据输出信号，待信号稳定后，再用 LE 信号的上升沿将数据锁存进 CD4513。

如果需要显示和输入的数据较多，可以使用 TD200 文本显示器或其他操作员面板。

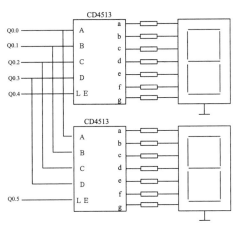

图 10-9　PLC 数字显示电路

10.2　提高 PLC 控制系统可靠性的措施

PLC 是专门为工业环境设计的控制装置，一般不需要采取什么特殊措施，就可以直接在工业环境使用。但是如果环境过于恶劣，电磁干扰特别强烈，或安装使用不当，都不能保证系统的正常安全运行。干扰可能使 PLC 接收到错误的信号，造成误动作，或使 PLC 内部的数据丢失，严重时甚至会使系统失控。在系统设计时，应采取相应的可靠性措施，以消除或减少干扰的影响，保证系统的正常运行。

10.2.1　供电系统设计

供电系统设计是指 PLC 的 CPU 电源、I/O 模板工作电源及控制系统完整的供电系统设计。

1．系统供电电源设计

系统供电电源设计包括供电系统的一般性保护措施、PLC 电源模板的选择和典型供电电源系统的设计。在 PLC 供电系统中一般可采取隔离变压器、UPS 电源、双路供电等措施。

❶　使用隔离变压器的供电系统

图 10-10 所示为使用隔离变压器的供电系统图，PLC 和 I/O 系统分别由各自的隔离变压器供电，并与主电路电源分开。这样当某一部分电源出现故障，不会影响其他部分，当输入、输出供电中断时，PLC 仍能继续供电，提高了供电的可靠性。

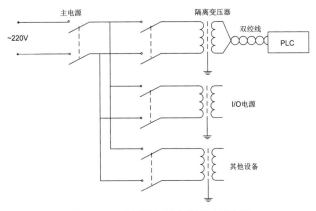

图 10-10　使用隔离变压器的供电系统图

② UPS供电系统

不间断电源 UPS 是电子计算机的有效保护配置，当输入交流电失电时，UPS 能自动切换到输出状态继续向控制器供电。图 10-11 所示为 UPS 的供电系统图，根据 UPS 的容量在交流电失电后可继续向 PLC 供电 10 ～ 30min。因此对于非长时间停电的系统，其效果更加显著。

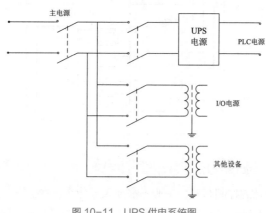

图 10-11　UPS 供电系统图

③ 双路供电系统

为了提高供电系统的可靠性，交流供电最好采用双路，其电源应分别来自两个不同的变电站。当一路供电出现故障时，能自动切换到另一路供电。双路供电系统图如图 10-12 所示。KV 为欠电压继电器，若先合 A 开关，KV-A 线圈得电，铁心吸合，其常闭触点 KV-A 断开 B 路，这样完成 A 路供电控制，然后合上 B 开关，而 B 路此时处于备用状态。当 A 路电压降低到整定值时，KV-A 欠电压继电器铁心释放，KV-A 的常闭触点闭合，则 B 路开始供电，与此同时 KV-B 线圈得电，铁心吸合，其常闭触点 KV-B 断开 A 路，完成 A 路到 B 路的切换。

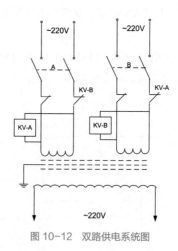

图 10-12　双路供电系统图

2. I/O 模板供电电源设计

I/O 模板供电电源设计是指系统中传感器、执行机构、各种负载与 I/O 模板之间的供电电源设计。在实际应用中，普遍使用的 I/O 模板基本上是采用 24V 直流供电电源和 220V 交流供电电源。这里主要介绍这两种供电情况下数字量 I/O 模板的供电设计。

❶ 24V直流I/O模板的供电设计

PLC 控制系统中，广泛使用 24V 直流 I/O 模板。对于工业过程来说，输入信号来自各种接近开关、按钮、拨码开关、接触器的辅助触点等。输出信号则控制继电器线圈、接触器线圈、电磁阀线圈、伺服阀线圈、显示灯等。要使系统可靠地工作，I/O 模板和现场传感器、负载之间的供电设计必须安全可靠，这是控制系统能够实现所要完成的控制任务的基础。

24V 直流 I/O 模板的一般供电设计如图 10-13 所示。图 10-13 中给出了主机单元中输入/输出模板各一块、扩展单元中输入/输出模板各一块的情况。对于包括多个单元在内的多个输入输出模板的情况也与此相同。图中的 220V 交流电源可来自交流稳压器输出，该电源经 24V 直流稳压电源后为 I/O 模板供电。为防止检测开关和负载的频繁动作影响稳压电源工作，在 24V 直流稳压电源输出端并接一个电解电容。开关 Q1 控制 DO 模板供电电源，开关 Q2 控制 DI 模板供电电源。I/O 模板供电电源设计比较简单，一般只需注意以下几点。

- I/O 模板供电电源是指与工业控制过程现场直接相连的 PLC 系统的 I/O 模板的工作电源。它主要是依据现场传感器和执行机构（负载）实际情况而定，这部分工作情况并不影响 PLC 的 CPU 工作。
- 24V 直流稳压电源的容量选择主要是根据输入模板的输入信号为"1"时的输入电流和输出模板的输出信号为"1"时负载的工作电流而定。在计算时应考虑所有输入/输出点同时为"1"的情况，并留有一定裕量。
- 开关 Q1 和开关 Q2 分别控制输出模板和输入模板供电电源。在系统启动时，应首先启动 PLC 的 CPU，然后再合上输入开关 Q2 和输出开关 Q1。当现场输入设备或执行机构发生故障时，可立即关掉开关 Q1 和开关 Q2。

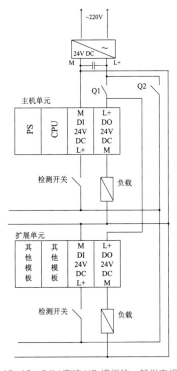

图 10-13　24V 直流 I/O 模板的一般供电设计

❷ 220V交流I/O模板的供电设计

对于实际工业过程，除了 24V 直流模板外，还广泛地使用着 220V 交流 I/O 模板，所以有必要强调一下 220V 交流 I/O 模板的供电设计。

在前面 24V 直流 I/O 模板供电设计的基础上，只要去掉 24V 直流稳压电源，并将图 10-13 中的直流 24V 输入 / 输出模板换成交流 220V 输入 / 输出模板，就实现了 220V 交流 I/O 模板的供电设计，如图 10-14 所示。

图 10-14 中给出的是在一个主机单元中，输入 / 输出模板各一块的情况，交流 220V 电源可直接取自整个供电系统的交流稳压器的输出端，对于包括扩展单元的多块输入 / 输出模板与此完全相同。要注意的是在交流稳压器的设计时要增加相应的容量。

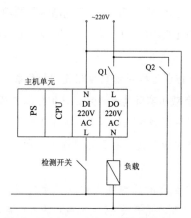

图 10-14　220V 交流 I/O 模板的供电设计

10.2.2　接地设计

接地是抑制干扰、使系统可靠工作的主要方法，它有两个基本目的，消除各电路电流经公共地线阻抗所产生的噪声电压和避免磁场与电位差的影响，使其不形成地环路，防止造成噪声耦合。PLC 一般应与其他设备分别采用各自独立的接地装置，如图 10-15（a）所示。若有其他因素影响而无法做到，也可以采用公共接地方式，可与其他设备共用一个接地装置，如图 10-15（b）所示。但是，禁止使用串联接地的方式，如图 10-15（c）所示，或者把接地端子接到一个建筑物的大型金属框架上，因为此种接地方式会在各设备间产生电位差，会对 PLC 产生不利影响。PLC 接地导线的截面应大于 $2mm^2$，接地电阻应小于 $100\,\Omega$。

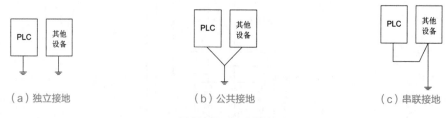

（a）独立接地　　　　　　　　（b）公共接地　　　　　　　　（c）串联接地

图 10-15　PLC 接地

10.2.3　PLC 输入 / 输出电路的设计

设计输入输出电路通常还要考虑以下问题。

（1）一般情况下，输入输出器件可以直接与 PLC 的输入输出端子相连，但是，当配线距离较长或接近强干扰源或大负荷频繁通断的外部信号，最好加中间继电器再次隔离。

（2）输入电路一般由 PLC 内部提供电源，输出电路需根据负载额定电压和额定电流外接电源。输出电路需注意每个输出点可能输出的额定电流及公共端子的总电流的大小。

（3）对于双向晶闸管及晶体管输出型的 PLC，如输出点接感性负载，为保证输出点的安全和防止干扰，需并接过电压吸收回路。对交流负载应并接浪涌吸收回路，如阻容电路（电阻取 51 ~ 120Ω，电容取 0.1 ~ 0.47μF，电容的额定电压应大于电源峰值电压）或压敏电阻，如图 10-16 所示。对直流负载需并接续流二极管，续流二极管可以选 1A 的管子，其额定电压应大于电源电压的 3 倍，如图 10-17 所示。

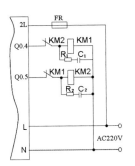

图 10-16 交流负载输出电路的设计

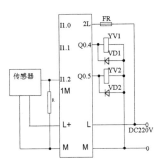

图 10-17 直流负载输出电路的设计

（4）当接近开关、光电开关这一类两线式传感器的漏电流较大时，可能会出现故障的输入信号。通常在输入端并联旁路电阻，以减小输入电阻。旁路电阻的阻值 R 可由下式确定：

$$I \cdot \frac{R \cdot U_e}{R + I_e} \leqslant U_L$$

式中：I 为传感器漏电流；U_e、I_e 分别是 PLC 的额定输入电压和额定输入电流；U_L 是 PLC 输入电压低电平的上限值。

（5）为防止负载短路损坏 PLC，输出公共端需加熔断器保护。

（6）对重要的互锁，如电动机正反转等，需在外电路中用硬件再互锁。

（7）对输入点不够时，可参考下列方法扩展。

- 硬件逻辑组合输入法。

  对两地操作按钮、安全保护开关等可先进行串并联后再接入 PLC 输入端子，如图 10-18 所示。

- 译码输入法。

  对在工艺上绝对不可能同时出现的开关信号，用二极管译码的方法扩展输入点，如图 10-19 所示。

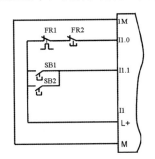

图 10-18 硬件逻辑组合输入法

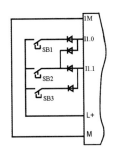

图 10-19 译码输入法

● 分组输入法。

对在工艺中不同工作方式使用的输入点，可通过外电路分组的方法达到扩展输入点的目的，如图 10-20 所示。

● 矩阵输入法。

当 PLC 的输出点富裕且输入点不够用时，可通过对输出点的扫描，实现二极管矩阵输入，从而大大扩展输入点数，如图 10-21 所示。

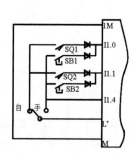

图 10-20　分组输入法

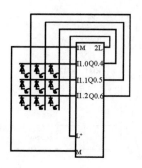

图 10-21　二极管矩阵输入法

● 输入按钮直接控制法。

将输入按钮直接连接在需要控制的输出设备上，以减少对输入点数的使用，如图 10-22 所示。

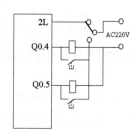

图 10-22　输入按钮直接控制法

（8）对输出点不够时，可参考下列方法扩展。

● 分组控制法。

对不同时工作的负载，可通过分组控制的方法减少输出点的使用，如图 10-23 所示。

● 输出继电器接点译码法。

通过输出继电器接点译码可扩展输出点，如图 10-24 所示。

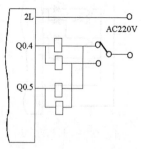

图 10-23　输出分组控制法

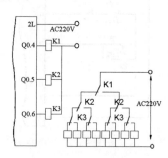

图 10-24　输出继电器接点译码法

10.2.4 电气柜结构设计

PLC 的主机和扩展单元可以和电源断路器、控制变压器、主控继电器以及保护电器一起安装在控制柜内，既要防水、防粉尘、防腐蚀，又要注意散热，若 PLC 的环境温度大于 550℃时，要用风扇强制冷却。

与 PLC 装在同一个开关柜内，但不是由 PLC 控制的电感性元件，如接触器的线圈，应并联消弧电路，保证 PLC 不受干扰。

PLC 在柜内应远离动力线，两者之间的距离应大于 200mm，PLC 与柜壁间的距离不得小于 100mm，与顶盖、底板间距离要在 150mm 以上。

10.2.5 现场布线图设计

PLC 系统应单独接地，其接地电阻应小于 100Ω，不可与动力电网共用接地线，也不可接在自来水管或房屋钢筋构件上，但允许多个 PLC 机或与弱电系统共用接地线，接地极应尽量靠近 PLC 主机。

敷设控制线时要注意与动力线分开敷设（最好保持 200mm 以上的距离），分不开时要加屏蔽措施，屏蔽要有良好接地。控制线要远离有较强的电气过渡现象发生的设备（如晶闸管整流装置、电焊机等）。交流线与直流线、输入线与输出线都最好分开走线。开关量、模拟量 I/O 线最好分开敷设，后者最好用屏蔽线。

10.2.6 冗余设计

冗余设计的目的是在 PLC 已可靠工作的基础上，再进一步提高其可靠性，减少出故障的概率，减少故障后修复的时间。

1. 冷备份冗余设计

在冗余控制系统中，整个 PLC 控制系统或系统中最重要的部分（如 CPU 模块）有一套或多套作为备份。冷备份冗余系统是指备份的模板没有安装在设备上，只是放在备份库待用，如图 10-25 所示。如何选择冷备份的数量，需要谨慎考虑。

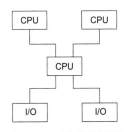

图 10-25　冷备份冗余系统

2. 热备份冗余设计

热备份冗余系统是指冗余的模板在线工作，只是不参与控制，如图 10-26 所示。一旦参与控制的模板出现故障，它可自动接替工作，系统可不受停机损失。

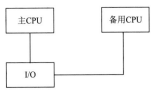

图 10-26　热备份冗余系统

10.2.7 软件抗干扰方法

软件滤波也是现在经常采用的方法，该方法可以很好地抑制对模拟信号的瞬时干扰。在控制系统中，最常用的是均值滤波法。此法是用 N 次采样值的平均值来代替当前值，每新采样一次就与最近的 $N-1$ 次的历史采样值相加，然后除以 N，结果作为当前采样值。软件滤波的算法很多，根据控制要求来决定具体的算法。另外，在软件上还可以做其他处理，比如看门狗定时设置。

10.2.8 工作环境处理

环境条件对可编程控制器的控制系统可靠性影响很大，必须针对具体应用场合采取相应的改善环境措施。环境条件主要包括温度、湿度、振动、冲击以及空气质量等。

1. 温度

高温容易使半导体器件性能恶化，使电容器件等漏电流增大，模拟回路的漂移较大、精度降低，结果造成 PLC 故障率增大，寿命降低。温度过低，模拟回路的精度也会降低，回路的安全系数变小，甚至引起控制系统的动作不正常。特别是温度急剧变化时，影响更大。

解决高温问题，一是在盘、柜内设置风扇或冷风机，二是把控制系统置于有空调的控制室内，三是安装控制器时上下要留有适当的通风距离，I/O 模块配线时要使用导线槽，以免妨碍通风。电阻器或电磁接触器等发热体应远离控制器，并把控制器安装在发热体的下面。解决低温问题则相反，一是在盘、柜内设置加热器，二是停运时不切断控制器和 I/O 模块的电源。

2. 湿度

在湿度大的环境中，水分容易通过金属表面的缺陷浸入内部，引起内部元件的恶化，印刷板可能由于高压或高浪涌电压而引起短路。在极干燥的环境下，绝缘物体上会产生静电，特别是集成电路，由于输入阻抗高，因此可能因静电感应而存在损坏风险。

控制器不运行时，温度、湿度的急骤变化可能引起结露，使绝缘电阻大大降低，特别是交流输入/输出模块，绝缘的恶化可能产生预料不到的事故。对湿度过大的环境，要采取适当的措施降低环境湿度：一是把盘、柜设计成密封型，并加入吸湿剂；二是把外部干燥的空气引入盘、柜内；三是在印刷板上涂覆一层保护层，如松香水等。在湿度低、干燥的环境下，人体应尽量不接触模块，以防静电放电损坏器件。

3. 振动和冲击

一般可编程控制器的振动和冲击频率超过极限时，会引起电磁阀或断路器误动作、机械结构松动、电气部件疲劳损坏以及连接器的接触不良等后果。在有振动和冲击时，主要措施是要查明振动源，采取相应的防振措施，如采用防振橡胶、对振动源隔离等。

4. 空气质量

PLC 系统周围空气中不能混有尘埃、导电性粉末、腐蚀性气体、油雾和盐分等。尘埃能引起接触部分的接触不良，或堵住过滤器的网眼。导电性粉末可引起误动作、绝缘性能变差和短路等。油雾可能会引起接触不良和腐蚀塑料。腐蚀性气体和盐分会腐蚀印刷电路板、接线头及开关触点，造成继电器或开关类的可动部件接触不良。

对不清洁环境中的空气可采取隔离措施，一是盘、柜采用密封型结构，二是盘、柜内充入正压清洁空气，使外界不清洁空气不能进入盘、柜内部。

10.2.9 抑制电路

安装带抑制电路的感应负载以便在控制输出断开时限制电压上升。抑制电路保护输出不因感应开关电流而过早发生故障。此外，抑制电路在切换感应负载时限制产生的电气噪声。

抑制电路的效果取决于应用情况，并且必须为特定用途进行检验，始终确保抑制电路中使用的所有组件都达到应用中使用的等级。

1. 用于 DC 负载的抑制电路

图 10-27 所示为 DC 负载的抑制电路。在大部分应用中，在感应负载上并联一个二极管（A）就够，如果在应用中需要更快的断开时间，那么建议给 A 串联稳压二极管（B），确保正确调整稳压二极管的大小，以适合输出电路中的电流量。

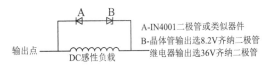

图 10-27　DC 负载的抑制电路

2. 用于 AC 负载的抑制电路

图 10-28 所示为 AC 负载的抑制电路，使用继电器或 AC 输出来转换 115V/230V AC 负载时，布置的电阻器 / 电容器网络与 AC 负载并联，也可以使用金属氧化物变阻器（MOV）来限制峰值电压。确保 MOV 的工作电压至少高出额定线路电压 20%。

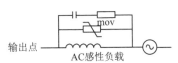

图 10-28　AC 负载的抑制电路

10.2.10 抗干扰措施

PLC 系统可能会受到电网的干扰、接地系统的电磁干扰及变频器的干扰，针对这些情况，应采取以下防干扰措施。

1. 电源的合理处理，抑制电网的干扰

对于电源引入的电网干扰可以安装一台带屏蔽层的变比为 1∶1 的隔离变压器，以减少设备与地之间的干扰，还可以在电源输入端串接 LC 滤波电路。

2. 正确选择接地点，完善接地系统

PLC 控制系统的地线包括系统地、屏蔽地、交流地和保护地等。接地系统对 PLC 系统的干扰主要是各个接地点电位分布不均，不同接地点间存在地电位差，引起地环路电流，影响系统正常工作。例如，电缆屏蔽层必须一点接地，如果电缆屏蔽层两端都接地，就存在地电位差，有电流流过屏蔽层，当发生异常状态如雷击时，地线电流将更大。

此外，屏蔽层、接地线和大地有可能构成闭合环路，在变化磁场的作用下，屏蔽层内又会出现感应电流，通过屏蔽层与芯线之间的耦合，干扰信号回路。若系统地与其他接地处理混乱，所产生的地环流就可能在地

线上产生不等电位分布，影响 PLC 内逻辑电路和模拟电路的正常工作。PLC 工作的逻辑电压干扰容限较低，逻辑地电位的分布干扰容易影响 PLC 的逻辑运算和数据存储，造成数据混乱。模拟地电位的分布将导致测量精度下降，引起对信号测控的严重失真和误动作。

3. 对变频器干扰的抑制

对变频器干扰的处理一般有下面几种方式。

（1）加隔离变压器，主要是针对来自电源的传导干扰，可以将绝大部分的传导干扰阻隔在隔离变压器之前。

（2）使用滤波器。滤波器具有较强的抗干扰能力，可以防止将设备本身的干扰传导给电源，有些还兼有尖峰电压吸收功能。

（3）使用输出电抗器。在变频器到电动机之间增加交流电抗器，主要是减少变频器输出在能量传输过程中线路产生的电磁辐射，以避免影响其他设备正常工作。

10.3　S7-200 PLC 控制系统的设计

本节由浅入深地介绍几个控制系统的设计，其中包括三级皮带运输机和艺术彩灯等，通过对这些例子的介绍能够使读者更好地熟悉理解 S7-200 的指令系统以及 PLC 控制系统的设计方法与硬件连接等。

10.3.1　三级皮带运输机

1. 确认设计任务书

操作视频
三级皮带运输机

三级皮带运输机分别由 M1、M2、M3 共 3 台电动机拖动，启动时要求按 10s 的时间间隔，并按 M1、M2、M3 的顺序启动。停止时要求 30s 的时间间隔，并按 M3、M2、M1 的顺序停止。三级皮带运输机工作示意图如图 10-29 所示，三级皮带运输机主电路如图 10-30 所示。

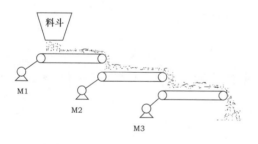

图 10-29　三级皮带运输机工作示意图

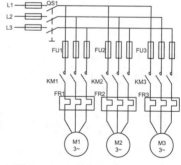

图 10-30　三级皮带运输机主电路图

2. 确定外围 I/O 设备

- 输入设备：采用 3 个按钮，分别为启动按钮、停止按钮和急停按钮；3 个热继电器。
- 输出设备：采用 3 个接触器分别控制三级皮带的电动机。

3. 选定 PLC 的型号

选用的 PLC 是西门子公司的 S7-200 系列 PLC-CPU224。

4. 编制输入 / 输出分配表

对输入设备和输出设备分配 I/O 地址，其分配如表 10-1 所示。

表 10-1　输入/输出分配表

编程软件	编程地址	电路器件	说明
输入元件	I0.0	SB1	启动按钮
	I0.1	SB2	停止按钮
	I0.2	SB3	急停按钮
	I0.3	FR1	热继电器
	I0.4	FR2	热继电器
	I0.5	FR3	热继电器
输出元件	Q0.0	KM1	控制 M1 的接触器
	Q0.1	KM2	控制 M2 的接触器
	Q0.2	KM3	控制 M3 的接触器

5. 硬件连接图

本系统的工作电源采用 24V DC 输入、24V DC 输出的形式，根据外围 I/O 设备确定 PLC 外部接线图，如图 10-31 所示。

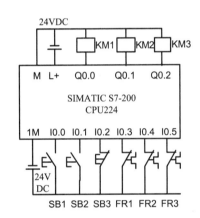

图 10-31　三级皮带运输机 PLC 外部接线图

6. 程序设计

❶ 简单指令编程方法

图 10-32 所示为三级皮带运输机控制梯形图。

根据 3 台电动机启动与停止的顺序可知，实际上 I0.0 启动 M1，I0.1 停止 M3，M1 的停止、M2 的启动/停止以及 M3 启动都是由定时器产生的脉冲信号来实现操作，本例选用 T37 ～ T40 这 4 个 100ms 的定时器分别实现 10s 间隔定时和 30s 间隔定时。因为 T38 ～ T40 是 100ms 定时器，所以可以使用自复位来产生脉冲信号使编程更容易。建议读者使用定时器时，尽量选用 100ms 的定时器。

图 10-32 的网络 1 中，使用的是热继电器 FR1、FR2、FR3 的常开触点。这是因为在图 10-31 的 PLC 外部接线图中，热继电器以常闭触点的形式接入电路中。当电动机正常工作时，热继电器不动作，I0.3、I0.4、I0.5 的输入端为 "1"。当继电器动作时，FR1、FR2、FR3 断开主电路，则 I0.3、I0.4、I0.5 的输入端为 "0"。图 10-32 中的网络 1 亦是如此。

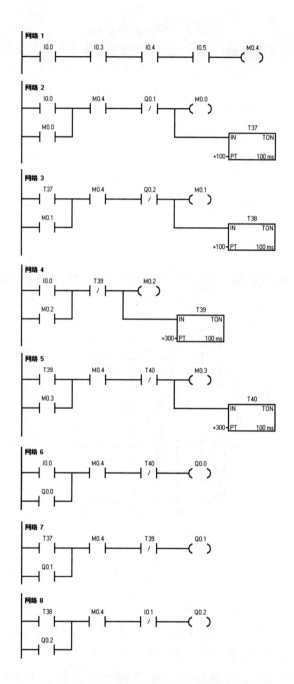

图 10-32　三级皮带运输机简单指令编程方法程序

②　复杂指令编程方法

图 10-33 是使用比较指令编写的程序，在程序中电动机的启动和关断信号均为短信号。在图 10-33 中，采用通电延时定时器 T37 实现 M2 和 M3 的启动，采用断电延时定时器 T38 实现 3 台电动机的停止。T38 的定时值设定为 610，这使得再次按下启动按钮 I0.0，T38 不等于 600 的比较触点为闭合状态，M1 能够正常启动。

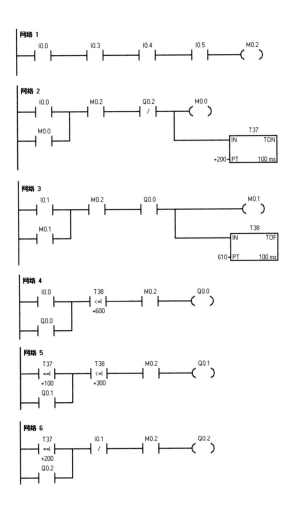

图 10-33　三级皮带运输机复杂指令编程方法程序

对比图 10-32 与图 10-33 的程序可以发现使用一些复杂指令，可以使程序变得简单。

10.3.2　机械手工作控制

1. 设计任务书

图 10-34 所示为一个将工件由 A 处传送到 B 处的机械手，上升 / 下降和左移 / 右移的执行用双线圈二位电磁阀推动气缸完成。当某个电磁阀线圈通电，就一直保持现有的机械动作，如一旦下降的电磁阀线圈通电，机械手下降，即使线圈再断电，仍保持现有的下降动作状态，直到相反方向的线圈通电为止。另外，夹紧 / 放松由单线圈二位电磁阀推动气缸完成，线圈通电执行夹紧动作，线圈断电时执行放松动作。设备装有上、下限位和左、右限位开关，它的工作过程如图 10-35 所示，有 8 个动作。

操作视频

机械手工作控制

2. 确定外围 I/O 设备

- **输入设备：**两个按钮，控制机械手的启动与停止。4 个限位开关，分别为上升限位开关、左限位开关、下限位开关和右限位开关。

- 输出设备：5个电磁阀，分别为上升电磁阀、夹紧电磁阀、下降电磁阀、左移电磁阀和右移电磁阀。一个原位指示灯。

3. 选定 PLC 的型号

选用的 PLC 是西门子公司的 S7-200 系列小型 PLC-CPU226。

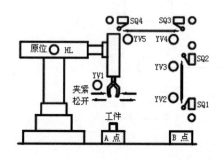

图 10-34　机械手动作示意图

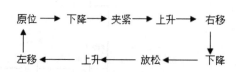

图 10-35　工作过程

4. 编制编程元件地址分配表

输入/输出元件地址分配如表 10-2 所示。

表 10-2　输入/输出元件地址分配表

编程软件	编程地址	电路器件	说明
输入元件	I0.0	SB1	启动按钮
	I0.1	SQ1	下降限位开关
	I0.2	SQ2	上升限位开关
	I0.3	SQ3	右限位开关
	I0.4	SQ4	左限位开关
	I0.5	SB2	停止按钮
输出元件	Q0.0	YV1	下降电磁阀
	Q0.1	YV2	夹紧电磁阀
	Q0.2	YV3	上升电磁阀
	Q0.3	YV4	右移电磁阀
	Q0.4	YV5	左移电磁阀
	Q0.5	HL	原位指示灯

5. 程序设计

```
TITLE =程序注释
Network 1 // 网络标题
// 网络注释
LD      I0.2
```

```
A       I0.4
AN      M10.1
AN      M10.2
AN      M10.3
AN      M10.4
AN      M10.5
AN      M10.6
AN      M10.7
AN      M11.0
AN      M11.1
=       M10.0
Network 2
LD      I0.4
A       M11.1
O       I0.5
R       M10.1, 9
Network 3
LD      M10.0
A       I0.0
LD      M10.1
A       I0.1
OLD
LD      M10.2
A       T37
OLD
LD      M10.3
A       I0.2
OLD
LD      M10.4
A       I0.3
OLD
LD      M10.5
A       I0.1
OLD
LD      M10.6
A       T38
OLD
```

```
LD      M10.7
A       I0.2
OLD
LD      M11.0
A       I0.4
OLD
SHRB    M10.0, M10.1, +9
Network 4
LD      M10.0
=       Q0.5
Network 5
LD      M10.1
O       M10.5
=       Q0.0
Network 6
LD      M10.2
S       M20.0, 1
TON     T37, +17
Network 7
LD      M20.0
=       Q0.1
Network 8
LD      M10.3
O       M10.7
=       Q0.2
Network 9
LD      M10.4
=       Q0.3
Network 10
LD      M11.0
=       Q0.4
Network 11
LD      M10.6
R       M20.0, 1
TON     T38, +15
```

当机械手处于原位时，上升限位开关 I0.2、左限位开关 I0.4 均处于接通状态（"1"状态），移位寄存器数据输入端接通，使 M10.0 置"1"，Q0.5 线圈接通，原位指示灯亮。

按下启动按钮，SB1 置"1"，产生移位信号，M10.0 的"1"状态移至 M101，下降阀输出继电器 Q0.0 接通，执行下降动作，由于上升限位开关 I0.2 断开，M10.0 置"0"，原位指示灯灭。

当下降到位时，下限位开关 SQ1 接通，产生移位信号，M10.0 的"0"状态移位到 M10.1，下降阀 Q0.0 断开，机械手停止下降，M10.1 的"1"状态移到 M10.2，M20.0 线圈接通，M20.0 动合触点闭合，夹紧电磁阀 Q0.1 接通，执行夹紧动作，同时启动定时器 T37，延时 1.7s。

机械手夹紧工件后，T0 动合触点接通，产生移位信号，使 M10.3 置"1"，"0"状态移位至 M102，上升电磁阀 YQ0.2 接通，I0.1 断开，执行上升动作。由于使用 S 指令，M20.0 线圈具有自保持功能，Q0.1 保持接通，机械手继续夹紧工件。

当上升到位时，上限位开关 I0.2 接通，产生移位信号，"0"状态移位至 M10.3，Q0.2 线圈断开，不再上升，同时移位信号使 M10.4 置"1"，Q0.4 断开，右移阀继电器 Q0.3 接通，执行右移动作。

待移至右限位开关动作位置，I0.3 动合触点接通，产生移位信号，使 M10.3 的"0"状态移位到 M10.4，Q0.3 线圈断开，停止右移，同时 M10.4 的"1"状态已移到 M10.5，Q0.0 线圈再次接通，执行下降动作。

当下降到使 I0.1 动合触点接通位置，产生移位信号，"0"状态移至 M10.5，"1"状态移至 M10.6，Q0.0 线圈断开，停止下降，R 指令使 M20.0 复位，Q0.1 线圈断开，机械手松开工件。同时 T38 启动延时 1.5s，T1 动合触点接通，产生移位信号，使 M10.6 变为"0"状态，M10.7 为"1"状态，Q0.2 线圈再度接通，I0.1 断开，机械手又上升，行至上限位置，I0.2 触点接通，M10.7 变为"0"状态，M11.2 为"1"状态，I0.2 线圈断开，停止上升，Q0.4 线圈接通，I0.3 断开，左移。

到达左限位开关位置，X004 触点接通，M11.2 变为"0"状态，M11.3 为"1"状态，移位寄存器全部复位，Q0.4 线圈断开，机械手回到原位，由于 I0.2、I0.4 均接通，M10.0 又被置"1"，完成一个工作周期。

再次按下启动按钮，将重复上述动作。

10.3.3　钻床精度控制系统

操作视频

钻床精度控制系统

PLC 的应用在机械数控行业十分重要，它是实现机电一体化的重要工具，也是机械工业技术进步的强大支柱。这里以一钻床精度控制为例来介绍 PLC 在机械数控行业中的应用。

钻床主要由进给电动机 M1、切削电动机 M2、进给丝杆、上限位行程开关 SQ1、下限位行程开关 SQ2、旋转编码器和光电开关组成。钻床的结构示意图如图 10-36 所示。

1. 确定设计任务书

该钻床控制系统的控制要求是：M1 转动，通过进给丝杆传动，使 M2 和钻头产生位移，M1 正转进刀，反转为退刀。SQ1、SQ2 之间的距离即为钻头的移动范围，并且 SQ2 提供下限位的超行程安全保护。安装于进给丝杆末端的旋转编码器 MD 是将进给丝杆的进给转数转换成电脉冲数的元件，可对进给量即钻头移动距离进行精确控制。光电开关 SPH 是钻头的检测元件，从 SPH 光轴线至工件表面的距离称为位移值，工件上的钻孔深度称为孔深值，位移值和孔深值之和就是脉冲数的控制值。如进给丝杆的螺距为 10mm，MD 的转盘每转一周产生 1000 个脉冲，可知对应于一个脉冲的进给量就是 10/1000 = 0.01mm。如果要求孔深为 15.75mm，又已知工件表面至 SPH 光轴线的距离为 10mm，那么将控制值设为（15.75+10）/0.01 = 2575 个脉冲数就可以了。可见钻孔的深度可控制在 0.01mm 的精度内。该钻床的工作方式除了自动控制功能外，还要求设置手动控制环节，以便进行调整，或在 PLC 故障时改用手动操作。其控制时序图如图 10-37 所示。

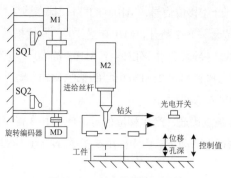

图 10-36　钻床的结构示意图

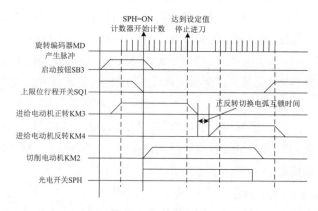

图 10-37　控制时序图

结合时序图分析其控制系统的具体操作步骤。

（1）按下启动按钮，正转接触器 KM3 接通，进给电动机 M1 正向启动，钻头下降，进刀，MD 开始产生脉冲。

（2）在 SPH 检测到钻头尖的瞬间，便有导通信号输出，使切削电动机 M2 启动，同时，PLC 内部计数器开始计数。

（3）当统计出的脉冲数达到了所需要的"控制值"对应的设定值时，KM3 断电，M1 停转，进刀结束。

（4）正反转用的 KM3 和 KM4 经过延时电弧互锁切换后，KM4 接通，M1 反向启动后退，钻头上升退刀。

（5）上升至钻头尖离 SPH 光轴线的瞬间，SPH 的输出截止，KM2 断电，M2 停转。

（6）上升过程中碰到上限位行程开关 SQ1 时，SQ1 动作，KM4 断电，M1 停转，自动钻削过程结束。

手动时由相应的手动按钮对 KM2、KM3、KM4 进行点动控制。同时为了便于"运行准备"的操作，设置了"运行准备"指示灯，电源的引入使用电源接触器 KM1。在紧急情况下，只需操作"紧急停止"按钮就可以使 PLC 控制系统切除电源。

2.　确定外围 I/O 设备

在此系统中，因手动控制只是要求点动控制，且只在 PLC 故障时使用，这里将手动控制按钮直接与负载相连，不再经过 PLC。所以，需接入 PLC 的输入设备和输出设备如下。

- 输入设备：旋转编码器 MD、启动按钮 SB3、上限位行程开关 SQ1、光电开关 SPH 及电动机继电器 KM2、KM3、KM4 反馈信号开关。
- 输出设备：电动机 M1、M2 的继电器线圈 KM2、KM3、KM4，启动异常信号灯 HL。

由此，可以看出，接入 PLC 的输入信号为 7 个，输出信号为 4 个。

3. 选定 PLC 的型号

选用的 PLC 是西门子公司的 S7-200 系列小型 PLC-CPU224。

4. 编制输入 / 输出分配表

输入 / 输出分配如表 10-3 所示。输入 / 输出分配中有切削电动机 KM2 反馈信号开关、进给电动机正转 KM3 反馈信号开关、进给电动机反转 KM4 反馈信号开关，设置这三者主要是利用接触器常开辅助触点作为反馈信号接入 PLC 的输入端，一旦电动机过载热继电器动作而使其复位时，使 PLC 及时停止输出。

表 10-3　输入 / 输出分配表

编程元件	编程地址	说明
输入元件	I0.0	旋转编码器 MD
	I0.1	启动按钮 SB3
	I0.2	上限位行程开关 SQ1
	I0.3	光电开关 SPH
	I0.4	切削电动机 KM2 反馈信号开关
	I0.5	进给电动机正转 KM3 反馈信号开关
	I0.6	进给电动机反转 KM4 反馈信号开关
输出元件	Q0.0	切削电动机线圈 KM2
	Q0.1	进给电动机正转线圈 KM3
	Q0.2	进给电动机反转线圈 KM4
	Q0.3	启动异常信号灯 HL

5. PLC 外部接线图

PLC 的外部接线图如图 10-38 所示。图中画出了手动控制环节，手动控制直接接到负载侧，与 PLC 不相连。隔离变压器用来消除电噪声的侵入，提高系统的可靠性。输出回路中在接触器线圈接入的 RC 回路，是为了防止感性负载对 PLC 输出元件的不良影响而设置的。KM3 的输出回路中串接 SQ2 的目的是在出现超行程进给时，由 SQ2 直接切断 KM3，强制电动机 M1 停转。电动机正反转 KM3 和 KM4 之间设置了硬互锁环节。

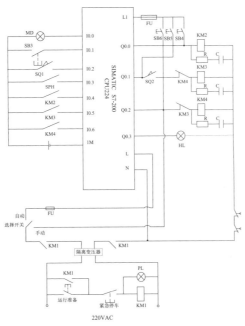

图 10-38　PLC 的外部接线图

6. 程序设计

这里以切削电动机 M2 的控制为例来介绍程序设计。首先考虑的是切削电动机 M2 的启动条件，当上限位行程开关 SQ1 动作、光电开关检测到钻头时，切削电动机 M2 才能启动，否则不能启动。在这段程序中，还进行了钻头检测标志 M0 的设定和设置切削电动机 M2 的自锁。其次需要考虑的是进刀过程动作和退刀过程动作。进刀过程中，在光电开关检测到钻头尖的瞬间，就会通过 I0.3 向切削电动机 M2 发出启动命令，在这里还设定了反馈信号 I0.4 的固有动作滞后时间、输入信号的响应滞后时间，为了保证 Q0.0 自锁前提条件下的 I0.4 接点可靠闭合，设置了定时器 T33，强制延长了切削电动机 M2 启动信号的闭合时间。退刀时，钻头尖离开光电开关的光轴线时，I0.3 复位，Q0.0 停止输出，切削电动机 M2 停转。程序如图 10-39 所示。

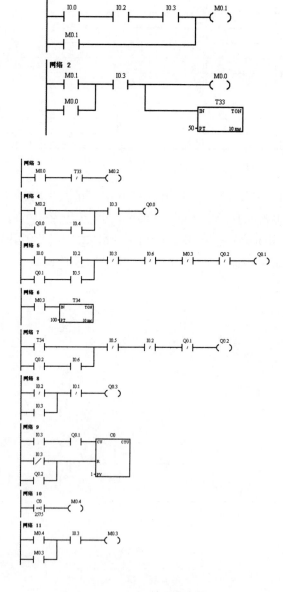

图 10-39　钻床精度控制程序

10.3.4 自动配料控制系统

1. 设计任务书

自动配料系统的示意图如图 10-40 所示。系统启动后，配料装置能自动识别货车到位情况和能够自动对货车进行配料，当车装满时，配料系统能自动关闭。

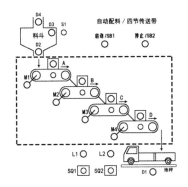

图 10-40　自动配料系统

2. 确定外围 I/O 设备

- 输入设备：两个按钮控制系统的启动 / 停止、一个料位传感器、两个限位开关。
- 输出设备：4 个电动机、进料阀、出料阀、两个指示灯、两个开关指示。

3. 选定 PLC 的型号

选用的 PLC 是西门子公司的 S7-200 系列小型 PLC-CPU224。

4. 编制编程元件地址分配表

输入 / 输出分配如表 10-4 所示。

表 10-4　输入 / 输出分配表

编程元件	编程地址	说明
输入元件	I0.0	启动按钮 SB1
	I0.1	停止按钮 SB2
	I0.2	料位传感器 S1
	I0.3	限位开关 SQ1
	I0.4	限位开关 SQ2
输出元件	Q0.0	汽车开关指示 D1
	Q0.1	出料阀门 D2
	Q0.2	料斗开关指示 D3
	Q0.3	进料阀门 D4
	Q0.4	红灯 L1
	Q0.5	绿灯 L2
	Q0.6	电动机 M1
	Q0.7	电动机 M2
	Q1.0	电动机 M3
	Q1.1	电动机 M4

5. 程序设计

```
TITLE= 程序注释
Network 1 // 网络标题
// 网络注释
LD      I0.0
O       M0.0
AN      I0.1
=       M0.0
Network 2
LD      M0.0
LPS
AN      I0.2
=       Q0.3
LRD
A       I0.2
=       Q0.2
LRD
AN      I0.3
=       Q0.4
LRD
AN      Q0.4
=       Q0.5
LRD
A       I0.3
=       Q0.5
LRD
A       I0.3
S       Q1.1, 1
TON     T37, +20
LRD
A       T37
S       Q1.0, 1
TON     T38, +20
LRD
A       T38
S       Q0.7, 1
TON     T39, +20
```

```
LRD
A       T39
S       Q0.6, 1
TON     T40, +20
LRD
A       T40
=       Q0.1
LPP
A       I0.4
R       Q0.1, 1
=       Q0.0
=       M0.1
Network 3
LD      I0.1
O       M0.2
AN      I0.0
=       M0.2
Network 4
LD      M0.1
O       M0.2
TON     T41, +20
Network 5
LD      T41
R       Q0.6, 1
TON     T42, +20
Network 6
LD      T42
R       Q0.7, 1
TON     T43, +20
Network 7
LD      T43
R       Q1.0, 1
TON     T44, +20
Network 8
LD      T44
R       Q1.1, 1
R       Q0.5, 1
```

```
=       M0.3
Network 9
LD      M0.3
A       M0.0
S       Q0.4, 1
```

❶ 初始状态

红灯 L2 灭，绿灯 L1 亮，表明允许汽车开进装料。料斗出料口 D2 关闭，若料位传感器 S1 置为 OFF（料斗中的物料不满），进料阀开启进料（D4 亮）。当 S1 置为 ON（料斗中的物料已满），则停止进料（D4 灭）。电动机 M1、M2、M3 和 M4 均为 OFF。

❷ 装车控制

装车过程中，当汽车开进装车位置时，限位开关 SQ1 置为 ON，红灯信号灯 L2 亮，绿灯 L1 灭，同时启动电动机 M4，经过 2s 后，再启动 M3，再经 2s 后启动 M2，再经过 2s 最后启动 M1，再经过 2s 后才打开出料阀（D2 亮），物料经料斗出料。

当车装满时，限位开关 SQ2 为 ON，料斗关闭，2s 后 M1 停止，M2 在 M1 停止 2s 后停止，M3 在 M2 停止 2s 后停止，M4 在 M3 停止 2s 后最后停止。同时红灯 L2 灭，绿灯 L1 亮，表明汽车可以开走。

❸ 停机控制

按下停止按钮 SB2，自动配料装车的整个系统终止运行。

10.3.5 炉窑温度控制系统

1. 确定设计任务书

某恒温护炉根据工艺控制要求，需要对养护炉窑内的温度进行严格的控制。炉窑温度控制系统的示意如图 10-41 所示。

操作视频

炉窑温度控制系统

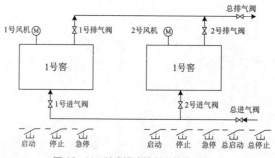

图 10-41 炉窑温度控制系统的示意图

❶ 控制任务和要求

系统总的控制过程是：按下总启动按钮后，允许两个炉窑按照各自的控制要求运行。每个炉窑都有启动按钮、停止按钮和急停按钮。如果按下总停止按钮，则禁止系统允许。

每个炉窑的具体要求如下。

- 启动风机单机，使炉窑内的热气流循环。

- 打开进气阀，使热气流（蒸汽）进入炉窑。

- 经过一定时间的恒温控制（如 10h），关闭进气阀。

- 打开排气阀，排除热气流。
- 按下停止按钮，则关闭风机和排气阀。
- 每个炉窖的进气阀只有在总进气阀打开后才能打开。
- 只要有一个炉窖需要排气，就要打开总排气阀。
- 每个炉窖通过一只热敏电阻进行温度检测。

② 采用PID控制算法

在采用 PID 控制算法时，将每个养护窖的进气阀由电磁阀（开关量输出）改为电动阀（模拟量输出），通过控制阀门的开度来调节蒸汽进气量，从而实现恒温控制。

2. 确定外围 I/O 设备

- 输入设备：8 个按钮，其中两个按钮控制总系统的启动 / 停止，6 个按钮控制两个养护窖的启动、停止和急停。
- 输出设备：4 个电气阀，两个继电器用来控制养护窖的电动机。
- 扩展模块：一块 EM231（4AI）和一块 EM232（2AO）。

3. 选定 PLC 的型号

选用的 PLC 是西门子公司的 S7-200 系列小型 PLC-CPU224。

4. 编制编程元件地址分配表

输入 / 输出分配如表 10-5 所示，其他编程元件地址分配如表 10-6 所示。

5. PLC 接线图

采用 S7-224 以及 EM231 和 EM232 组成的 PLC 外部接线如图 10-42 所示。

6. 程序设计

很多工业控制过程采用 PID 控制方式，S7-200 系列提供的 PID 指令为 PID 控制提供了方便。子程序 SBR1 和 SBR2 分别是 1 号、2 号养护窖的 PID 参数设定子程序，其具体程序代码如图 10-43 和图 10-44 所示。中断服务程序 INT0 是两个养护窖的 PID 控制程序，其具体程序代码如图 10-45 和图 10-46 所示。主程序通过调用子程序 SBR1、SBR2 以及中断程序实现对两个养护窖温度的 PID 控制，其具体程序代码如图 10-47 和图 10-48 所示。

表 10-5 输入 / 输出分配表

编程元件	编程地址	电路器件	说明
输入继电器	I0.0	SB1	1 号养护窖启动按钮
	I0.1	SB2	1 号养护窖停止按钮
	I0.2	SB3	1 号养护窖急停按钮
	I0.3	SB4	2 号养护窖启动按钮
	I0.4	SB5	2 号养护窖停止按钮
	I0.5	SB6	2 号养护窖急停按钮
	I0.6	SB7	总启动按钮
	I0.7	SB8	总停止按钮

编程元件	编程地址	电路器件	说明
输出继电器	Q0.0	YV1	1号养护窖排气电磁阀
	Q0.1	KM1	1号养护窖风机电动机
	Q0.2	YV2	2号养护窖排气电磁阀
	Q0.3	KM2	2号养护窖风机电动机
	Q0.4	YV3	总进气电磁阀
	Q0.5	YV4	总排气电磁阀
模拟量输入	AIW0	R1	1号养护窖热敏电阻
	AIW2	R2	2号养护窖热敏电阻
模拟量输出	AQW0	YM1	1号养护窖电动阀
	AQW2	YM2	2号养护窖电动阀

表 10-6　其他编程软件地址分配表

编程软件	编程地址	作用
辅助继电器	M0.0	1号养护窖运行标志
	M0.1	2号养护窖运行标志
计数器	C0	1号养护窖运行时间
	C1	2号养护窖运行时间
变量寄存器	VB0	1号养护窖 PID 表
	VD0	1号养护窖过程变量
	VD4	1号养护窖设定值
	VD8	1号养护窖输出值控制
	VD12	1号养护窖增益
	VD16	1号养护窖采样时间
	VD20	1号养护窖微分时间
	VD24	1号养护窖积分时间
	VD28	1号养护窖积分前项
	VD32	1号养护窖过程前值
	VB36	2号养护窖 PID 表
	VD38	2号养护窖过程变量
	VD40	2号养护窖设定值
	VD44	2号养护窖输出值控制
	VD48	2号养护窖增益
	VD52	2号养护窖采样时间
	VD56	2号养护窖微分时间
	VD60	2号养护窖积分时间
	VD64	2号养护窖积分前项
	VD68	2号养护窖过程前值
	VW400	1号养护窖养护温度
	VW402	2号养护窖养护温度
	VW416	1号养护窖 PID 输出
	VW418	2号养护窖 PID 输出

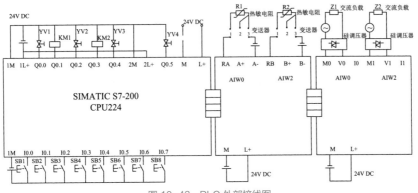

图 10-42　PLC 外部接线图

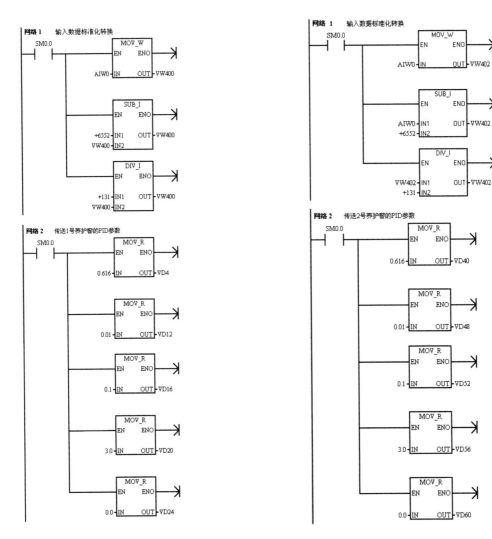

图 10-43　1 号窑 PID 参数设定子程序　　　图 10-44　2 号窑 PID 参数设定子程序

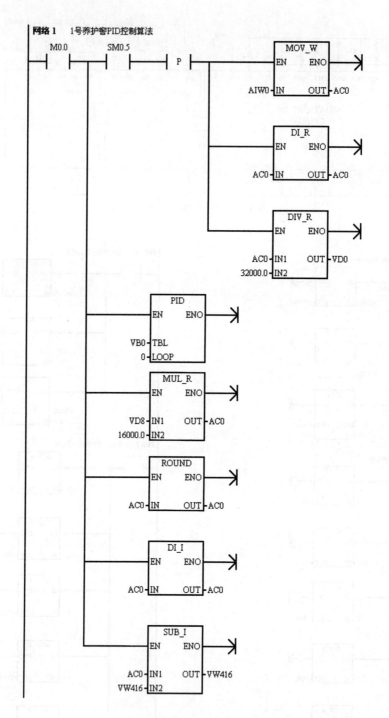

图 10-45 两个养护窖的 PID 控制程序 1

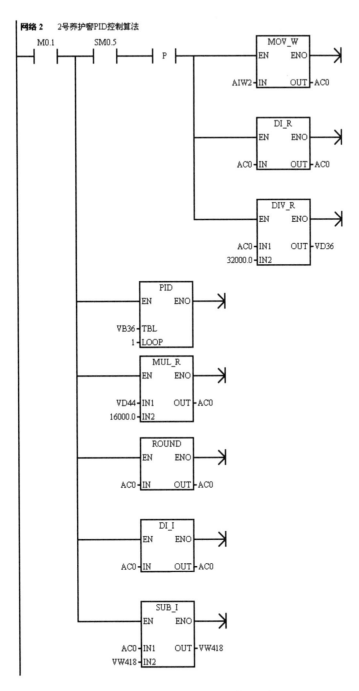

图 10-46　两个养护窑的 PID 控制程序 2

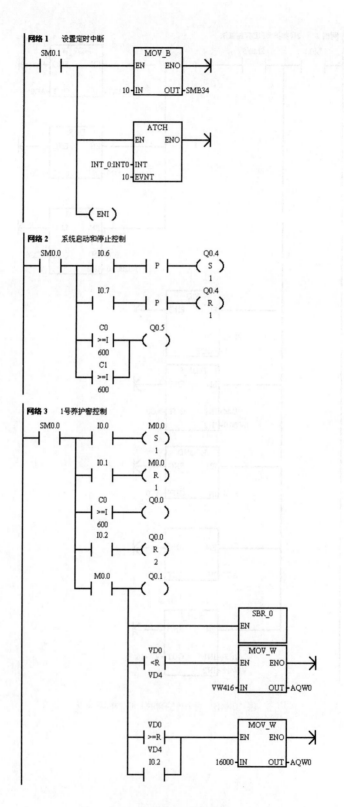

图 10-47 养护窖 PID 控制主程序 1

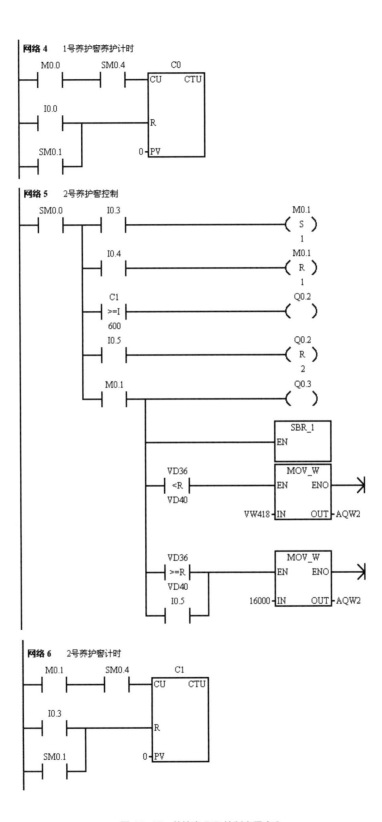

图 10-48　养护窖 PID 控制主程序 2

选用模拟量输出模板 EM232，可以把 0 ~ 32000 的数字量转换成 0 ~ 10V 电压。由于选用双向晶闸管来控制加热系统，而双向晶闸管的控制电压 U_k 为 0 ~ 5V，这个控制电压是由 EM232 提供的。PLC 送到 EM232 的最大数字量限制到 16000，这样可保证送到双向晶闸管上的电压不会超过 5V。

在三级皮带运输机实例中，算法介绍了利用定时器的当前值比较的方法控制回路，降低了程序的复杂程度。在本例中采用计数器的当前值比较方法，原理与定时器相同，同时也降低了程序的复杂程序，见图 10-47 程序中的网络 2。熟练利用定时器和计数器的当前值比较的方法，能够使编写的程序简单易懂。

10.4　水塔水位 S7-300/400 PLC 控制

在自来水供水系统中，为解决高层建筑的供水问题，修建了一些水塔。本节采用 S7-300/400PLC 实现水塔水位控制。

10.4.1　水塔水位控制系统 PLC 硬件设计

1.　水塔水位控制系统设计要求

水塔水位控制装置如图 10-49 所示。

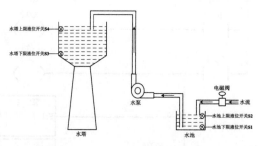

图 10-49　水塔水位控制装置图

当水池液位低于下限液位开关 S1，S1 此时为 ON，电磁阀打开，开始往水池里注水，当 4s 以后，若水池液位没有超过水池下限液位开关时，则系统发出报警，若系统正常，此时水池下限液位开关 S4 为 OFF，表示水位高于下限水位。当水位液面高于上限水位，则 S2 为 ON，电磁阀关闭。

当水塔水位低于水塔下限水位时，则水塔下限水位开关 S3 为 ON，水泵开始工作，向水塔供水，当 S3 为 OFF 时，表示水塔水位高于水塔下限水位。当水塔液面高于水塔上限水位时，则水塔上限水位开关 S4 为 OFF，水泵停止。

当水塔水位低于下限水位，同时水池水位也低于下限水位时，水泵不能启动。

2.　水塔水位控制系统主电路

水塔水位控制系统主电路如图 10-50 所示。

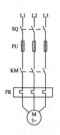

图 10-50　塔水位控制系统主电路图

3. I/O 接口分配

表 10-7 列出水塔水位控制系统 PLC 的输入 / 输出接口分配表。

表 10-7　水塔水位控制系统 PLC 的输入 / 输出接口分配表

输入信号	输入变量名	输出信号	输出变量名
I0.0	启动开关	Q4.0	水阀 M1
I0.1	停止开关	Q4.1	水泵 M2
I0.2	水池下限位	Q4.2	水池下限指示灯 A1
I0.3	水池上限位	Q4.3	水池水位报警指示灯 A2
I0.4	水塔下限位	Q4.4	水池上限指示灯 A3
I0.5	水塔上限位	Q4.5	水塔下限指示灯 A4
		Q4.6	水塔水位报警指示灯 A5
		Q4.7	水塔上限指示灯 A6

4. 水塔水位控制系统的 I/O 设备

这是一个单体控制小系统，没有特殊的控制要求，它有 6 个开关量，开关量输出触点数有 8 个，输入、输出触点数共有 14 个，只需选用一般中小型控制器即可。据此，可以对输入、输出点做出地址分配。

10.4.2　水塔水位控制系统 PLC 软件设计

1. 程序流程图

根据设计要求，水塔水位控制系统的 PLC 控制流程图如图 10-51 所示。

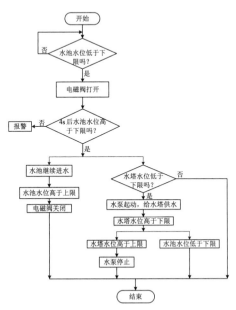

图 10-51　水塔水位控制系统的 PLC 控制流程图

这种分时操作的过程称为 CPU 对程序的扫描。扫描从 0000 号存储地址所存放的第一条用户程序开始，在无中断或跳转控制的情况下，按存储地址号递增顺序逐条扫描用户程序，也就是顺序逐条执行用户程序，直到程序结束。每扫描完一次程序就构成一个扫描周期，然后再从头开始扫描，并周而复始。

2. 工作过程

设水塔、水池初始状态都为空着的，4 个液位指示灯全灭。当执行程序时，扫描到水池液位低于水池下限液位时，水阀打开，开始往水池里进水。如果进水超过 4s，而水池液位没有超过水池下限位，说明系统出现故障，系统就会自动报警，水池报警灯 A2 亮。若 4s 之后水池液位按预定的超过水池下限位，说明系统在正常地工作，水池下限位的指示灯 A1 亮，此时，水池的液位已经超过了下限位了，系统检测到此信号时，由于水塔液位低于水塔水位下限，水泵开始工作，向水塔供水。如果进水超过 4s，而水塔液位没有超过水池下限位，说明系统出现故障，系统就会自动报警，水塔报警灯 A5 亮。当水池的液位超过水池上限液位时，水池上限指示灯 A3 亮，水阀就关闭。但是水塔现在还没有装满，可此时水塔液位已经超过水塔下限水位，则水塔下限指示灯 A4 亮，水泵继续工作，在水池抽水向水塔供水，水塔装满时，水塔液位超过水塔上限，水塔上限指示灯 A6 亮。但刚刚给水塔供水的时候，水泵已经把水池的水抽走了，此时水塔液位已经低于水池上限，水池上限指示灯 A3 灭。此次给水塔供水完成。

3. 水塔水位控制系统梯形图

根据控制要求，水塔水位控制系统梯形图如图 10-52 所示。

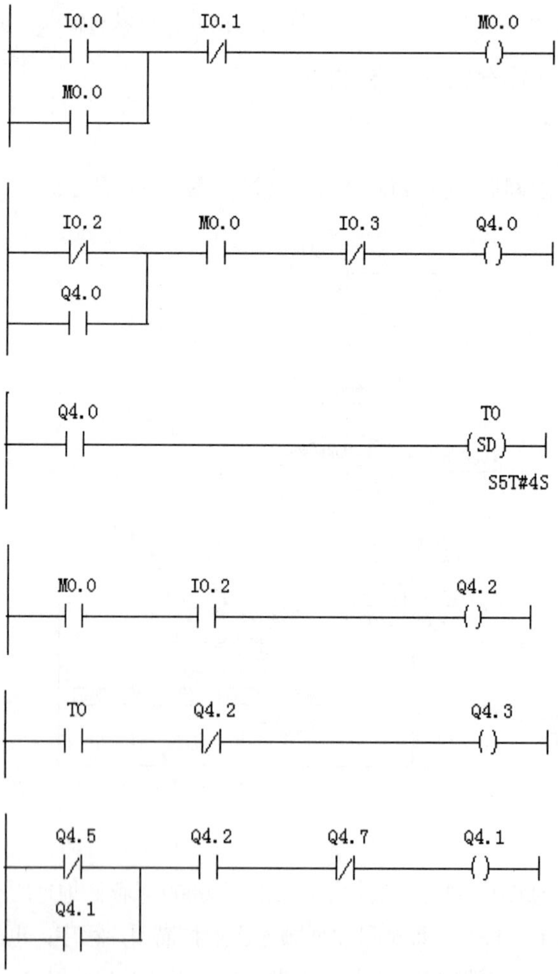

图 10-52　水塔水位控制系统梯形图

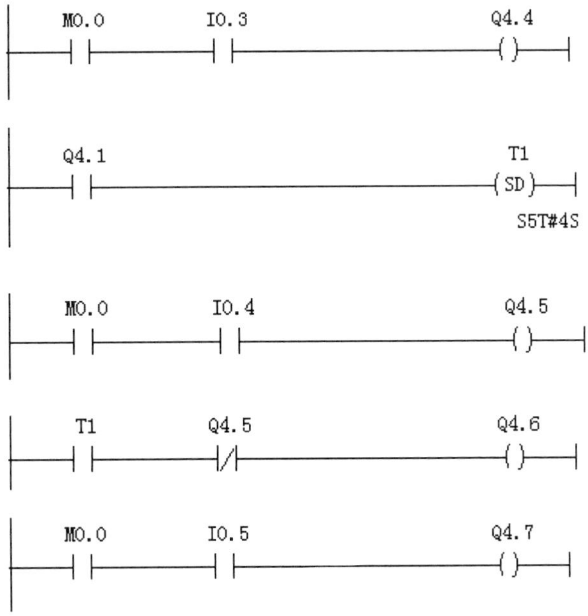

```
    M0.0           I0.3                        Q4.4
  ───┤ ├──────────┤ ├──────────────────────────( )───

    Q4.1                                         T1
  ───┤ ├───────────────────────────────────────(SD)───
                                              S5T#4S

    M0.0           I0.4                        Q4.5
  ───┤ ├──────────┤ ├──────────────────────────( )───

    T1             Q4.5                        Q4.6
  ───┤ ├──────────┤/├──────────────────────────( )───

    M0.0           I0.5                        Q4.7
  ───┤ ├──────────┤ ├──────────────────────────( )───
```

图 10-52　水塔水位控制系统梯形图（续）

① 启停程序

启停程序梯形图如图 10-53 所示。

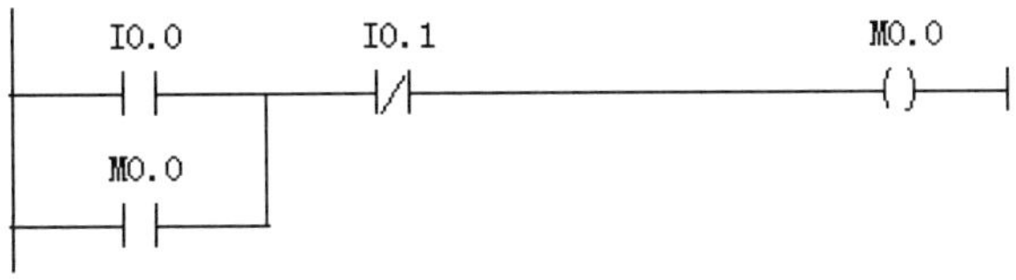

```
    I0.0           I0.1                        M0.0
  ───┤ ├──────┬───┤/├──────────────────────────( )───
              │
    M0.0      │
  ───┤ ├──────┘
```

图 10-53　启停程序梯形图

② 水阀控制程序

水阀控制程序梯形图如图 10-54 所示。

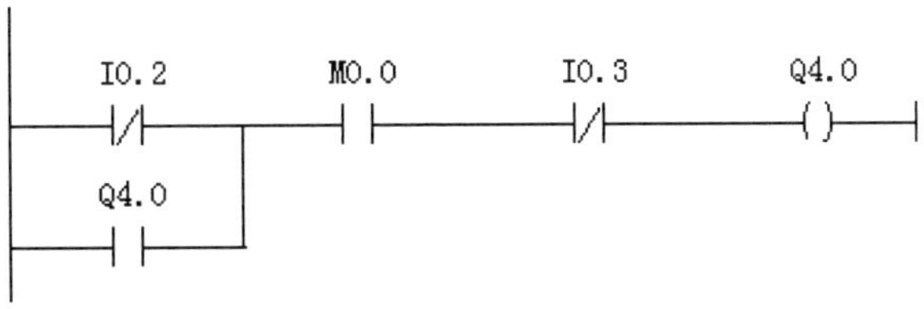

```
    I0.2           M0.0      I0.3             Q4.0
  ───┤/├──────┬───┤ ├───────┤/├───────────────( )───
              │
    Q4.0      │
  ───┤ ├──────┘
```

图 10-54　水阀控制程序梯形图

③ 水池下限水位指示程序

水池下限水位指示程序梯形图如图 10-55 所示。

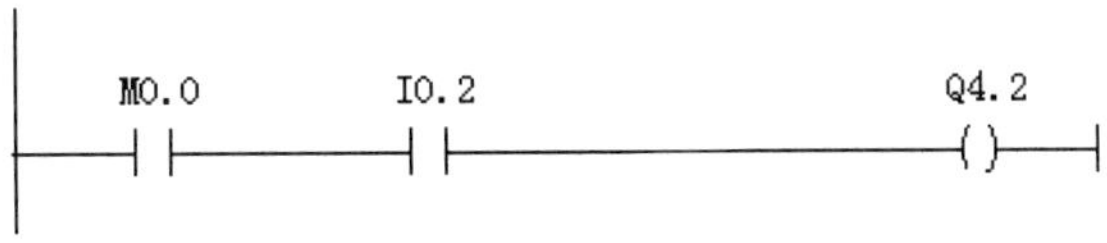

```
    M0.0           I0.2                        Q4.2
  ───┤ ├──────────┤ ├──────────────────────────( )───
```

图 10-55　水池下限水位指示程序梯形图

❹ 水池水位报警程序

水池水位报警程序梯形图如图 10-56 所示。

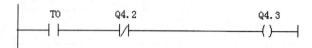

图 10-56　水池水位报警程序梯形图

❺ 水池水位上限指示程序

水池水位上限指示程序梯形图如图 10-57 所示。

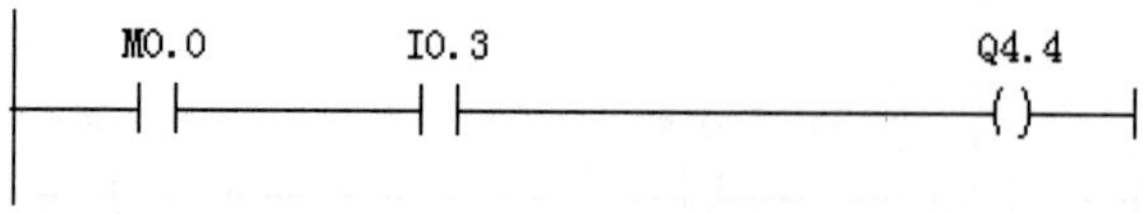

图 10-57　水池水位上限指示程序梯形图

❻ 水泵启停控制程序

水泵启停控制程序梯形图如图 10-58 所示。

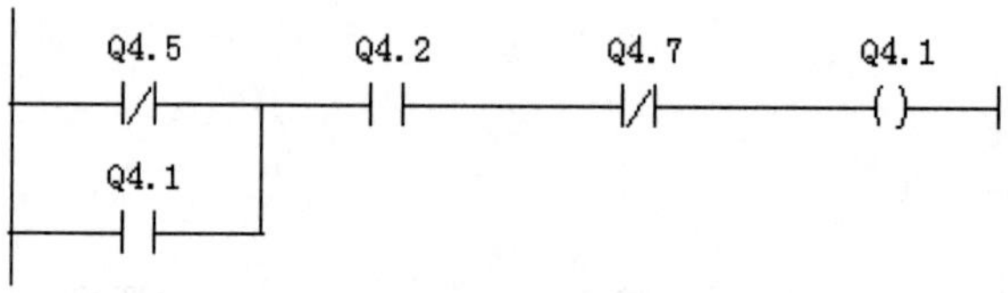

图 10-58　水泵启停控制程序梯形图

❼ 水塔水位下限指示程序

水塔水位下限指示程序梯形图如图 10-59 所示。

图 10-59　水塔水位下限指示程序梯形图

❽ 水塔水位报警程序

水塔水位报警程序梯形图如图 10-60 所示。

图 10-60　水塔水位报警程序梯形图

❾ 水塔水位上限指示程序

水塔水位上限指示程序梯形图如图 10-61 所示。

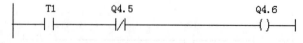

图 10-61　水塔水位上限指示程序梯形图

10.5　交通灯控制系统 S7–300/400 PLC 设计

随着社会经济和城市交通的快速发展，城市规模不断扩大，交通日益繁忙，红绿灯可以对交通进行有效的疏通，并为行人的安全提供强有力的保障。现在，城市十字路口的红绿灯基本都是采用程序控制，在实际使用中采用可编程控制器（PLC）控制的占有很大的比例。在工科院校的 PLC 课程及实验教学中，红绿灯程序控制常作为典型的编程范例。通过对此实例的学习，可以较好地掌握逻辑顺序控制的思路和程序设计的方法。

10.5.1　系统控制要求

交通灯控制示意图如图 10-62 所示。在十字路口南北方向以及东西方向均设有红、黄、绿 3 只信号灯，6 只信号灯以一定的时序循环往复工作，在每个周期要完成的工作过程如下。

- 信号灯受一个启动开关控制，当启动开关接通时，信号系统开始工作，且先南北红灯亮，东西绿灯亮。当启动开关断开时，所有信号灯都熄灭。
- 南北红灯亮维持 30s。在南北红灯亮的同时东西绿灯也亮，并维持 25s。到 25s 时，东西绿灯闪烁，闪烁 3s 后熄灭。在东西绿灯熄灭时，东西黄灯亮，并维持 2s。
- 2s 后，切换成东西方向红灯亮 30s，南北方向绿灯亮 25s 后，闪烁 3s 灭，最后是黄灯亮 2s。2s 后，又是南北红灯亮，东西绿灯亮，如此循环。

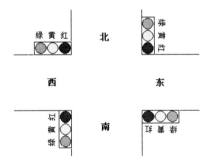

图 10-62　交通灯控制示意图

交通信号灯工作时序图如图 10-63 所示。

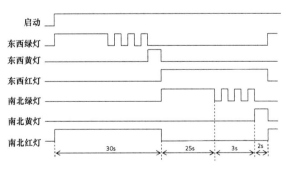

图 10-63　交通信号灯工作时序图

10.5.2　交通灯控制系统硬件设计

交通信号灯控制貌似复杂，其实设计过程中只要把握好逻辑关系，适当地使用 PLC 的时间控制功能，就可以很好地实现设计要求。要实现这样一个信号灯控制，首先要设置相应的系统起停按钮作为系统的输入控制，所以输入信号就是启动信号 I0.0 和停止信号 I0.1。其他的就是对信号灯的输出控制，各信号灯的亮灭是由 PLC 的输出信号来控制，考虑到东西和南北方向的同色信号灯的亮灭状态分别相同，可由一个输出信号来控制。从控制要求中可以看出，系统输入点较少，只有两个开关量，输出点有 6 个开关量，对于这样的系统，可以选用一些小型的 PLC 就可以满足要求。选择 S10-300 系列的 CUP312C，有 10 点开关量输入，6 点开关量输出，输入有余，输出相等。但一般选择时要留有一定的裕量，CPU313C-2 DP（型号：6ES10-313-6CE00-0AB0）有 16 点开关量输入、16 点开关量输出，完全可以满足控制要求。控制系统的硬件配置如表 10-8 所示，I/O 信号的地址分配如表 10-9 所示。

表 10-8　PLC 硬件配置说明

序号	名称	型号	说明	数量
1	CPU 模块	313-6CE00-0AB0	CPU313C	1
2	电源模块	3010-1EA00-0AA0	PS307	1
3	开关量输入模块	321-1BH01-0AA0	SM321	1
4	开关量输出模块	322-1BH01-0AA0	SM322	1
5	前连接器	390-1AJ0-0AA0	20 针型	1

表 10-9　PLC 的 I/O 地址分配表

序号	信号名称	地址	信号类型	序号	信号名称	地址	信号类型
1	启动按钮	I0.0	输入信号	11	定时器	T7	中间信号
2	停止按钮	I0.1	输入信号	12	定时器	T10	中间信号
3	中间继电器	M0.0	中间信号	13	定时器	T11	中间信号
4	定时器	T0	中间信号	14	东西绿灯	Q4.0	输出信号
5	定时器	T1	中间信号	15	东西黄灯	Q4.1	输出信号
6	定时器	T2	中间信号	16	东西红灯	Q4.2	输出信号
7	定时器	T3	中间信号	17	南北绿灯	Q4.3	输出信号
8	定时器	T4	中间信号	18	南北黄灯	Q4.4	输出信号
9	定时器	T5	中间信号	19	南北红灯	Q4.5	输出信号
10	定时器	T 6	中间信号				

交通灯控制系统的 I/O 接线图如图 10-64 所示。

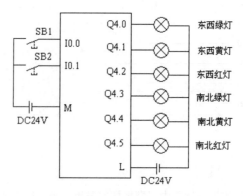

图 10-64　交通灯控制系统的 I/O 接线图

10.5.3 交通灯控制系统软件设计

1. 控制系统梯形图

用"新建项目"向导生成一个名为"交通灯控制"的项目，本例采用线性化编程，控制软件用梯形图编写，OB1 中程序如图 10-65 和图 10-66 所示。

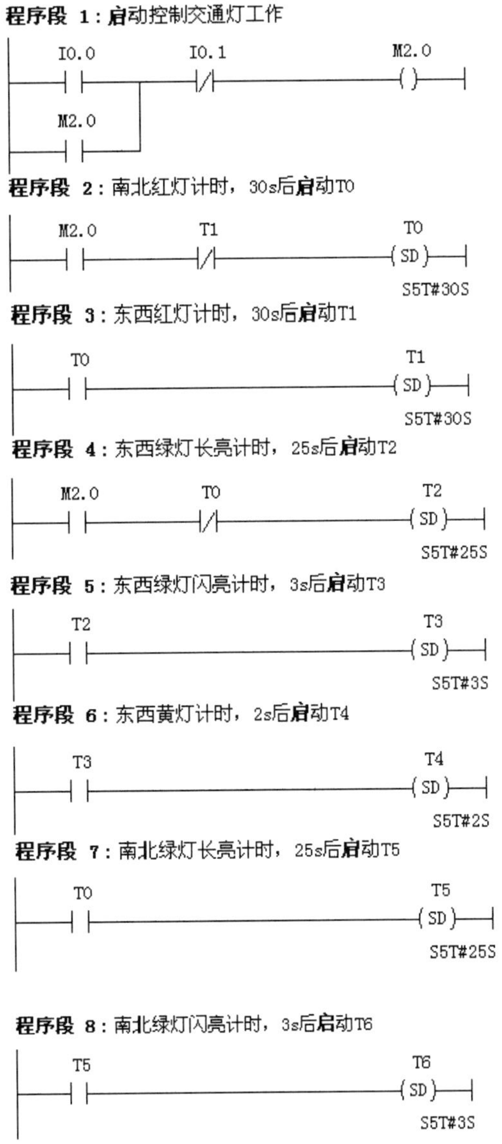

程序段 1：启动控制交通灯工作

```
   I0.0        I0.1              M2.0
 --| |--------|/|--------------( )--
   M2.0
 --| |--
```

程序段 2：南北红灯计时，30s后启动T0

```
   M2.0        T1                 T0
 --| |--------|/|--------------( SD )--
                               S5T#30S
```

程序段 3：东西红灯计时，30s后启动T1

```
   T0                            T1
 --| |-------------------------( SD )--
                               S5T#30S
```

程序段 4：东西绿灯长亮计时，25s后启动T2

```
   M2.0        T0                 T2
 --| |--------|/|--------------( SD )--
                               S5T#25S
```

程序段 5：东西绿灯闪亮计时，3s后启动T3

```
   T2                            T3
 --| |-------------------------( SD )--
                               S5T#3S
```

程序段 6：东西黄灯计时，2s后启动T4

```
   T3                            T4
 --| |-------------------------( SD )--
                               S5T#2S
```

程序段 7：南北绿灯长亮计时，25s后启动T5

```
   T0                            T5
 --| |-------------------------( SD )--
                               S5T#25S
```

程序段 8：南北绿灯闪亮计时，3s后启动T6

```
   T5                            T6
 --| |-------------------------( SD )--
                               S5T#3S
```

图 10-65　交通灯控制系统梯形图

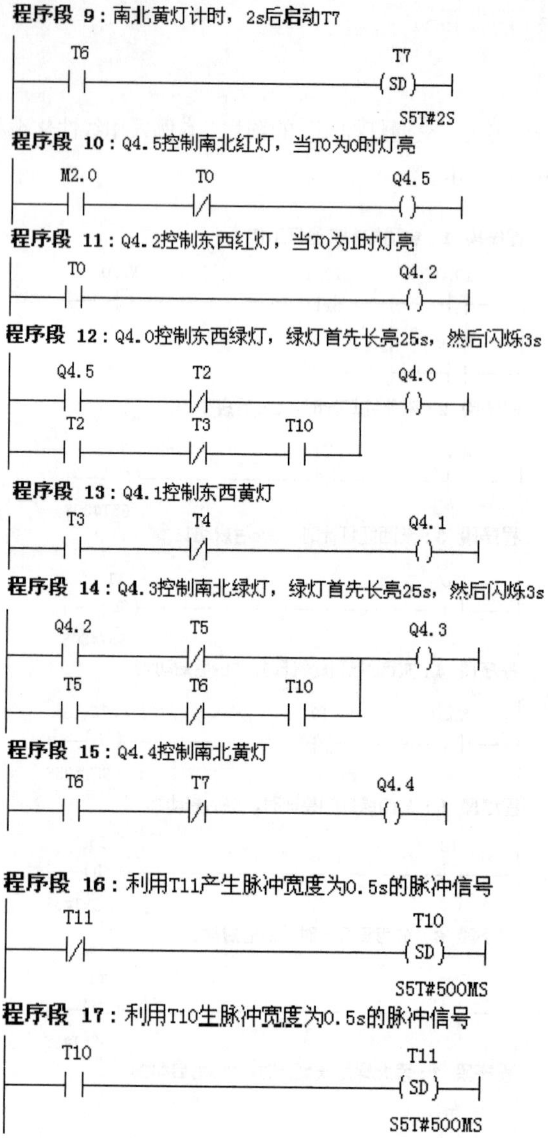

程序段 9：南北黄灯计时，2s后启动T7

```
    T6                              T7
  --| |--------------------------( SD )--
                                  S5T#2S
```

程序段 10：Q4.5控制南北红灯，当T0为0时灯亮

```
    M2.0            T0              Q4.5
  --| |------------|/|------------( )--
```

程序段 11：Q4.2控制东西红灯，当T0为1时灯亮

```
    T0                              Q4.2
  --| |--------------------------( )--
```

程序段 12：Q4.0控制东西绿灯，绿灯首先长亮25s，然后闪烁3s

```
    Q4.5            T2              Q4.0
  --| |------------|/|------------( )--
    T2              T3      T10
  --| |------------|/|------| |--
```

程序段 13：Q4.1控制东西黄灯

```
    T3              T4              Q4.1
  --| |------------|/|------------( )--
```

程序段 14：Q4.3控制南北绿灯，绿灯首先长亮25s，然后闪烁3s

```
    Q4.2            T5              Q4.3
  --| |------------|/|------------( )--
    T5              T6      T10
  --| |------------|/|------| |--
```

程序段 15：Q4.4控制南北黄灯

```
    T6              T7              Q4.4
  --| |------------|/|------------( )--
```

程序段 16：利用T11产生脉冲宽度为0.5s的脉冲信号

```
    T11                             T10
  --|/|--------------------------( SD )--
                                  S5T#500MS
```

程序段 17：利用T10生脉冲宽度为0.5s的脉冲信号

```
    T10                             T11
  --| |--------------------------( SD )--
                                  S5T#500MS
```

图 10-66　交通灯控制系统梯形图

2．控制系统程序分析

PLC 投入运行后，程序段 16 和 17 中的定时器 T10 和 T11 就产生了脉冲宽度为 0.5s（即脉冲周期为 1s）的脉冲信号，该脉冲信号供信号灯闪烁控制用。

当按下启动按钮时，中间继电器 M2.0 线圈接通，其常开触点闭合形成自锁，使交通灯处于工作状态，同时使程序段 2 中的定时器 T0、程序段 4 中的 T2 及程序段 10 中的输出继电器 Q4.5 接通，南北红灯亮。输出继电器 Q4.5 常开触点闭合，使程序段 12 中的 Q4.0 接通，东西绿灯亮。同时，定时器 T0 和 T2 开始计时。25s 计时时间到，T2 常闭触点断开、常开触点闭合，使程序段 12 中的输出继电器 Q4.0 按照 T10 的通断周期通断，东西绿灯闪烁，同时程序段 5 中的定时器 T3 开始计时。3s 后，T3 常闭触点断开、常开触点闭合，程序段 12 中的 Q4.0 断电，东西绿灯停止闪烁。T3 常开触点闭合使程序段 13 中的 Q4.1 接通，东西黄灯亮，同时程序段 6 中的定时器 T4 开始计时。2s 计时时间到，T4 常闭触点断开使 Q4.1 断电，东西黄灯熄灭。同时从最初计时开始已到 30s，T0 常闭触点断开、常开触点闭合，程序段 10 中的输出继电器 Q4.5 断电，南北红灯灭，同时程序段 11 中的输出继电器 Q4.2 接通，东西红灯亮。T0 常闭触点断开，使得程序段 4 中的定时器 T2 复位，其触点恢复最初状态，从而使定时器 T3 和 T4 的触点也恢复最初状态。T0 常开触点闭合使得程序段 3 中的 T1 和程序段 7 中的 T5 接通，开始计时。25s 计时时间到，T5 常闭触点断开、常开触点闭合，使程序段 14 中的输出继电器 Q4.3 按照 T10 的通断周期通断，南北绿灯闪烁，同时程序段 8 中的定时器 T6 开始计时。3s 后，T6 常闭触点断开、常开触点闭合，程序段 14 中的 Q4.3 断电，南北绿灯停止闪烁。T6 常开触点闭合使程序段 15 中的 Q4.4 接通，南北黄灯亮，同时程序段 9 中的定时器 T7 开始计时。2s 计时时间到，T7 常闭触点断开，使 Q4.4 断电，南北黄灯熄灭。此时 T1 定时时间到，T1 常闭触点断开，使得程序段 2 中的 T0 复位，其触点恢复原来的状态，从而使程序段 3 中的 T1、程序段 7 中的 T5、程序段 8 中的 T6 及程序段 9 中的 T7 也同时复位，它们的触点也全部恢复原来的状态。至此，系统中的所有定时器都处于断开状态，即它们的触点都恢复最初的状态。这时，程序段 10 中的输出继电器 Q4.5 又开始接通，南北红灯亮，同时其常开触点闭合，使程序段 12 中的 Q4.0 接通，东西绿灯亮，系统开始第二周期的动作，以后周而复始地进行。

当按下停止按钮时，M2.0 断开，使输出继电器 Q4.5 及全部定时器断电，从而使全部输出继电器断电，东西和南北两方向信号灯全部熄灭。

10.6 思考与练习

1. PLC 控制系统设计的基本原则是什么？
2. PLC 控制系统的设计步骤包含哪些内容？
3. 如何减少 PLC 输入和输出点数？
4. 怎样提高 PLC 控制系统的可靠性？
5. 设计一个三工位旋转工作台，其工作示意如图 10-67 所示。3 个工位分别完成上料、钻孔和卸件。

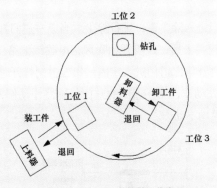

图 10-67 3 工位旋转工作台

（1）动作特性

工位 1：上料器推进，料到位后退回等待。

工位 2：将料夹紧后，钻头向下进给钻孔，下钻到位后退回，退回到位后，工件松开，放松完成后等待。

工位 3：卸料器向前将加工完成的工件推出，推出到位后退回，退回到位后等待。

（2）控制要求

通过选择开关可实现自动运行、半自动运行和手动操作。

6. 完成轧钢机控制系统的程序设计。

轧钢机控制系统的示意图如图 10-68 所示。控制要求如下。

当启动按钮 SD 按下，电动机 M1、M2 运行，传送钢板，检测传送带上有无钢板的传感器 S1 的信号（即开关为 ON），表示有钢板，电动机 M3 正转（MZ 灯亮）。S1 的信号消失（为 OFF），检测传送带上钢板到位后的传感器 S2 有信号（为 ON），表示钢板到位，电磁阀动作（YU1 灯亮），电动机 M3 反转（MF 灯亮）。Y1 给一向下压下量，S2 信号消失，S1 有信号，电动机 M3 正转⋯⋯重复上述过程。

Y1 第一次接通，发光管 A 亮，表示有一个向下压下量，第二次接通时，A、B 亮，表示有两个向下压下量，第三次接通时，A、B、C 亮，表示有 3 个向下压下量，若此时 S2 有信号，则停机，须重新启动。

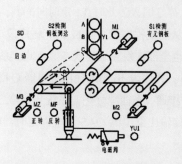

图 10-68　轧钢机控制系统

7. 完成除尘室 PLC 控制设计。

人或物进入无污染、无尘车间前，首先在除尘室严格进行指定时间的除尘才能进入车间，否则门打不开，进不了车间。除尘室的结构如图 10-69 所示。图中第一道门处设有两个传感器：开门传感器和关门传感器。除尘室内有两台风机，用来除尘。第二道门上装有电磁锁和开门传感器，电磁锁在系统控制下自动锁上或打开。进入室内需要除尘，出来时不需除尘。

具体控制要求如下。

进入车间时必须先打开第一道门进入除尘室，进行除尘。当第一道门打开时，开门传感器动作，第一道门关上时关门传感器动作，第一道门关上后，风机开始吹风，电磁锁把第二道门锁上并延时 20s 后，风机自动停止，电磁锁自动打开，此时可打开第二道门进入室内。第二道门打开时相应的开门传感器动作。人从室内出来时，第二道门的开门传感器先动作，第一道门的开门传感器才动作，关门传感器与进入时动作相同，出来时不需除尘，所以风机、电磁锁均不动作。

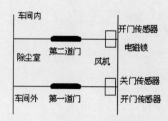

图 10-69　除尘室的结构

8. 完成组成机床控制的 PLC 设计。

两工位钻孔、攻丝组合机床，能自动完成工件的钻孔和攻丝加工，自动化程度高，生产效率高。两工位钻孔、攻丝组合机床如图 10-70 所示。

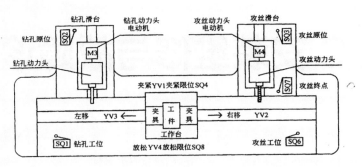

图 10-70　两工位钻孔、攻丝组合机床示意图

机床主要由床身、移动工作台、夹具、钻孔滑台、钻孔动力头、攻丝滑台、攻丝动力头、滑台移动控制凸轮和液压系统等组成。

移动工作台和夹具用以完成工件的移动和夹紧，实现自动加工。钻孔滑台和钻孔动力头，用以实现钻孔加工量的调整和钻孔加工。攻丝滑台和攻丝动力头，用以实现攻丝加工量的调整和攻丝加工。工作台的移动（左移、右移），夹具的夹紧、放松，钻孔滑台和攻丝滑台的移动（前移、后移），均由液压系统控制。其中两个滑台移动的液压系统由滑台移动控制凸轮来控制，工作台的移动和夹具的夹紧与放松由电磁阀控制。

根据设计要求，工作台的移动和滑台的移动应严格按规定的时序同步进行，两种运动密切配合，以提高生产效率。

控制要求如下。

系统通电，自动启动液压泵电动机 M1。若机床各部分在原位（工作台在钻孔工位 SQ1 动作，钻孔滑台在原位 SQ2 动作，攻丝滑台在原位 SQ3 动作），并且液压系统压力正常，压力继电器 PV 动作，原位指示灯 HL1 亮。

将工件放在工作台上，按下启动按钮 SB，夹紧电磁阀 YV1 得电，液压系统控制夹具将工件夹紧，与此同时控制凸轮电动机 M2 得电运转。当夹紧限位 SQ4 动作后，表明工件已被夹紧。

启动钻孔动力头电动机 M3，且由于凸轮电动机 M2 运转，控制凸轮控制相应的液压阀使钻孔滑台前移，进行钻孔加工。当钻孔滑台到达终点时，钻孔滑台自动后退，到原位时停，M3 同时停止。

等到钻孔滑台回到原位后，工作台右移电磁阀 YV2 得电，液压系统使工作台右移，当工作台到攻丝工位时，限位开关 SQ6 动作，工作台停止。启动攻丝动力头电动机 M4 正转，攻丝滑台开始前移，进行攻丝加工，当攻丝滑台到终点时（终点限位 SQ7 动作），制动电磁铁 DL 得电，攻丝动力头制动，0.3s 后攻丝动力头电动机 M4 反转，同时攻丝滑台由控制凸轮控制使其自动后退。

当攻丝滑台后退到原位时，攻丝动力头电动机 M4 停，凸轮正好运转一个周期，凸轮电动机 M2 停，延时 3s 后左移电磁阀 YV3 得电，工作台左移，到钻孔工位时停。放松电磁阀 YV4 得电，放松工件，放松限位 SQ8 动作后，停止放松。原位指示灯亮，取下工件，加工过程完成。

两个滑台的移动，是通过控制凸轮来控制滑台移动液压系统的液压阀实现的，电气系统不参与，只需启动控制凸轮电动机 M2 即可。

在加工过程中，应启动冷却泵电动机 M5，供给冷却液。

第11章
S7 PLC 安装维修与故障诊断

PLC 是运行在工业环境中的控制器，一般而言，可靠性比较高，出现故障的概率较低，但是，出现故障也是难以避免的。一般引发故障的原因有很多，故障的后果也有很多种。

引发故障的原因虽然我们不能完全控制，但是我们可以通过日常的检查和定期的维护来消除多种隐患，把故障率降到最低。故障后果轻的可能造成设备的停机，影响生产的数量；重的可能造成财产损失和人员伤亡，如果是一些特殊的控制对象，一旦出现故障可能会引发更严重的后果。

故障发生后，对于维护人员来说最重要的是找到故障的原因，迅速排除故障，尽快恢复系统的运行。对于系统设计人员，在设计时要考虑到系统出现故障后系统的自我保护措施，力争使故障的停机时间最短，故障产生的损失最小。

【本章重点】
- PLC 的安装和拆除。
- PLC 的常规检查与维护。
- PLC 外部故障的排除。
- PLC 内部错误的故障诊断。

11.1　S7-200 PLC 的安装和拆除

使用 PLC 时首先要会安装和拆除。安装和拆除都要严格按照步骤进行，以免造成人身伤害或设备损坏。

11.1.1　S7-200 PLC 的安装环境

为保证 PLC 工作的可靠性，尽可能地延长其使用寿命，在安装时一定要注意周围的环境，其安装场合应该满足以下几点。

（1）环境温度应在 0 ~ 55℃范围内，相对湿度应在 35% ~ 85% 范围内。

（2）周围无易燃和腐蚀性气体、无过量的灰尘和金属微粒等。

（3）避免过度的振动或冲击。

（4）不能受太阳光的直射或水的溅射。

（5）PLC 的所有单元必须在断电时安装。

（6）为防止静电对 PLC 组件的影响，在接触 PLC 前，应先用手接触某一接地的金属物体，以释放人体所带的静电。

（7）注意 PLC 机体周围的通风和散热条件，切勿将导线头、铁屑等杂物通过通风窗落入机体内。

11.1.2 S7-200 PLC 安装注意事项

具体安装 S7-200 时需要注意以下问题。

（1）避免 S7-200 设备受热和受到高电压与电噪声的干扰。

（2）布置系统设备的常规原则是始终将产生高压和高电噪声的设备与低压、逻辑类型的设备（如 S7-200、断路器等）分开。

（3）在配置 S7-200 面板的内部布局时，要考虑到发热设备，将电气类型设备放在机柜的较冷区域中。

（4）在面板中设备布线的线路，要避免使用 AC 电力配线和高能量，快速装换的 DC 配线将低压导线和通讯电缆放在同一个托盘中。

（5）S7-200 设备设计成自然对流冷却。要正确冷却，在设备上方和下方必须提供至少 25mm 的间隙，而且需要至少 75mm 的深度。规划 S7-200 系统的布局时，为配线和通讯电缆连接留出足够的间隙。为配置 S7-200 系统布局时有附加的灵活性，可使用 I/O 扩展电缆。

11.1.3 安装或拆除 S7-200 PLC

S7-200 可以安装在面板或标准 DIN 横杆上，如图 11-1 所示。S7-200 的方向可以为水平或垂直。对于垂直安装，允许的最高环境温度降低 10℃，将 S7-200 CPU 安装在任何扩展模块下方。

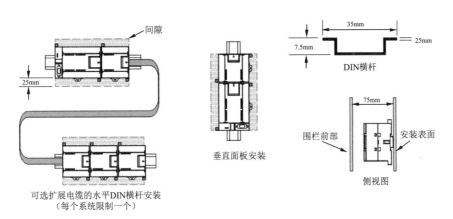

图 11-1 S7-200 的安装

1. 先决条件

安装或拆除任何电气设备之前，需确保已经断开该设备的电源，还要确保已经断开任何相关设备的电源。在带电情况下试图安装或拆除 S7-200 或相关设备可能会导致电击或设备运行出现故障，甚至会损坏设备，导致人员严重受伤或死亡。

安装或拆除任何电气设备时，始终确保 S7-200 使用正确的模块或等同的设备。如果安装错误的模块，S7-200 的程序会不可预测地运行或损坏设备，或导致人员严重受伤或死亡。使用相同的型号来更换 S7-200 设备时，还要确保方向和位置正确。

2. 安装尺寸

S7-200 CPU 和扩展模块均有安装孔，以帮助安装到面板上，安装形式如图 11-2 所示，S7-200 CPU 的安装尺寸如表 11-1 所示。

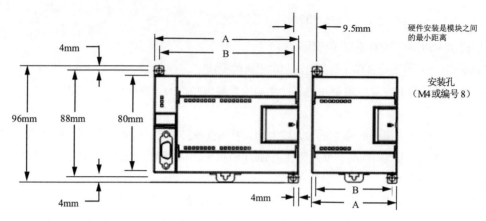

图 11-2　S7-200 CPU 的安装形式

表 11-1　S7-200 CPU 的安装尺寸

S7-200 模块	宽度 A	宽度 B
CPU221 和 CPU222	90mm	82mm
CPU224	120.5mm	112.5mm
扩展模块：4 点和 8 点 DC 和继电器 I/O（8I、4Q、8Q、4I/4Q）和模拟输出（2AQ）	196mm	188mm
扩展模块：16 点数字 I/O（16I、8I、8Q）、模拟 I/O（4AI, 4AI/4AQ）、RTD、热电偶、PROFIBUS、以太网、互联网、自动化系统接口、8 点 AC（8I 和 8Q）、调制解调器	71.2mm	63.2mm
扩展模块：32 点数字 I/O（16I/16Q）	137.3mm	129.3mm

3.　安装 CPU 和扩展模块

安装 S7-200 和扩展模块步骤如下所述。

❶ 面板安装

- 定位、钻孔和撬开安装孔（M4 或美国标准号 8），使用图 11-2 中的尺寸。
- 使用适合的螺丝将模块固定在面板上。
- 如果使用扩展模块，将扩展模块带状电缆连接到访问门下面的扩展端口连接器中。

❷ 标准DIN横杆安装

- 每隔 75mm 将横杆固定在安装面板上。
- 打开 DIN 夹片（位于模块底部）并将模块背面挂到 DIN 横杆上。
- 如果使用扩展模块，将扩展模块带状电缆连接到访问门下面的扩展端口连接器上，向下旋转模块至 DIN 模板，合上夹片。仔细检查夹片是否将模块牢固地拴在横杆上。为了避免损坏模块，夹片安在安装孔的凸起上，而不要直接安在模块的前端。
- 如果 S7-200 用于高震动电位环境中或垂直安装 S7-200，使用 DIN 横杆十分有用。

4.　拆除 CPU 和扩展模块

拆除 S7-200 和扩展模块步骤如下所述。

（1）从 S7-200 拆除电源。

（2）断开连接到模块的所有配线和电缆，大部分 S7-200 CPU 和扩展模块具有可移动的连接器，以使此工作更容易。

（3）如果有扩展模块连接到正在拆除的单元上，打开访问门，将扩展模块带状电缆从邻近的模块断开。

（4）旋下安装螺丝或打开 DIN 夹片，拆除模块。

5．安装和拆除接线盒连接器

安装连接器的步骤如下所述。

（1）打开连接器门。

（2）将连接器与单元上的插针对齐，在连接器底部边缘内对齐连接器的导线边缘。

（3）按下并旋转连接器，直到其啮合到位置中，仔细检查以确保连接器正确对齐并完全啮合。

拆除连接器的步骤如下所述。

（1）打开连接器门来访问连接器。

（2）在连接器中间的槽口中插入小的螺丝起子。

（3）从 S7-200 外壳撬开螺丝起子，删除终端连接器。

11.1.4　S7-200 PLC 的接线

PLC 的接线主要包括电源接线、接地线、其他部分接线（包括 I/O 接线、扩展模块接线及对转换单元接线等）。动力线、控制线及 PLC 的电源线和 I/O 线应该分别配线，隔离变压器与 PLC 和 I/O 之间应采用双绞线连接。将 PLC 的 I/O 线和大功率线分开走线，如必须在同一线槽内，分开捆扎交流线、直流线，若条件允许，最好分槽走线，这不仅能使其有尽可能大的空间距离，并能将干扰降到最低限度，如图 11-3 所示。

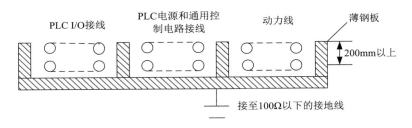

图 11-3　在同一电缆沟内铺设 I/O 接线和动力电缆

PLC 应远离强干扰源，如电焊机、大功率硅整流装置和大型动力设备，不能与高压电器安装在同一个开关柜内。在柜内 PLC 应远离动力线（两者之间距离应大于 200mm），如图 11-4 所示。

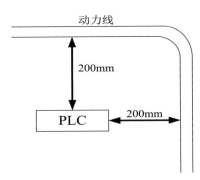

图 11-4　PLC 安装位置与动力线的距离

1. 先决条件

（1）为任何电气设备接地或安装导线之前，确保已经断开该设备的电源，还要确保已经断开任何相关设备的电源。

（2）为S7-200和相关设备布线时，确保遵守所有使用的电气代码，根据所有使用的国家和本地标准安装和操作所有设备。

（3）设计S7-200系统的接地和布线时，始终要考虑安全问题，S7-200等电子控制设备可能会发生故障并导致受控或监控设备的意外运行。因此，应该使用独立于S7-200的安全装置进行保护，以防止可能的设备损坏或人身伤害。

2. 绝缘

（1）S7-200 AC电源边界和AC电路的I/O边界额定为1500V AC，这些绝缘边界经检查证实为提供AC线路和低压电路的安全隔离。

（2）所有连接到S7-200的低压电路（如24V电源）都必须经过许可的电源供电，这些电源提供与AC电路和其他高压电路的安全绝缘。这种电源包括国际电气安全标准中定义的双层绝缘，根据不同的标准，输出等级为SELV、PELV、Class2或限制电压。

（3）将不绝缘或单层绝缘物体用于提供来自AC线路的低压电路，可能会导致在认为安全接触的电路中产生危险的电压，如通信电路和低压传感器线路中。

3. 电源布线

（1）为S7-200设计和布线时，提供单个断开开关，同时用来给S7-200 CPU电源、所有输入电路和所有输出电路断电。提供过流保护（如保险丝或断路器）来限制供电电线上的故障电流，也可在每个输出电路中放置保险丝或其他电流限制器来提供附加的保护。

（2）为任何可能遭受闪电电涌的线路安装合适的电涌抑制设备。

（3）避免将低压信号线和通信电缆放在与AC导线和高能量、快速转换的DC导线相同的线盒中，始终要成对布线，中性线或公共线与热线或信号线成对。

（4）尽可能使用最短的导线，确保导线尺寸正确以输送需要的电流，连接器接受的导线尺寸从 $2mm^2$ 到 $0.3mm^2$（14A WG 到 22A WG）。使用屏蔽导线可以很好地防止电气噪声。

（5）为由外部电源供电的输入电路布线时，请在该电路中安装过流保护设备。对于由S7-200的24V DC传感器供电的电路，外部保护并无必要，因为传感器电源已经经过电流限制。

（6）大部分S7-200模块都具有可移动的连接器用于用户布线。注意要防止连接器松开，确保连接器固定牢靠并且导线牢固地安装在连接器中，要避免损坏连接器，必须小心不要将螺丝旋得过紧。

（7）要防止安装中不需要的电流，S7-200在某些点提供绝缘边界。为系统规划布线时，应该考虑这些绝缘边界。

4. 接地

（1）接地的最佳方法是确保S7-200和相关设备的所有公共点和接地接头都接到单个点，该单个点应直接连接到系统的接地地面。

（2）如果要改善电气噪声保护，建议将所有DC公共回路连接到相同的单个点接地地面，将24V DC传感器供电共同端（M）连接到接地处。

（3）所有底线都应该越短越好，并且使用大尺寸的导线，如 2mm² （14A WG）。

（4）确定接地位置时，务必考虑安全接地要求和保护性中断设备的正确操作。

5．其他部分接线

❶ 控制单元输入端子接线

外部开关设备与 PLC 之间的输入信号均通过输入端子进行连接。在进行输入端子接线时，应注意以下几点。

- 输入线尽可能远离输出线、高压线及电动机等干扰源。
- 交流型 PLC 的内藏式直流电源输出可用于输入。直流型 PLC 的直流电源输出功率不够时，可使用外接电源。
- 切勿将外接电源加到交流型 PLC 的内藏式直流电源的输出端子上。切勿将用于输入的电源并联在一起，更不可将这些电源并联到其他电源上。

❷ 控制单元输出端子接线

PLC 与输出设备之间的输出信号均通过输出端子进行连接。在进行输出端子接线时，应注意以下几点。

- 输出线尽可能远离高压线和动力线等干扰源。
- 各输出端既可独立输出，又可采用公共并接输出。当各负载使用不同电压时，可采用独立输出方式。当各负载使用相同电压时，可采用公共输出方式。
- 若输出端接感性负载，需根据负载的不同情况接入相应的保护电路。在交流感性负载两端并接 RC 串联电路，在直流感性负载两端并接二极管保护电路，在带低电流负载的输出端并接一个泄放电阻以避免漏电流的干扰。以上保护器件应安装在距离负载 50cm 以内。
- 在 PLC 内部输出电路中没有保险丝，为防止因负载短路而造成输出短路，应在外部输出电路中安装熔断器或设计紧急停车电路。

❸ 扩展单元接线

若一台 PLC 的输入输出点数不够时，还可将 S7 系列的基本单元与其他扩展单元连接起来使用。具体配置视不同的机型而定。当要进行扩展配置时，请参阅有关的用户手册。

❹ S7系列PLC的A/D、D/A转换单元接线

A/D、D/A 转换单元的接线方法在有关书籍已叙述，这里不再赘述。下面是连接时的注意事项。

- A/D 转换单元。为防止输入信号上有电磁感应和噪声干扰，应使用两线双绞式屏蔽电缆，建议将屏蔽电缆接到框架接地端，若需将电压范围选择端短路，应直接在端子板上短接，不要拉出引线短接。应使主回路接线远离高压线，应确保使用同一组电源线对控制单元和 A/D 单元进行供电。
- D/A 转换单元。为防止输出信号上有电磁感应和噪声干扰，应使用两线双绞式屏蔽电缆，建议将屏蔽电缆接到负载设备的接地端，在同一通道上的电压输出和电流输出不能同时使用。没有使用的输出端子应开路，应使主回路接线远离高压线，应确保使用同一组电源线对控制单元和D/A单元进行供电。

11.2 S7-200 PLC 故障检查和维修

PLC 在使用过程中，会受到环境的影响或者随着使用时间的增加，元器件会出现故障或老化的现象，因此要对 PLC 进行定期检查与故障维修，以延长 PLC 的使用寿命。

11.2.1 PLC 的维护

随着工业自动化技术的迅猛发展，PLC 在企业得到了广泛应用，PLC 系统作为连续性生产实时过程控制的核心及工艺生产监控的重要手段，决定着整个生产系统的稳定运行，一旦 PLC 系统出现故障，轻则造成工艺波动影响产品质量，重则全线停产。因此 PLC 系统日常维护、故障分析处理关系到 PLC 系统能否稳定运行。

PLC 的维护可分为日常维护、预防性维护和故障维护 3 种。日常维护和预防性维护是在系统未发生故障之前所进行的各种维护工作。故障维护发生在故障产生以后，往往已造成系统部分功能失灵并对生产造成不良影响。预防性维护是在系统正常运行时，对系统进行有计划的定期维护，及时掌握系统运行状态、消除系统故障隐患、保证系统长期稳定可靠地运行。因此日常维护、预防性维护能够有效地防止 PLC 突发故障的产生，避免不必要的经济损失。

1. 日常维护

日常维护是整套系统稳定可靠运行的基础，其主要的维护工作内容如下。

- 保证空调设备稳定运行，室温控制在 20 ~ 25℃，避免由于温度等变化导致 PLC 系统卡件损坏，影响系统稳定运行。
- 保证 UPS 可靠运行，确保 PLC 系统电源稳定，避免因突然停电导致硬盘、卡件的损坏。
- 定期检查 PLC 系统保护接地、工作接地等接地电阻，各接地电阻应该小于各厂商 PLC 系统要求的最大接地电阻。
- 消除电磁场对 PLC 系统的干扰，禁止搬动运行中的操作站、显示器等，避免拉动或碰伤设备连接电缆和通信电缆。
- 做好防尘工作，现场与控制室合理隔离并定时清扫。保持清洁，防止粉尘对元件运行及散热产生不良影响。做好控制室、操作室内的防鼠工作，避免老鼠咬坏电缆、模块等设备。
- 做好 PLC 系统通风散热，检查控制柜内、操作员站等散热风扇是否运行正常，并定期加油润滑。
- 软件的备份管理，应用软件（数据库）应及时备份，组态的改动要做好记录。数据库的修改必须要保存到工程师站，还应保存到其他备份硬盘或光盘上。
- 软件检查与功能试验，应按照计算机设备的通用方法检查，主要是检查各级权限的设置。严禁使用非 PLC 软件，严禁未授权人员进行组态。
- 查看故障诊断画面是否有故障提示，运行时，通过故障指示灯检查主控卡及各模块是否运行正常。
- 检查控制主机、显示器、鼠标、键盘等硬件是否完好，实时监控工作是否正常。
- 系统上电之前，应检查通信接头不能与机柜等导电体相碰，互为冗余的通信线、通信接头不能碰在一起，以免烧坏通信网卡。

以上为日常维护工作，认真填写 PLC、DCS 设备巡视检查卡，对各种小缺陷及时发现及时处理，让故障消失在萌芽状态，填写好运行日志加强管理手段。

2. 预防性维护

有计划地进行主动性维护，保证系统及元件运行稳定可靠，运行环境良好，及时检测更换元器件，消除隐患。每年应利用系统短停或大修进行一次预防性的维护，以掌握系统运行状态，消除故障隐患。大修期间对 PLC、DCS 系统应进行彻底的维护，内容如下。

- 接地系统检查，包括端子检查、对地电阻测试。
- 操作站、控制站停电检修，包括控制站机笼、计算机内部、卡件、电源箱等部件的灰尘清理。
- 系统供电线路检修，并对 UPS 进行供电能力测试和实施放电操作。
- 系统冗余测试，对卡件模块、控制器、冗余电源、服务器、通信网络进行冗余测试。
- 检查主机卡 COMS 电池的电量。当出现因 COMS 电池没电引起 COMS 数据丢失的情况时，应整批更换主机板的 COMS 电池。
- 检查控制器、计算机等的工作负荷是否有升高现象。
- 检查测试 PLC 系统网络通信质量，通信噪声是否变大。

大修后系统维护负责人应确认条件具备方可投用 PLC，并因严格遵守 PLC、DCS 投用运行步骤进行。

3. 故障性维护

系统在发生故障后应进行被动性维护，主要包括以下工作。

- PLC 系统往往具有丰富的自诊断功能。根据报警，可以直接找到故障点，并且还可通过报警的消除来验证维修结果。
- PLC 系统所有数据没有变化，一般为主控单元死机、系统通信故障、系统外接 24V DC 供电电源故障等。处理方法有，复位主控单元、重新下载数据库或更换主控单元卡、拧紧网络线接头、更换通信线、检修更换 24V DC 稳压电源等。
- 所有阀门无法调节，检查电源、气源供应系统是否正常。
- 有一组数据显示同时失灵，一般为模块故障。检查模块故障灯是否闪烁，复位重置模块，若还能恢复正常，有可能是模块组态信息丢失，重新下载数据，故障还不能排除，那就是模块本身故障，更换模块方能解决问题。
- 当某一生产状态异常或报警时，我们可以先找到反映此状态的仪表，然后顺着信号向上传递的方向，用仪器逐一检查信号的正误，直到查出故障所在。
- 当出现较大规模的硬件故障时，最大的可能是由于 DCS 系统环境维护不力而造成的系统运行故障，除当时采取紧急备件更换和系统清扫工作外，还要及时和厂家取得联系，由厂家专业技术支持工程师进一步确认和排除故障。

对于 PLC 系统的维护工作，关键是要做到预防第一，作为系统维护人员，应根据系统配置和生产设备控制情况，制定科学、合理、可行的维护策略和方式方法，做到预防性维护、日常维护紧密配合，进行系统的、有计划的、定期的维护，保证系统在要求的环境下长期良好地运行，使生产过程控制平稳、运行稳定，为实现生产和效益的目标，提供可靠保证。

11.2.2 定期维护检修

PLC 内部主要由半导体元件构成，基本上没有寿命问题，但环境条件恶劣可能会导致元件的损坏。为了保证 PLC 的长期可靠运行，必须对 PLC 进行定期检查与适当维护。当检查的结果不能满足产品说明书上规定的标准时，应进行调整或更换。PLC 的标准维护检查时间为 6 个月至 1 年一次，当环境比较恶劣时，应适当缩短维护检查的时间间隔。PLC 的检查及维护内容主要有检查电源电压、周围环境温度和湿度、I/O 端子的工作电压是否正常、备份电池是否需要更换等。维护检查的具体项目如表 11-2 所示。

表 11-2 PLC 的维护内容

序号	检查项目	检查内容	判断标准	故障处理
1	电源	用电源端子台测量电压变动是否在标准内	电压变动范围内	用万用表检查端子间，并变更供给电源使其在允许电压变动范围内
2	输入输出用电源	用输入输出的端子台测量电压变动是否在标准内	遵守各单元的输入输出规格	用万用表检查端子间，并变更供给电源使其在各单元的标准内
3	周围环境	环境温度是否适当	0 ~ 550℃	用温度计来测量周围温度，使其达到使用环境标准
		环境湿度是否适当	10% ~ 90% RH 应该没有结露	用湿度计测量周围湿度，确保在湿度范围内，需要确认的是，不应出现因温度突然变换而导致结露的情况
		日光是否直接照射	不应有日光直接照射	要遮蔽
		尘土、盐分、铁粉是否有堆积	没有	去除并要遮蔽
		是否溅到水，油等	不要溅到	去除并要遮蔽
		是否存在有腐蚀性气体、可燃性气体的环境下	没有	用气体传感器来检查
		主体是否直接受到振动、冲击	振动、冲击在规格范围内	要设置抗振动、抗冲击用的垫子
		附近是否有噪声发生源	没有	查找噪声源，并实施屏蔽对策
4	安装，布线状态	CJ 系列的各单元间的连接器是否完全插入，并且是否锁好	应该没有松动	完全插入并用滑块锁好
		选项端口、连接电缆的连接器是否完全插入，并且是否锁好	应该没有松动	完全插入并锁好
		外部布线的螺钉是否有松动现象	应该没有松动	用十字螺丝刀拧紧
		外部布线用的压接端子是否靠得太近	应有适当的间隔	目视检查并矫正
		外部布线电缆是否有切断	外观应无异常	目视确认检查，并更换电缆
5	寿命件	电池是否有超过有效期，寿命将尽	有效期为 25℃下 5 年	即使蓄电池没有异常，根据型号 / 环境温度经过规定的备份时间也要更换

11.2.3 PLC 的故障分析和处理

和一般电子电路构成的电器的故障分析和维修一样，PLC 的维修可以概括为从故障的现象出发，经电路工作原理的分析及测试确定故障的部位，并用好的电路及元件替换损坏的部分，完成电路功能的复现。也就是说，故障维修最关键的工作是找到故障点。

1. PLC 整体检查

寻找故障点的工作是由外到内、由大到小的过程。所谓由外到内，是指寻找故障的观察及测试总是由机器的外部开始扩展到内部，由大到小则是指先确定故障的大致类型及部位，如在哪块板子上，直到找到具体的故障元件。这里以 S7 系列为例来介绍 PLC 的整体检查流程，如图 11-5 所示。

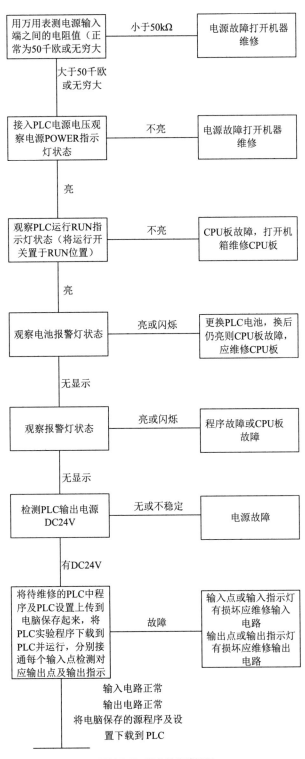

图 11-5　整体检查流程图

2．故障处理

PLC 常见故障及处理方法如表 11-3 所示。

表 11-3　PLC 常见故障及处理方法

故障现象	故障原因	可能的解决方案
输出停止工作	受控设备引起损坏输出的电涌 用户程序出错 布线松动或不正确 过多的负载 输出点被强制	1. 当连接到电感负载（例如电动机或继电器）时，应使用适当的抑制电路 2. 正确的用户程序 3. 检查布线并更正 4. 检查负载点的额定值 5. 检查 S7-200 的强制 I/O
S7-200 上的 SF（系统故障）灯点亮	下面的列表描述了最常规的出错代码和原因 用户程序出错 0003—监视程序出错 0001—间接地址 0012—非法的浮点数 0014—范围出错 电气噪声（0001 到 0009） 组建损坏（0001 到 0009）	阅读严重错误代码号，获取有关出错类型的信息 对于变成错误，请检查 FOR、NEXT、JMP、LBL 和 Compare 指令的使用 对于电气噪声 将控制面板连接到良好的接地且高压布线不与低压布线并行，这是非常重要的 将 24V DC 传感器电源的 M 端接地
没有 LED 点亮	熔断丝熔断 24V 电源线反向接线 不正确的电压	将线性分析仪与系统相连以检查过电压峰值的大小和持续时间。基于此信息，为系统添加合适类型的制动器装置
与高能设备相关的间歇操作	不正确接地 控制机柜中的布线路由 输入过滤的延迟时间太短	参考布线指南正确接地 将控制面板良好接地，且高压布线不与低压布线并行 将 24V DC 传感器电源的 M 端接地 在系统数据块中增加输入过滤延迟
当连接到外部设备时，通信网络损坏计算机上的端口、S7-200 上的端口或 PC/PPI 电缆损坏	如果连接到网络的所有非绝缘设备（例如 PLC、计算机或其他设备）不共享同样的普通电路基准，则通信电缆可以为不必要的电流提供路径 不必要的电流可能导致导出通信出错，甚至可能损坏电路	参考布线和网络知识 采用绝缘 PC/PPI 电缆 当连接不具有普通电气基准的机器时，采用绝缘 RS485 中继器
电源接通就烧坏保险丝	I/O 板存在短路，主要发生在 I/O 板承载 DC 24V 电压转换为 DC 5V 的情况下	更换 DC-DC 转换元件

11.2.4　S7-200 的故障信息诊断

这里以程序错误为主诊断 S7-200 的故障信息，当出现故障时，查看 S7-200 故障信息，判断故障来源。进入 STEP 7-Micro/WIN 主菜单，单击【PLC】/【信息】菜单命令查看 S7-200 故障信息，故障信息可分为以下 3 类。

1. 致命错误

致命错误导致 CPU 停止执行用户程序。依据错误的严重性，一个致命错误会导致 CPU 无法执行某个或所有功能。处理致命错误的目标是使 CPU 进入安全状态，可以对当前存在的错误状况进行询问并响应。当一个致命错误发生时，CPU 会执行以下任务。

（1）进入 STOP（停止）方式。

（2）点亮系统致命错误和 STOP LED 指示灯。

（3）断开输出。这种状态将会持续到错误清除之后，表 11-4 列出了从 CPU 上可以读到的致命错误代码及其含义。

表 11-4　致命错误代码及含义

错误代码	错误描述	错误代码	错误描述
0000	无致命错误	000A	存储器卡失灵
0001	用户程序检查错误	000B	存储器卡上用户程序检查错误
0002	编译后的梯形图程序检查错误	000C	存储器卡配置参数检查错误
0003	扫描看门狗超时错误	000D	存储器卡强制数据检查错误
0004	内部 EEPROM 错误	000E	存储器卡默认输出表值检查错误
0005	内部 EEPROM 用户程序检查错误	000F	存储器卡用户数据、DBI 检查错误
0006	内部 EEPROM 配合参数检查错误	0010	内部软件错误
0007	内部 EEPROM 强制数据检查错误	0011	比较触点间接寻址错误
0008	内部 EEPROM 默认输出表值检查错误	0012	比较触点非法值错误
0009	内部 EEPROM 用户数据、DBI 检查错误	0013	存储器卡空或 CPU 不识别该卡

2. 运行时刻程序错误

在非程序正常运行中，可能会产生非致命错误（如寻址错误）。在这种情况下，CPU 会产生一个非致命的错误代码。表 11-5 列出了这些非致命错误代码及其含义。

表 11-5　非致命错误代码及含义

错误代码	错误描述
0000	无错误
0001	执行 HDEF 之间，HSC 不允许
0002	输入中断分配冲突，已分配给 HSC
0003	到 HSC 的输入分配冲突，已分配给输入中断
0004	在中断程序中企图执行 ENI、DISI 或 HDEF 指令
0005	第一个 HSC/PLS 未执行完之前，又企图执行同编号的第二个 HSC/PLS
0006	间接寻址错误
0007	TODW（写实时时钟）或 TODR（读实时时钟）数据错误
0008	用户子程序嵌套层数超过规定
0009	在程序执行 XMT 或 RCV 时，通信口 0 又执行另一条 XMT 或 RCV 指令
000A	在同一 HSC 执行时，又企图用 HDEF 指令再定义该 HSC
000B	在通信口 1 上同时执行 XMT 或 RCV 指令
000C	时钟卡不存在
000D	重新定义已经使用的脉冲输出
000E	PTO 个数设为 0
0091	范围错（带地址信息），检查操作数范围
0092	某条指令的计数域错误（带计数信息）
0094	范围错（带地址信息），写无效存储器
009A	用户中断程序试图转换成自由口通信模式

3. 编译规则错误

当下载一个程序时，CPU 将对该程序进行编译，如果 CPU 发现程序有违反编译规则（如非法指令），CPU 就会停止下载程序，并生成一个非致命编译规则错误代码。表 11-6 列出了违反编译规则所产生的错误代码及其含义。

表 11-6　编译规则错误代码及含义

错误代码	错误描述
0080	程序太大，无法编译
0081	堆栈溢出，必须把一个网络分成多个网络
0082	非法指令
0083	无 MEND 或主程序中不允许的指令
0085	无 FOR 指令
0086	无 NEXT 指令
0087	无标号
0088	无 RET
0089	无 RETI 或中断程序中有不允许的指令
008C	标号重复
008D	非法标号
0090	非法参数
0091	范围错（带地址信息），检查操作数范围
0092	指令计数错误（带计数信息），确认最大计数范围
0093	FOR/NEXT 嵌套层数超出
0095	无 LSCR 指令（装载 SCR）
0096	无 SCRE 指令（SCR 结束）或 SCRE 前面有不允许的指令
0097	程序中有不带编号的或带编号的 EU/ED 指令
0098	在 RUN 模式中的非法编辑（尝试在程序用未编号的 EU/ED 指令编辑）
009B	非法的索引（指定起始位置数值 0 的字符串操作）
009C	最大指令长度超出

无论出现上述哪种故障信息，只要根据错误代码代表的意义直接修改源程序即可。

11.3　S7-200 PLC 应用系统的调试

PLC 为系统调试提供了强大的功能，充分利用这些功能，将使系统调试简单、迅速。

1. 调试方法及步骤

系统调试时，应首先按要求将电源、I/O 端子等外部接线连接好，然后将已经编写好的梯形图送入 PLC，并使其处于监控或运行状态。系统调试流程如图 11-6 所示。

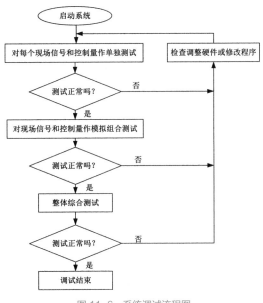

图 11-6　系统调试流程图

2. 对每个现场信号和控制量做单独测试

对于一个系统来说，现场信号和控制量一般不止一个，但可以人为地使各个现场信号和控制量一个一个单独满足要求。当一个现场信号和控制量满足要求时，观察 PLC 输出端和相应的外部设备的运行情况是否符合系统要求。如果出现不符合系统要求的情况，可以先检查外部接线是否正确，当接线准确时再检查程序，修改控制程序中的不当之处，直到对每一个现场信号和控制量单独作用时，都满足系统要求时为止。

3. 对现场信号和控制量做模拟组合测试

通过现场信号和控制量的不同组合来调试系统，也就是认为的使两个或多个现场信号和控制量同时满足要求，然后观察 PLC 输出端以及外部设备的运行情况是否满足系统的控制要求。一旦出现问题（基本上属于程序问题），应仔细检查程序并加以修改，直到满足系统要求为止。

4. 整个系统综合调试

整个系统的综合调试是对现场信号和控制量按实际要求进行模拟运行，以观察整个系统的运行状态和性能是否符合系统的控制要求。若控制规律不符合要求，绝大多数是因为控制程序有问题，应仔细检查并修改控制程序。若性能指标不满足要求，应该从硬件和软件两个方面加以分析，找出解决方法，调整硬件或软件，使系统达到控制要求。

11.4　S7-200 PLC 故障检查实例

下面以西门子 S7-200 系列 PLC 为例，介绍 PLC 运行中出现故障时的检查流程。

1. 总体检查

总体检查用于判断故障的大致范围，为进一步详细检查做前期准备，如图 11-7 所示。

2. 电源检查

如果在总体检查中发现电源指示灯不亮，则需要进行电源检查，如图 11-8 所示。

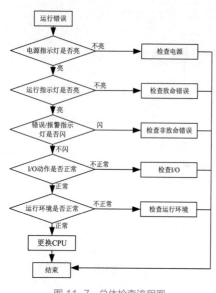

图 11-7　总体检查流程图

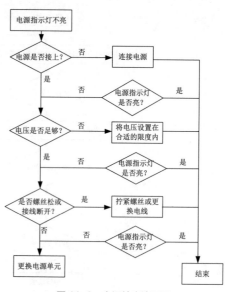

图 11-8　电源检查流程图

3. 致命错误检查

当 PLC 发生致命错误时，PLC 将停止运行，所有输出都将断开。对于电源中断错误，CPU 模块面板上的全部指示灯都暗。对于其他的致命错误，CPU 面板上的 POWER 指示灯和错误／报警（ERR/ALM）指示灯亮，RUN 指示灯暗。按照图 11-9 所示的流程检查系统错误。

4. 非致命错误检查

当 PLC 发生非致命错误时，CPU 模块面板上的电源指示灯和运行指示灯仍然保持亮，而 ERR/ALM 指示灯闪烁。虽然此时的 PLC 会继续运行，但仍需要继续纠正错误并清除错误，可在必要时停止 PLC 操作，以排除某些非致命错误。检查流程如图 11-10 所示。

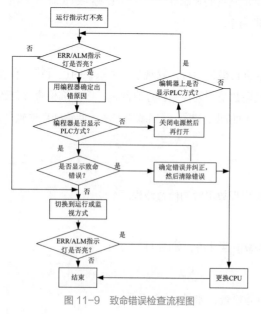

图 11-9　致命错误检查流程图

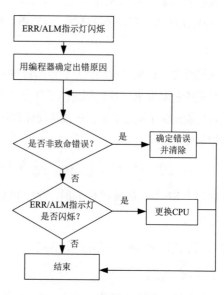

图 11-10　非致命错误检查流程图

5. I/O 检查

I/O 检查是以梯形图为基础的，检查流程如图 11-11 所示。

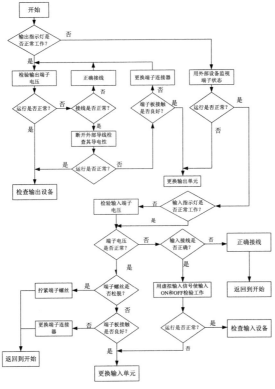

图 11-11　I/O 检查流程图

6. 环境条件检查

影响 PLC 工作的环境因素主要有温度、湿度和噪声等，各种因素对 PLC 的影响是独立的，参考性的环境条件检查流程图如图 11-12 所示。

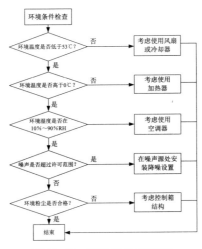

图 11-12　环境条件检查流程图

11.5　S7–300 /400 PLC 的基本故障种类

一般 PLC 的故障主要由外部故障或是内部错误造成。外部故障是由外部传感器或执行机构的故障等引发 PLC 产生故障，可能会使整个系统停机，甚至烧坏 PLC。而内部错误是 PLC 内部的功能性错误或编程错误造成的，可以使系统停机。S7–300 具有很强的错误（或称故障）检测和处理能力，CPU 检测到某种错误后，操作系统调用对应的组织块，用户可以在组织块中编程，对发生的错误采取相应的措施。对于大多数错误，如果没有给组织块编程，出现错误时 CPU 将进入 STOP 模式。

被 S7 CPU 检测到并且用户可以通过组织块对其进行处理的错误分为两类。

11.6　S7–300/400 PLC 的常规检查与维护

为了保障系统的正常运行，定期对 PLC 系统进行维护和检查是必不可少的，而且还必须熟悉一些故障诊断和排除方法。

1.　定期检查

PLC 是一种工业控制设备，尽管在可靠性方面采取了许多措施，但工作环境对 PLC 影响还是很大的。所以，通常每隔半年时间应对 PLC 做定期检查。如果 PLC 的工作条件不符合表 11–7 规定的标准，就要做一些应急处理，以便使 PLC 在规定的标准环境下工作。

表 11–7　周期性检查一览表

检查项目	检查内容	标准
交流电源电压稳定度	■ 测量加在 PLC 上的电压是否为额定值 ■ 电源电压是否出现频繁急剧的变化	■ 电源电压必须在工作电压范围内 ■ 电源电压波动必须在允许范围内
工作环境温度、湿度震动、灰尘	温度和湿度是否在相应的变化范围内（当 PLC 安装在仪表板上时，仪表上的温度可以认为是 PLC 的环境温度）	温度 0 ~ 55℃相对湿度 85% 以下振幅小于 0.5mm（10 ~ 55Hz）无大量灰尘、盐分和铁屑
安装条件	■ 基本单元和扩展单元是否安装牢固 ■ 基本单元和扩展单元的联接电缆是否完全插好 ■ 接线螺钉是否松动 ■ 外部接线是否损坏	■ 安装螺钉必须上紧 ■ 联接电缆不能松动 ■ 联接螺钉不能松动 ■ 外部接线不能有任何外观异常
使用寿命	■ 锂电池电压是否降低 ■ 继电器输出触点	■ 锂电池工作 5 年左右 ■ 继电器输出触点寿命 300 万次（35V 以上）

2.　日常维护

PLC 除了锂电池和继电器输出触点外，基本上没有其他易损元器件。由于存放用户程序的随机内存（RAM）、计数器和具有保持功能的辅助继电器等均用锂电池保护，锂电池的寿命大约 5 年，当锂电池的电压逐渐降低到一定程度时，PLC 基本单元上的电池电压跌落，指示灯会亮。提醒用户注意的是，有锂电池所支持的程序还可以保持一周左右，必须及时更换电池，这是日常维护的主要内容。

调换锂电池的步骤如下。

（1）在拆装之前，应先让 PLC 通电 15s 以上，这样可使作为内存备用电源的电容器充电，在锂电池断开后，该电容可对 PLC 做短暂供电，以保护 RAM 中的信息不丢失。

（2）断开 PLC 的交流电源。

（3）打开基本单元的电池盖板。

（4）取下旧电池，装上新电池。

（5）盖上电池盖板。

更换电池的时间要尽量短，一般不允许超过 3min。如果时间过长，RAM 中的程序将丢失。

11.7　S7–300/400 PLC 外部故障的排除

PLC 有很强的自诊断能力，当 PLC 自身故障或外围设备发生故障时，都可用 PLC 上具有诊断指示功能的发光二极管的亮灭来诊断。

1．故障查找

❶ 总体检查

根据总体检查流程图找出故障点的大方向，逐渐细化，以找出具体故障，如图 11-13 所示。

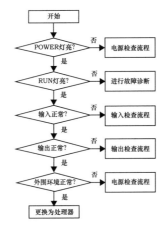

图 11-13　总体检查流程图

❷ 电源故障检查

电源灯不亮，需要对供电系统进行检查，检查流程图如图 11-14 所示。

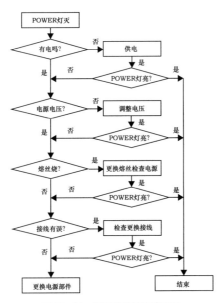

图 11-14　电源故障检查流程图

❸ 运行故障检查

电源正常，运行指示灯不亮，说明系统已因某种异常而终止了正常运行，检查流程图如图 11-15 所示。

❹ 输入输出故障检查

输入输出是 PLC 与外部设备进行信息交流的信道，其是否正常工作，除了和输入输出单元有关外，还与联接配线、接线端子、保险管等组件状态有关。图 11-16 和图 11-17 所示为输入检查流程和输出检查流程。

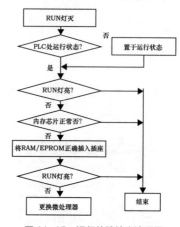

图 11-15　运行故障检查流程图

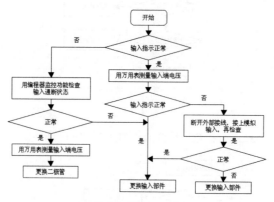

图 11-16　输入检查流程图

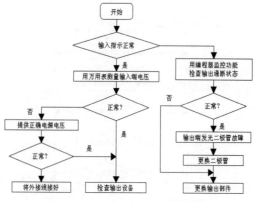

图 11-17　输出检查流程图

⑤ 外围环境的检查

影响 PLC 工作的环境因素主要有温度、湿度、噪声、粉尘以及腐蚀性酸碱等。

2. 故障的处理

不同故障产生的原因不同，其处理方法也不同，具体请参见表 11–8 ~ 表 11–10。

表 11–8　CPU 装置、I/O 扩展装置故障处理

异常现象	可能原因	处理
[POWER]LED 灯不亮	■ 电压切换端子设定不良 ■ 保险丝熔断	■ 正确设定切换端子 ■ 更换保险丝
保险丝多次熔断	■ 电压切换端子设定不良 ■ 线路短路或烧坏	■ 正确设定切换端子 ■ 更换电源单元
[RUN]LED 灯不亮	■ 程序错误 ■ 电源线路不良 ■ I/O 单元号重复 ■ 远程 I/O 电源关，无终端	■ 修改程序 ■ 更换 CPU 单元 ■ 修改 I/O 单元号 ■ 接通电源
运行中输出端没闭合（[POWER] 灯亮）	电源回路不良	更换 CPU 单元
编号以后的继电器不动作	I/O 总线不良	更换基板单元
特定的继电器编号的输出（入）接通	I/O 总线不良	更换基板单元
特定单元的所有继电器不接通	I/O 总线不良	更换基板单元

表 11–9　输入单元故障处理

异常现象	可能原因	处理
输入全部不接通（动作指示灯也灭）	■ 未加外部输入电压 ■ 外部输入电压低 ■ 端子螺钉松动 ■ 端子板联接器接触不良	■ 供电 ■ 加额定电源电压 ■ 拧紧 ■ 把端子板补充插入、锁紧。更换端子板连接器
输入全部断开（输入指示灯也灭）	输入回路不良	更换单元
输入全部不关断	输入回路不良	更换单元
特定继电器编号的输入不接通	■ 输入器件不良 ■ 输入配线断线 ■ 端子螺钉松弛 ■ 端子板联接器接触不良 ■ 外部输入接触时间短 ■ 输入回路不良 ■ 程序的 OUT 指令中用了输入继电器编号	■ 更换输入器件 ■ 检查输入配线 ■ 拧紧 ■ 把端子板补充插入、锁紧。更换端子板连接器 ■ 调整输入组件 ■ 更换单元 ■ 修改程序
特定继电器编号的输入不关断	■ 输入回路不良 ■ 程序的 OUT 指令中用了输入继电器编号	■ 更换组件 ■ 修改程序

异常现象	可能原因	处理
输入不规则 ON/OFF 动作	■ 外部输入电压低 ■ 噪声引起的误动作 ■ 端子螺钉松动 ■ 端子板连接器接触不良	■ 使外部输入电压在额定值范围 ■ 抗干扰措施：安装绝缘变压器、安装尖峰抑制器、用屏蔽线配线等 ■ 拧紧 ■ 把端子板补充插入、锁紧。更换端子板连接器
异常动作的继电器编号为 8 点单位	■ COM 端螺钉松动 ■ 端子板连接器接触不良 ■ CPU 不良	■ 拧紧 ■ 把端子板补充插入、锁紧；更换端子板连接器 ■ 更换 CPU 单元
输入动作指示灯不亮（动作正常）	LED 灯坏	更换单元

表 11-10　输出单元故障处理

异常现象	可能原因	处理
输出全部不接通	■ 未加负载电源 ■ 负载电源电压低 ■ 端子螺钉松动 ■ 端子板连接器接触不良 ■ 保险丝熔断 ■ I/O 总线接触不良 ■ 输出回路不良	■ 加电源 ■ 使电源电压为额定值 ■ 拧紧 ■ 把端子板补充插入、锁紧；更换端子板连接器 ■ 更换保险丝 ■ 更换单元 ■ 更换单元
输出全部不关断	输出回路不良	更换单元
特定继电器编号的输出不接通（动作指示灯灭）	■ 输出接通时间短 ■ 程序中指令的继电器编号重复 ■ 输出回路不良	■ 更换单元 ■ 修改程序 ■ 更换单元
特定继电器编号的输出不接通（动作指示灯亮）	■ 输出器件不良 ■ 输出配线断线 ■ 端子螺钉松动 ■ 端子连接接触不良 ■ 继电器输出不良 ■ 输出回路不良	■ 更换输出器件 ■ 检查输出线 ■ 拧紧 ■ 端子充分插入、拧紧 ■ 更换继电器 ■ 更换单元
特定继电器编号的输出不关断（动作指示灯灭）	■ 输出继电器不良 ■ 由于漏电流或残余电压而不能关断	■ 更换继电器 ■ 更换负载或加假负载电阻
特定继电器编号的输出不关断（动作指示灯亮）	■ 程序 OUT 指令的继电器编号重复 ■ 输出回路不良	■ 修改程序 ■ 更换单元
输出出现不规则的 ON/OFF 现象	■ 电源电压低 ■ 程序 OUT 指令的继电器编号重复 ■ 噪音引起的误动作 ■ 端子螺钉松动 ■ 端子连接接触不良	■ 调整电压 ■ 修改程序 ■ 抗噪音措施：装抑制器、装绝缘变压器、用屏蔽线配线等 ■ 拧紧 ■ 端子充分插入、拧紧

异常现象	可能原因	处理
异常动作的继电器编号为8点单位	■ COM 端子螺钉松动 ■ 端子连接接触不良 ■ 保险丝熔断 ■ CPU 不良	■ 拧紧 ■ 端子充分插入、拧紧 ■ 更换保险丝 ■ 更换 CPU 单元
输出指示灯不亮（动作正常）	LED 灯坏	更换单元

11.8　S7–300/400 PLC 内部错误的故障诊断

S7–300 具有非常强大的故障诊断功能，通过 STEP 7 编程软件可以获得大量的硬件故障与编程错误的信息，使用户能迅速地查找到故障。

这里的诊断是指 S7–300 内部集成的错误识别和记录功能，错误信息在 CPU 的诊断缓冲区内。有错误或事件发生时，标有日期和时间的信息被保存到诊断缓冲区，时间保存到系统的状态表中，如果用户已对有关的错误处理组织块编程，CPU 将调用该组织块。

11.8.1　故障诊断的基本方法

在 SIMATIC 管理器中选择菜单命令【View】/【Online】，打开在线窗口。打开所有的站，查看是否有 CPU 显示了指示错误或故障的诊断符号。

诊断符号用来形象直观地表示模块的运行模式和模块的故障状态，如图 11–18 所示。如果模块有诊断信息，在模块符号上将会增加一个诊断符号，或者模块符号的对比度降低。

模块故障　当前组态与实际组态不匹配　无法诊断　启动　停止　多机运行模式中被另一CPU触发停止　运行　强制与运行　保持

图 11–18　诊断符号

- 当前组态与实际组态不匹配：表示被组态的模块不存在，或者插入了与组态的模块的型号不同的模块。
- 无法诊断：表示无线上连接，或该模块不支持模块诊断信息，例如电源模块或子模块。
- "强制"符号：表示在该模块上有变量被强制，即在模块的用户程序中有变量被赋予一个固定值，该数据值不能被程序改变。"强制"符号可以与其他符号组合在一起显示，如图 11–18 中的 （强制与运行）符号。
- 从在线的 SIMATIC 管理器的窗口、在线的硬件诊断功能打开的快速窗口和在线的硬件组态窗口（诊断窗口），都可以观察到诊断符号。
- 通过观察诊断符号，可以判断 CPU 模块的运行模式是否有强制变量，CPU 模块和功能模块（FM）是否有故障。
- 打开在线窗口，在 SIMATIC 管理器中执行菜单命令【PLC】/【Diagnostic/Setting】/【Hardware Diagnostics】，将打开硬件诊断快速浏览窗口。在该窗口中显示 PLC 的状态，看到诊断功能的模块的硬件故障，双击故障模块可以获得详细的故障信息。

11.8.2　利用 CPU 诊断缓冲区进行详细故障诊断

建立与 PLC 的在线连接后，在 SIMATIC 管理器中选择要检查的站，执行菜单命令【PLC】/【Diagnostic/

Setting】/【Module Information】，如图 11-19 所示，将打开模块信息窗口，显示该站中 CPU 的信息。在快速窗口中使用【Module Information】。

图 11-19　打开 CPU 诊断缓冲区

在模块信息窗口中的诊断缓冲区【Diagnostic Buffer】选项中，给出了 CPU 中发生的事件一览表，选中【Events】窗口中某一行的某一事件，下面灰色的【Details on】窗口将显示所选事件的详细信息，如图 11-20 所示。使用诊断缓冲区可以对系统的错误进行分析，查找停机的原因，并对出现的诊断时间分类。

诊断事件包括模块故障、过程写错误、CPU 中的系统错误、CPU 运行模式的切换、用户程序的错误和用户用系统功能 SFC52 定义的诊断事件。

在模块信息窗口中，编号为 1，位于最上面的事件是最近发生的事件。如果显示因编程错误造成 CPU 进入 STOP 模式，选择该事件，并单击【Open Block】按钮，将在程序编辑器中打开与错误有关的块，显示出错的程序段。

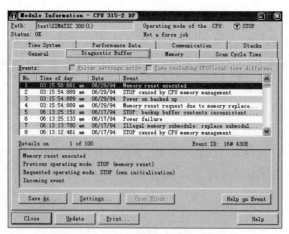

图 11-20　CPU 模块的在线模块信息窗

诊断中断和 DP 从站诊断信息用于查找模块和 DP 从站中的故障原因。

【Memory】（内存）选项卡给出了所选的 CPU 或 M7 功能模块的工作内存和装载内存当前的使用情况，可以检查 CPU 或功能模块的装载内存中是否有足够的空间用来存储新的块，如图 11-21 所示。

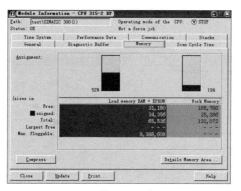

图 11-21 【Memory】选项卡

【Scan Cycle Time】（扫描循环时间）选项卡用于显示所选 CPU 或 M7 功能模块的最小循环时间、最大循环时间和当前循环时间，如图 11-22 所示。

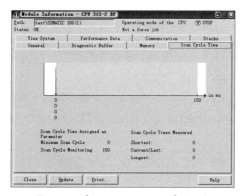

图 11-22 【Scan Cycle Time】选项卡

如果最长循环时间接近组态的最大扫描循环时间，由于循环时间的波动可能产生时间错误，此时应增大设置的用户程序最大循环时间（监控时间）。

如果循环时间小于设置的最小循环时间，CPU 自动延长循环至设置的最小循环时间。在这个延长时间内可以处理背景组织块（OB90）。组态硬件时可以设置最大和最小循环时间。

【Time System】（时间系统）选项卡显示当前日期、时间、运行的小时数以及时钟同步的信息，如图 11-23 所示。

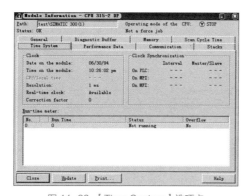

图 11-23 【Time System】选项卡

【Performance Data】（性能数据）选项卡给出了所选模块（CPU/FM）可以使用的地址区和可以使用的 OB、SFB 和 SFC，如图 11-24 所示。

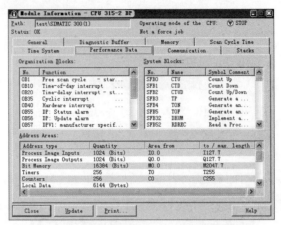

图 11-24 【Performance Data】选项卡

【Communication】（通信）选项卡给出了所选模块的传输速率、可以建立的连接个数和通信处理占扫描周期的百分比，如图 11-25 所示。

【Stacks】（堆栈）选项卡只能在 STOP 模式或 HOLD（保持）模式下调用，显示所选模块的 B（块）堆栈。还可以显示 I（中断）堆栈、L（局域）堆栈以及嵌套深度堆栈。可以跳转到使块中断的故障点，判明引起停机的原因。

在模块信息窗口各选项卡的上面显示了附加的信息，如所选模块的在线路径、CPU 的操作模式和状态（如出错或 OK）、所选模块的操作模式。

从【Accessible Nodes】窗口打开的非 CPU 模块的模块信息中，不能显示 CPU 本身的操作模式和所选模块的状态。

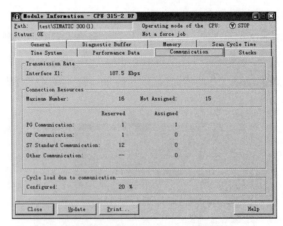

图 11-25 【Communication】选项

11.8.3 错误处理组织块

组织块是操作系统与用户程序之间的接口。S7 提供了各种不同的组织块（OB），用组织块可以创建在特定时间执行的程序和响应特定事件的程序。

系统程序可以检测的错误有，不正确的 CPU 功能、系统程序执行中的错误、用户程序中的错误和 I/O 中的错误。根据错误类型的不同，CPU 设置为进入 STOP 模式或调用一个错误处理 OB。

当 CPU 检测到错误时，会调用适当的组织块，如表 11-11 所示。如果没有相应的错误处理 OB，CPU 将进入 STOP 模式。用户可以在错误处理 OB 中编写如何处理这种错误的程序，以减小或消除错误的影响。

表 11-11　错误处理组织块

OB 号	错误类型	优先级
OB70	I/O 冗余错误（仅 H 系列 CPU）	25
OB72	CPU 冗余错误（仅 H 系列 CPU）	28
OB73	通信冗余错误（仅 H 系列 CPU）	35
OB80	时间错误	26
OB81	电源错误	26/28
OB82	诊断中断	
OB83	插入 / 取出模块中断	
OB84	CPU 硬件故障	
OB85	优先级错误	
OB86	机架故障或分布式 I/O 的站故障	
OB87	通信错误	
OB121	编程错误	引起错误的 OB 的优先级
OB122	I/O 访问错误	

为避免发生某种错误时 CPU 进入停机，可以在 CPU 中建立一个对应的空的组织块。用户可以利用 OB 中的变量声明表提供的信息来判别错误的类型。

根据 S7 CPU 检测到并且用户可以通过组织块对其进行处理的错误分为异步错误和同步错误。

1. 异步错误组织块

异步错误是与 PLC 的硬件或操作系统密切相关的错误，与程序执行无关。异步错误的后果一般都比较严重。异步错误对应的组织块为 OB70 ~ OB73 和 OB80 ~ OB87，有最高的优先级。操作系统检测到一个异步错误时，将启动相应的 OB。

❶ 时间错误处理组织块（OB80）

OB 执行时出现故障 S7-300 CPU 的操作系统调用 OB80。这样的故障包括循环时间超出、执行 OB 时应答故障、向前移动时间以至于跃过了 OB 的启动的时间、CLR 后恢复 RUN 方式。

如果当循环中断 OB 仍在执行前一次调用时，该 OB 块的启动事件发生，操作系统调用 OB80。如果 OB80 未编程，CPU 变为 STOP 方式，可以使用 SFC39 ~ SFC42 封锁、延时或再使用时间故障 OB。

如果在同一个扫描周期中由于扫描时间超出 OB80 被调用两次，CPU 就变为 STOP 方式，可以通过在程序中适当的位置调用 SFC43 "RE_TRIGR" 来避免这种情况。

打开 OB80 可以从 OB80 的临时变量中得到故障信息，如图 11-26 所示。

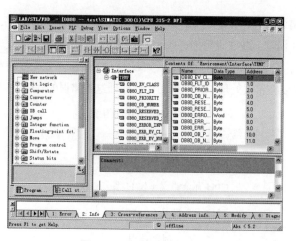

图 11-26　OB80 的临时变量

OB80 的变量申明表如表 11-12 所示。

表 11-12　OB80 的变量申明表

变量	类型	描述
OB80_EV_CLASS	BYTE	事件级别和标识：B#16#35
OB80_FLT_ID	BYTE	故障代码
OB80_PRIORITY	BYTE	优先级：在 RUN 方式时 OB80 以优先级 26 运行，OB 请求缓冲区溢出时以优先级 28 运行
OB80_OB_NUMBR	BYTE	OB 号
OB80_RESERVED_1	BYTE	保留
OB80_RESERVED_2	BYTE	保留
OB80_ERROR_INFO	WORD	故障信息：根据故障代码
OB80_ERR_EV_CLASS	BYTE	引起故障的启动事件的事件级别
OB80_ERR_EV_NUM	BYTE	引起故障的启动事件的事件号
OB80_OB_PRIORITY	BYTE	故障信息：根据故障代码
OB80_OB_NUM	BYTE	故障信息：根据故障代码
OB80_DATE_TIME	DATE_AND_TIME	OB 被调用时的日期和时间 4

❷ 电源故障处理组织块（OB81）

与电源（仅对 S7-400）或后备电池有关的故障事件发生时，S7-300 CPU 的操作系统调用 OB81，表 11-13 所示为 OB81 的变量申明表。

如果 OB81 未编程，CPU 并不转换为 STOP 方式。可以使用 SFC39 ～ SFC42 来禁用、延时或再使用电源故障 OB81。

表 11-13　OB81 的变量申明表

变量	类型	描述
OB81_EV_CLASS	BYTE	事件级别和标志：B#16#38，离去事件；B#16#39，到来事件
OB81_FLT_ID	BYTE	故障代码
OB81_PRIORITY	BYTE	优先级：可通过 STEP 7 选择（硬件组态）
OB81_OB_NUMBR	BYTE	OB 号

变量	类型	描述
OB81_RESERVED_1	BYTE	保留
OB81_RESERVED_2	BYTE	保留
OB81_MDL_ADDR	INT	位 0 ~ 2：机架号 位 3：0 ＝备用 CPU，1 ＝主站 CPU 位 4 ~ 7：1111
OB81_RESERVED_3	BYTE	仅与部分故障代码有关
OB81_RESERVED_4	BYTE	
OB81_RESERVED_5	BYTE	
OB81_RESERVED_6	BYTE	
OB81_DATE_TIME	DATE_AND_TIME	OB 被调用时的日期和时间

❸ 诊断中断处理组织块（OB82）

如果模块具有诊断能力又使用了诊断中断，当它检测到错误时，它输出一个诊断中断请求给 CPU 以及错误消失时，操作系统都会调用 OB82。当一个诊断中断被触发时，有问题的模块自动地在诊断中断 OB 的启动信息和诊断缓冲区中存入 4 个字节的诊断数据和模块的起始地址。可以用 SFC39 ~ SFC42 来禁用、延时或再使用诊断中断 OB82，表 11-14 描述了诊断中断 OB82 的临时变量。

表 11-14　OB82 的变量申明表

变量	类型	描述
OB82_EV_CLASS	BYTE	事件级别和标志：B#16#38，离去事件；B#16#39，到来事件
OB82_FLT_ID	BYTE	故障代码
OB82_PRIORITY	BYTE	优先级：可通过 SETP 7 选择（硬件组态）
OB82_OB_NUMBR	BYTE	OB 号
OB82_RESERVED_1	BYTE	备用
OB82_IO_FLAG	BYTE	输入模板：B#16#54；输出模板：B#16#55
OB82_MDL_ADDR	WORD	故障发生处模板的逻辑起始地址
OB82_MDL_DEFECT	BOOL	模板故障
OB82_INT_FAULT	BOOL	内部故障
OB82_EXT_FAULT	BOOL	外部故障
OB82_PNT_INFO	BOOL	通道故障
OB82_EXT_VOLTAGE	BOOL	外部电压故障
OB82_FLD_CONNCTR	BOOL	前连接器未插入
OB82_NO_CONFIG	BOOL	模板未组态
OB82_CONFIG_ERR	BOOL	模板参数不正确
OB82_MDL_TYPE	BYTE	位 0 ~ 3：模板级别；位 4：通道信息存在；位 5：用户信息存在；位 6：来自替代的诊断中断；位 7：备用
OB82_SUB_MDL_ERR	BOOL	子模板丢失或有故障
OB82_COMM_FAULT	BOOL	通信问题
OB82_MDL_STOP	BOOL	操作方式（0：RUN，1：STOP）
OB82_WTCH_DOG_FLT	BOOL	看门狗定时器响应

变量	类型	描述
OB82_INT_PS_FLT	BOOL	内部电源故障
OB82_PRIM_BATT_FLT	BOOL	电池故障
OB82_BCKUP_BATT_FLT	BOOL	全部后备电池故障
OB82_RESERVED_2	BOOL	备用
OB82_RACK_FLT	BOOL	扩展机架故障
OB82_PROC_FLT	BOOL	处理器故障
OB82_EPROM_FLT	BOOL	EPROM 故障
OB82_RAM_FLT	BOOL	RAM 故障
OB82_ADU_FLT	BOOL	ADC/DAC 故障
OB82_FUSE_FLT	BOOL	熔断器熔断
OB82_HW_INTR_FLT	BOOL	硬件中断丢失
OB82_RESERVED_3	BOOL	备用
OB82_DATE_TIME	DATE_AND_TIME	OB 被调用时的日期和时间

在编写 OB82 的程序时，要从 OB82 的启动信息中获得与出现的错误有关的更确切的诊断信息，比如是哪一个通道出错，出现的是哪种错误。使用 SFC51 "RDSYSST" 也可以读出模块的诊断数据，用 SFC52 "WR_USMSG" 可以将这些信息存入诊断缓冲区。

现在通过结合模板的短线诊测应用和 SFC51 来说明诊断中断组织块 OB82 的使用方法。

首先，在 SIMATIC 管理器中新建一个项目，插入一个 300 站。硬件组态，在机架上插入 CPU 315-2DP 和一块具有中断功能模拟量输入模块 SM331，配置 SM331 模块的【Inputs】选项，选择 0-1 通道组为 2 线制电流（2DMU），其他通道组为电压，并注意模块的量程卡要与设置的相同。选中【Enable】分组框中的【Diagnostic Interrupt】复选项，选中【Diagnostics】选项中的 0-1 通道组中的【Group Diagnostics】和【with Check for Wire Break】复选项，如图 11-27 所示。

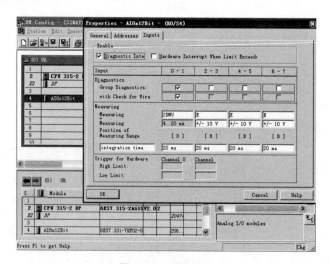

图 11-27　硬件组态

单击 OK 按钮，然后双击 CPU 315-2DP，选择【Interrupts】选项卡，可以看到 CPU 支持 OB82，如图 11-28 所示。硬件组态完成后，保存编译，下载到 CPU 中。

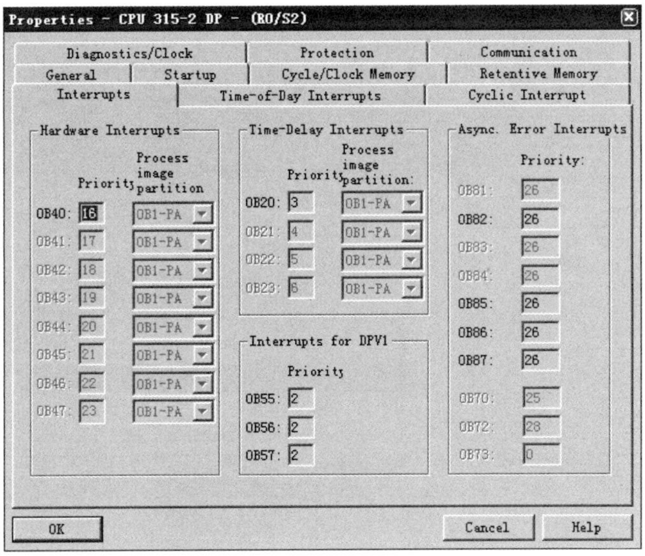

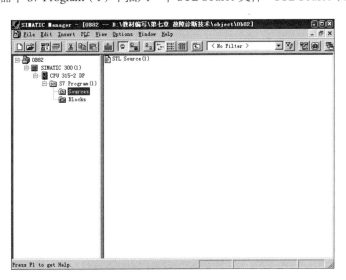

图 11-28　CPU 中的【Interrupts】选项卡

然后完成诊断程序。OB82 程序当在硬件组态中设定的诊断中断发生后执行，但 OB82 执行时可以通过它的临时变量 OB82_MDL_ADDR 读出产生诊断中断的模块的逻辑地址。STEP 7 不能时时监控程序的运行。

在 SIMATIC 管理器中 S7 Program（1）下插入一个 STL Source 文件"STL Source（1）"，如图 11-29 所示。

图 11-29　插入 STL Source 文件

打开 OB1，在【Libraries】/【Standard Libraries】/【System Function Blocks】下找到 SFC51"RDSYSST DIAGNSTC"，按 F1 键，出现 SFC51 在线帮助信息，在帮助信息的最底部单击【Example for module diagnostics with the SFC51】，然后单击【STL Source File】，选中全部 STL Source 源程序拷贝到 STL Source（1）中，编译保存。这时在 Blocks 中生成 OB1、OB82、DB13 和 SFC51。

打开 OB82，对其中的程序做简单的修改，将 19 和 20 行的程序拷贝到"go："后面，如图 11-30 所示。再进行保存，下载到 CPU 中。

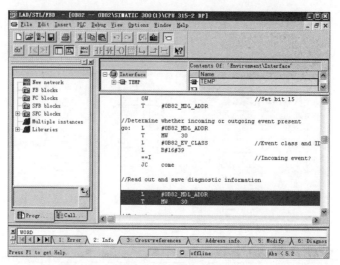

图 11-30 OB82 的程序修改

下载完成后，将 CPU 上的模式选择开关切换到 "RUN" 状态，此时，CPU 上的 "RUN" 灯和 "SF" 灯会亮，SM331 模块上的 "SF" 灯也会亮。同时，查看 CPU 的诊断缓冲区可以获得相应的故障信息。

打开 DB13 数据块在线监控，如图 11-31 所示。因为通道断线是一个到来事件，所以诊断信息存储到 COME 数组中。

Address	Name	Type	Initial value	Actual value	Comment
0.0	COME[1]	BYTE	B#16#0	B#16#D	
1.0	COME[2]	BYTE	B#16#0	B#16#15	
2.0	COME[3]	BYTE	B#16#0	B#16#0	
3.0	COME[4]	BYTE	B#16#0	B#16#0	
4.0	COME[5]	BYTE	B#16#0	B#16#71	
5.0	COME[6]	BYTE	B#16#0	B#16#8	
6.0	COME[7]	BYTE	B#16#0	B#16#8	
7.0	COME[8]	BYTE	B#16#0	B#16#3	
8.0	COME[9]	BYTE	B#16#0	B#16#10	
9.0	COME[10]	BYTE	B#16#0	B#16#10	
10.0	COME[11]	BYTE	B#16#0	B#16#0	
11.0	COME[12]	BYTE	B#16#0	B#16#0	
12.0	COME[13]	BYTE	B#16#0	B#16#0	
13.0	COME[14]	BYTE	B#16#0	B#16#0	
14.0	COME[15]	BYTE	B#16#0	B#16#0	
15.0	COME[16]	BYTE	B#16#0	B#16#0	

图 11-31 DB13 中的数据变换

本例中 COME 数组字节的含义如下。

- COME[1]=B#16#D：表示通道错误、外部故障和模块问题。
- COME[2]=B#16#15：表示此段信息为模拟量模块的通道信息。
- COME[3]=B#16#0：表示 CPU 处于运行状态，无字节 2 中标示的故障信息。
- COME[4]=B#16#0：表示无字节 3 中标示的故障信息。
- COME[5]=B#16#71：表示模拟量输入。

- COME[6]=B#16#8：表示模块的每个通道有 8 个诊断位。
- COME[7]=B#16#8：表示模块的通道数。
- COME[8]=B#16#3：表示 0 通道错误和 1 通道错误，其他通道正常。
- COME[9]=B#16#10：表示 0 通道断线。
- COME[10]=B#16#10：表示 1 通道断线。
- COME[11]=B#16#0：表示 2 通道正常，其他通道与 2 通道相同。

4 插入/拔出模块中断组织块（OB83）

当组态的模块插入 / 拔出后或在 SETP 7 下修改了模块的参数并在 "RUN" 状态把所做修改下载到 CPU 后，CPU 操作系统调用 OB83。

在 "RUN" "STOP" 和 "STARTUP" 状态时每次组态的模块插入或拔出，就产生一个插入 / 拔出中断（电源模块、CPU、适配模块和 IM 模块不能在这种状态下移出）。该中断引起有关 CPU 的诊断缓冲区和系统状态表的记录。

如果在 "RUN" 状态下拔出组态的模块，OB83 启动。由于仅以一秒的间隔监视模块的存在，如果模块被直接访问或当过程映像被刷新时可能首先检测出访问故障。如果在 "RUN" 状态下插入一块模块，操作系统检查插入模块的类型是否与组态的记录一致，如果模块类型匹配，于是 OB83 被启动并且参数被赋值。可以借助 SFC39 ～ SFC42 来禁用、延时或再使用插入 / 拔出模块中断（OB83），表 11-15 描述了插入 / 拔出模块中断 OB83 的临时变量。

表 11-15　OB83 的变量申明表

变量	类型	描述
OB83_EV_CLASS	BYTE	事件级别和标志：B#16#32，模块参数赋值结束；B#16#33，模块参数赋值启动；B#16#38，模块插入；B#16#39，模块拔出或无反应，或参数赋值结束
OB83_FLT_ID	BYTE	故障代码
OB83_PRIORITY	BYTE	优先级，可通过 STEP 7 选择（硬件组态）
OB83_OB_NUMBR	BYTE	OB 号
OB83_RESERVED_1	BYTE	块模块或接口模块标志
OB83_MDL_ID	BYTE	范围：B#16#54，外设输入（PI）；B#16#55，外设输出（PQ）
OB83_MDL_ADDR	WORD	有关模块的逻辑起始地址
OB83_RACK_NUM	WORD	B#16#A0，接口模块号；B#16#C4，机架号或 DP 站号（低字节）或 DP 主站系统 ID（高字节）
OB83_MDL_TYPE	WORD	有关模块的模块类型
OB83_DATE_TIME	DATE_AND_TIME	OB 被调用时的日期和时间

5 CPU硬件故障处理组织块（OB84）

当 CPU 检测到 MPI 网络的接口故障、通信总线的接口故障或分布式 I/O 网卡的接口故障时，操作系统调用 OB84。故障消除时也会调用该 OB，即事件到来和离去时都调用该 OB。表 11-16 描述了 CPU 硬件故障 OB84 的临时变量。

表 11-16　OB84 的变量申明表

变量	类型	描述
OB84_EV_CLASS	BYTE	事件级别和标志：B#16#38，离去事件；B#16#39，到来事件
OB84_FLT_ID	BYTE	故障代码
OB84_PRIORITY	BYTE	优先级，可通过 STEP 7 选择（硬件组态）
OB84_OB_NUMBR	BYTE	OB 号
OB84_RESERVED_1	BYTE	备用
OB84_RESERVED_2	BYTE	备用
OB84_RESERVED_3	WORD	备用
OB84_RESERVED_4	DWORD	备用
OB84_DATE_TIME	DATE_AND_TIME	OB 被调用时的日期和时间

❻ 优先级错误处理组织块（OB85）

在以下情况下将会触发优先级错误中断。

- 产生了一个中断事件，但是对应的 OB 没有下载到 CPU。
- 访问一个系统功能块的背景数据块时出错。
- 刷新过程映像表时 I/O 访问出错，模块不存在或有故障。

在编写 OB85 的程序时，应根据 OB85 的启动信息，判定是哪个模块损坏或没有插入。可以使用 SFC39 ~ SFC42 封锁或延时并使能优先级故障 OB，表 11-17 描述了优先级故障 OB85 的临时变量。

表 11-17　OB85 的变量申明表

变量	类型	描述
OB85_EV_CLASS	BYTE	事件级别和标志
OB85_FLT_ID	BYTE	故障代码
OB85_PRIORITY	BYTE	优先级，可通过 STEP 7 选择（硬件组态）
OB85_OB_NUMBR	BYTE	OB 号
OB85_RESERVED_1	BYTE	备用
OB85_RESERVED_2	BYTE	备用
OB85_RESERVED_3	INT	备用
OB85_ERR_EV_CLASS	BYTE	引起故障的事件级别
OB85_ERR_EV_NUM	BYTE	引起故障的事件号码
OB85_OB_PRIOR	BYTE	当故障发生时被激活 OB 的优先级
OB85_OB_NUM	BYTE	当故障发生时被激活 OB 的号码
OB85_DATE_TIME	DATE_AND_TIME	OB 被调用时的日期和时间

❼ 机架故障组织块（OB86）

出现下列故障或故障消失时，都会触发机架故障中断，操作系统将调用 OB86：扩展机架故障（不包括 CPU 318）、DP 主站系统故障或分布式 I/O 故障。故障产生和故障消失时都会产生中断。

在编写 OB86 的程序时，应根据 OB86 的启动信息，判断是哪个机架损坏或找不到。可以使用 SFC39 ~ SFC42 封锁或延时并使能 OB86，表 11-18 描述了机架故障 OB86 的临时变量。

表 11-18　OB86 的变量申明表

变量	类型	描述
OB86_EV_CLASS	BYTE	事件级别和标志：B#16#38，离去事件；B#16#39，到来事件
OB86_FLT_ID	BYTE	故障代码
OB86_PRIORITY	BYTE	优先级，可通过 STEP 7 选择（硬件组态）
OB86_OB_NUMBR	BYTE	OB 号
OB86_RESERVED_1	BYTE	备用
OB86_RESERVED_2	BYTE	备用
OB86_MDL_ADDR	WORD	根据故障代码
OB86_RACKS_FLTD	ARRAY[0..31]	根据故障代码
OB86_DATE_TIME	DATE_AND_TIME	OB 被调用时的日期和时间

　　下面来说明 OB86 的使用。新建一个项目，插入一个 300 站，进行硬件组态。在机架中插入 CPU 315-2DP，选择 DP 作为主站，在 DP 主站下添加一个 ET200M 从站，并在从站中插入一个模拟量输入模块 SM331，如图 11-32 所示。

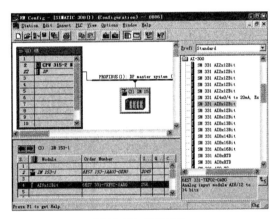

图 11-32　硬件组态

　　然后双击 CPU，选择【Interrupts】选项卡，可以看到 CPU 支持 OB86，如图 11-33 所示。硬件组态完成后，保存编译，下载到 CPU 中。

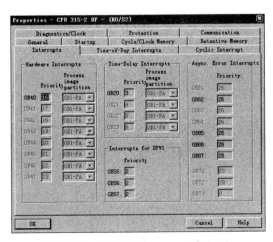

图 11-33　CPU 中的【Interrupts】选项卡

OB86 程序当在通信发生问题后或者访问不到配置的机架或站时执行，此时程序可能还需要调用 OB82 和 OB122 等组织块，当 OB86 执行时可以通过它的临时变量读出产生的故障代码和事件类型，通过它们的组合可以得到具体错误信息，同时也可以读出产生错误的模块地址和机架信息。STEP 7 不能时时监控程序的运行，可以用"Variable Table"监控实时数据的变化。

打开组织块 OB86 编写程序，程序如图 11-34 所示。

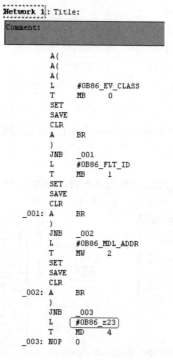

```
Network 1: Title:

Comment:

        A(
        A(
        A(
        L      #OB86_EV_CLASS
        T      MB    0
        SET
        SAVE
        CLR
        A      BR
        )
        JNB    _001
        L      #OB86_FLT_ID
        T      MB    1
        SET
        SAVE
        CLR
_001:   A      BR
        )
        JNB    _002
        L      #OB86_MDL_ADDR
        T      MW    2
        SET
        SAVE
        CLR
_002:   A      BR
        )
        JNB    _003
        L      #OB86_z23
        T      MD    4
_003:   NOP    0
```

图 11-34　OB86 中所编写的程序

该程序也可以转化成梯形图，但程序中要将 OB86 的临时变量 OB86_RACKS_FLTD ARRAY[0..31] 改成 OB86_z23 DWORD。

把程序下载到 CPU 后，在【Blocks】插入【Variable Table】，如图 11-35 所示。

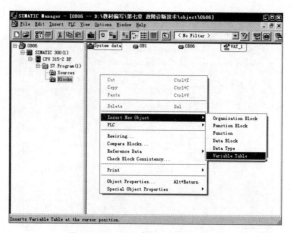

图 11-35　插入【Variable Table】

⑧ 通信错误组织块（OB87）

在使用通信功能块或全局数据（GD）通信进行数据交换时，如果出现下列通信错误，操作系统将调用 OB87。

- 接收全局数据时，检测到不正确的帧标识符（ID）。
- 全局数据通信的状态信息数据块不存在或太短。
- 接收到非法的全局数据包编号。

如果用于全局数据通信状态信息的数据块丢失，需要用 OB87 生成该数据块将它下载到 CPU。可以使用 SFC39 ～ SFC42 封锁或延时并使能通信错误 OB，表 11-19 描述了通信错误 OB87 的临时变量。

表 11-19　OB87 的变量申明表

变量	类型	描述
OB87_EV_CLASS	BYTE	事件级别和标志
OB87_FLT_ID	BYTE	故障代码
OB87_PRIORITY	BYTE	优先级，可通过 SETP 7 选择（硬件组态）
OB87_OB_NUMBR	BYTE	OB 号
OB87_RESERVED_1	BYTE	备用
OB87_RESERVED_2	BYTE	备用
OB87_RESERVED_3	WORD	根据故障代码
OB87_RESERVED_4	DWORD	根据故障代码
OB87_DATE_TIME	DATE_AND_TIME	OB 被调用时的日期和时间

2. 同步错误组织块

同步错误是与执行用户程序有关的错误，程序中如果有不正确的地址区、错误的编号和错误的地址，都会出现同步错误，操作系统将调用同步错误 OB。

同步错误组织块包括 OB121 用于对程序错误的处理和 OB122 用于处理模块访问错误。同步错误 OB 的优先级与检测到出错的块的优先级一致。因此 OB121 和 OB122 可以访问中断发生时累加器和其他寄存器中的内容，用户程序可以用它们来处理错误。

同步错误可用 SFC36"MASK_FLT"来屏蔽，使某些同步错误不触发同步错误 OB 的调用，但是 CPU 在错误寄存器中记录发生的被屏蔽的错误。用错误过滤器中的一位来表示某种同步错误是否被屏蔽。错误过滤器分为程序错误过滤器和访问错误过滤器，分别占一个双字。

调用 SFC37"DMSK_FLT"并且在当前优先级被执行完后，将解除被屏蔽的错误，并且清楚当前优先级的事件状态寄存器中相应的位。

可以用 SFC38"READ_ERR"读出已经发生的被屏蔽的错误。

对于 S7-300（CPU318 除外），不管错误是否被屏蔽，错误都会被送入诊断缓冲区，并且 CPU 的"组错误"LED 会被点亮。

可以在不同的优先级屏蔽某些同步错误。在这种情况下，在特定的优先级中发生这类错误时不会停机，CPU 把该错误存放到错误寄存器中。但是无法知道是什么时候发生的错误，也无法知道错误发生的频率。

❶ 编程错误组织块（OB121）

当有关程序处理的故障事件发生时 CPU 操作系统调用 OB121，OB121 与被中断的块在同一优先级中执行，

表 11-20 描述了编程错误 OB121 的临时变量。

表 11-20　OB121 的变量申明表

变量	类型	描述
OB121_EV_CLASS	BYTE	事件级别和标志
OB121_SW_FLT	BYTE	故障代码
OB121_PRIORITY	BYTE	优先级＝出现故障的 OB 优先级
OB121_OB_NUMBR	BYTE	OB 号
OB121_BLK_TYPE	BYTE	出现故障块的类型（在 S7-300 时无有效值在这里记录）
OB121_RESERVED_1	BYTE	备用
OB121_FLT_REG	WORD	故障源（根据代码）。如：转换故障发生的寄存器；不正确的地址（读／写故障）；不正确的定时器／计数器／块号码；不正确的存储器区
OB121_BLK_NUM	WORD	引起故障的 MC7 命令的块号码（S7-300 无效）
OB121_PRG_ADDR	WORD	引起故障的 MC7 命令的块号码（S7-300 无效）
OB121_DATE_TIME	DATE_AND_TIME	OB 被调用时的日期和时间

OB121 程序在 CPU 执行错误时执行，此错误不包括用户程序的逻辑错误和功能错误等，例如，当 CPU 调用一个未下载到 CPU 中的程序块时，CPU 会调用 OB121，通过临时变量"OB121_BLK_TYPE"可以得出出现的错误的程序块。使用 STEP 7 不能时时监控程序的运行，可以用"Variable Table"监控实时数据的变化。

打开事先已经插入的 OB121 编写程序，如图 11-36 所示。

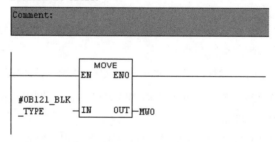

图 11-36　OB121 中编写的程序

接着在项目"Blocks"下插入 FC1，打开 FC1 编写程序，如图 11-37 所示。

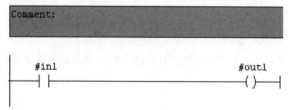

图 11-37　FC1 中编写的程序

然后打开 OB1 编写程序，如图 11-38 所示。

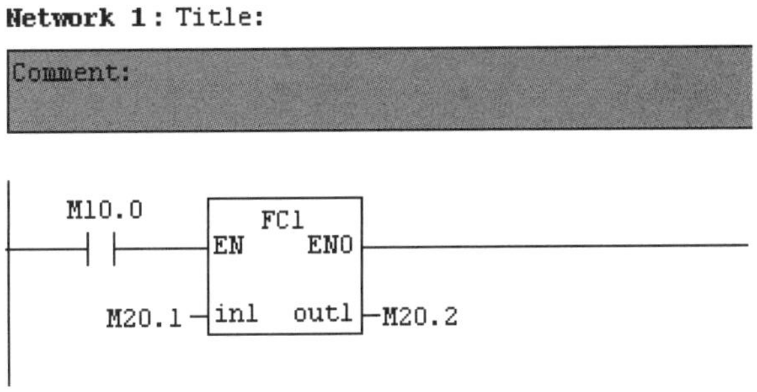

Network 1：Title：

Comment：

```
        M10.0        ┌─────────┐
        ──┤├──────── EN   FC1  ENO ──────────
                     │             │
        M20.1 ───────┤in1     out1├─── M20.2
                     └─────────┘
```

图 11-38　OB1 中编写的程序

先将硬件和 OB1 下载到 CPU 中，此时 CPU 能正常运行。在【Blocks】下插入【Variable Table】，然后打开，填入 MW0 和 M10.0，并单击 OK 按钮，程序运行正常。将 M10.0 置为 "true" 后，CPU 就报错停机，查看 CPU 的诊断缓冲区信息，发现为编程错误，这时将 OB121 也下载到 CPU 中，再将 M10.0 置为 "true"，CPU 会报错但不停机，MW0 立刻为 "W#16#88"，"W#16#88" 表示为 OB 程序错误，检查发现 FC1 未下载。下载 FC1 后，再将 M10.0 置为 "true"，这时 CPU 不会再报错，程序也不会再调用 OB121。

❷ I/O访问错误组织块（OB122）

当对于模块的数据访问出现故障时，CPU 的操作系统调用 OB122，OB122 与被中断的块在同一优先级中执行，表 11-21 描述了 I/O 访问错误 OB122 的临时变量。

表 11-21　OB122 的变量申明表

变量	类型	描述
OB122_EV_CLASS	BYTE	事件级别和标志
OB122_SW_FLT	BYTE	故障代码
OB122_PRIORITY	BYTE	优先级＝出现故障的 OB 的优先级
OB122_OB_NUMBR	BYTE	OB 号
OB122_BLK_TYPE	BYTE	出现故障块的类型（在 S7-300 时无有效值在这里记录）
OB122_MEM_AREA	BYTE	存储器区和访问类型：位 7 ~ 4，访问类型—0、位访问—1、字节访问—2、字访问—3；位 3 ~ 0，存储器区—0、I/O 区—1、过程映像输入或输出—2
OB122_MEM_ADDR	WORD	出现故障的存储器地址
OB122_BLK_NUM	WORD	引起故障的 MC7 命令的块号码（S7-300 无效）
OB122_PRG_ADDR	WORD	引起故障的 MC7 命令的块号码（S7-300 无效）
OB122_DATE_TIME	DATE_AND_TIME	OB 被调用时的日期和时间

同样，在这里运用一个例子来说明 OB122 的用法。首先，新建一个项目，插入一个 300 的站，进行硬件组态。插入一个 CPU 315-2DP 和一个模拟量输入模块 SM331。同时配置 SMM331 的 "Inputs" 选项，把所有通道设置为电压类型，注意模块的量程卡要与设置的相同，并把模块的逻辑输入地址设置为 256...271，如图 11-39 所示。

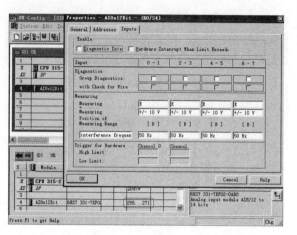

图 11-39　硬件组态

组态完成后，保存编译并下载到 CPU 中。

OB122 程序在出现 I/O 访问错误是被调用，通过临时变量"OB122_SW_FLT"可以读出错误代码，通过"OB122_BLK_TYPE"得出出错的程序块，通过"OB122_MEM_ADDR"可以读出发生错误的存储器地址，使用 STEP 7 不能时时监控程序的运行，可以用"Variable Table"监控实时数据的变化。

打开在"Blocks"下插入的 OB122 编写程序，如图 11-40 所示。

```
Network 1: Title:

Comment:

          A(
          A(
          A(
          L        #OB122_SW_FLT
          T        MW       0
          SET
          SAVE
          CLR
          A        BR
          )
          JNB      _001
          L        #OB122_BLK_TYPE
          T        MW       2
          SET
          SAVE
          CLR
  _001:   A        BR
          )
          JNB      _002
          L        #OB122_MEM_AREA
          T        MW       4
          SET
          SAVE
          CLR
  _002:   A        BR
          )
          JNB      _003
          L        #OB122_MEM_ADDR
          T        MW       6
  _003:   NOP      0
```

图 11-40　OB122 中编写的程序

该程序也可以转换为梯形图。

接着打开 OB1 编写程序，如图 11-41 所示。

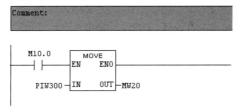

图 11-41　OB1 中编写的程序

先将硬件组态和 OB1 下载到 CPU 中，这时 CPU 运行正常。在【Blocks】下插入【Variable Table】，然后打开，填入 MW0、MW2、MW4、MW6 和 M10.0，单击　OK　按钮，程序运行正常。将 M10.0 置为"true"，CPU 会报错并停机，查看 CPU 的诊断缓冲区信息，发现为 I/O 访问错误。将 OB122 下载到 CPU 中，再将 M10.0 置为"true"，CPU 会报错但不停机，检查并修改 OB1 程序，如图 11-42 所示。

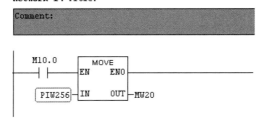

图 11-42　OB1 修改后的程序

重新下载 OB1，CPU 不再报错，程序运行正常。

对于某些同步错误，可以调用系统功能 SFC44，为输入模块提供一个替代错误值，以便使程序能继续执行。如果错误发生在输入模块，可以在用户程序中直接替代。如果是输出模块错误，输出模块将自动地用组态时定义的值替代。替代值虽然不一定能反映真实的过程信号，但是可以避免终止用户程序和进入 STOP 模式。

11.9　思考与练习

1. PLC 输入均不能接通的故障原因和处理方法是什么？
2. PLC 输入点 I0.2 动作正确，但指示灯灭的故障原因和处理方法是什么？
3. PLC 输出均不能接通的故障原因和处理方法是什么？
4. 输出继电器 Q0.0 不能驱动负载，但指示灯亮的原因及处理方法是什么？
5. 当向基本单元供电时，基本单元表面上设置的"POWER"LED 指示灯会亮，如果电源合上但"POWER"LED 指示灯不亮，可能是什么原因造成的呢？